ELECTRICAL ENGINEERING

电工学

主 编 吴学宏 高英侠 徐宝鸿

副主编 马金定 芦 荣 牛世强

侯婷婷 成春芝

江苏大学出版社
JIANGSU UNIVERSITY PRESS
镇 江

U0890759

图书在版编目(CIP)数据

电工学 / 吴学宏, 高英侠, 徐宝鸿主编. — 镇江 : 江苏大学出版社, 2019. 8(2024. 1 重印)
ISBN 978-7-5684-1146-2

Ⅰ. ①电… Ⅱ. ①吴… ②高… ③徐… Ⅲ. ①电工学 Ⅳ. ①TM

中国版本图书馆 CIP 数据核字(2019)第 144222 号

电工学
DiangongXue

主　　编/吴学宏　高英侠　徐宝鸿
责任编辑/李菊萍　李经晶
出版发行/江苏大学出版社
地　　址/江苏省镇江市京口区学府路 301 号(邮编: 212013)
电　　话/0511-84446464(传真)
网　　址/http://press.ujs.edu.cn
排　　版/镇江市江东印刷有限责任公司
印　　刷/江苏凤凰数码印务有限公司
开　　本/787 mm×1 092 mm　1/16
印　　张/20
字　　数/474 千字
版　　次/2019 年 8 月第 1 版
印　　次/2024 年 1 月第 4 次印刷
书　　号/ISBN 978-7-5684-1146-2
定　　价/52.00 元

如有印装质量问题请与本社营销部联系(电话:0511-84440882)

前　言

电工学是高职高专院校的专业基础课程，是一门实用性很强的学科，也是工厂电气控制、仪表测量及控制、汽车电子、微机原理、数控技术等学科的先修课程. 本书是参照教育部高等学校电工电子基础课程教学指导委员会最新制定的《电工学》课程教学基本要求，相关专业一线老师历时 2 年，花费大量心血集体备课、集体研讨后形成的智慧结晶. 本教材结合思政化教学要求，凸显项目化、任务驱动化等特点，对作业布置及批改方式进行了创新式变革，采用电子式和作业集相结合的方式，方便师生共同学习. 立足电工学和高职教育的发展形势，立志培养新时代应用型的高素质人才，本教材在编写时重点突出以下几点：

1. 内容分为四部分——电工技术、电子技术、实验和作业集，条理清晰，更加便于教师根据不同的侧重点教学，也便于学生学习；基础理论方面尽量避免内容过多与过深，而是突出重点，有助于学生的学习归纳.

2. 概念描述言简意赅，文字表达逻辑清晰，易于学生理解、记忆. 考虑到学生的学习基础和能力培养目标，尽量举例说明问题，并与实际应用紧密结合，在此基础上进行理论说明.

3. 电工学是一门实践性很强的学科，高职高专教学重视的也是这门课程的实用性. 本书第三部分的实验，可以让学生了解与前沿科技息息相关的基本知识，加强对基本技能的训练，强化学生的创新意识，提高对知识的综合应用能力并积累工程经验，使学生的实际应用能力和动手能力显著提高，缩短了从学校到工作岗位的适应时间，增强了学生对所学知识的认同感.

4. 在每一个学习情境后均设有情境小结，对重要的知识点进行归纳比较，并配有适量有针对性的活页课外作业，一方面便于练习、巩固所学知识，另一方面创新作业收集及批改模式.

5. 突出基本内容和概念，省略繁杂的数学计算，全书语言通俗易懂，突出工程应用，较好地实现了高职高专教育“基本理论以必需、够用为度，突出应用性”的基本指导思想.

本教材由甘肃有色冶金职业技术学院吴学宏、高英侠、徐宝鸿担任主编，甘肃有色冶金职业技术学院芦荣、侯婷婷、成春芝、马金定、牛世强担任副主编. 其中，学习情境 2—7 和实验 1—3 由吴学宏编写；学习情境 1 和作业集的学习情境 8 由芦荣编写；学习情境 8 由侯婷婷编写；学习情境 9—11 和作业集的学习情境 9—11 由徐宝鸿编写；学习情境 12，

13 和作业集的学习情境 12,13 由高英侠编写;实验 4—10 由马金定编写;作业集学习情境 1—3 由牛世强编写、4—6 由成春芝编写。全书由吴学宏担任统稿工作。

本教材由北京航空航天大学杨贺来教授和兰州理工大学芮执元教授担任主审。在编写过程中,编者参考了国内外公开出版的许多书籍和资料,并从中汲取了许多优秀经验,得到了有关作者和各位编者的支持,也得到了江苏大学出版社的大力支持,在此致以衷心的感谢。

由于编者水平有限,书中难免有疏漏和不妥之处,恳请读者指正。

编者

2019 年 7 月

目录

上　篇

电工技术

学习情境 1　电路基本概念与基本定律

本情境在物理学基础上，从工程技术的角度出发，以直流电路为分析对象，着重讨论电路的基本知识、基本定律及电路的分析和计算方法. 这些内容不仅适用于直流电路，在一定程度上也适用于交流电路，而且还是今后分析电路的重要基础.

任务 1　认识电路和电路模型

任务描述：了解电路的基本组成元件；
熟悉如何用电路模型表示实际电路.

任务分析：电路是各种电气元器件按一定的方式连接起来的整体. 在人们的日常生活和生产实践中，电路无处不在. 本任务主要介绍实际电路和电路模型.

阶段 1　实际电路

在工农业生产 、科研等领域及日常生活中，存在着各种各样的实际电路，如控制电路、照明电路、通信电路等. 这些实际电路都是为了实现某种功能，由一些电气设备 、元器件按一定方式连接而成的. 由于电气设备及元器件种类繁多，电路结构千差万别，因而实际电路有多种多样的形式.

1. 电路的组成

电路是为了某种需要而将某些电工设备或元件按一定方式组合起来所构成的电流通路. 尽管实际电路的形式多种多样，但在本质上都是由电源(或信号源)、负载、中间环节 3 个部分组成的. 以照明电路为例，如图 1-1 所示，图中左侧是 220 V 的交流电源，右侧白炽灯为负载，导线及开关为中间环节.

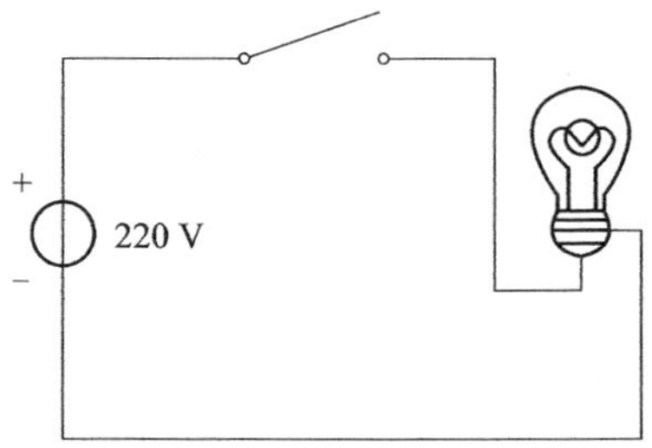

图 1-1　照明电路

各个组成部分的功能如下：

电源(信号源)：将其他形式的能量(如热能、机械能、化学能等)转换成电能，如各类发电机、干电池、蓄电池及各种传感器等；

负载：将电能转换成其他形式的能量，如日光灯、电动机、电炉等；

中间环节：连接电源和负载，对电能进行传输、分配和控制，如导线、开关等.

2. 电路的作用

电路的结构形式和所能完成的任务是多种多样的. 按工作任务划分,电路的主要功能有两类.

电路的第一类功能是进行能量的转换、传输和分配,如电力系统电路可将发电机发出的电能经过输电线传输到各个用电设备,再经用电设备转换成热能、光能,如图 1-2(a)所示.

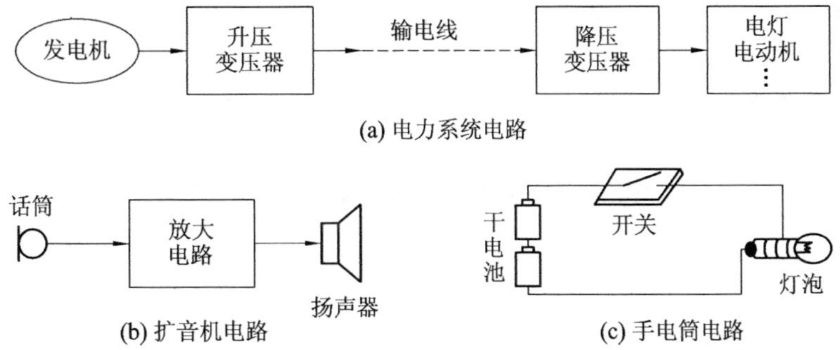

图 1-2 电路

电路的第二类功能是实现信号的传递和处理等. 输入信号称为激励(或信号源),输出信号称为响应. 如扩音机电路,先由话筒把语言或音乐(通常称为信息)转换为相应的电压和电流,即电信号;通过放大和转换(称为信号的处理)后传递到扬声器,把电信号还原为语言或音乐,如图 1-2(b)所示.

更简单的电路为如图 1-2(c)所示的手电筒电路.

研究电路的基本规律,首先要掌握电路中的电流、电压和功率等基本物理量.

阶段 2 电路模型

实际电路元件在外形、结构、功能等各个方面千差万别,这给研究实际电路带来不便,但当抛开它们的外形、结构而研究电磁特性时,会发现它们有许多共同的特性. 例如白炽灯,电流通过时消耗电能,表现为电阻性;同时又会产生磁场,表现为电感性. 研究表明,白炽灯的电感性很弱,因此为了便于分析,可以忽略它的电感性而用一个理想电阻元件来等效. 电炉的电磁特性与白炽灯非常类似,也可以用一个理想电阻来等效.

为了便于对电路进行分析计算,常常将实际元件理想化(也称模型化),即在一定条件下突出元件主要的电磁性质,忽略次要因素,用一个足以表征其主要特性的理想元件近似表示. 由理想电路元件组成的电路,称为电路模型. 理想电路元件(此后“理想”两字略去)主要有电阻元件、电感元件、电容元件、理想电压源、理想电流源等.

把实际电路元件用理想电路元件等效之后运用图形符号表示,组成的电路图称为理想电路模型,简称电路模型. 部分电气图形符号见表 1-1.

表 1-1　部分电气图形符号

图形符号	名称与说明	图形符号	名称与说明
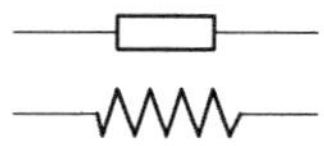	电阻器一般符号		电感器、线圈、绕组或扼流图。注:符号中半圆数不得少于 3 个
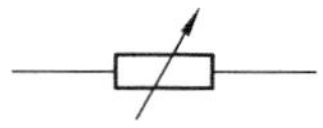	可变电阻器或可调电阻器	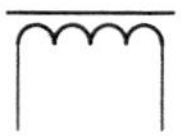	带磁芯、铁芯的电感器
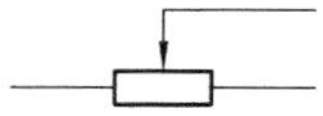	滑动触点电位器		带磁芯连续可调的电感器
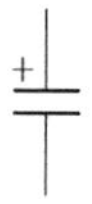	极性电容	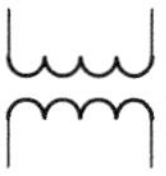	双绕组变压器 注:可增加绕组数目
	可变电容器或可调电容器	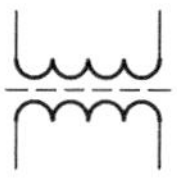	绕组间有屏蔽的双绕组变压器 注:可增加绕组数目
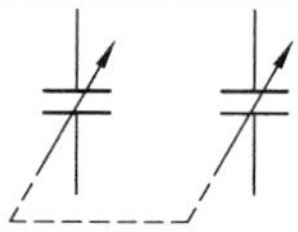	双联同调可变电容器 注:可增加同调联数		在一个绕组上有抽头的变压器
	微调电容器		

由上面的分析可知,白炽灯和电炉的电路模型是相同的,都是电阻电路,电路模型如图 1-3 所示.本书中所讨论的电路,如无特殊说明,均指电路模型.

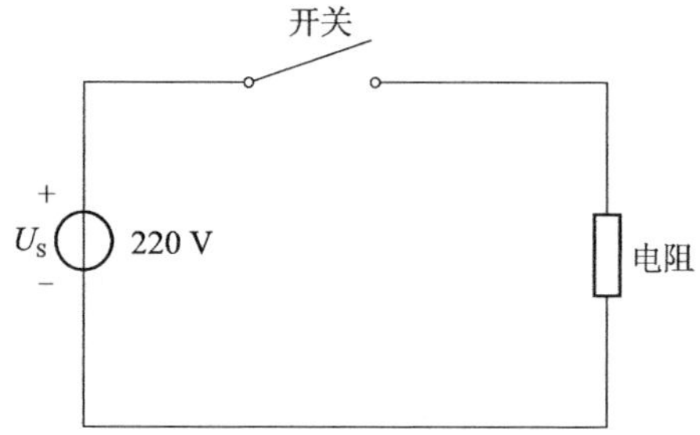

图 1-3　电阻电路的电路模型

思考与练习

1. 什么是电路?
2. 电路的作用有哪些? 电路由哪些部分组成?

任务 2　电路中的基本物理量

任务描述：了解电路中基本物理量的意义、单位和符号；
掌握电流与电压正方向的确定方法和电路中电位的计算方法；
掌握电功与电功率的计算方法.

任务分析：电流、电压和电功率都是电路中的基本物理量，也是研究电路基本规律的关键. 本任务主要介绍电路中的基本物理量.

阶段 1　电流及电流的参考方向

1. 电流

电流是由电荷有规则的定向运动形成的. 电流既是一种物理现象，又是一个表示电流强弱的物理量，在数值上等于单位时间内通过某一导体横截面的电荷量.

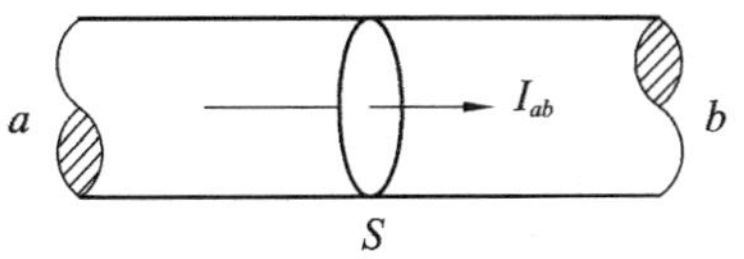

图 1-4　导体中的电流

在图 1-4 所示的导体内，设在时间 dt 内，通过导体横截面 S 的电量为 q，则导体中的电流为

$$i=\frac{dq}{dt} \tag{1-1}$$

如果电流的大小和方向不随时间变化，即$\frac{dq}{dt}$为常数，则这种电流称为恒定电流，简称直流. 直流电流用大写字母 I 表示，所以式(1-1)可改写为

$$I=\frac{q}{t} \tag{1-2}$$

如果电流的大小和方向都随时间变化，则称为交变电流，简称交流. 交流电流用小写字母 i 表示.

在国际单位制中，电流的单位是安培，简称安(A). 计量微小电流时，常以毫安(mA)或微安(μA)为单位. 各单位之间的换算关系为

$$1\ A=10^3\ mA=10^6\ \mu A$$

2. 电流的参考方向

习惯上把正电荷定向运动的方向(或负电荷运动的相反方向)规定为电流的实际方向，但在分析较为复杂的直流电路时，往往难以事先判断各支路中电流的实际方向. 对于交流电流，其方向不断改变，在电路图中很难表示它的实际方向. 为此，在分析与计算电路时，常任意选定某一方向作为电流的方向，称为正方向或参考方向，但它并不一定与电流的实际方向一致. 当电流的实际方向与参考方向一致时，电流为正值，如图 1-5(a)所示；当电流的实际方向与参考方向相反时，电流为负值，如图 1-5(b)所示. 由此可知，只有在参考方向(正方向)选定之后，电流的值才有正负之分.

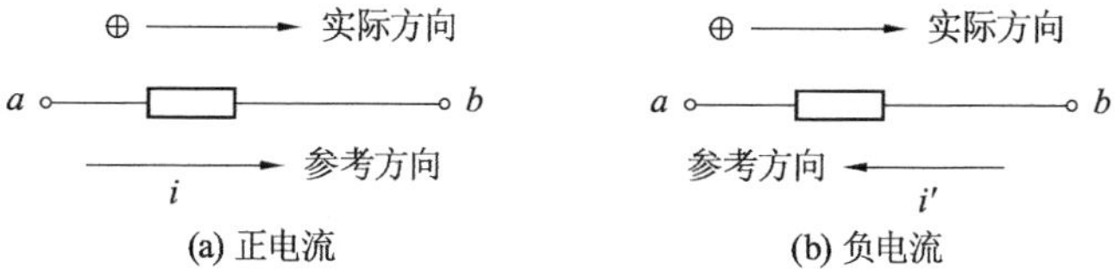

图 1-5　电流的参考方向

电流的参考方向除了用箭头表示外，还可用双下标表示. 图 1-4 中的 I_{ab} 即表示参考方向由 a 指向 b 的电流. 如果参考方向选定为由 b 指向 a，则为 I_{ba}. I_{ab} 和 I_{ba} 两者之间相差一个负号，即

$$I_{ab}=-I_{ba}$$

本书电路中所标注的电流方向都是参考方向，不一定是电流的实际方向. 在未标定参考方向的情况下，电流的正负值毫无意义.

阶段 2　电压、电位、电动势及电压的参考方向

1. 电压

在电路中，电场力做功使电荷做定向移动. 为了衡量电场力做功的能力，引入“电压”这一物理量. 电场力把单位正电荷从 a 点移动到 b 点所做的功称为 a、b 两点间的电压，用字母 U_{ab} 表示，即

$$U_{ab}=\frac{\mathrm{d}W}{\mathrm{d}q} \tag{1-3}$$

式中，$\mathrm{d}W$ 表示电场力将电荷量为 $\mathrm{d}q$ 的正电荷从 a 点移动到 b 点所做的功，单位为焦耳. 在国际单位制中，电压的单位是伏特，用大写字母“V”表示，常用的电压单位还有千伏(kV)、毫伏(mV)、微伏(μV). 各单位之间的换算关系为

$$1\ \text{kV}=10^3\ \text{V}, 1\ \text{V}=10^3\ \text{mV}, 1\ \text{V}=10^6\ \mu\text{V}$$

2. 电压的参考方向

电压的实际方向由高电位端指向低电位端. 在实际电路的分析计算中，也需要引入电压的参考方向：当电压的实际方向与参考方向一致时，该电压为正值；当电压的实际方向与参考方向相反时，该电压为负值. 根据电压的参考方向与数值的正负就可判断出电压的实际方向，如图 1-6 所示.

电压的参考方向通常用箭头来表示，箭头方向为假定电压降的方向；也可以用“+”表示假定的高电位端，用“-”表示假定的低电位端；还可以用带双下标的字母来表示，如 U_{ab} 表示电压的参考方向由 a 指向 b.

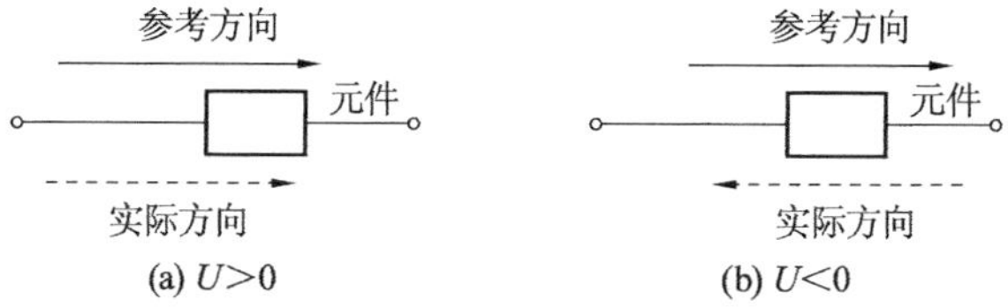

图 1-6　电压的实际方向与参考方向

3. 电动势

电动势描述的是在电源中外力做功的能力，它的大小等于外力在电源内部克服电场力把单位正电荷从负极移动到正极所做的功，用字母 E 表示. 它的实际方向在电源内部是由电源负极指向电源正极的，如图 1-7 所示.

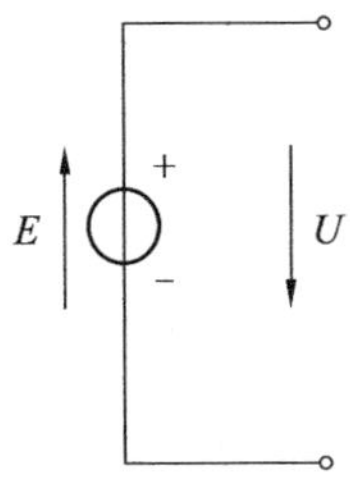

图 1-7 电动势与电压的方向

虽然电压与电流的参考方向可以任意选定，但为了计算方便，常选择某段电路中的电流方向与电压的参考方向一致，称为关联参考方向，如图 1-8(a)所示；当电压与电流的参考方向不一致时，称为非关联参考方向，如图 1-8(b)所示.

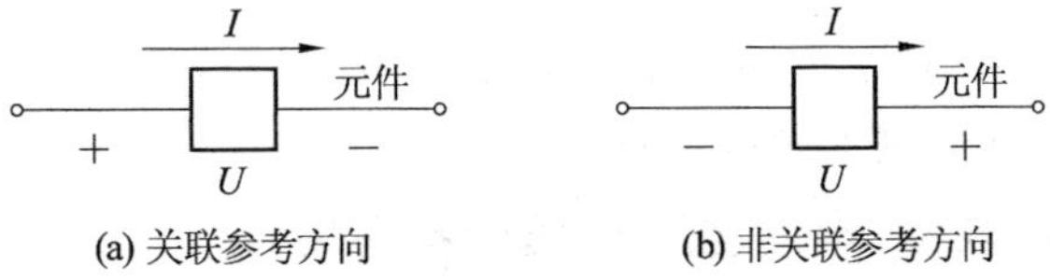

图 1-8 电压与电流的关联参考方向与非关联参考方向

4. 电位

为衡量电场力把单位正电荷从一点移动到参考点所做的功，引入"电位"的概念，一般用"V"表示，单位与电压相同. 电路中参考点可任意选择，参考点的电位为 0 V，如图 1-9 中选择 O 点为参考点.

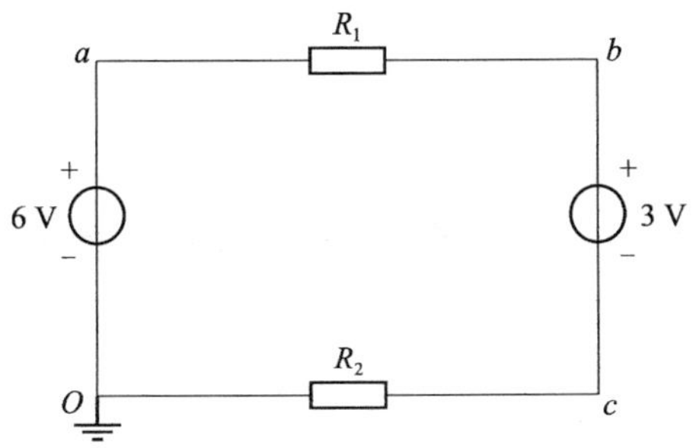

图 1-9 零电位点的选择

电路中任意一点的电位等于该点与参考点之间的电压，如 $V_a = V_{aO}$，$V_b = V_{bO}$. 电路中任意两点间的电压也可用两点间的电位差来表示，即电路中两点间的电压是不变的，电位随参考点(零电位点)选择的不同而不同.

$$U_{ab} = V_a - V_b \tag{1-4}$$

阶段 3 电功率与电能

一个电路最终的目的是要将一定的功率传送给负载，供负载将电能转换成工作时所需的能量. 因此，电能传送和负载消耗功率是一个很重要的问题. 电场力在单位时间内所做的功称为电功率，简称功率，用 P 表示. 设电场力在 dt 时间内所做的功为 dW，则功率为

$$P = \frac{dW}{dt} \tag{1-5}$$

在国际单位制中，功率的单位为瓦特，简称瓦(W). 在电路中，人们更关注的是功率与电流及电压之间的关系. 根据电压及电流的定义式，可推出功率与电流及电压之间的关系. 设元件的电压和电流为关联参考方向，由 $U = \frac{dW}{dq}$ 得 $dW = Udq$，所以

$$P=\frac{dW}{dt}=U\frac{dq}{dt}$$

又

$$I=\frac{dq}{dt}$$

故

$$P=UI$$

值得注意的是，如果元件的电压和电流为非关联参考方向，则功率的计算公式为

$$P=-UI \tag{1-6}$$

根据以上两式计算，$P>0$ 表示元件吸收功率，起负载作用；$P<0$ 表示元件放出功率，起电源作用.

电能是指电气设备在一段时间内所消耗的能量，直流电路电能的计算公式为

$$W=UIt \tag{1-7}$$

电能的单位为J(焦耳)，工程上常用千瓦时作为电能的单位，生活中称为"度"，1 度＝1 kW·h，相当于功率为 1 kW 的用电设备在一小时内消耗的电能.

【例 1-1】 计算图中所示各元件的功率，并指出该元件是作为电源还是作为负载.

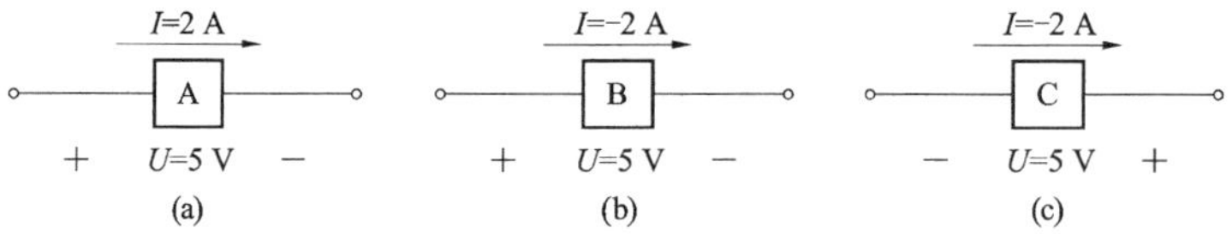

例 1-1 图

解 图(a)中电流 I 与电压 U 是关联参考方向，所以

$$P=UI=5\times2=10\ \text{W}$$

$P>0$，说明元件 A 吸收 10 W 功率，为负载.

图(b)中电流 I 与电压 U 是关联参考方向，所以

$$P=UI=5\times(-2)=-10\ \text{W}$$

$P<0$，说明元件 B 产生 10 W 功率，为电源.

图(c)中电流 I 与电压 U 是非关联参考方向，所以

$$P=-UI=-5\times(-2)=10\ \text{W}$$

$P>0$，说明元件 C 吸收 10 W 功率，为负载.

思考与练习

1. 电压、电位、电位差、电动势有何区别与联系？

2. 为什么要在电路图上规定电流的参考方向？若电流为负值，说明电流的方向与参考方向有什么关系？

3. 已知某电路中 $U_{ab}=-5$ V，说明 a,b 两点中哪点电位高？

4. 两个标明 220 V,100 W 的白炽灯泡，若分别接在 250 V 和 110 V 电源上，消耗的功率各是多少(假定灯丝电阻是线性的)？

5. 某生产线有 100 W,220 V 电烙铁 50 把，每天使用 8 小时，问一个月(按 30 天计)

用多少度电.

6. 根据如图所示各电路图,尝试解决以下问题:

(1) 元件 1 消耗 12 W 功率,求电压 U_{ab}.

(2) 元件 2 消耗−12 W 功率,求电压 U_{ab}.

(3) 元件 3 产生 10 W 功率,求电流 I.

(4) 元件 4 产生−10 W 功率,求电流 I.

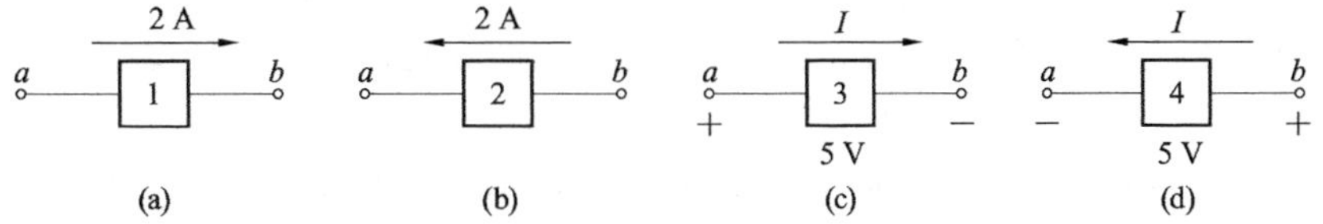

习题 6 图

7. 有一只额定值为 5 W,5000 Ω 的绕线式电阻,求额定电流 I_N 和额定电压 U_N. 如果把它接到 10 V 电源上,求其实际消耗的功率.

8. 有两只灯泡,其额定电压均为 110 V,甲灯泡 $P_{1N}=60$ W,乙灯泡 $P_{2N}=100$ W. 如果把两个灯泡串联,接在 220 V 电源上,能否正常工作? 通过计算说明.

9. 求如习题 9 图所示电路中各电源的功率,并指出是吸收功率还是放出功率.

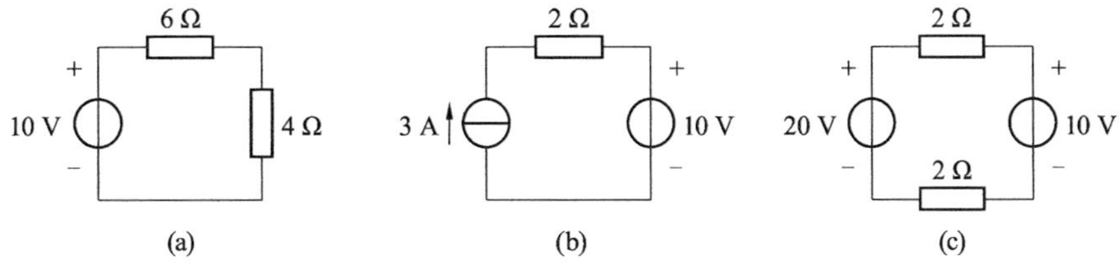

习题 9 图

任务 3 电路中的基本元件

任务描述: 理解并掌握电路元件的电压、电流特性;
理解电路元件的工作原理.

任务分析: 电路元件是完成电路特定功能不可或缺的重要部件,理解其原理和功能对设计电路具有很重要的意义. 在电路中,最常用的元件有电阻器、电感器和电容器,本任务将分别介绍.

阶段 1 电阻元件

1. 电阻元件的概念

电阻器是反映在电路中消耗电能性质的元件,是电路中用得最多的元件之一. 电阻器用大写字母 R 表示. 电阻的单位是欧姆(Ω),常用的单位还有千欧(kΩ)、兆欧(MΩ). 它们之间的换算关系是

$$1\ M\Omega=10^3\ k\Omega=10^6\ \Omega$$

实际电路中应用的电阻器、电炉、白炽灯等元件，严格来说都是非线性电阻元件，但在一定的范围和条件下，当电阻的变化很小时，可以近似看作线性电阻元件. 本书中讨论的电阻元件，均指线性电阻元件.

电阻的倒数称为电导. 电导表示导体的导电能力，用字母 G 表示，即

$$G=\frac{1}{R}$$

电导的单位是西门子(S).

常用电阻元件的外形与图形符号如图 1-10 所示.

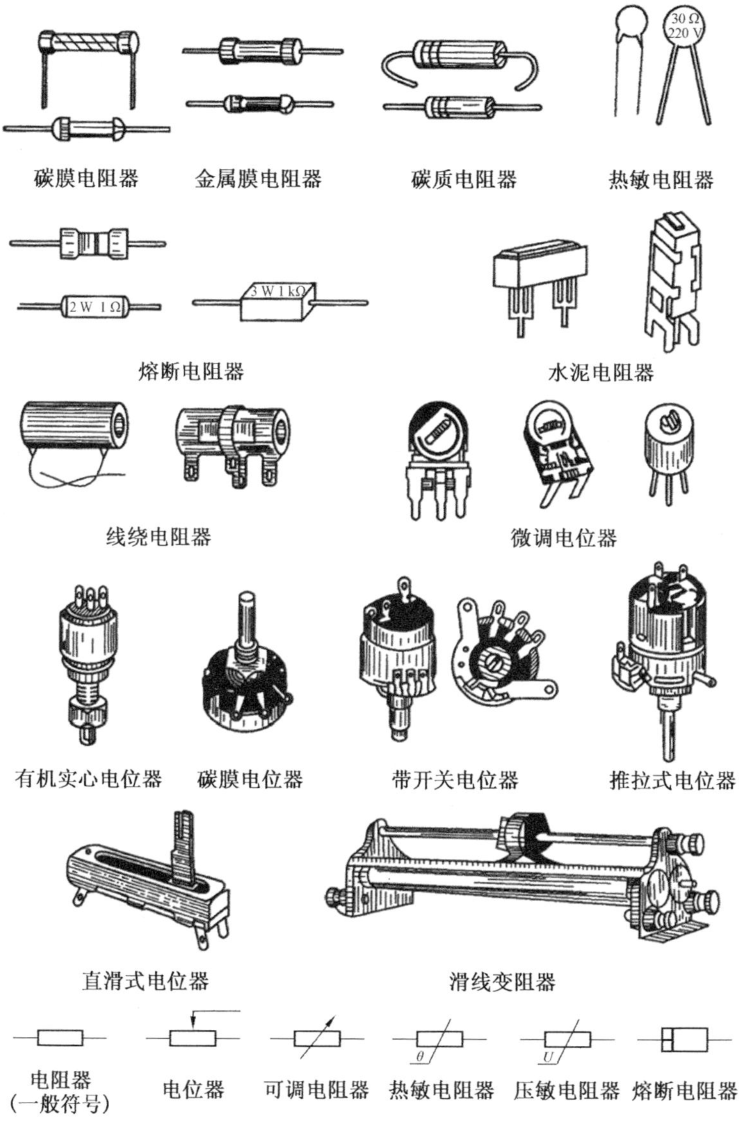

图 1-10 电阻元件的外形与图形符号

2. 电阻元件的作用与伏安特性

电阻在电路中的作用可以简单记为：串联限流与分压；并联分流，电压不变. 即电阻串联在电路中起着限流和分压的作用，电阻并联在电路中起着分流的作用.

线性电阻元件中的电流与该电阻两端电压之间的关系满足欧姆定律，即通过线性电阻的电流与其两端的电压成正比，与电阻值成反比. 当电压与电流的参考方向相关联时，欧姆定律的数学表达式为

$$I=\frac{U}{R} \tag{1-8}$$

式(1-8)常常写成 $U=IR$，称为电阻元件的伏安特性. 电阻两端电压与电流的关系曲线称为伏安特性曲线.

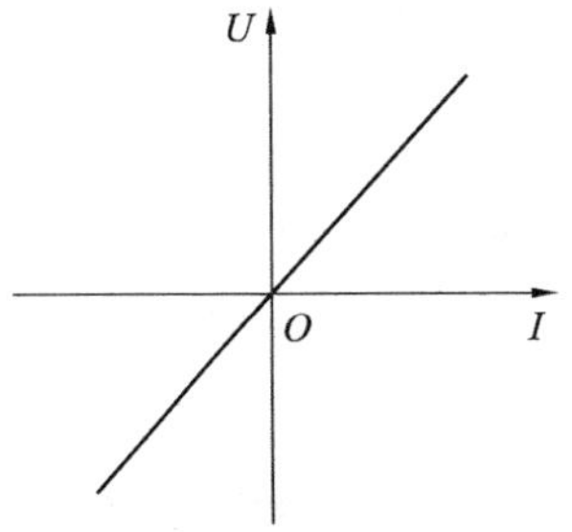

图 1-11 线性电阻元件的伏安特性曲线

线性电阻的电阻值是一个常数，所以其伏安特性曲线是一条经过原点的直线，如图 1-11 所示. 非线性电阻的电阻值不是常数，会随着电压、电流的变化而变化，也不遵循欧姆定律变化.

阶段 2 电感元件

1. 电感元件的概念

电感器的基本结构是把一段导电良好的金属导线绕在一个骨架上形成一个线圈，电感元件是实际电感器的理想化模型，它是反映电路器件储存磁场能量这一物理性能的理想元件. 通常将电感元件简称为电感，它也是表征材料(或器件)储存磁场能量的一种参数.

如图 1-12 所示，一个电感线圈，当电流 i 通过后，会产生磁通 Φ_L. 若磁通与 N 匝线圈相交，则线圈的磁链

$$\Psi_L=N\Phi_L$$

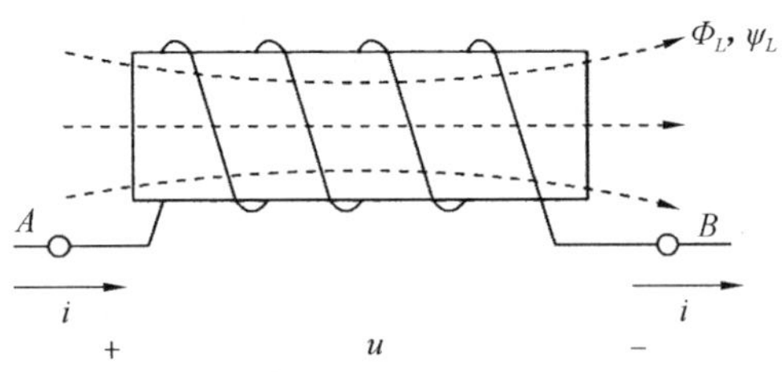

图 1-12 电感线圈

对于线性电感而言，磁链与线圈中电流的比值是一个常数，用 L 表示为

$$L=\frac{\Psi_L}{i} \tag{1-9}$$

电感器用大写字母 L 表示，电感的单位是亨利(H)，常用的单位还有毫亨(mH)、微亨(μH). 它们之间的换算关系是

$$1\ \mathrm{H}=10^3\ \mathrm{mH}=10^6\ \mu\mathrm{H}$$

2. 电感元件的作用与伏安特性

电感也是构成电路的基本元件，其基本特性是通直流、阻交流，通低频、阻高频. 电感在电路中常用作交流信号的扼流、电源滤波、谐振选频等. 电感的用处还有许多，要根据其在电路中的位置具体分析.

常见电感器的外形和图形符号如图 1-13 所示.

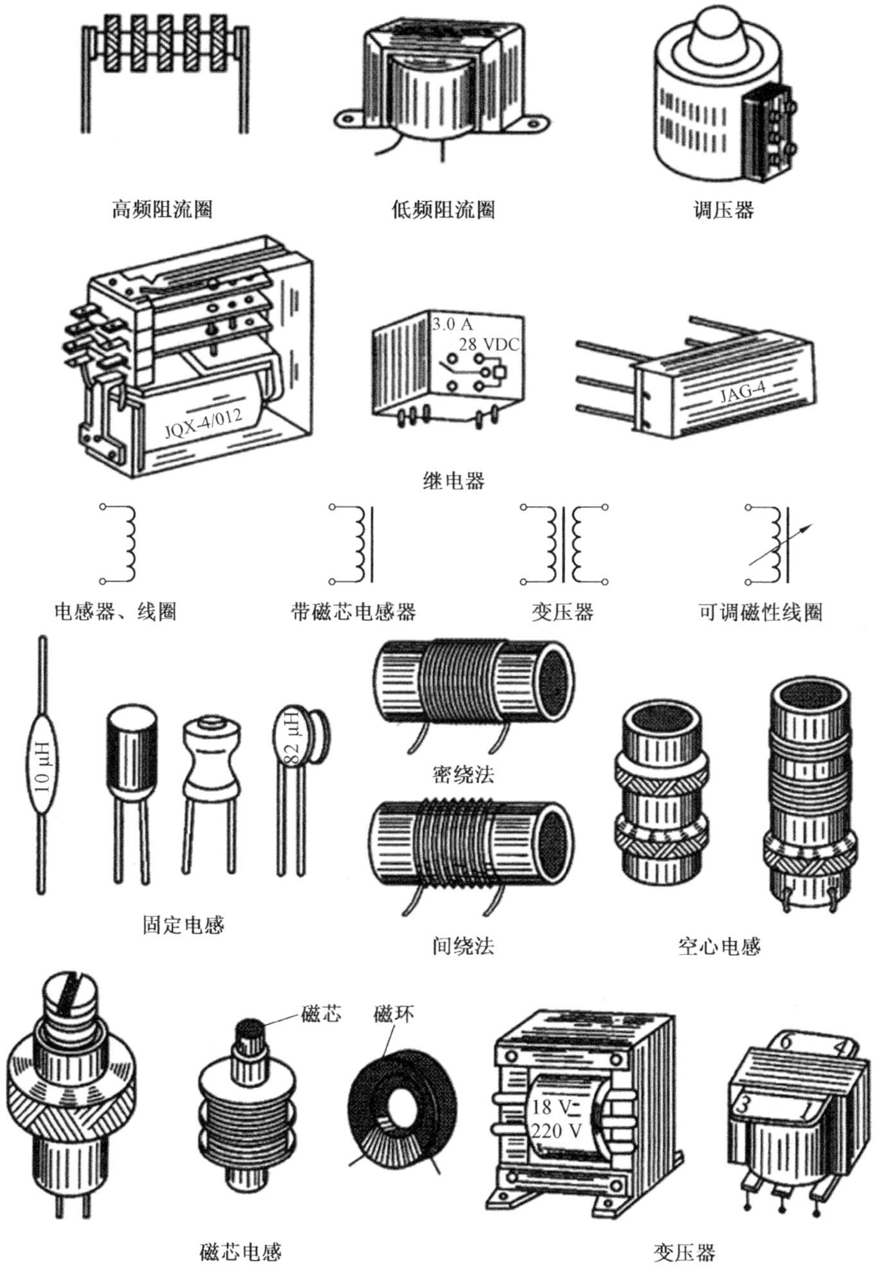

图 1-13　常见电感元件和图形符号

当流过电感的电流发生变化时，在电感两端会产生感应电动势，感应电动势的方向可以用楞次定律来确定.

阶段3　电容元件

1. 电容元件的概念

电容器的基本结构是用绝缘介质把两块金属板隔开,这两块金属板称为电容器的极板,其上引出的金属导线作为接线端子. 在外电源的作用下,两块极板上能分别储存等量的异性电荷,并在介质中形成电场. 当去掉外电源后,两极板上的电荷能长久地储存,并在电荷所建立的电场中储存能量,因此电容器是一种能够储存电场能量的元件. 电容元件是实际电容器的理想化模型,它是反映电路中储存电场能量这一物理性能的理想元件. 我们常将电容元件简称为电容,并用 C 表示. 它也是表征材料(或器件)储存电场能量的一种参数.

常用电容元件的外形与图形符号如图 1-14 所示.

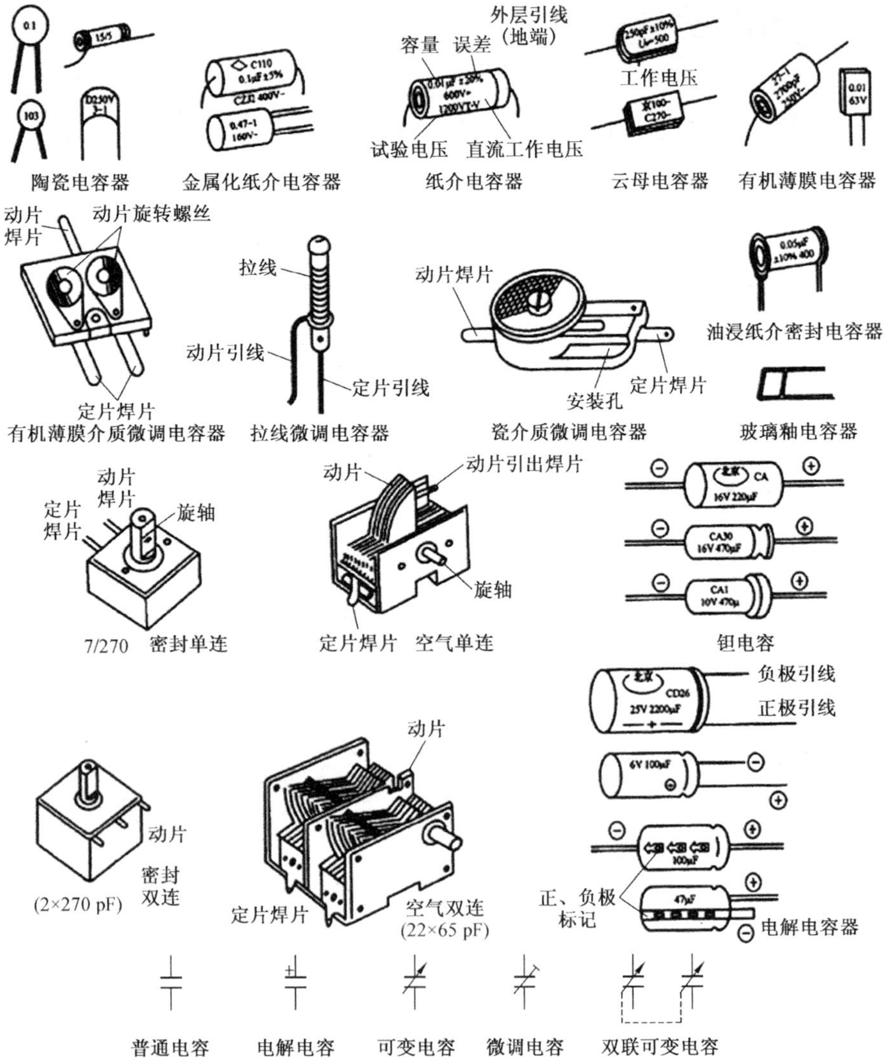

图 1-14　常见电容器的外形和图形符号

电容的国际单位为法拉(F). 法拉的单位很大,常采用微法(μF)和皮法(pF)作为电容的单位,它们之间的关系是

$$1\ \mathrm{F}=10^6\ \mu\mathrm{F}=10^{12}\ \mathrm{pF}$$

电容元件的电容量 C 为电容器上存储的电荷量 q 和它两端的电压 U_C 的比值,即

$$C=\frac{q}{U_C} \tag{1-10}$$

2. 电容元件的作用与伏安特性

电容器(简称电容)是一种能存储电能的元件,其特性是通交流、隔直流,通高频、阻低频. 电容器在电路中常用作交流信号的耦合、交流旁路、信号分离、谐振选频等. 此外,电容的用处还有许多,要根据其在电路中的位置具体分析.

当电容两端的电压升高时,两极板上储存的电荷量增加,这一过程称为充电;当电压降低时,两极板上储存的电荷量减少,这一过程称为放电. 电容在充放电过程中,所储存的电荷随时间而变化. 在稳定的直流电路中,电容的端电压为一常数.

思考与练习

1. 在直流电路中对于电感元件和电容元件做何处理?
2. 如何计算电阻串、并联的等效电阻? 电容串、并联的等效电容计算公式和电阻一样吗?

任务4　电压源和电流源

任务描述: 了解电压源与电流源模型及其外特性;
掌握电压源与电流源之间的等效转换.

任务分析: 电源的电路模型有两种表示形式:一种是以电压形式表示的电路模型,称为电压源;一种是以电流形式表示的电路模型,称为电流源. 本任务将讲述这两种电路模型——电压源与电流源.

电源元件是将其他形式的能转化为电能的装置,也是电路的基本元件之一. 电源有两种不同的类型,一种是电压源,另一种是电流源.

阶段1　电压源

1. 理想电压源

在电路中能够提供电压的设备有发电机、蓄电池、干电池等,它们都是电压源. 当电压源消耗电能很小可以忽略时,可以看作理想电压源. 理想电压源能向负载提供一个恒定的电压或按某一特定规律随时间变化的电压. 图 1-15(a)和(b)所示为理想电压源的图形符号. 理想电压源的两个特征如下:

(1) 端电压是一个恒定值或是一个特定时间函数,与电流无关.

(2) 输出电流的大小与外电路有关，其值随外电路的变化而变化，伏安特性曲线如图 1-15(c)所示. 因为理想电压源的输出电压与电流无关，所以其伏安特性曲线为平行于横轴的一条直线. 因此，理想电压源又称为恒压源.

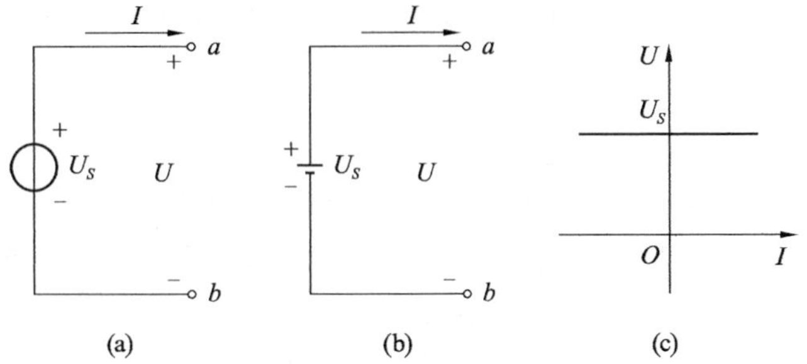

图 1-15 理想电压源及伏安特性曲线

2. 实际电压源

在实际电路中，当电压源本身消耗电能较大而不能忽略时，接上负载通电后，输出的电压就不是一个恒定值，这时实际电压源就不能简单地用理想电压源模型描述，通常用一个理想电压源与一个电阻串联的模型代替. 如图 1-16 所示，R_0 为电源的内阻，表示内部损耗. 此时，实际电压源的输出电压与输出电流的关系为

$$U=U_S-IR_0 \tag{1-11}$$

实际电压源端电压 U 低于恒压源的电压 U_S，原因是存在内阻压降 IR_0. 实际电压源的伏安特性曲线如图 1-17 所示. 由伏安特性曲线可以看出，IR_0 越小，实际电压源的特性越接近恒压源. 工程中常用的稳压电源输出电压基本不随外电路变化，在一定范围内可近似看作恒压源.

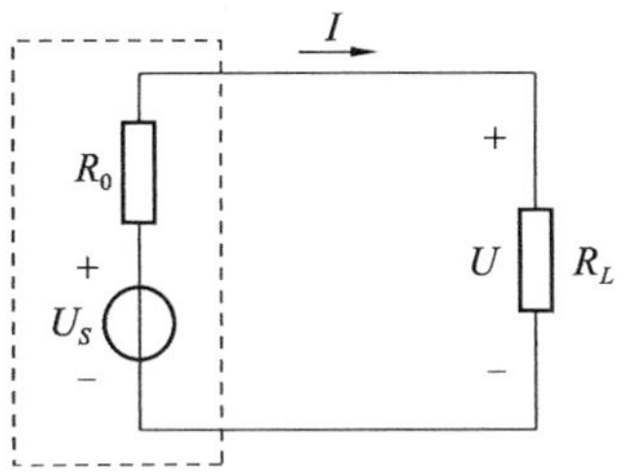

图 1-16 实际电压源电路模型

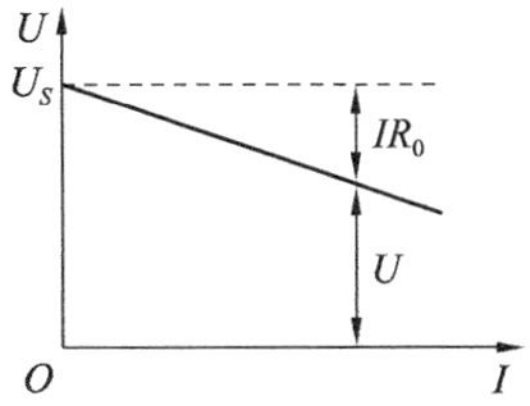

图 1-17 实际电压源的伏安特性曲线

阶段 2 电流源

1. 理想电流源

理想电流源是由实际电流源抽象出来的理想化模型. 在忽略其内部损耗的情况下，实际电流源可用一个理想电流源的模型表示. 理想电流源能向负载提供一个恒定的电流或按某一特定规律随时间变化的电流. 图 1-18 所示为理想电流源的图形符号.

理想电流源的两个特征如下：

(1) 输出电流为恒定值或为一个特定的时间函数，与端电压无关.

(2) 端电压与外电路有关，其值随外电路的变化而变化.

理想电流源的电流与端电压无关，其伏安特性曲线为平行于纵轴的一条直线，如图 1-19所示. 因此，理想电流源又称为恒流源.

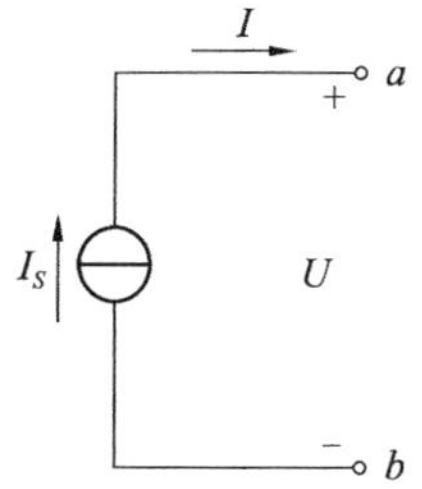

图 1-18　理想电流源

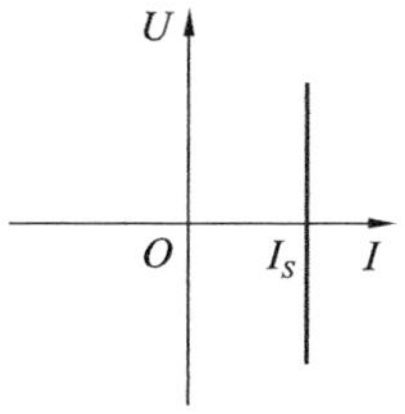

图 1-19　理想电流源的伏安特性

2. 实际电流源

实际电流源的内部也存在一定的损耗，当内部损耗不可忽略时，接上负载后，其输出电流也不是一个恒定值. 这时，可用一个理想电流源与一个电阻并联的模型等效代替. 如图 1-20 所示，R_0 为其内阻. 输出电流与电源端电压的关系为

$$I=I_S-\frac{U}{R_0}\text{或 }U=I_SR_0-IR_0 \tag{1-12}$$

实际电流源的伏安特性曲线如图 1-21 所示. 显然，实际电流源输出到外电路的电流小于恒流源电流 I_S，其原因是内电阻 R_0 上产生分流，实际电流源的内阻 R_0 越大，内部分流越小，其特性就越接近恒流源. 晶体管稳流电源及光电池等器件在一定范围内可近似看作恒流源.

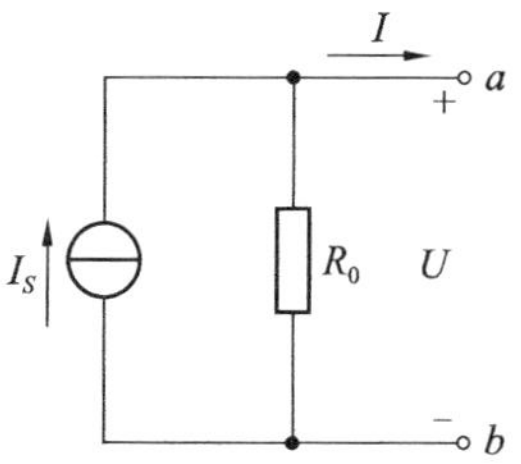

图 1-20　实际电流源电路模型

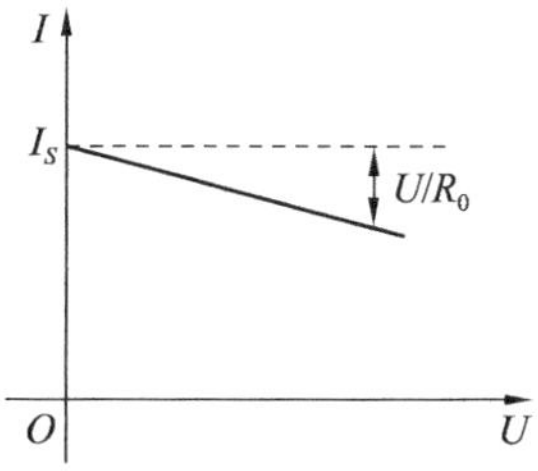

图 1-21　实际电流源的伏安特性

任务 5　基尔霍夫定律

任务描述：理解并熟练掌握基尔霍夫电流定律和基尔霍夫电压定律.

任务分析：在进行电路分析和计算时，除了会用到欧姆定律，还离不开基尔霍夫定律. 本任务主要介绍电路分析中的基本定律——基尔霍夫定律.

基尔霍夫定律是分析电路问题最基本的定律. 基尔霍夫定律又分为基尔霍夫电流定律和基尔霍夫电压定律. 在介绍基尔霍夫定律之前，先结合如图 1-22 所示电路介绍几个与基尔霍夫定律有关的电路名词.

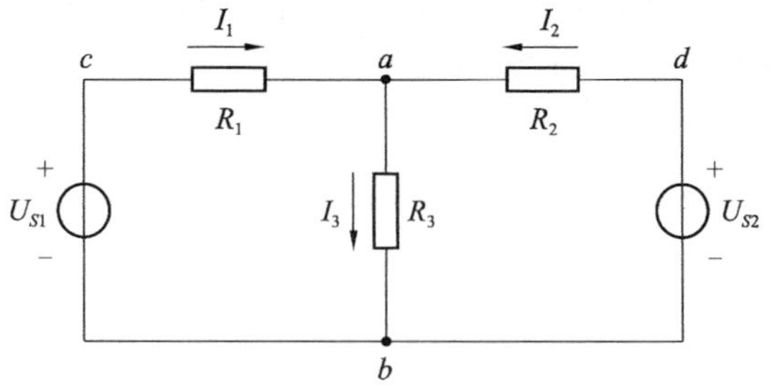

图 1-22 电路术语说明图

(1) 支路. 电路中两点之间通过同一电流、再没有分支的一段电路称为支路. 图 1-22 中共有 3 条支路: ab, acb, adb. 其中, ab 支路不含电源, 称为无源支路; acb, adb 支路含有电源, 称为有源支路.

(2) 节点. 电路中 3 条或 3 条以上支路的连接点称为节点. 图 1-22 中共有 2 个节点: 节点 a 和节点 b.

(3) 回路. 电路中任一闭合的路径称为回路. 图 1-22 中共有 3 条回路: $acbda$, $acba$ 和 $abda$.

(4) 网孔. 在平面电路中不含其他支路的回路(中间无支路穿过)叫网孔. 图 1-22 中的 $acba$ 回路、$abda$ 回路都是网孔.

阶段 1 基尔霍夫电流定律(KCL)

基尔霍夫电流定律是描述电路中任一节点处各支路电流之间相互关系的定律. 因为电流具有连续性, 在电路中任一节点上均不可能发生电荷堆积现象, 所以在任一瞬间流入节点的电流之和必定等于从该节点流出的电流之和, 即

$$\sum I_{出} = \sum I_{入} \tag{1-13}$$

这一关系称为基尔霍夫电流定律, 通常又称基尔霍夫第一定律, 简写为 KCL 定律. KCL 定律实质上是电流连续性原理的具体反映.

在图 1-22 中, 设电流 I_1, I_2, I_3 的参考方向如图所示. 对节点 a 运用 KCL 定律, 有

$$I_1 + I_2 = I_3$$

或

$$I_1 + I_2 - I_3 = 0$$

也可写成

$$\sum I = 0 \tag{1-14}$$

所以 KCL 定律还可以表述为: 电路在任一瞬时, 通过任一个节点电流的代数和恒等于零.

运用上式列方程时, 可规定流入节点的电流为正, 流出节点的电流为负; 也可以做相反的规定, 即设流出节点的电流为正, 流入节点的电流为负. 但同一电路中必须用同一标准.

如果支路电流结果为负值, 说明选定的电流参考方向与实际电流方向相反; 如果支路电流结果为正值, 说明选定的电流参考方向与实际电流方向相同.

基尔霍夫电流定律可推广应用于包围部分电路的任一假设的闭合面. 如图 1-23 所示电路, 设流入节点的电流为正, 流出节点的电流为负, 分别对节点 a, b, c 列 KCL 方

程，有

$$I_1-I_4-I_6=0$$
$$I_2+I_4-I_5=0$$
$$I_3+I_5+I_6=0$$

将以上三式相加，得

$$I_1+I_2+I_3=0$$

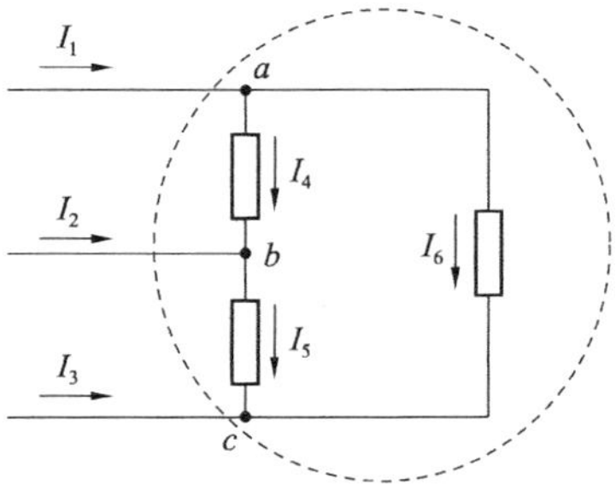

图 1-23 基尔霍夫电流定律推广应用

这一结果与把封闭区域看成一个节点应用KCL列方程的结果完全相同，所以基尔霍夫电流定律不仅适用于节点，也可推广应用于包围部分电路的任一假设的封闭面. 不论被包围部分的电路结构如何，流入此封闭面的电流代数和恒等于零.

【例 1-2】 如图所示电路，已知电流 $I_1=6$ A，$I_2=5$ A，$I_3=4$ A，试求 I_4.

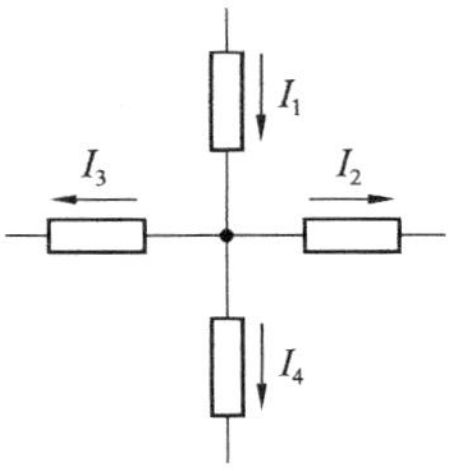

例 1-2 图

解 设流入节点的电流为正，流出节点的电流为负，由KCL定律有

$$I_1-I_2-I_3-I_4=0$$
$$I_4=I_1-I_2-I_3=6-5-4=-3\ \text{A}$$

负号说明电流 I_4 的实际方向与图中所标的方向相反.

阶段 2 基尔霍夫电压定律(KVL)

基尔霍夫电压定律是描述电路中任一回路上各段电压之间相互关系的定律. 能量守恒定律是自然界中普遍存在的规律，电路也必须遵守能量守恒法则. 若某段时间内，电路中某些元件得到的能量有所增加，则其他一些元件的能量必然有所减少，以保持能量的守恒. 这就要求电路中各电压之间必须满足一定的关系.

由电压的定义可知，两点间的电压与正电荷经过的路径没有关系，只与两点的位置有关. 正电荷从回路中任意一点出发，以顺时针方向或逆时针方向沿回路绕行一周，在这个方向上升高的电压之和应等于降低的电压之和. 回到原来的出发点时，该点的电位值不发生变化，即电路中任意一点的瞬时电位具有单值性，即

$$\sum U_{升}=\sum U_{降} \tag{1-15}$$

这一关系称为基尔霍夫电压定律，通常又称基尔霍夫第二定律，简写为KVL定律. KVL定律实质上是能量守恒定律的具体反映.

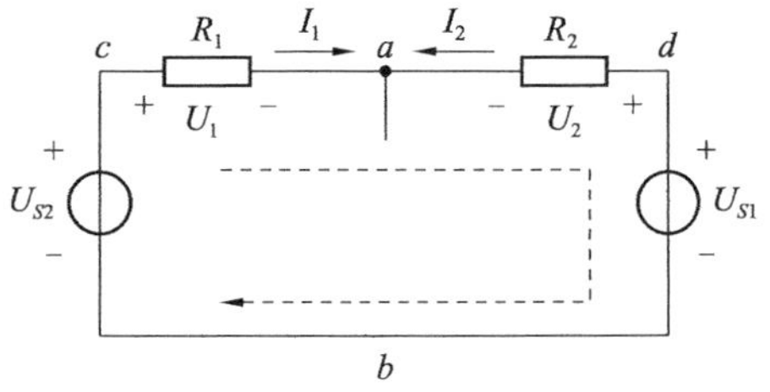

图 1-24 基尔霍夫电压定律

从图1-24所示电路中取一个回路 $adbca$，依次标出各元件上的电压 U_1，U_2，U_{S1}，U_{S2}. 对这个回路选择一个绕行方向(顺时针或逆时针)，在图中用虚线和箭头表示.

设各电压、电流的参考方向及回路绕行方向如图1-24所示，运用基尔霍夫电压定

律，有

$$U_1+U_{S2}=U_{S1}+U_2$$

上式可改写为 $$U_1-U_2-U_{S1}+U_{S2}=0$$

即

$$\sum U=0 \tag{1-16}$$

所以 KVL 定律还可以表述为：在任一瞬间，沿任一回路绕行方向绕行一周，回路中各段电压的代数和恒等于零. 运用 KVL 定律时，一般假设电压参考方向与回路绕行方向一致时电压取正号，电压参考方向与回路绕行方向相反时电压取负号.

根据欧姆定律 $$U_1=I_1R_1, U_2=I_2R_2$$

所以 $$I_1R_1-I_2R_2=U_{S1}-U_{S2}$$

即 $$\sum IR=\sum U_S \tag{1-17}$$

式(1-17)为 KVL 定律在电阻电路中的另一种表达式，它表示在任一回路绕行方向上，回路中电阻上电压降的代数和等于回路中电压源电压的代数和. 运用式(1-17)时，电流参考方向与回路绕行方向一致时 IR 前取正号，相反时取负号；电压源电压方向与回路绕行方向一致时 U_S 前取负号，相反时取正号.

基尔霍夫电压定律不仅适用于闭合回路，也可推广应用到不闭合电路上，但要将开口处的电压列入方程. 如图 1-25(a)所示的电路中，a，b 两点没有闭合，沿着图示回路方向绕行，可得方程

$$U_{ab}+U_{S3}+I_3R_3-I_2R_2-U_{S2}-I_1R_1-U_{S1}=0$$

对于图 1-25(b)所示的电路可列出方程

$$-U-IR+U_S=0$$

或 $$I=\frac{U_S-U}{R} \tag{1-18}$$

这就是有源电路的欧姆定律表达式.

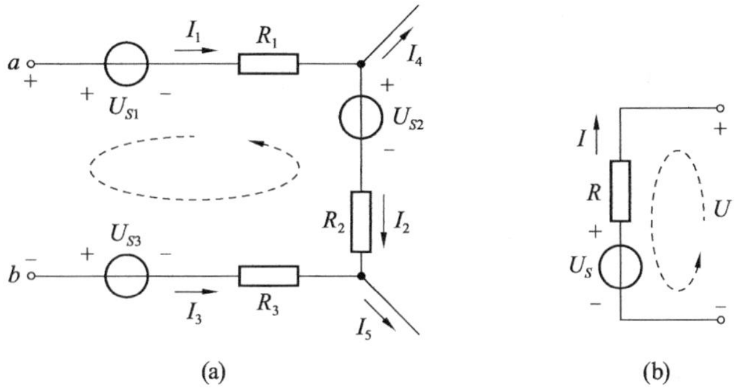

图 1-25 基尔霍夫电压定律的推广应用

【例 1-3】 在如图所示电路中，已知 $U_1=5$ V，$U_3=3$ V，$I=2$ A，试求 U_2，I_2，R_1，R_2 和 U_S.

解 (1) I_2 为通过 2 Ω 电阻的电流，此电阻上的电压为 $U_3=3$ V，故

$$I_2=\frac{3}{2}=1.5\ \text{A}$$

(2) R_1, R_2 和 2 Ω 电阻构成一闭合回路，由基尔霍夫电压定律得

$$U_2+U_3-U_1=0$$

所以 $U_2=U_1-U_3=5-3=2\ \text{V}$

(3) 由欧姆定律可求得

$$R_2=\frac{U_2}{I_2}=\frac{2}{1.5}\approx1.3\ \Omega$$

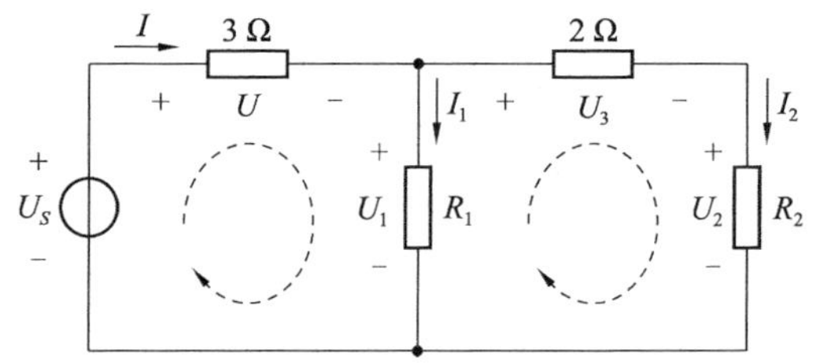

例 1-3 图

(4) 根据基尔霍夫电流定律有

$$I_1=I-I_2=2-1.5=0.5\ \text{A}$$

由欧姆定律可求得

$$R_1=\frac{U_1}{I_1}=\frac{5}{0.5}=10\ \Omega$$

(5) U_S, R_1 和 3 Ω 电阻构成一闭合回路，由基尔霍夫电压定律得

$$U+U_1-U_S=0$$

所以

$$U_S=U+U_1=2\times3+5=11\ \text{V}$$

【例 1-4】 在如图所示电路中，$U_{S1}=12\ \text{V}$, $U_{S2}=3\ \text{V}$, $R_1=3\ \Omega$, $R_2=9\ \Omega$, $R_3=1\ \Omega$，试求开口处 ab 两端的电压 U_{ab}.

解　设电流 I_1, I_2, I_3 的参考方向及回路Ⅰ，Ⅱ的绕行方向如图所示. 因 ab 处开路，所以 $I_3=0$. 对节点 c 列 KCL 方程，有

$$I_1=I_2$$

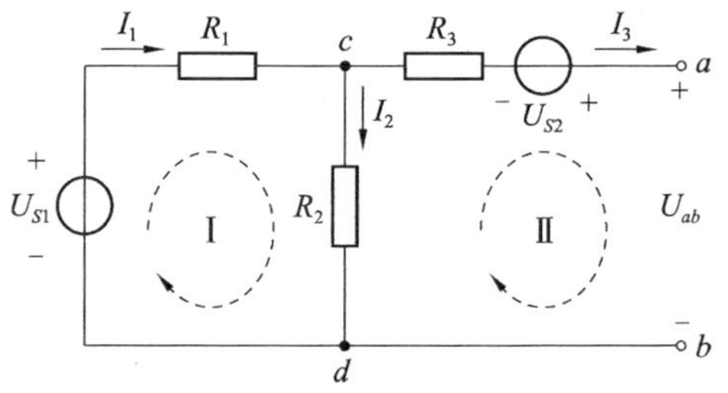

例 1-4 图

对回路Ⅰ列 KVL 方程，有

$$I_1R_1+I_2R_2=U_{S1}$$

所以

$$I_2=I_1=\frac{U_{S1}}{R_1+R_2}=\frac{12}{3+9}=1\ \text{A}$$

对回路Ⅱ列 KVL 方程，有

$$U_{ab}-I_2R_2+I_3R_3-U_{S2}=0$$

所以

$$U_{ab}=I_2R_2-I_3R_3+U_{S2}=1\times9-0\times10+3=12\ \text{V}$$

思考与练习

1. 电路如习题 1 图所示，试列出 U, I 的关系式.

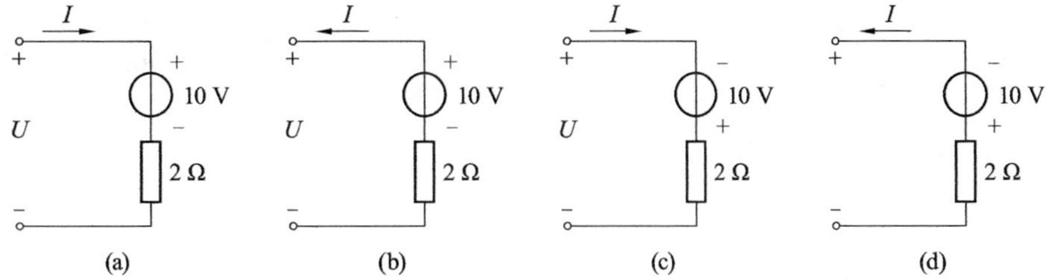

习题 1 图

2. 如习题 2 图所示电路，试求电压 U_{ab}.

3. 求如习题 3 图所示电路中的电压 U_{ac} 和 U_{bd}.

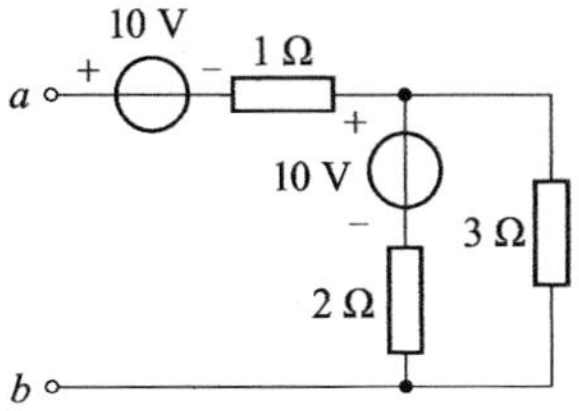

习题 2 图

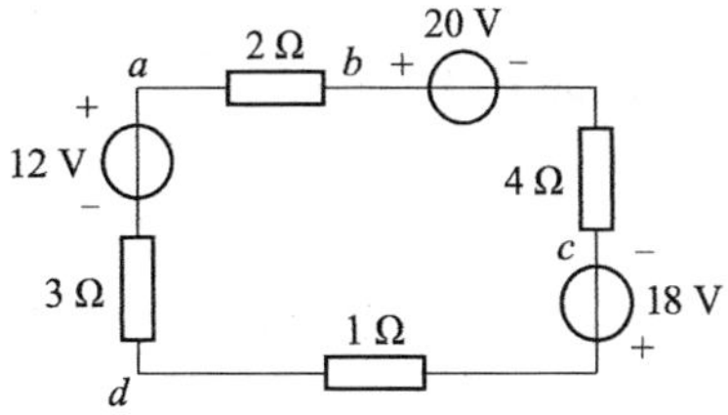

习题 3 图

4. 在如习题 4 图所示电路中，已知流过电阻 R 的电流 $I=0$，求 U_{S2}.

5. 在如习题 5 图所示电路中，试求电压 U 和电流 I.

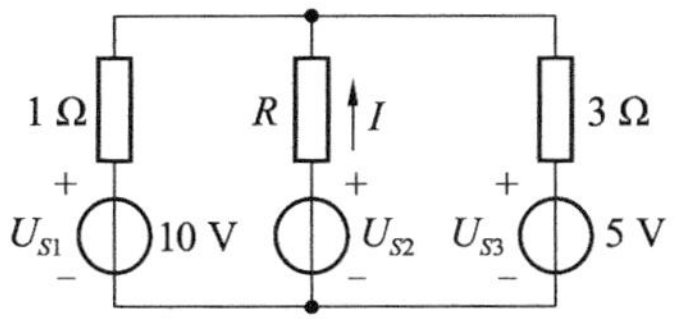

习题 4 图

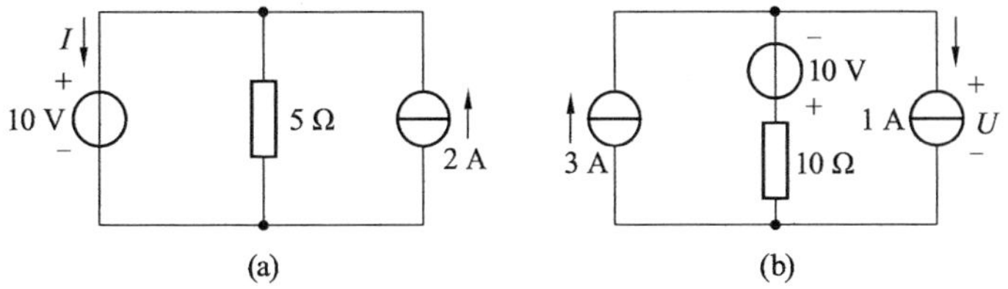

习题 5 图

任务 6　电路的工作状态及电位的计算

任务描述：理解电路的几种工作状态；
理解零电位点的概念，会选择零电位点；
理解电路中电位的概念及电位和电压之间的关系；
会计算电路中各点的电位和任意两点之间的电压；
理解电位的高低与绕行方向无关，而与零电位点的选择有关.

任务分析：电路中的每一点都有一定的电位，本任务主要介绍电位的计算.

阶段 1　电路的工作状态

电路可以处于几种状态中的某一状态：负载状态、开路（空载）状态或短路状态.

1. 负载状态

图 1-26 所示的电路，将开关 S 合上时，电路接通，有电流通过负载 R，这种状态称为负载状态. 此时电源输出的电流取决于外电路中并联用电器的数量. 为能在额定电压下工作，用电器之间一般采用并联连接. 电路中的电流为

$$I=\frac{U_S}{R+R_0} \tag{1-19}$$

式中，R 为全部用电器的电阻. 当负载减小，即并联的用电器减少时，其等效电阻增大，电源输出电流和功率随之减小；反之，当负载增大时，输出的电流和功率亦增大.

2. 开路(空载)状态

在图 1-26 所示电路中，当开关 S 断开时，电路处于开路(空载)状态. 由于开路时电路未构成闭合回路，电路中的电流为零，负载两端的电压也为零，负载不消耗功率，这时电源的端电压在数值上等于电动势，称为开路电压或空载电压，用 U_{oc} 表示. 由于电路的电流为零，故电路不输出功率.

3. 短路状态

在图 1-26 所示电路中，当电源的两端 a 和 b 由于某种原因而直接接通，即外电路电阻等于零时，称电源被短路，如图 1-27 所示. 这时电流仅由内阻 R_0 限制，在 R_0 很小的情况下，电流会达到很大的数值，这个电流称为短路电流，用 I_{sc} 表示.

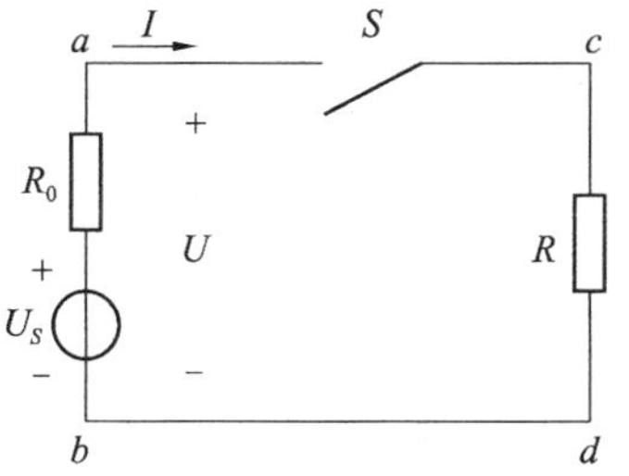

图 1-26 电路的工作状态

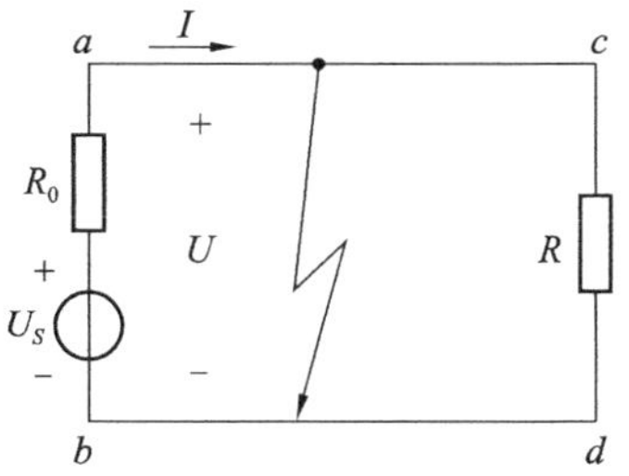

图 1-27 电路的短路状态

电源短路时，由于外电路的电阻为零，所以电源的端电压也为零，电源的电动势全部落在内电阻上.

短路通常是一种事故，应尽量避免. 为了防止短路事故的发生，通常在电路中安装熔断器或其他自动开关等保护装置，一旦发生短路，能迅速切断故障电路，从而防止事故扩大，以保护电气设备和供电线路.

阶段 2 电位的计算

电位的概念对实际电路的测量十分重要. 一个复杂电路的元器件数目相当可观，为了解其工作状态，需要用万用表、示波器等仪器进行测量. 若要测出任意元器件两端的电压，把仪器两个输入端中的一个固定接在被测电路选定的参考点(零电位点)上，即可单手操作测量各点的电位，进而求出任意两点间的电压. 这种测量方法既方便又安全。将电位的概念应用于电路分析可使问题简化. 分析电子电路时，往往需要分析、计算电路中某些点的电位，从而使问题更加简单明确. 例如，对于二极管，只有当阳极电位高于阴极电位时才可能导通，否则截止.

虽然电路中选定的参考点一般并不与大地相连接，但也称为“地”. 在电路图中，参考点用符号“⊥”表示.

根据上述特点，画电路图时不一定要将电压源的正、负端全部画出并且连成闭合回路，这样可使整个电路图看起来较为简洁，这就是电路的习惯画法，即电压源不用图形符号表示，而改为只标出其极性及电压值. 如图 1-28(a)可改画为图 1-28(b)，在 a 端标出 $+U_{S1}$，b 端标出 $+U_{S2}$，表示电压源 $+U_{S1}$ 的正极接在 a 端，$+U_{S2}$ 的正极接在 b 端，a，b 两点的电位值分别等于两个电压源的电压值 $+U_{S1}$ 和 $+U_{S2}$，而负极都接在参考点. 为了清楚起见，常将电压源的电位标在图的上、下、左、右，尽可能不画在中间，如图 1-28(b)所示.

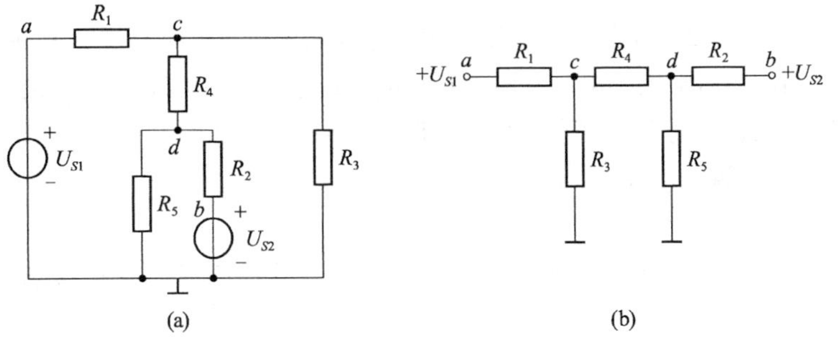

图 1-28　电路的两种画法

计算电路中各点的电位时，应首先选定电路中某一点作为参考点，并规定参考点电位为零，则电路中其他各点的电位就等于各点与参考点之间的电压. 所以，电路中电位的计算也就是电压的计算.

实际应用中，参考点可以任意选取，但一个电路只能选定一个参考点. 参考点选定后，电路中各点电位就只有唯一的值，即某点电位具体到同一电路中具有单值性.

在图 1-29(a)所示电路中，如果选 b 点为参考点，电路图如图 1-29(b)所示，则记作 $V_b=0$，其他各点的电位分别为

$$V_a=U_{ab}=10\times 6=60\ \text{V}$$
$$V_c=U_{cb}=140\ \text{V}$$
$$V_d=U_{db}=90\ \text{V}$$

计算结果表明，a，c，d 三点的电位均比 b 点高，具有正电位.

在电路中，知道各点电位后，任意两点间的电压就能由两点间的电位差求得. 例如，c，d 两点间的电压为

$$U_{cd}=V_c-V_d=140-90=50\ \text{V}$$

同一个电路，若选用不同参考点，各点电位的数值也不同. 如图 1-29(a)所示电路，若选取 d 点为参考点，则电路图如图 1-29(c)所示，d 点电位为 0 V. 其他各点的电位分别为

$$V_a=U_{ad}=-6\times 5=-30\ \text{V}$$
$$V_b=U_{bd}=-90\ \text{V}$$
$$V_c=U_{cd}=U_{cb}+U_{bd}=140-90=50\ \text{V}$$

计算结果表明，c 点电位比参考点电位高 50 V，具有正电位. a，b 点电位比参考点电位低，具有负电位. c，d 两点之间的电位差(即电压)为

$$U_{cd}=V_c-V_d=V_c=50\ \text{V}$$

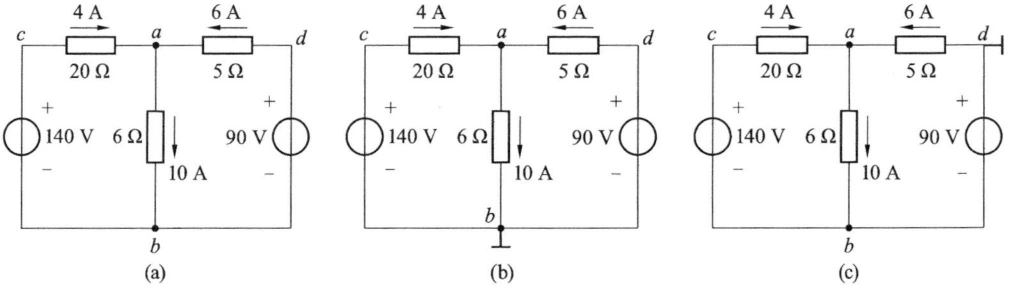

图 1-29 电位的计算

由此可见,电路中任意两点间的电压不随参考点的改变而改变.从电位计算的一般原则来说,参考点虽然可以任意选取,但大部分情况下,将支路汇集最多的节点选为参考点可使计算较为方便.此外,作图时,一般也将参考点画在电路的底部,分析计算比较方便.

【例 1-5】 在例 1-5 图(a)所示电路中,求开关 S 断开和闭合两种情况下的 a 点电位.

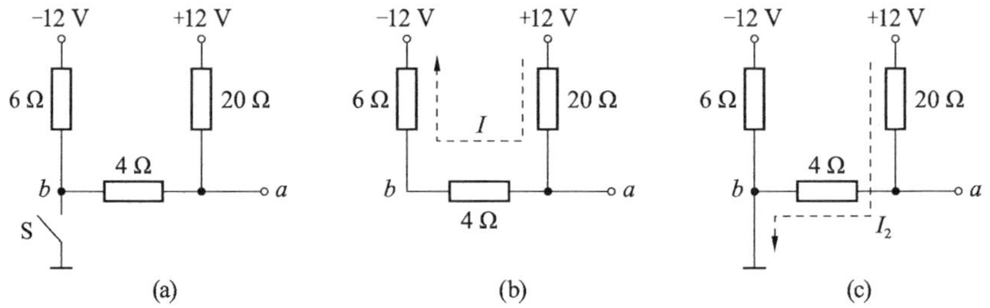

例 1-5 图 电位图

解 (1) S 断开时,电路如图(b)所示.设电流 I 方向如图,由欧姆定律得

$$I=\frac{12-(12)}{20+4+6}=0.8\ \text{A}$$

a 点电位为

$$V_a=12-0.8\times 20=-4\ \text{V}$$

(2) S 闭合时,电路如图(c)所示,$U_b=0$.设电流 I_2 正方向如图,由欧姆定律得

$$I_2=\frac{12}{20+4}=0.5\ \text{A}$$

a 点电位为

$$V_a=0.5\times 4=2\ \text{V}$$

思考与练习

1. 什么是电路的开路状态、短路状态?

2. 电路如习题 2 图所示，试求电流 I 和 a 点的电位 V_a.

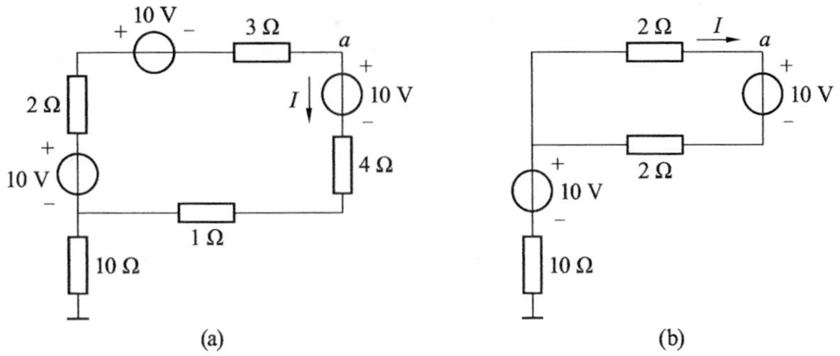

习题 2 图

3. 电路如习题 3 图所示，试求在开关断开和闭合两种情况下 a 点的电位 V_a.

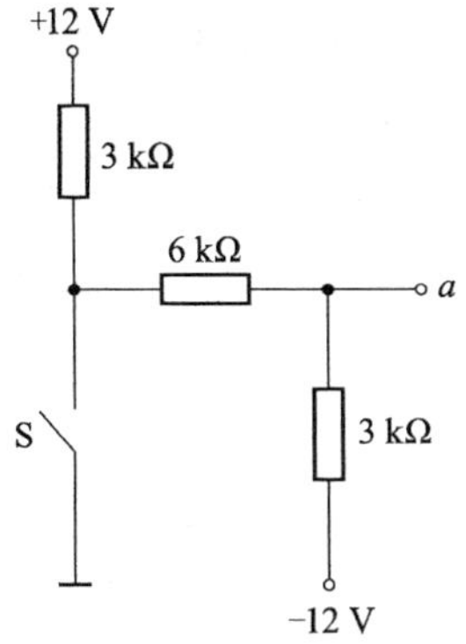

习题 3 图

情境小结

1. 电路的组成

电路是将某些电工设备或元件按一定方式组合起来所构成的电流通路. 电路都是由电源(或信号源)、负载、中间环节三个部分组成的.

2. 电路的作用

电路的主要功能有两类：第一类功能是进行能量的转换、传输和分配；第二类功能是实现信号的传递和处理等.

3. 电路模型

电路模型是实际电路结构及功能的抽象化表示，是各种理想化元件模型的组合. 常用的理想元件有电源、电阻、电感、电容等基本元件电路模型.

4. 基本物理量及电压、电流的参考方向

电流是由电荷有规则的定向运动形成的，其大小为

$$i=\frac{dq}{dt}$$

电压是衡量电场力做功能力的一个物理量，其大小为

$$U_{ab}=\frac{dW}{dq}$$

电位是衡量电场力把单位正电荷从一点移动到参考点所做的功. 电路中任意两点间的电压也可用两点间的电位差来表示，即 $U_{ab}=V_a-V_b$

电功率是表示设备消耗电能的速率，

$$P=\frac{dW}{dt}$$

由于电流、电压的实际方向只有两种可能性，因此在对电路分析、计算前可以人为地选择电流、电压的任一方向作为参考方向，以便于对电路进行分析计算.

5. 电路中的基本元件

电阻是反映在电路中消耗电能性质的元件，是电路中用得最多的元件之一. 线性电阻电阻值是一个常数，所以其伏安特性曲线是一条经过原点的直线，$U=IR$.

电感元件是实际电感器的理想化模型，它是反映电路器件储存磁场能量这一物理性能的理想元件.

$$L=\frac{\Psi_L}{i},U_L=L\frac{di}{dt}$$

电容器的基本结构是用绝缘介质把两块金属板隔开，它是一种能存储电场能的元件.

$$C=\frac{q}{U_C},I_C=\frac{dU_C}{dt}$$

6. 电源及其电路模型

理想电压源能向负载提供一个恒定的电压或按某一特定规律随时间变化的电压. 实际的电压源通常用一个理想电压源与一个电阻串联的模型代替. 实际电压源的输出电压与输出电流的关系为 $U=U_S-IR_0$.

理想电流源是由实际电流源抽象出来的理想化模型. 理想电流源能向负载提供一个恒定的电流或按某一特定规律随时间变化的电流. 实际电流源可用理想电流源与一个电阻并联的模型等效代替.

7. 电阻、电容的连接

电阻串联时，每个电阻上的电压与其电阻值成正比，通过各串联电阻的电流相同. 等效电阻为 $R=R_1+R_2+R_3$.

电阻并联时，通过每个电阻的电流与其电阻值成反比，并联的各电阻两端电压相等. 等效电阻为

$$\frac{1}{R}=\frac{1}{R_1}+\frac{1}{R_2}+\frac{1}{R_3}$$

8. 基尔霍夫定律

基尔霍夫电流定律内容是：电路在任一瞬时，通过任一个节点电流的代数和恒等于

零,即 $\sum I = 0$.

基尔霍夫电压定律是描述电路中任一回路上各段电压之间相互关系的定律.在任一瞬间,沿任一回路绕行方向绕行一周,回路中各段电压的代数和恒等于零,即 $\sum U = 0$.

9. 电路的工作状态

电路的工作状态通常有三种,负载状态、开路(空载)状态和短路状态.短路通常是一种事故,应尽量避免.通常在电路中安装熔断器或其他自动开关等保护装置,防止短路的发生,以保护电气设备和供电线路.

学习情境2 电路的分析方法

分析与计算电路的基本定律是欧姆定律和基尔霍夫定律. 由于实际电路一般都相当复杂,计算过程极为烦琐,因此,要根据电路的结构特点,寻找电路分析和计算的简便方法. 本情境介绍等效变换法、支路电流法、叠加定理、戴维南定理等常用的电路分析方法. 电压源与电流源等效变换法是分析复杂电路非常有效而简便的一种方法. 支路电流法是最基本的电路分析方法,是分析复杂电路和学习其他电路分析方法的基础. 叠加定理和戴维南定理是线性电路中最重要的两个定理,熟练掌握这些定理会给复杂电路的分析计算带来方便.

虽然本情境讨论的是直流电路,但这些基本规律和分析方法只要稍加扩展,对交流电路的分析计算同样适用.

本情境主要针对复杂电路进行分析. 解决复杂电路问题的方法有两种:一种方法是根据电路待求的未知量,直接应用基尔霍夫定律列出足够的独立方程式,然后联立求解出各未知量;另一种方法是应用等效变换的概念,将电路化简或进行等效变换后,再通过欧姆定律、基尔霍夫定律或分压、分流公式求解出结果. 本情境介绍支路电流法、叠加定理和戴维南定理.

任务1 电压源与电流源的等效变换

任务描述: 了解电压源与电流源模型及其外特性;
理解电路等效的概念,掌握电压源与电流源等效变换的规则.

任务分析: 在分析复杂电路时,电路中若电源统一,会给分析带来不少简便. 其间可以将电流源变换成电压源,亦可将电压源变换成电流源,最终统一电源.

所谓复杂电路,就是不能利用电阻串并联方法化简,再应用欧姆定律进行分析的电路. 如图 2-1 所示的电路,各支路的电流及电压不可能用电阻串并联方法化简求解.

阶段1 电路等效变换的概念

在电路分析中,等效变换是一个很重要的概念. 应用等效变换,往往可以把由多个元件组成的复杂电路化简为相对简单,甚至只有一个回路的电路,从而使电路的分析计算得到简化.

电路的等效变换就是保持电路一部分电压、电流不变,对其余部分进行适当的结构变化,用新电路结构代替原电路中被变换的部分电路.

例如,要计算图 2-1(a)所示电路的总电流,可将虚线方框内由 R_1,R_2 两个电阻并联的电路用图 2-1(b)所示虚线方框内的电阻 R 代替,只要 $R=\frac{R_1R_2}{R_1+R_2}$,计算结果便相同.

这意味着图 2-1 所示虚线方框内的两部分电路相互等效,可以进行等效变换.

需要注意的是,因为等效的目的不是分析被等效部分电路内部的问题,而是分析对等效部分以外电路的作用,所以电路的等效指的是外电路的等效,对内通常是不等效的.

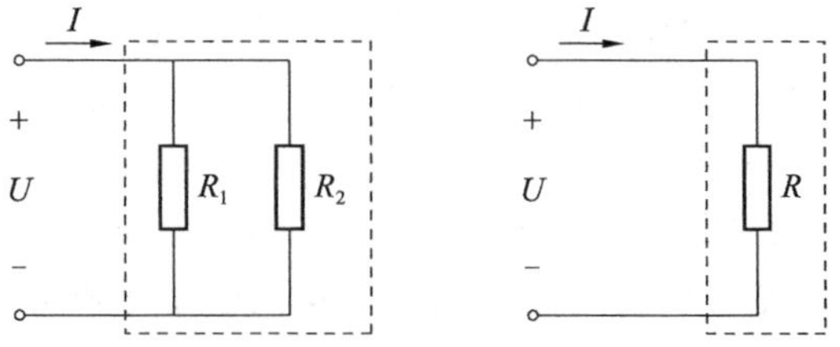

图 2-1　电源的等效变换法

阶段 2　电压源与电流源的等效变换

用电压源或电流源向同一个负载电阻供电,若能产生相同的供电效果(负载电阻电压 U 和电流 I 相同),则这两个电源是等效的.

学习情境 1 中讨论了实际电源的两种电路模型:一种是电压为 U_S 的恒压源与内阻 R_0 串联的电路;另一种是电流为 I_S 的恒流源与内阻 R_0 并联的电路. 两种电源模型之间是等效的,可以等效变换,如图 2-2 所示.

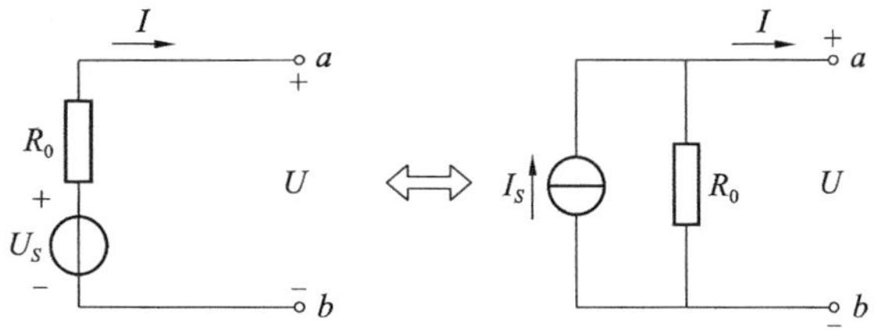

图 2-2　电源的等效变换

由电压源的伏安关系式 $U_S=U+IR_0$ 可得

$$I=\frac{U_S}{R_0}-\frac{U}{R_0} \tag{2-1}$$

式中,R_0 为电压源的内阻.

对于电流源,其伏安关系式可改写为

$$I=I_S-\frac{U}{R_0} \tag{2-2}$$

式中,R_0 为电流源的内阻.

若电压源和电流源对外电路等效,则以上两式的对应项相等,因此可求得等效变换的条件为

$$U_S=I_SR_0 \text{ 或 } I_S=\frac{U_S}{R_0} \tag{2-3}$$

这就是电压源与电流源的等效变换公式.

电压源和电流源作等效变换时要注意以下几点：

(1) 电压源和电流源间的等效关系仅对外电路而言,至于电源内部,二者间是不等效的.例如,外电路开路时,电压源内部不发出功率,内阻 R_0 上不消耗功率;但对于电流源来说,当外电路开路时,内部有电流通过,内阻 R_0 上有功率损耗.

(2) 注意电源的极性.因为对外电路产生的电流方向相同,所以电压源的正极性端与电流源电流流出的一端相对应.

(3) 理想电压源和理想电流源之间没有等效关系.理想电压源短路电流 I_{SC} 为无穷大;理想电流源开路电压 U_{OC} 为无穷大,都不能得到有限的数值,故两者不存在等效变换的条件.

【例 2-1】 有一直流电压源,$U_S=230$ V,$R_0=1$ Ω,负载电阻 $R_L=22$ Ω.

(1) 求此电源的两种等效电路并作图;

(2) 用电源的两种等效电路分别求电压 U 和电流 I;

(3) 比较电源两种等效电路的内部电流、电压和消耗的功率.

解 (1) 由题可知,电源的两种等效电路如例 2-1 图所示.电压源的两个参数为

$$U_S=230\ \text{V},\ R_0=1\ \Omega$$

$$I_S=\frac{U_S}{R_0}=\frac{230}{1}=230\ \text{A}$$

$$R_0=R_0'=1\ \Omega$$

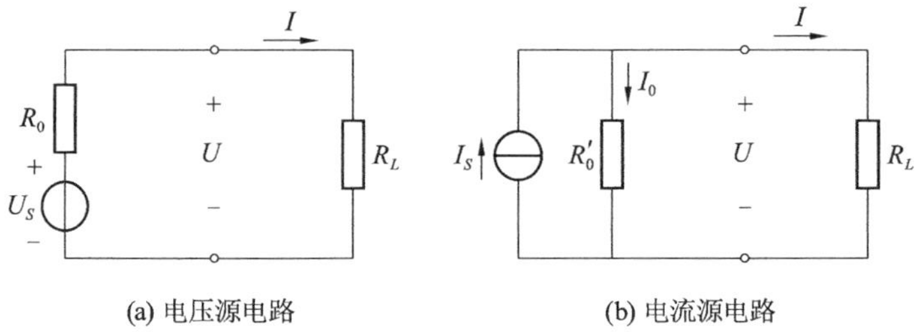

例 2-1 图

(2) 计算电压 U 和电流 I

在图(a)所示的电压源中

$$I=\frac{U_S}{R_0+R_L}=\frac{230}{1+22}=10\ \text{A}$$

$$U=IR_L=10\times22=220\ \text{V}$$

在如图(b)所示的电流源中

$$I=\frac{R_0}{R_0+R_L}I_S=\frac{1}{1+22}\times230=10\ \text{A}$$

$$U=IR_L=10\times22=220\ \text{V}$$

此电源的两种等效电路在负载 R_L 上的电压和电流相等,即对外电路是等效的.

(3) 计算内阻压降和电源内部损耗的功率

在如例 2-1 图(a)所示电路中,通过电压源的电流为 10 A,理想电压源 U_S 供给电路

的功率为 $P=IU_S=10\times230=2300\ \text{W}$

内阻 R_0 的压降为 $U_0=IR_0=10\times1=10\ \text{V}$

消耗在内阻 R_0 上的功率为 $P=I^2R_0=10^2\times1=100\ \text{W}$

在如例 2-1 图(b)所示电路中，理想电流源 I_S 供给电路的功率为

$$P=I_SU=230\times220=50600\ \text{W}$$

通过内阻 R_0 的电流为

$$I_0=\frac{U}{R_0}=\frac{220}{1}=220\ \text{A}$$

消耗在内阻 R_0 上的功率为

$$P=\frac{U^2}{R_0}=\frac{220^2}{1}=48400\ \text{W}$$

这说明电源的两种等效电路在电源内部的电流、电压、功率都不相等，即对电源内部来说是不等效的.

【例 2-2】 试用电压源与电流源等效变换的方法计算例 2-2 图(a)中的电流 I.

解 根据例 2-2 图的变换次序，将图(a)最终化简为图(e)所示的电路.

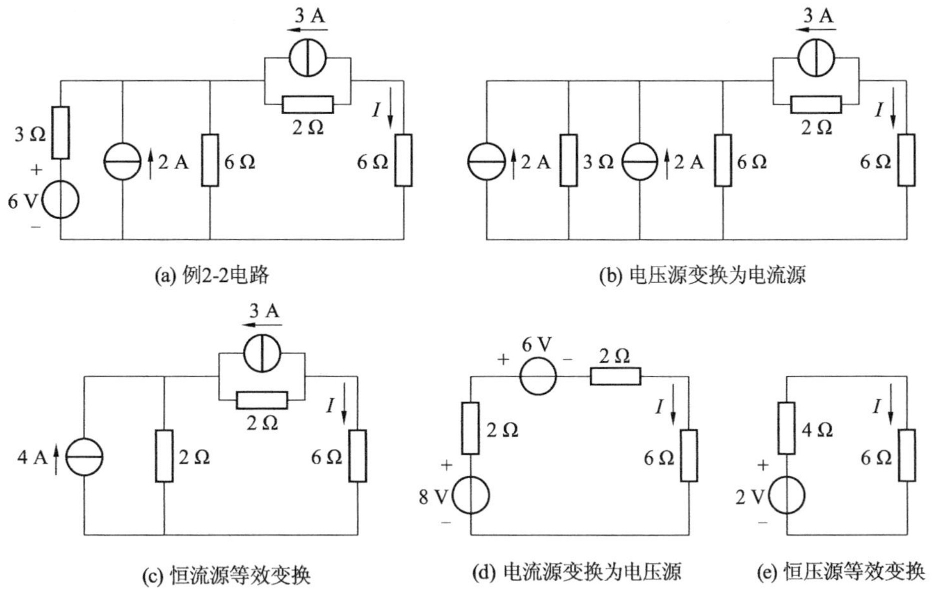

例 2-2 图

在变换过程中，当有多个理想电流源并联时，可等效为一个理想电流源，如由图(b)变换到图(c)；当有多个理想电压源串联时，可等效为一个理想电压源，如由图(d)变换到图(e).

由图(e)可得 $I=\frac{2}{4+6}=0.2\ \text{A}$

思考与练习

1. 化简如习题 1 图所示的电路.

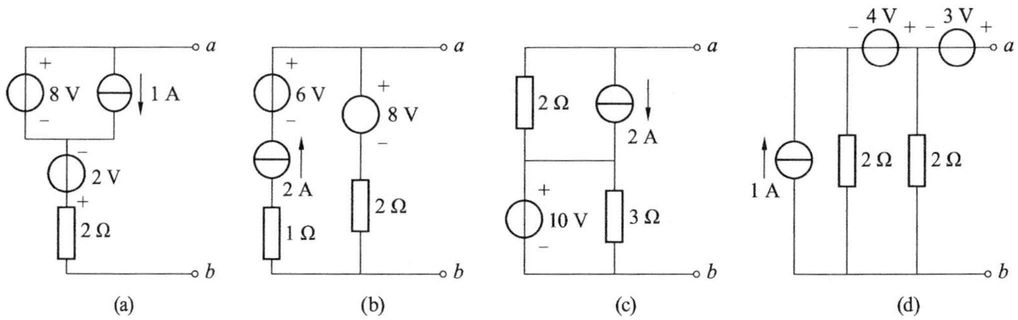

习题 1 图

2. 如习题 2 图所示电路，试用电源等效变换法求电流 I.

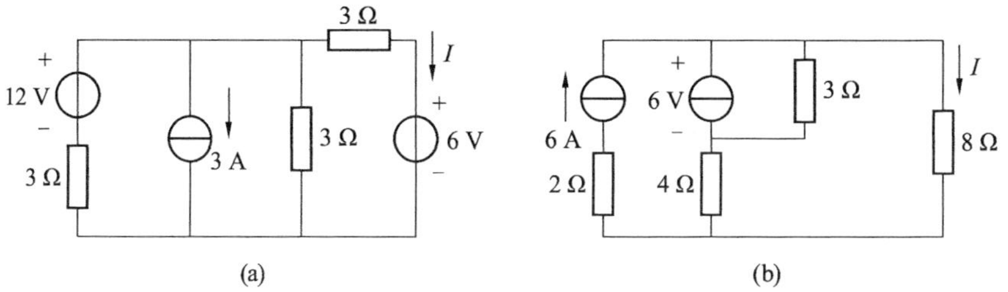

习题 2 图

任务 2　支路电流法

任务描述： 掌握运用支路电流法分析直流电路的方法.

任务分析： 对于复杂电路，除了用电源等效变换法求解以外，还可以用支路电流法求解. 本任务将详细讨论支路电流法.

在分析计算复杂电路的各种方法中，支路电流法是最基本的方法. 支路电流法以支路电流为未知量，根据基尔霍夫电流定律和基尔霍夫电压定律，分别列出电路中的节点电流方程及回路电压方程，然后联立求解出各支路中的电流. 电路中有几条支路，就有几个未知量.

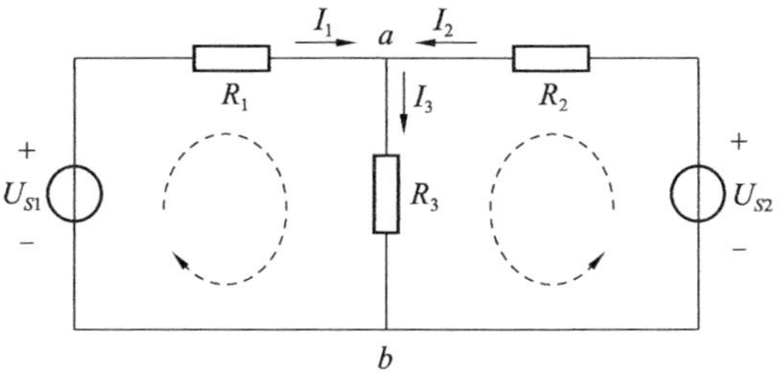

图 2-3　支路电流法分析

现以图 2-3 为例，说明支路电流法的应用. 电路中，支路数 $b=3$，节点数 $n=2$，共要列出 3 个独立方程. 电源电压和各电流的参考方向如图所示.

首先，应用基尔霍夫电流定律分别对节点 a，b 列方程，则有

$$I_1+I_2-I_3=0$$

$$-I_1-I_2+I_3=0$$

以上两个方程是等价的，其中一个方程式可由另一个方程式变换得到，是非独立方程. 一般来说，对具有 n 个节点的电路只能列出 $(n-1)$ 个独立方程.

其次，应用基尔霍夫电压定律列出其余 $b-(n-1)$ 个方程. 普遍采用的方法是取网孔（内部不包含任何支路的回路）列出电压方程. 图 2-3 中有两个网孔，分别对左侧、右侧网孔列出基尔霍夫电压方程，则有

$$U_{S1}=I_1R_1+I_3R_3$$
$$U_{S2}=I_2R_2+I_3R_3$$

因此应用基尔霍夫电流定律和电压定律一共可列出 b 个独立方程，所以能求出 b 条支路电流.

联系以上方程，可得出方程组

$$\begin{cases} I_1+I_2-I_3=0 \\ U_{S1}=I_1R_1+I_3R_3 \\ U_{S2}=I_2R_2+I_3R_3 \end{cases}$$

解方程组，就可以求出各支路电流.

最后，将求出的各支路电流代入未按电压定律列方程的回路中验算. 若方程两边平衡，则结果正确，否则结果有误.

用支路电流法求解电路的步骤可归纳如下：

(1) 判定电路的支路数 b 和节点数 n；

(2) 在电路图中标出各支路电流的参考方向和各回路绕行方向；

(3) 根据 KCL 定律列出 $(n-1)$ 个独立的节点电流方程式；

(4) 根据 KVL 定律列出 $b-(n-1)$ 个独立的回路电压方程式；

(5) 解联立方程组，求出各支路电流，必要时可求出各元件的电压和功率.

【例 2-3】 如例 2-3 图所示电路，用支路电流法求各支路电流及各元件的功率.

解 图中共 2 个节点，3 条支路，2 个网孔. 各支路电流 I_1，I_2，I_3 的参考方向及回路绕行方向如图所示. 根据 KCL 定律列出节点 a 的电流方程，设流出节点的电流为负，流入节点的电流为正，则有

$$-I_1-I_2+I_3=0$$

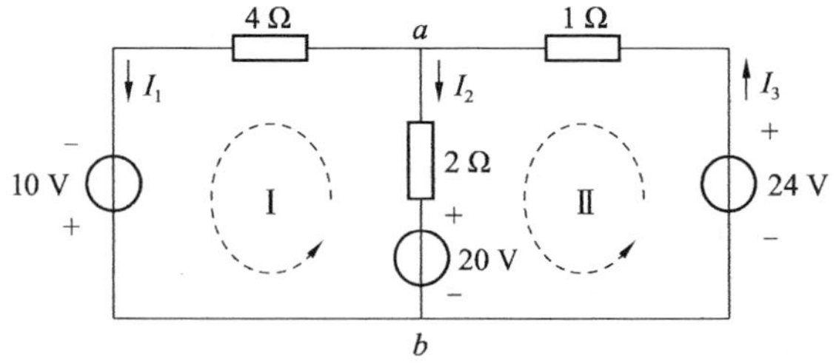

例 2-3 图

根据 KVL 定律列出回路 Ⅰ 与回路 Ⅱ 的电压方程

$$4I_1-2I_2=30$$
$$I_3+2I_2=4$$

联立以上三式，解得

$$I_1=7\ \text{A},\ I_2=-1\ \text{A},\ I_3=6\ \text{A}$$

$I_2<0$ 说明其实际方向与参考方向相反.

4 Ω 电阻的功率为　　$P_1=4I_1^2=4\times7^2=196$ W

2 Ω 电阻的功率为　　$P_2=2I_2^2=2\times(-1)^2=2$ W

1 Ω 电阻的功率为　　$P_3=1\times I_3^2=1\times6^2=36$ W

10 V 电压源的功率为　　$P_4=-10\ I_1=-10\times7=-70$ W

20 V 电压源的功率为　　$P_5=20\ I_2=20\times(-1)=-20$ W

24 V 电压源的功率为　　$P_6=-24I_3=-24\times6=-144$ W

由以上计算可知,3 个电源均发出功率,共 234 W,3 个电阻总共吸收的功率也是 234 W,电路的功率平衡.

思考与练习

1. 如习题 1 图所示电路,试用支路电流法求各支路电流.

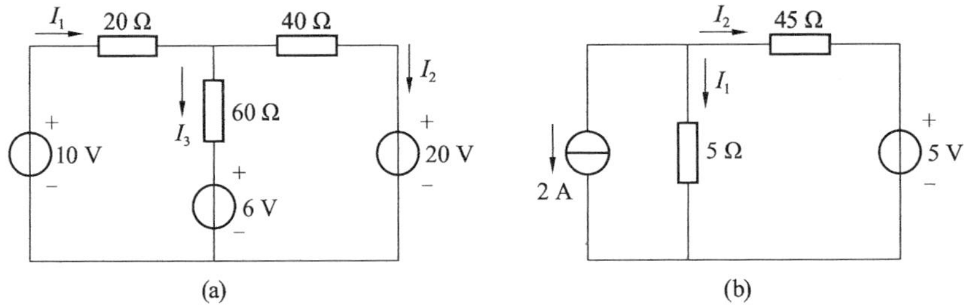

习题 1 图

2. 如习题 2 图所示电路,已知,$I_1=1$ A,$I_2=3$ A,试求 R_1 和 R_2.

3. 如习题 3 图所示电路,试用支路电流法求电流 I.

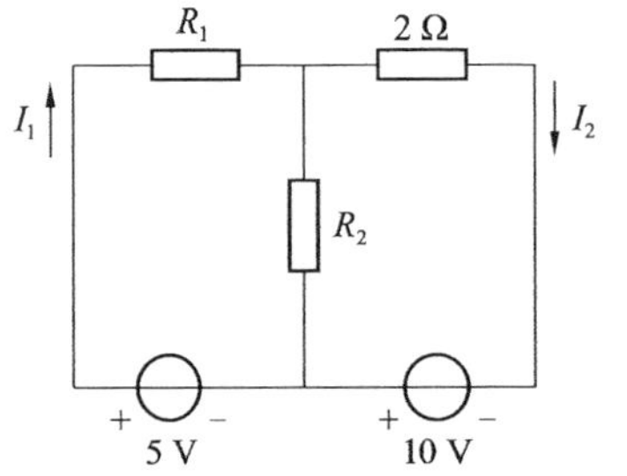

习题 2 图

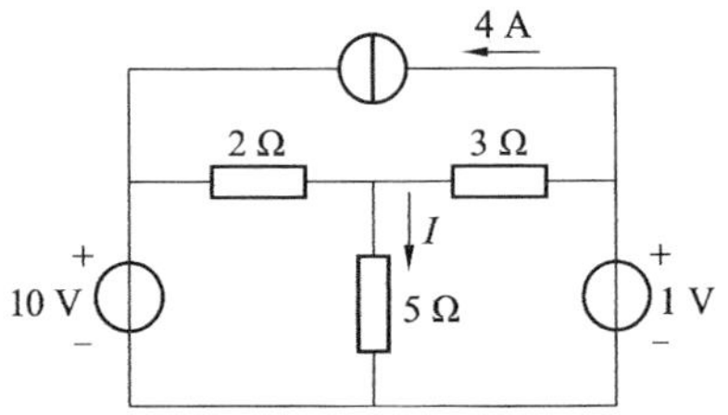

习题 3 图

4. 电路如习题 4 图所示,求各支路电流 I_1,I_2 和 I_3.

5. 电路如习题 5 图所示,试求各支路电流 I_1,I_2 和 I_3.

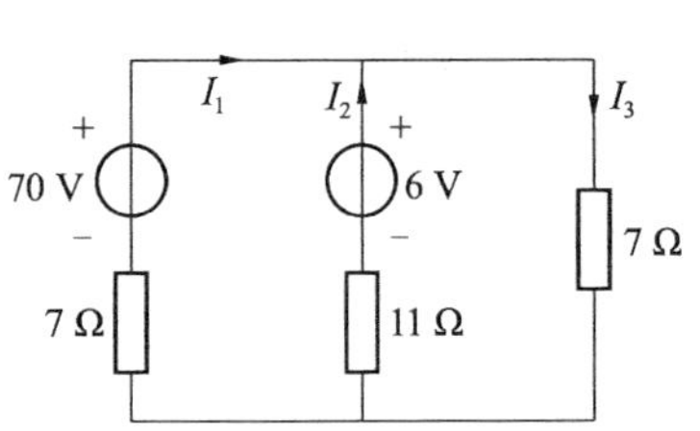

习题 4 图

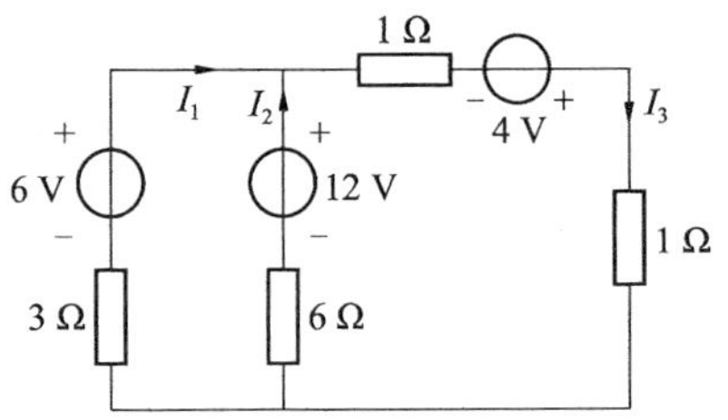

习题 5 图

任务3　叠加定理

任务描述:理解叠加定理的电路分析方法.

任务分析:对于简单电路,除了用欧姆定律求解以外,还可以用电源等效变换法求解.而对于复杂电路,这些是远远不够的,本任务将讨论一种复杂电路常用的分析与计算方法——叠加定理.

电路分析理论中已将一些分析方法总结为电路定理.本任务将介绍叠加定理,它是电路理论中最重要的定理之一.在只需求解电路中某一支路的电压、电流时,运用叠加定理有时更加方便.

如果线性电路中有多个电源共同作用,则任何一条支路的电流或电压,等于电路中各个电源分别单独作用下在该支路所产生的电流或电压的代数和,这就是叠加定理.叠加定理是反映线性电路基本性质的一个重要定理.

当某电源单独作用于电路时,其余电源应该除去.对电压源来说,令电压源电压 U_S 为零值,相当于短路;对电流源来说,令电流源电流 I_S 为零值,相当于开路.

现以图 2-4 所示的电路为例,来验证叠加定理.

图 2-4(b)所示电路只有 U_{S1} 单独作用,可以计算出

$$I'_1=\frac{U_{S1}}{R_1+\frac{R_2R_3}{R_2+R_3}},I'_2=I'_1\frac{R_3}{R_2+R_3},I'_3=I'_1\frac{R_2}{R_2+R_3}$$

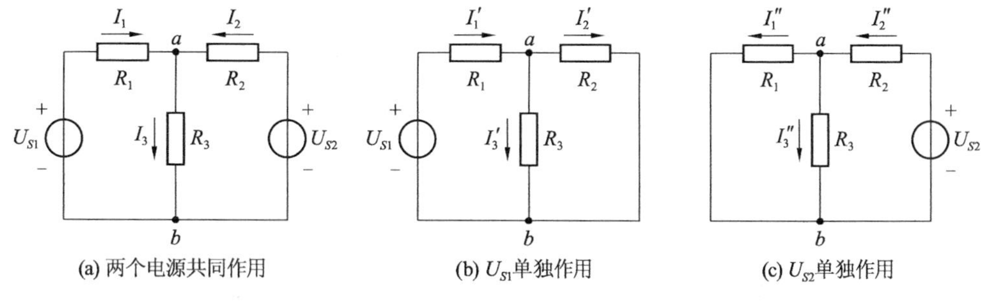

图 2-4　叠加定理

图 2-4(c)所示电路只有 U_{S2} 单独作用,可以计算出

$$I''_2=\frac{U_{S2}}{R_2+\frac{R_1R_3}{R_1+R_3}},I''_1=I''_2\frac{R_3}{R_1+R_3},I''_3=I''_2\frac{R_1}{R_1+R_3}$$

按图 2-4 所标电流的参考方向,可以写出当 U_{S1} 和 U_{S2} 同时作用时,各支路的电流分别为

$$I_1=I'_1-I''_1,I_2=-I'_2+I''_2,I_3=I'_3+I''_3$$

其中,I'_1 与 I_1 参考方向相同,所以取正号;而 I''_1 与 I_1 参考方向相反,所以取负号.另外两

式类似.

由以上各式就可以得到用支路电流法所得到的各支路电流的表达式,这就证明了叠加定理的正确性.

最后着重指出,叠加定理只适用于线性电路,线性电路中的电流和电压可以用叠加定理来求解,但功率的计算不能用叠加定理. 例如,图 2-4(a)中电阻 R_3 上的功率为

$$P_3=I_3^2R_3=(I'_3+I''_3)^2R_3=I'^2_3R_3+2I'_3I''_3R_3+I''^2_3R_3$$

对于图 2-4(b)和(c),可分别写出

$$P'_3=I'^2_3R_3,P''_3=I''^2_3R_3$$

显然

$$P'_3+P''_3\neq P_3$$

【例 2-4】 用叠加定理求图中所示电路的电流 I_1,I_2.

解　2 A 电流源单独作用时的电路如图(b)所示,可得

$$I'_1=-\frac{10}{10+5}\times 2=-\frac{4}{3}\ \text{A},I'_2=\frac{5}{10+5}\times 2=\frac{2}{3}\ \text{A}$$

5 V 电压源单独作用时的电路如图(c)所示,可得

$$I''_1=I''_2=\frac{5}{10+5}=\frac{1}{3}\ \text{A}$$

根据叠加定理,两个电源共同作用时的电流 I_1,I_2 分别为

$$I_1=I''_1+I'_1=-\frac{4}{3}+\frac{1}{3}=-1\ \text{A},I_2=I'_2+I''_2=\frac{2}{3}+\frac{1}{3}=1\ \text{A}$$

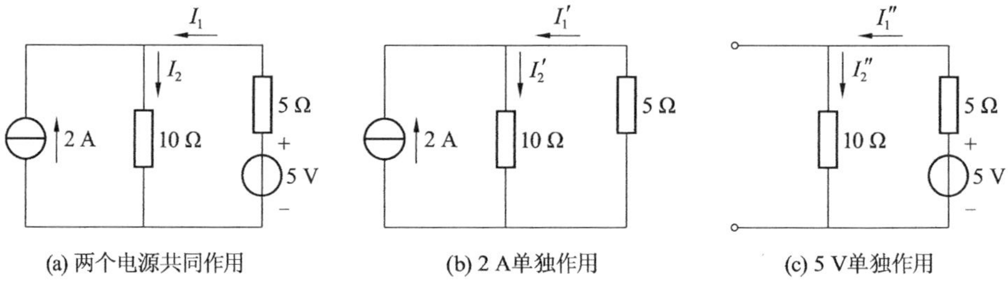

例 2-4 图

思考与练习

1. 如习题 1 图所示电路,试用叠加定理求电压 U.

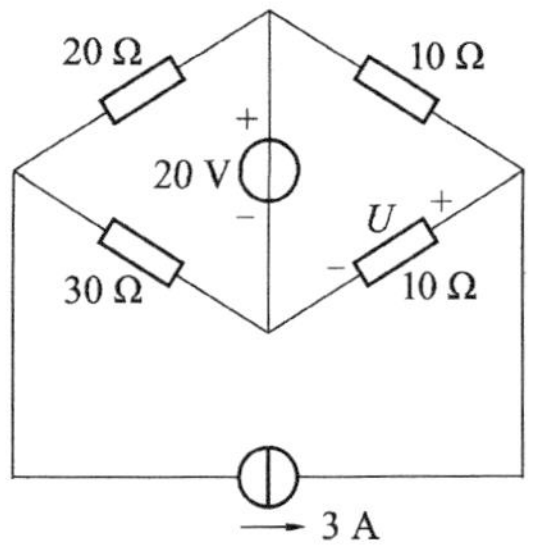

习题 1 图

任务 4　戴维南定理

任务描述：学会应用戴维南定理进行电路分析.

任务分析：本任务将讨论复杂电路常用的分析和计算方法——戴维南定理.

戴维南定理可叙述如下：任一线性含独立电源的二端口网络对外电路而言，总可以等效为一个理想的电压源与电阻串联构成的实际电源的模型；此实际电源的电压等于原二端口电路的端口电压，电阻为二端口电路去掉内部独立电源后，从端口两端看进去的等效电阻.

戴维南定理可用图 2-5 描述. 图中，U_{OC} 称为开路电压；R_0 称为戴维南等效电阻；N 为含独立电源的二端口网络；N_0 为 N 网络去掉独立电源之后所得到的端口网络.

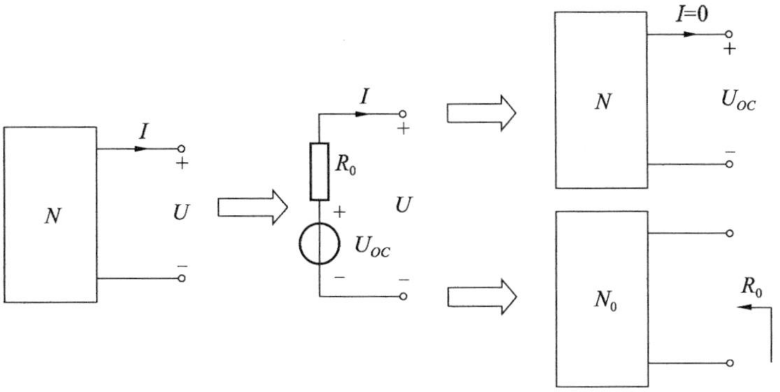

图 2-5　戴维南定理描述用图

戴维南定理可简单证明如下：设一线性有源端口网络 N 与外电路相连，如图 2-6(a) 所示，端口 ab 处的电压为 U，电流为 I. 将外电路用一个电流源 $I_S=I$ 代替，如图 2-6(b) 所示. 根据叠加定理，N 网络端口处的电压 U 可以看作由网络内部电源及网络外部电流源 I_S 共同作用的结果，即

$$U=U'+U''$$

式中，第一项 U' 是网络内部电源作用，外部电流源去掉(将电流源开路)时的端电压，即含独立电源的二端口网络 N 的开路电压，即

$$U'=U_{OC}$$

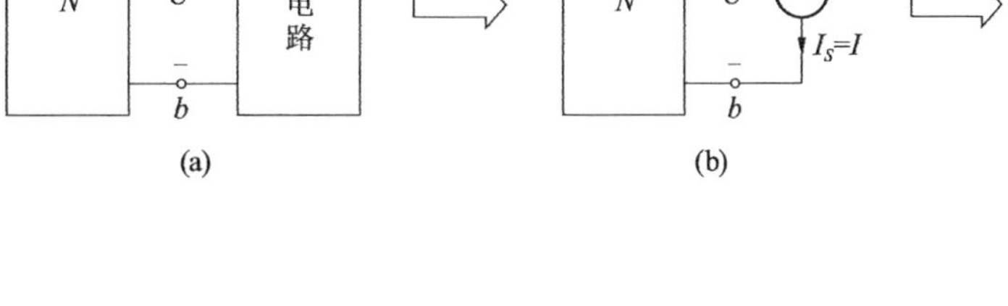

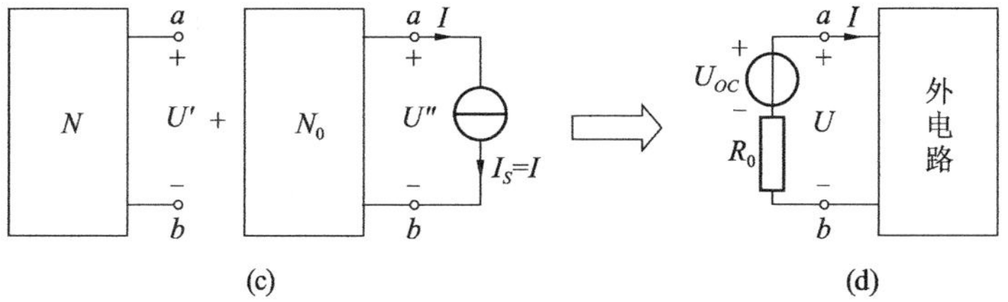

图 2-6 戴维南定理证明过程

第二项 U'' 是外部电流源单独作用，N 网络内部独立电源置零(电压源短路，电流源开路)时的端口电压，此时的 N 网络变成相应的内部不含独立电源的 N_0 网络，N_0 网络对外等效为一个内阻 R_0，由图 2-6(c)可得

$$U''=-R_0I_S=-R_0I$$

由以上两式得

$$U=U_{OC}-R_0I \tag{2-4}$$

根据式(2-4)画出的电路中，一个电压源的电压等于含独立源端口网络的开路电压 U_{OC}. 串联电阻等于将 N 网络内部所有独立电源置零后得到的 N_0 网络从端口看进去的输入电阻 R_0，如图 2-6(d)所示，这就证明了戴维南定理.

应用戴维南定理的关键是求含源二端口网络的戴维南等效参数 U_{OC} 和 R_0.

U_{OC} 的求法一般有两种：一种是将外电路去掉，端口 ab 处开路，由 N 网络计算开路电压 U_{OC}；另一种方法是实验测量，将 ab 端口开路，测量开路处的电压 U_{OC}.

计算 R_0 的方法又可分为以下三种：

(1) 在计算 ab 端口开路电压 U_{OC} 之后，将 ab 端口短接，求短路处的电流 I_{SC}，从而得

$$R=\frac{U_{OC}}{I_{SC}} \tag{2-5}$$

(2) 去掉 N 网络内部的独立电源，用串并联简化计算从端口看进去的等效电阻 R_0.

(3) 去掉 N 网络内部的独立电源，在 ab 二端口处加电压源 U，求端口处电流 I，则 $R_0=R/I$，或是端口加电流源 I，求端口处电流，从而求得 R_0.

值得指出的是，遇到含有受控源的电路，求戴维南等效电路的电阻 R_0 时，只能用(1)和(3)两种方法，且同叠加定理一样，受控源要同电阻一样看待，去掉独立源时，受控源如同电阻一样保留.

【例 2-5】 如例 2-5 图所示，当 R 分别为 1 Ω，3 Ω，5 Ω 时，求相应 R 支路的电流.

解 求 R 以左端口网络的戴维南等效电路，由图(b)经电源的等效变换可知，开路电压

$$U_{01}=\left(\frac{12}{2}+\frac{8}{2}+4\right)\times\frac{2\times2}{2+2}+6=20\ \text{V}$$

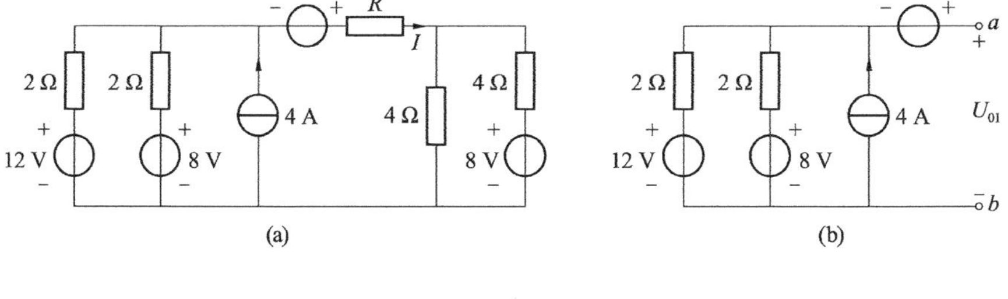

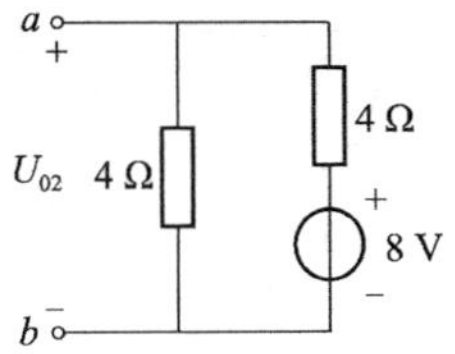

(c)

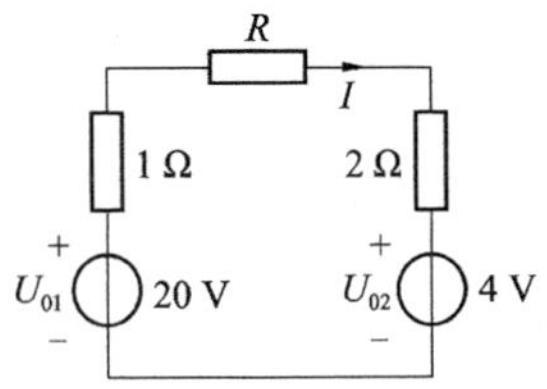

(d)

例 2-5 图

注意到图(b)中，因为电路端口开路，所以端口电流为零. 由于此电路中无受控源，去掉电源后电阻串并联简化求得

$$R_{01}=\frac{2\times 2}{2+2}=1\ \Omega$$

图(c)是 R 以右端口网络，由此电路可求得开路电压和内阻为

$$U_{02}=\frac{4}{4+4}\times 8=4\ \text{V},\ R_{02}=2\ \Omega$$

再将上述两个戴维南等效电路与 R 相接得如图(d)所示电路，由此，可求得

$R=1\ \Omega$ 时， $I=\frac{20-4}{1+1+2}=4\ \text{A}$

$R=3\ \Omega$ 时， $I=\frac{20-4}{1+1+3}=3.2\ \text{A}$

$R=5\ \Omega$ 时， $I=\frac{20-4}{1+1+5}=2.29\ \text{A}$

思考与练习

1. 试求如习题 1 图所示电路的戴维南等效电路.

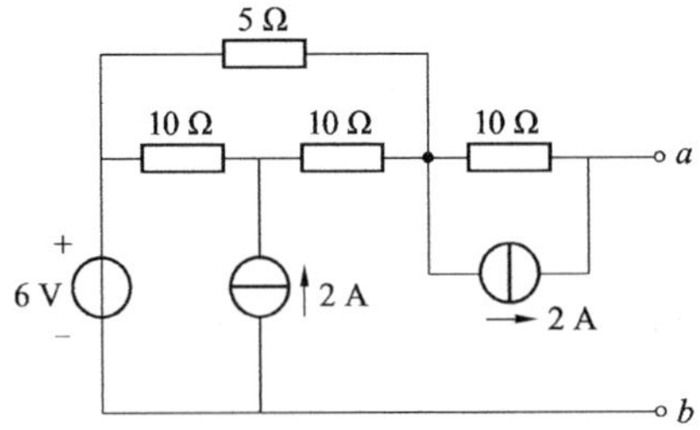

(a)

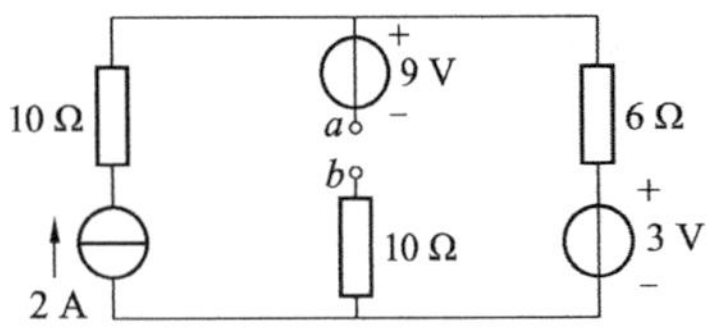

(b)

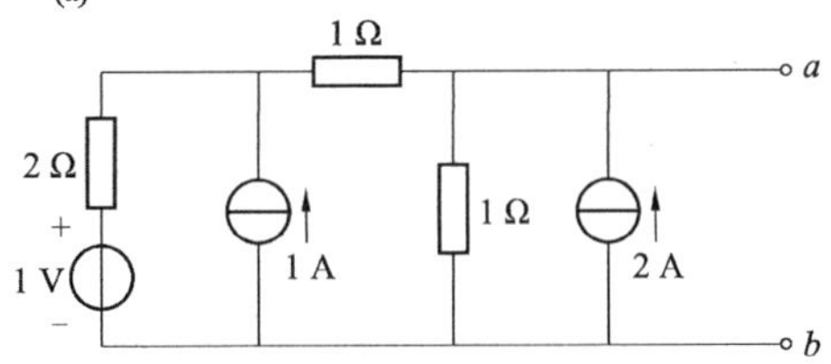

(c)

习题 1 图

2. 电路如习题 2 图所示，试用戴维南定理求电压 U 或电流 I.

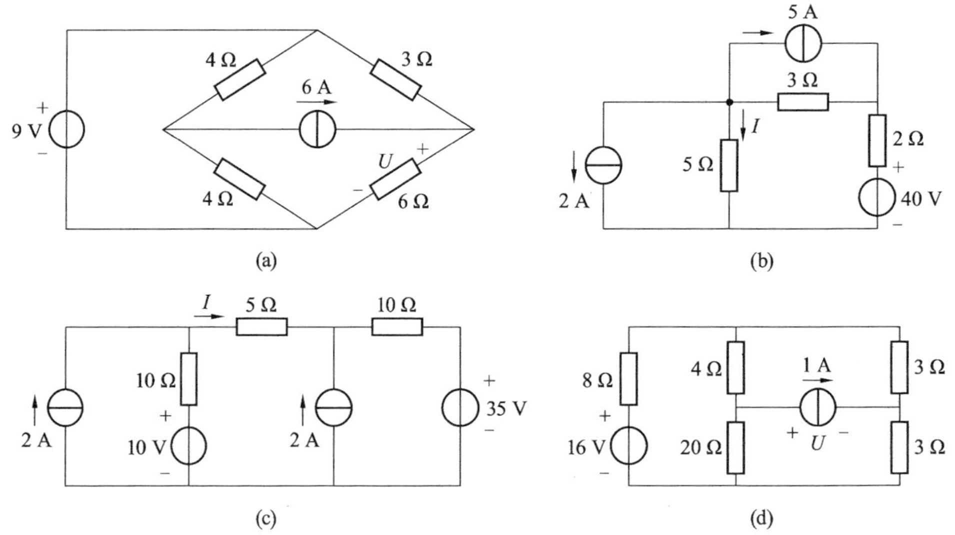

习题 2 图

3. 电路如习题 3 图所示，化简各端口网络并求端口电压 U_{ab}.

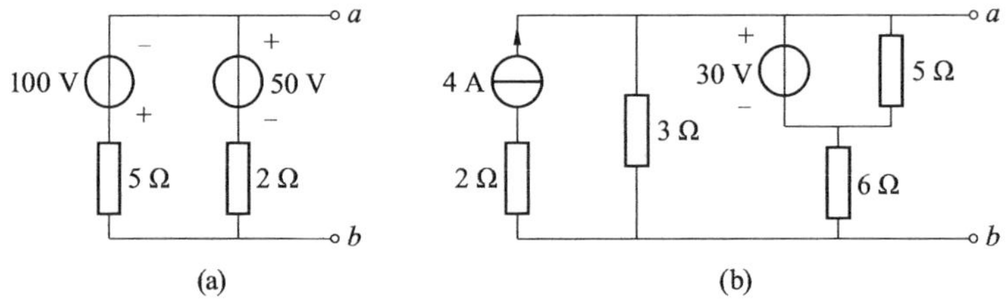

习题 3 图

4. 将如习题 4 图所示，将各端口网络化简为最简形式.

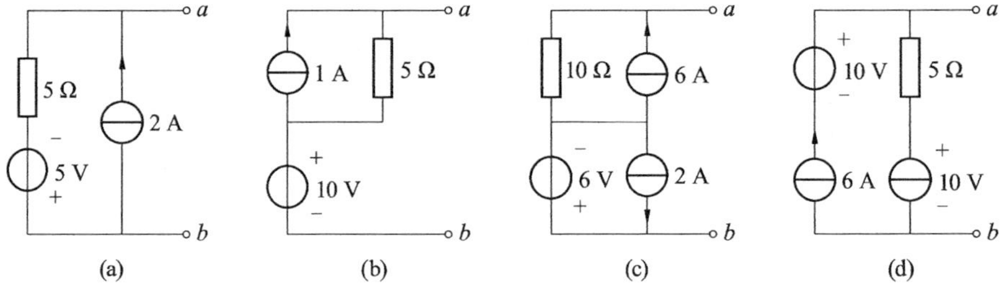

习题 4 图

5. 试求如习题 5 图所示电路中各电路的戴维南等效电路.

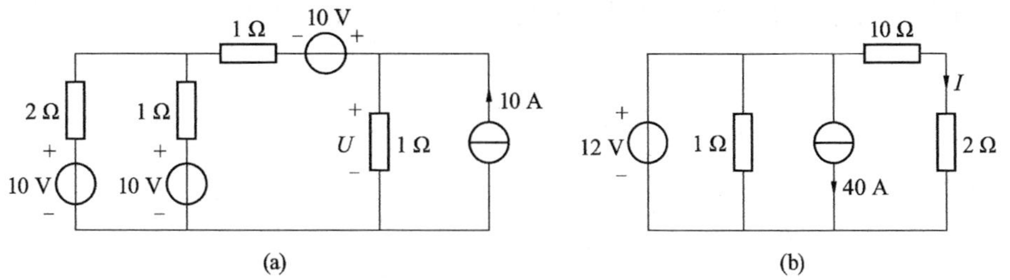

习题 5 图

情境小结

1. 电压源、电流源等效变换

简单电路的分析可以采用电阻串联、并联等效变换的方法来化简. 实际电压源与实际电流源可以互相等效变换.

2. 支路电流分析法

(1) 以 b 个支路的电流为未知量,列$(n-1)$个节点的 KCL 方程;用支路电流表示电阻电压,列$[b-(n-1)]$个回路的 KVL 方程.

(2) 联立求解 b 个方程,得到支路电流,然后再求其余电压.

3. 叠加定理

在线性电路中,任意支路的响应等于每个独立电源单独作用在此支路产生的响应的代数和(不作用的电压源用短路代替,不作用的电流源用开路代替). 叠加定理只能用来计算电压或电流,不能计算电路中元件的功率.

4. 戴维南定理

含独立源的二端网络,对其外部而言一般可用电压源与电阻串联组合或电流源与电阻并联组合等效. 电压源的电压等于网络的开路电压 U_{OC},电流源的电流等于网络的短路电流 I_{SC},电阻 R_0 等于二端网络除源后的等效电阻. 除源就是将二端网络中的电压源短路、电流源开路,然后再根据电阻的连接特点计算等效电阻.

学习情境 3 单相正弦电路分析

在直流电路中，电压、电流和电动势等的大小和方向都是不随时间而变化的恒定值，称为直流电. 大小和方向都随时间变化的电压和电流，称为交流电. 若电压和电流随时间按正弦规律变化，则称为正弦交流电. 在线性电路中，若电源（激励）为时间的正弦函数，则稳定状态下由电源产生的电压和电流（响应）也必为时间的正弦函数，这样的正弦交流稳态电路，简称正弦交流电路.

在现代技术中，无论是生产用电还是生活用电，几乎都采用正弦交流电. 即使某些应用直流电的场合，如电车、电解厂、电镀工厂等，也多是将交流电经整流设备整流得到直流电. 此外，无线电工程及模拟电子技术中的基本工作信号采用的也是交流信号.

本情境介绍正弦交流电路的分析方法，包括正弦交流电的基本概念、方法，基尔霍夫定律及元件伏安关系的相量形式，阻抗串、并联电路的分析，正弦交流电路的功率及提高功率因数的意义和方法，交流电路中的串、并联谐振现象.

本情境的内容是电工学课程的重要组成部分. 其中的一些基本概念、基本定律和基本分析方法是学习电机、电器及电子技术的重要理论基础.

任务 1 正弦量的三要素

任务描述：理解正弦交流电的三要素、相位差、有效值等特性参数.

任务分析：在现代工农业生产和日常生活中，人们所用的电大部分是交流电. 本任务主要介绍单相正弦交流电的特性参数及其相量表示法.

正弦交流电之所以得到广泛应用，是由于它具有许多优良性能，利于产生和使用. 交流电机比直流电机结构简单、造价低廉、运行可靠，正弦交流电很容易利用变压器进行不同电压的变换和远距离传输.

大小和方向随时间按正弦规律变化的电压和电流称为正弦电压和正弦电流. 按正弦规律变化的电压、电流等统称为正弦量.

正弦量可用时间的正弦函数来表示，也可用时间的余弦函数来表示，本书一律采用正弦函数表示. 按正弦规律变化的电动势 e、电压 u 和电流 i 用正弦函数表示为

$$e=E_{\mathrm{m}}\sin(\omega t+\varphi_e) \tag{3-1}$$

$$u=U_{\mathrm{m}}\sin(\omega t+\varphi_u) \tag{3-2}$$

$$i=I_{\mathrm{m}}\sin(\omega t+\varphi_i) \tag{3-3}$$

下面结合以上 3 个表达式介绍几个正弦量的特性参数.

阶段 1　瞬时值、振幅和有效值

1. 瞬时值和振幅

通常用小写字母 e,u,i 表示正弦电动势、电压和电流随时间变化的正弦函数，也表示它们在某一瞬时 t 的量值，称为正弦交流电的瞬时值.

正弦量在不同的时刻有不同的瞬时值，其中最大瞬时值称为正弦量的振幅，也称最大值或幅值，用大写字母加下标 m 表示. E_m,U_m,I_m 分别为正弦电动势、电压和电流的振幅. 振幅表明了正弦量在变化过程中所能达到的最大值，是正弦量的重要特性参数之一.

如图 3-1(a)所示是流过正弦电流的一条支路. 在指定了电流参考方向和计算时间的坐标原点之后，就可画出正弦电流的波形，称为正弦波，如图 3-1(b)所示. 横坐标可定为 ωt，也可定为时间 t，依需要而定，两者相差一个比例常数 ω. 图上标出了 t_1 时刻的瞬时值 $i(t_1)$ 和振幅 I_m，以及其他一些参数. 当 i 为正时，表示该支路电流的实际方向与参考方向一致；当 i 为负时，表示电流的实际方向与参考方向相反.

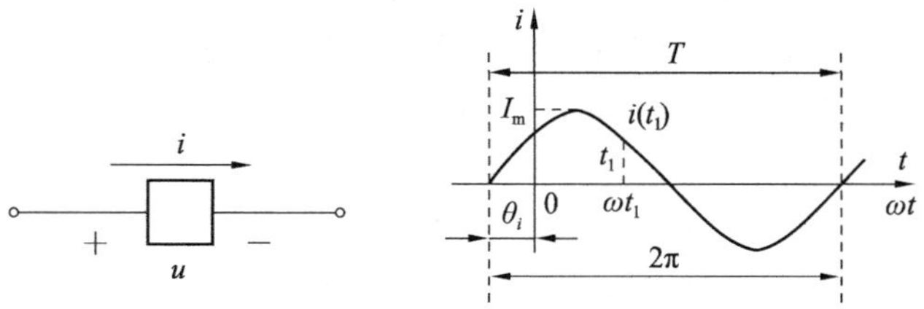

(a) 正弦电流　　(b) 正弦电流的波形

图 3-1　正弦电流及其波形

正弦量的瞬时值是随时间变化的，不论是测量还是计算都不方便. 因此，像正弦量这类随时间按周期变化的量，测量及计算时一般都采用有效值.

2. 有效值

周期电流有效值的定义：让周期电流 i 和直流电流 I 分别通过两个阻值相等的电阻 R，如果在相同时间 T(可取为周期电流的周期)内，两个电阻消耗的能量相等，则称该直流电流 I 的值为周期电流 i 的有效值.

当周期电流 i 流过电阻 R 时，一个周期 T 的时间内电阻 R 上消耗的能量为

$$W_i = \int_0^T p\mathrm{d}t = \int_0^T i^2 R\mathrm{d}t \tag{3-4}$$

当直流电流 I 流过电阻 R 时，在相同的时间 T 内电阻 R 上消耗的能量为

$$W_I = I^2 RT \tag{3-5}$$

根据周期电流有效值的定义，有

$$I^2 RT = \int_0^T i^2 R\mathrm{d}t$$

$$I = \sqrt{\frac{1}{T}\int_0^T i^2\mathrm{d}t} \tag{3-6}$$

由此可见，周期电流的有效值是瞬时值的平方在一个周期内的平均值再开方，故周期电流的有效值又称为方均根值或均方根值.

同理,周期电压和电动势的有效值分别为

$$U=\sqrt{\frac{1}{T}\int_0^T u^2\mathrm{d}t} \tag{3-7}$$

$$E=\sqrt{\frac{1}{T}\int_0^T e^2\mathrm{d}t} \tag{3-8}$$

如果周期电流为正弦量,即

$$i=I_{\mathrm{m}}\sin(\omega t+\varphi_i) \tag{3-9}$$

则电流的有效值为

$$I=\sqrt{\frac{1}{T}\int_0^T I_{\mathrm{m}}^2\sin^2(\omega t+\varphi_i)\mathrm{d}t}=\frac{I_{\mathrm{m}}}{\sqrt{2}}=0.707I_{\mathrm{m}} \tag{3-10}$$

同理,正弦电压和正弦电动势的有效值分别为

$$U=\frac{U_{\mathrm{m}}}{\sqrt{2}}=0.707U_{\mathrm{m}} \tag{3-11}$$

$$E=\frac{E_{\mathrm{m}}}{\sqrt{2}}=0.707E_{\mathrm{m}} \tag{3-12}$$

在实际应用中,一般所讲交流电的大小都是指有效值.例如,电动机的铭牌、仪表的刻度等所标的电压、电流都是有效值,只有在分析电路中各元件的耐压和绝缘可靠性等性能时,才用到振幅.

【例 3-1】 一个耐压为 100 V 的电容器,能否用在电压有效值为 100 V 的交流电源上?

解 有效值为 100 V 的交流电压,其振幅为

$$U_{\mathrm{m}}=\sqrt{2}U=\sqrt{2}\times100=141\ \mathrm{V}$$

超过了电容器的耐压标准,可能会使电容器被击穿,所以不能用在电压有效值为 100 V 的交流电源上.

阶段 2 周期和频率

正弦量完整变化一次所需的时间 T 称为周期,如图 3-1(b)所示.周期的大小反映正弦量变化的快慢,其单位为秒(s).

正弦量在单位时间内变化的次数称为频率,记为 f,单位为赫兹(Hz).频率也是反映正弦量变化快慢的一个物理量.

周期与频率互为倒数,即

$$f=\frac{1}{T} \tag{3-13}$$

我国电力系统所用的频率标准为 50 Hz,称为工频.通常,交流电动机和照明负荷都采用这种频率.电子技术中常用的音频信号发生器的频率为 20 Hz～20 kHz,无线电工程上用的频率则高达 $10^4\sim30\times10^{10}$ Hz.

正弦量的变化快慢除用周期和频率表示外,还可以用角频率 ω 表示.角频率 ω 在数值上等于每秒内所经历的电角度(弧度数),单位为弧度/秒(rad/s).因为交流电变化一个

周期经历 2π 弧度，如图 3-1(b)所示. 即

$$[\omega(t+T)+\varphi_i]-(\omega t+\varphi_i)=2\pi$$

所以 ω 和 f 的关系为

$$\omega=\frac{2\pi}{T}=2\pi f \tag{3-14}$$

【例 3-2】 我国工农业动力和照明用电的频率为 $f_1=50$ Hz，中央人民广播电台的载波频率为 $f_2=540$ kHz，分别求这两个正弦交流电的周期与角频率.

解 因为 $f_1=50$ Hz，所以

$$\omega_1=2\pi f_1=2\times3.14\times50=314\ \text{rad/s}$$

$$T_1=\frac{1}{f}=\frac{1}{50}=0.02\ \text{s}$$

同理，可计算出 $f_2=540$ kHz 的角频率与周期分别为

$$\omega_2=2\pi f_2=2\times3.14\times540\times10^3=3.39\times10^6\ \text{rad/s}$$

$$T_2=\frac{1}{f_2}=\frac{1}{540\times10^3}=1.85\ \mu\text{s}$$

阶段 3 初相、相位与相位差

1. 相位与初相

正弦量表达式中的角度称为相位角，简称相位，表示正弦量变化的进程. 正弦电动势、电压和电流的相位分别为 $\omega t+\varphi_e$，$\omega t+\varphi_u$，$\omega t+\varphi_i$. 相位的单位一般用弧度(rad)表示，为了方便，也可用度为单位.

$t=0$ 时刻的相位称为初相位，简称初相. 正弦电动势、电压、电流的初相分别为 φ_e，φ_u，φ_i.

一个正弦量的振幅确定后，其初始值由初相决定. 如正弦电流

$$i(t)=I_m\sin(\omega t+\varphi_i) \tag{3-15}$$

其初始值为

$$i(0)=I_m\sin(\omega\times0+\varphi_i)=I_m\sin\varphi_i$$

可见，所取的计时起点不同，其初始值也不同.

对于一个正弦量，若已知其振幅、频率(角频率或周期)和初相，即可写出该正弦量的数学表达式，求出任一瞬时的值，并画出波形图. 所以，通常把振幅、频率(角频率或周期)和初相这 3 个特性参数称为正弦量的三要素.

【例 3-3】 已知某正弦电流 $i=100\sin 314t$ A，试求：

(1) i 的振幅 I_m、角频率 ω、频率 f 和周期 T.

(2) i 达到第一个正的最大值的时刻的 t_1 及当 $t_2=\frac{1}{300}$ s，$t_3=15$ ms 时的瞬时值.

解 (1) 由正弦电流 i 的表达式，可得 i 的振幅为

$$I_m=100\ \text{A}$$

角频率为

$$\omega=314\ \text{rad/s}$$

频率为

$$f=\frac{\omega}{2\pi}=\frac{314}{2\times3.14}=50\ \text{Hz}$$

周期为 $$T=\frac{1}{f}=\frac{1}{50}=0.02\ \text{s}$$

(2) 当 $\omega t_1=\frac{\pi}{2}$ 时，i 达到第一个正的最大值，所以

$$t_1=\frac{\pi}{2}\times\frac{1}{\omega}=\frac{3.14}{2}\times\frac{1}{314}=0.005\ \text{s}=5\ \text{ms}$$

在 $t_2=\frac{1}{300}$ s 时 i 的瞬时值为

$$i_2(t_2)=100\sin(314t_2)=100\sin(100\pi\times\frac{1}{300})=100\sin\frac{\pi}{3}=86.6\ \text{A}$$

在 $t_3=15$ ms 时 i 的瞬时值为

$$i(t_3)=100\sin(314t_3)=100\sin(100\pi\times0.015)=100\sin\frac{3\pi}{2}=-100\ \text{A}$$

由计算结果可知，电流瞬时值有正负之分．当 i 为正时，表示电流的实际方向与图中设定的参考方向一致，其波形处于正半周；当 i 为负时，表示电流的实际方向与图中设定的参考方向相反，其波形处于负半周．

2. 相位差

两个同频率正弦量的相位之差称为相位差，用 φ 表示．设两个同频率的正弦电压 u 和正弦电流 i 分别为

$$u=U_{\text{m}}\sin(\omega t+\varphi_u) \tag{3-16}$$

$$i=I_{\text{m}}\sin(\omega t+\varphi_i) \tag{3-17}$$

则它们的相位差 φ 为

$$\varphi=(\omega t+\varphi_u)-(\omega t+\varphi_i)=\varphi_u-\varphi_i \tag{3-18}$$

即两个同频率正弦量的相位差等于它们的初相之差．可见，虽然一个正弦量的初相与计时起点的选择有关，但两个同频率正弦量的相位差却并不因计时起点的改变而改变．

为了比较同频率的各个正弦量之间的相位关系，通常可任意选择一个正弦量，令其初相为零，此正弦量称为参考正弦量．一旦选定参考正弦量，其余正弦量的相位关系都以参考正弦量为准，具有一定的初相．在同一个电路中，参考正弦量可任意选取，但只能选择一个．

相位差描述了两个同频率正弦量随时间变化步调上的先后．以正弦电压 u 和正弦电流 i 的相位差 $\varphi=\varphi_u-\varphi_i$ 为例，有以下几种情况：

(1) 如果 $\varphi=0$，则称电压 u 与电流 i 同相，如图 3-2(a)所示．此时 u 与 i 同时达到正最大值，同时达到零值，步调完全一致．

(2) 如果 $\varphi>0$，则称电压 u 在相位上超前电流 i 一个角度 φ，或称电流 i 滞后电压 u 一个角度 φ，如图 3-2(b)所示．

(3) 如果 $\varphi=\pm180°$，则称电压 u 与电流 i 反相，如图 3-2(c)所示．

(4) 如果 $\varphi=\pm90°$，则称电压 u 与电流 i 正交，如图 3-2(d)所示．

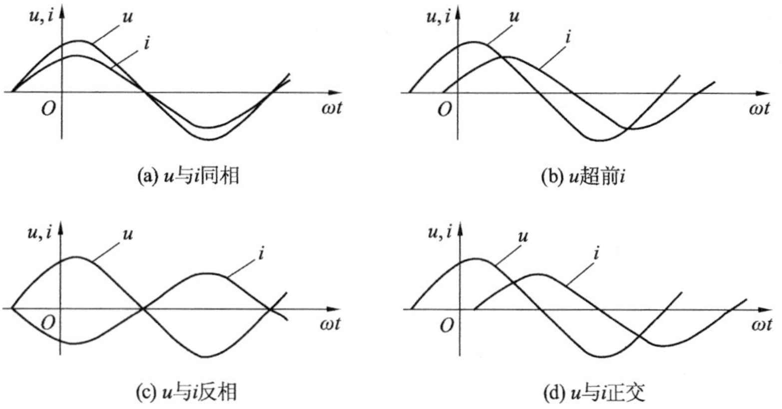

图 3-2　两个同频率正弦量的相位差

讨论相位差问题时应当注意，只有同频率正弦量才能对相位进行比较，这是因为同频率正弦量在任意时刻的相位差是恒定的，能够确定超前、滞后的关系，而不同频率的正弦量的相位差是随时间变化的，无法确定超前、滞后的关系，因此不能进行相位的比较.

值得注意的是，在比较两个同频率的正弦量相位差时，相位差的范围为$-180° \leqslant \varphi \leqslant 180°$，即相位差的绝对值不能大于 180°.

思考与练习

1. 如何比较两个正弦量？试举例说明.

2. 分别求下列正弦量的周期、频率、初相、振幅、有效值：

(1) $10\cos 628t$；　(2) $120\sin(4\pi t+16°)$；　(3) $20\sin(100\pi t-210°)$.

3. 若电流 $i=2.5\sin(2\pi t-30°)$ A，求当 u 为下列表达式时，i 与 u 的相位差，二者超前或滞后的关系如何？

(1) $u=120\sin(2\pi t+10°)$ V；　(2) $u=40\sin\left(2\pi t+\frac{\pi}{3}\right)$ V.

4. 一工频交流电压的有效值为 220 V，初相为 53.13°.

(1) 写出此电压的函数表达式；

(2) 当 $t=0.1$ s 时，电压值是多少？

(3) 绘出此电压的波形图.

任务 2　正弦交流电的相量表示法

任务描述： 掌握正弦交流电的相量表示法；
理解电路基本定律的相量形式、阻抗和相量图.

任务分析： 本任务主要介绍单相正弦交流电的相量表示法.

在分析正弦交流电路时，必然涉及正弦量的代数运算，甚至还有微分、积分运算. 如果用三角函数来表示正弦量进行运算，将使运算变得十分复杂.

【例 3-4】 如例 3-4 图所示，已知 i_1，i_2 为同频率的正弦电流，即

$$i_1=4\sqrt{2}\sin(\omega t+60°)\ \text{A}$$

$$i_2=2\sqrt{2}\sin(\omega t+30°)\ \text{A}$$

试求电流 i.

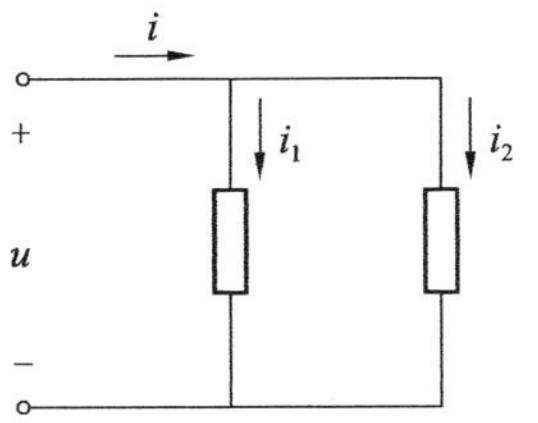

例 3-4 图

解 根据 KCL 定律，$i=i_1+i_2$. 为了求出电流 i，可利用三角函数的运算公式计算，求出电流 i 的振幅和初相. 计算过程如下：

$$\begin{aligned} i &= 4\sqrt{2}\sin(\omega t+60°)+2\sqrt{2}\sin(\omega t+30°) \\ &= 4\sqrt{2}(\sin\omega t\cos 60°+\cos\omega t\sin 60°)+2\sqrt{2}(\sin\omega t\cos 30°+\sin 30°\cos\omega t) \\ &= 8.228\sin(\omega t+\varphi)\text{A} \end{aligned}$$

其中

$$\varphi=\arctan\frac{6.313}{5.227}=50.1°$$

所以

$$i=8.228\sin(\omega t+50.1°)\ \text{A}$$

由这个例子可以得出以下两个结论：

(1) 两个同频率的正弦量相加，结果仍然是频率相同的正弦量. 实际上，在正弦稳态电路中，同频率正弦量的加、减、乘、除运算及微分、积分运算，其结果都是频率相同的正弦量. 这表明正弦稳态电路中各处的电压及电流都是同频率的正弦量.

(2) 使用三角函数表示正弦量虽然直观，但在运算时非常烦琐.

采用复数代表正弦量可以使正弦稳态电路的分析和计算得到简化. 为此，先复习复数的有关概念及其四则运算.

阶段 1 复数及其运算

1. 复数的表示

复数可用复平面上的有向线段表示. 设 A 为一复数，a 和 b 分别为其实部和虚部，则复数 A 可用如图 3-3 所示的有向线段表示. 该有向线段的长度称为复数 A 的模，模总是取正值. 该有向线段与实轴正方向的夹角 θ 称为复数 A 的辐角.

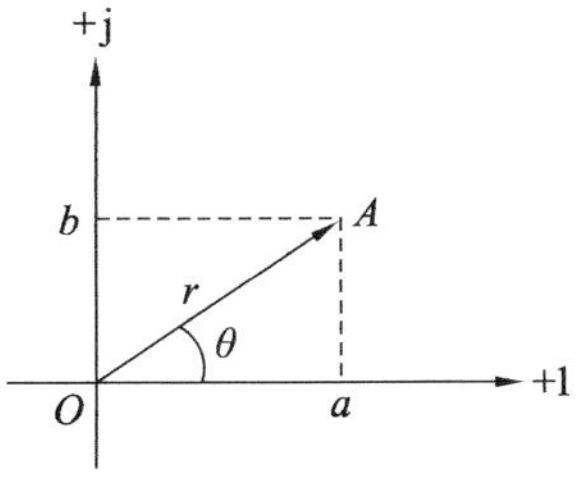

图 3-3 复数的表示

由图 3-3 可得复数 A 的直角坐标形式(代数型)为：$A=a+\text{j}b$ 其中 $\text{j}=\sqrt{-1}$ 为虚部单位. 由图 3-3 可得

$$a=r\cos\theta \tag{3-19}$$

$$b=r\sin\theta \tag{3-20}$$

因此，复数 A 又可表示为三角函数型，即

$$A=r(\cos\theta+\text{j}\sin\theta) \tag{3-21}$$

其中

$$\theta=\arctan \frac{b}{a}, r=\sqrt{a^2+b^2} \tag{3-22}$$

根据欧拉公式

$$e^{j\theta}=\cos \theta+j\sin \theta \tag{3-23}$$

复数 A 也可表示为指数型，即

$$A=re^{j\theta} \tag{3-24}$$

因为

$$e^{\pm j90^\circ}=\cos 90^\circ+j\sin 90^\circ=0\pm j=\pm j \tag{3-25}$$

可见，任意一个复数乘上+j 后逆时针旋转 90°，乘上−j 后顺时针旋转 90°. 在工程上，常把指数型简写为极坐标形式，即

$$A=r\angle\theta \tag{3-26}$$

利用复数对正弦稳态电路进行分析和计算时，常常需要在代数型和指数型之间进行转换. 转换时需注意，复数的模只取正值，辐角的取值根据复数在复平面上的象限而定.

【例 3-5】 将下列复数化为代数型：

(1) $A=10\angle 36.9^\circ$；(2) $A=10\angle 110^\circ$；(3) $A=10\angle -110^\circ$；(4) $A=10\angle 90^\circ$.

解 (1) $A=10\angle 36.9^\circ=10\cos 36.9^\circ+j10\sin 36.9^\circ=8+j6$；

(2) $A=10\angle 110^\circ=10\cos 110^\circ+j10\sin 110^\circ=-3.42+j9.397$；

(3) $A=10\angle -110^\circ=10\cos(-110^\circ)+j10\sin(-110^\circ)=-3.42+-j9.397$；

(4) $A=10\angle 90^\circ=10\cos 90^\circ+j10\sin 90^\circ=j10$.

2. 复数的四则运算

(1) 复数相等. 若两复数的实部和虚部分别相等，则两复数相等.

例如，有两复数分别为 $A_1=a_1+jb_1$，$A_2=a_2+jb_2$，若 $a_1=a_2$，$b_1=b_2$，则 $A_1=A_2$. 当复数表示为指数型时，若两复数的模和辐角分别相等，则两复数相等.

(2)加减运算. 几个复数相加或相减，就是把它们的实部和虚部分别相加或相减.

例如，若 $A=a_1+jb_1$，$B=a_2+jb_2$，则

$$A\pm B=(a_1+jb_1)\pm(a_2+jb_2)=(a_1\pm a_2)+j(b_1\pm jb_2) \tag{3-27}$$

因此，必须将复数事先化成代数型才能进行加减运算.

复数的加减运算也可以在复平面上用有向线段来表示，如图 3-4 所示. 可见，求两复数之和的运算若在复平面上用有向线段来表示是符合平行四边形求和法则的，如图 3-4(b)所示.

两复数相减，如 $A-B$，可看成是 $A+(-B)$，作为加法处理，如图 3-4(b)所示. 复数 B 与 $-B$ 的关系是它们的模相等，但方向相反.

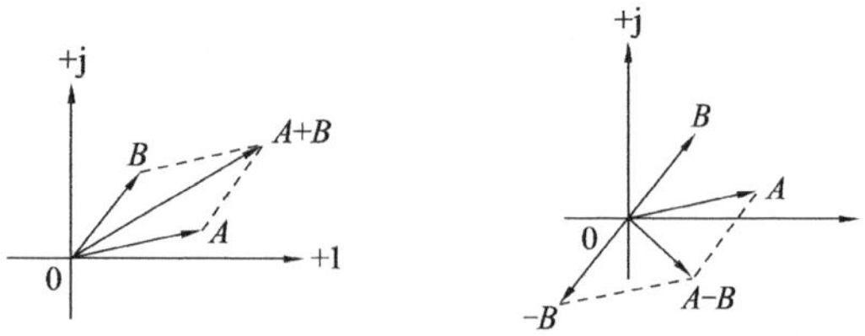

(a) 两复数相加　(b) 两复数相减

图 3-4 复数加减运算

(3) 乘法运算.复数相乘最好是用极坐标形式,若 $A=r_1\angle\theta_1$,$B=r_2\angle\theta_2$,则

$$AB=r_1\angle\theta_1\times r_2\angle\theta_2=r_1\times r_2\angle(\theta_1+\theta_2) \tag{3-28}$$

可见,两复数相乘,等于其模相乘,辐角相加.

(4) 除法运算.同样,复数的除法用复数的极坐标形式最为简便

设 $$A=r_1\angle\theta_1,B=r_2\angle\theta_2$$

则 $$\frac{A}{B}=\frac{r_1\angle\theta_1}{r_2\angle\theta_2}=\frac{r_1}{r_2}\angle(\theta_1-\theta_2) \tag{3-29}$$

可见,两复数相除,等于其模相除、辐角相减.

一般来说,复数的乘、除运算采用指数或极坐标形式比较方便.

【例 3-6】 已知 $A=6+\mathrm{j}8=10\angle 53.1^\circ$,$B=4-\mathrm{j}3=5\angle -36.9^\circ$.

试计算 $A+B$,$A-B$,AB,A/B.

解

$$A+B=6+\mathrm{j}8+4-\mathrm{j}3=10+\mathrm{j}5=11.18\angle 26.6^\circ$$

$$A-B=6+\mathrm{j}8-4+\mathrm{j}3=2+\mathrm{j}11=11.18\angle 79.7^\circ$$

$$AB=(10\angle 53.1^\circ\times 5\angle -36.9^\circ)=50\angle 16.2^\circ$$

$$\frac{A}{B}=\frac{10\angle 53.1^\circ}{5\angle -36.9^\circ}=2\angle 90^\circ$$

阶段 2 正弦量的相量表示法

1. 相量

在线性电路中,如果全部电源都是频率相同的正弦量,则电路中各处的电流和电压也全部是同一频率的正弦量.这意味着在待求的正弦电流和电压的三要素中,频率为已知量,不必再考虑,只需求出振幅(或有效值)和初相,待求的正弦电流和电压便可以完全确定.根据正弦电路的这一特点,可用一个复数来反映正弦量的振幅(或有效值)和初相,这一复数称为正弦量的相量表示,简称相量.例如正弦电流

$$i=\sqrt{2}I\sin(\omega t+\varphi_i)$$

用相量表示,记为

$$\dot{I}=I\angle\varphi_i \tag{3-30}$$

同理,对于正弦电压和正弦电动势:

$$u=\sqrt{2}U\sin(\omega t+\varphi_u)$$

$$e=\sqrt{2}E\sin(\omega t+\varphi_e)$$

用相量表示,分别为

$$\dot{U}=U\angle\varphi_u \tag{3-31}$$

$$\dot{E}=E\angle\varphi_e \tag{3-32}$$

式(3-31)、(3-32)中,在大写字母上加一黑点,是为了与一般复数相区别.

相量与正弦量是相互对应的关系.知道了正弦量的函数表达式,就可以写出代表它的相量;反之,若已知相量,可以写出它所代表的正弦量的函数表达式.

值得注意的是,相量与正弦量是完全不同的量,相量只是代表正弦量的复数,并不等于正弦量,并且只有正弦量才能用相量表示,相量不能表示非正弦周期量.

一个正弦量可以用有效值相量表示,也可以用最大值相量表示.正弦电流、电压和电动势的最大值相量分别为

$$\begin{cases}\dot{I}_{\mathrm{m}}=I_{\mathrm{m}}\angle\varphi_i\\ \dot{E}_{\mathrm{m}}=E_{\mathrm{m}}\angle\varphi_e\\ \dot{U}_{\mathrm{m}}=U_{\mathrm{m}}\angle\varphi_u\end{cases}\tag{3-33}$$

显然,有效值相量和最大值相量的关系为

$$\begin{cases}\dot{I}=\dfrac{1}{\sqrt{2}}\dot{I}_{\mathrm{m}}\\ \dot{U}=\dfrac{1}{\sqrt{2}}\dot{U}_{\mathrm{m}}\\ \dot{E}=\dfrac{1}{\sqrt{2}}\dot{E}_{\mathrm{m}}\end{cases}\tag{3-34}$$

今后若无特别说明,凡相量均是指有效值相量.

2. 相量图

相量是复数,可以在复平面上用有向线段表示.将几个同频率的正弦量在同一个复平面上用相量表示出来,所得的图形称为相量图.画相量图时坐标轴可采用极坐标.

【例 3-7】 分别写出代表下列正弦电流的相量,并画出相量图:

(1) $i_1=10\sqrt{2}\sin\omega t$ A;

(2) $i_2=10\sqrt{2}\sin(\omega t+60^\circ)$ A;

(3) $i_3=10\sqrt{2}\sin(\omega t-60^\circ)$ A.

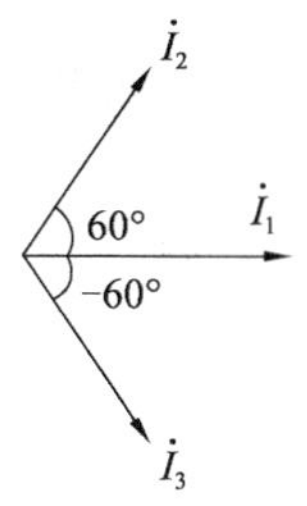

例 3-7 图

解 (1) $\dot{I}_1=10\angle 0^\circ=10\cos\angle 0^\circ+\mathrm{j}10\sin 0^\circ=10$ A;

(2) $\dot{I}_2=10\angle 60^\circ=10\cos 60^\circ+\mathrm{j}10\sin 60^\circ=5+\mathrm{j}8.66$ A;

(3) $\dot{I}_3=10\angle -60^\circ=10\cos(-60^\circ)+\mathrm{j}10\sin(-60^\circ)$

$=5-\mathrm{j}8.66$ A.

相量图如例 3-7 图所示.画相量图时需注意,从实轴开始,逆时针旋转的幅角为正,顺时针旋转的幅角为负.

【例 3-8】 分别写出下列相量所代表的正弦量,并画出相量图:

(1) $\dot{I}=(5+\mathrm{j}10)$ A;

(2) $\dot{U}=(8-\mathrm{j}6)$ V.

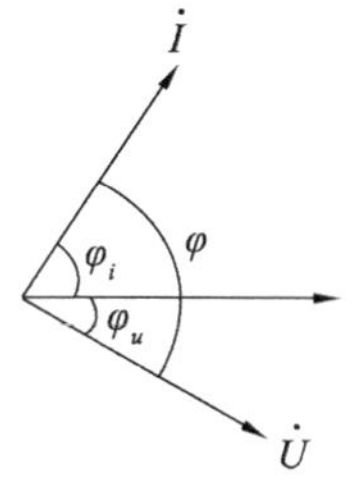

例 3-8 图

解 (1) $\dot{I}=5+\mathrm{j}10=11.18\angle 63.4^\circ$ A

$i=11.18\sqrt{2}\sin(\omega t+63.4^\circ)$ A

(2) $U=8-\mathrm{j}6=10\angle -36.9^\circ$ V

$U=10\sqrt{2}\sin(\omega t+36.9^\circ)$ V

相量图如例 3-8 图所示.

从以上两例可以看出,在相量图上能形象地看出各个正弦量的大小和相互间的关

系. 例如，在例 3-8 相量图中，电流相量 $\dot{I}$ 比电压相量 $\dot{U}$ 超前的相位为 $\varphi(\varphi=100.3^\circ)$，即正弦电流 i 在相位上比正弦电压 u 超前了 φ 角.

值得注意的是，只有同频率的正弦量才能画在同一相量图上，不同频率的正弦量不能画在同一个相量图上，否则无法比较和计算.

思考与练习

1. 将下列各正弦量变换成相量形式：

(1) $u_1=50\sin(600t-110^\circ)$ V；

(2) $u_2=30\sin(600t-30^\circ)$ V.

2. 设 $\omega=200$ rad/s 及 $t=3$ ms，求下列相量给出的电流瞬时值：

(1) $\dot{I}_1=\text{j}10$ A；(2) $\dot{I}_2=(4+\text{j}2)$ A；

(3) $\dot{I}=\dot{I}_1+\dot{I}_2$.

3. 一正弦电压源 $\dot{U}_S=130\angle\frac{\pi}{2}$ V，$\omega=100$ rad/s. 若将该电压源分别施加于下列各元件上，求各电流的相量，并画出相量图.

(1) $R=50\ \Omega$； (2) $L=20$ mH； (3) $C=400\ \mu$F.

4. 写出下列相量对应的正弦量($\omega=50$ Hz)：

(1) $\dot{U}_1=220\angle\frac{\pi}{6}$ V； (2) $\dot{I}_1=10\angle-50^\circ$ A；

(3) $\dot{U}_2=-\text{j}110$ V； (4) $\dot{I}_2=(6+\text{j}6)$ A.

任务 3 单一参数正弦交流电路

任务描述：理解纯电阻、纯电感、纯电容交流电路中电压与电流的关系；
掌握各单一参数正弦交流电路中功率的计算方法.

任务分析：电阻、电感和电容是组成电路的基本元件，本任务分别讨论正弦交流电路中电阻、电感和电容的电压与电流的关系及其相量模型和功率.

阶段 1 纯电阻交流电路

在直流电路中，无源元件只有电阻一种. 在正弦电流电路中，常见的无源元件除电阻外，还有电感和电容. 电阻是消耗能量的元件，电感和电容则是储存能量的元件. 假定这些元件都是线性元件，则这些元件的电压、电流在正弦稳态下都是同频率的正弦量，涉及的有关问题可以用相量进行运算. 本节先研究正弦电流通过电阻元件的情况.

1. 电压和电流的关系

如图 3-5(a)所示，关联参考方向下电阻元件电压、电流的基本关系为

$$u=Ri \tag{3-35}$$

设电阻元件的正弦电流为

$$i(t)=\sqrt{2}I\sin(\omega t+\varphi_i)$$

则电阻元件的电压为

$$u(t)=Ri(t)=\sqrt{2}IR\sin(\omega t+\varphi_i) \tag{3-36}$$

设 $$u(t)=\sqrt{2}U\sin(\omega t+\varphi_u)$$

则有

$$U=IR,\varphi_u=\varphi_i \tag{3-37}$$

可见,电阻中的电压与电流同相位,它们的有效值也服从欧姆定律,于是可写为相量的形式

$$U\angle\varphi_u=IR\angle\varphi_i \text{ 或 } \dot{U}=\dot{I}R \tag{3-38}$$

式(3-38)就是电阻的电压、电流相量关系式,也可写作

$$\dot{I}=G\dot{U} \tag{3-39}$$

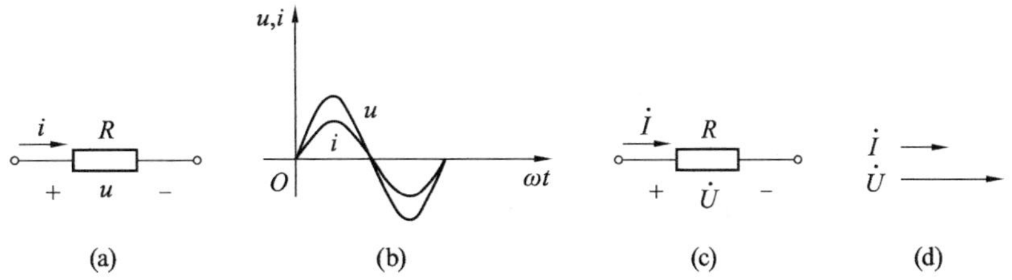

图 3-5　电阻中电流、电压的波形图与相量图

图 3-5(b)画出了电阻中电流、电压的波形,它们是同相位的,为了简化,$\varphi_u=\varphi_i=0$. 图 3-5(c)画出了电阻中电流、电压相量的参考方向,它们与图 3-5(a)中电流、电压瞬时值的参考方向一致. 图 3-5(d)画出了电流、电压的相量,两者同相位.

2. *功率关系*

电阻元件在正弦交流电路中也同样消耗功率. 由于电压、电流随时间变化,故各瞬间消耗的功率也不相同. 电路任一瞬间吸收或消耗的功率称为瞬时功率,当电压、电流的参考方向相关联时,瞬时功率等于电压、电流瞬时值的乘积,用 $p(t)$表示,即

$$p(t)=u(t)\times i(t)$$

瞬时功率的 SI 单位仍然是 W. 在电阻元件中,将 $u(t)$,$i(t)$的表达式代入(设 $\varphi_u=\varphi_i=0$)得

$$\begin{aligned}p(t)&=u(t)\times i(t)=\sqrt{2}U\sin\omega t\times\sqrt{2}I\sin\omega t\\&=2UI\sin^2\omega t=UI-UI\cos 2\omega t\end{aligned} \tag{3-40}$$

瞬时功率 p 随时间变化的规律如图 3-6 所示. 式(3-40)中的前一部分是常量 UI,后一部分是以两倍频率变化的正弦量,整个波形在平均值 UI 上下变动. 由于电压和电流同相,电压、电流同时为零,也同时达到最大值. 电压、电流为零时,瞬时功率也为零;电压、电流达最大值时,瞬时功率也达到最大值. 而且,当电压、电流都是负值时,瞬时功率也为正值. 或者说,对于任何瞬间,恒有 $p\geqslant 0$,因此,电阻是耗能元件.

瞬时功率在一周期内的平均值称为平均功率,用 P 表示,

$$P=\frac{1}{T}\int_0^T p(t)\mathrm{d}t \tag{3-41}$$

将电阻元件的瞬时功率表达式代入上式，得

$$P=\frac{1}{T}\int_0^T[UI-UI\cos 2\,\omega t]\mathrm{d}t$$
$$=\frac{1}{T}\int_0^T UI\mathrm{d}t-\frac{1}{T}\int_0^T UI\cos 2\,\omega t\mathrm{d}t$$

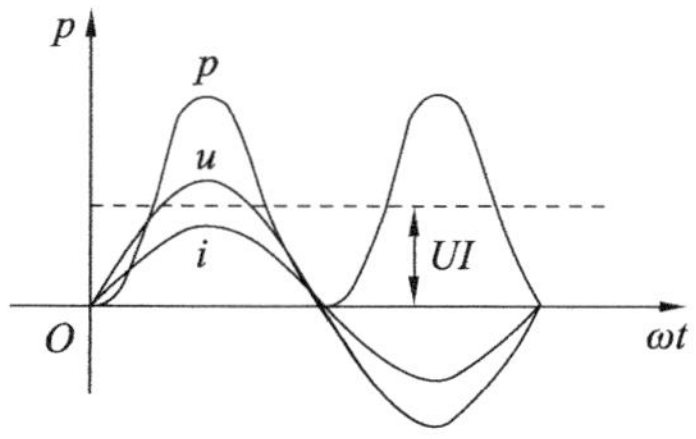

图 3-6　电阻中瞬时功率随时间变化的规律

上式中第二项为零，故

$$P=UI=RI^2=\frac{U^2}{R}=GU^2 \tag{3-42}$$

这与直流电路中计算电阻元件的功率形式完全一样.

平均功率代表电路实际吸收的功率，习惯上常把“平均”二字省略，直接称为功率，它的 SI 单位仍然是 W. 例如，一个灯泡的额定电压是 220 V，额定功率是 40 W，就是指这个灯泡接到 220 V 电压时，它消耗的平均功率是 40 W.

阶段 2　纯电感交流电路

1. 电压和电流的关系

如图 3-7(a)所示，关联参考方向下电感元件的电压、电流基本关系为

$$u=L\frac{\mathrm{d}i}{\mathrm{d}t} \tag{3-43}$$

设电感元件的正弦电流

$$i(t)=\sqrt{2}I\sin(\omega t+\varphi_i)$$

则电感元件的电压

$$u(t)=L\frac{\mathrm{d}}{\mathrm{d}t}\sqrt{2}I\sin(\omega t+\varphi_i)$$
$$=\sqrt{2}\omega LI\cos(\omega t+\varphi_i)$$
$$=\sqrt{2}\omega LI\sin\left(\omega t+\varphi_i+\frac{\pi}{2}\right) \tag{3-44}$$

设　$u(t)=\sqrt{2}U\sin(\omega t+\varphi_u)$

则有　$U=\omega LI,\ \varphi_u=\varphi_i+\frac{\pi}{2}$　(3-45)

可见，电感电压的相位超前于电流$\frac{\pi}{2}$或 90°. 它们的有效值关系为 $U=\omega LI$，写成相量的形式为

$$U\angle\varphi_u=\omega LI\angle\left(\varphi_i+\frac{\pi}{2}\right)\text{或}\dot{U}=\mathrm{j}\omega L\dot{I} \tag{3-46}$$

式(3-46)就是电感的电压、电流的相量关系式.

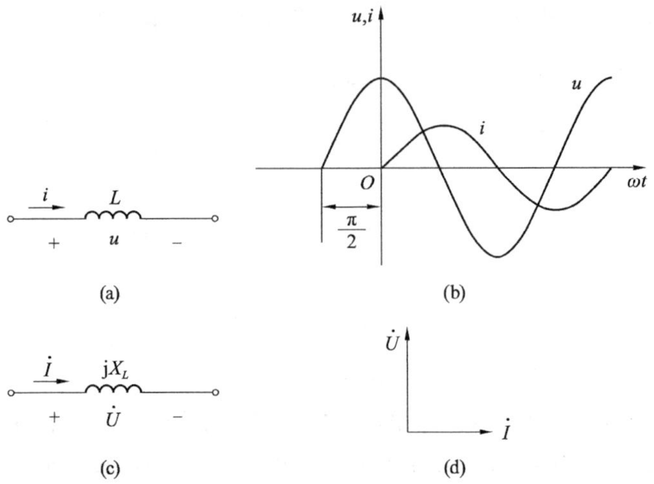

图 3-7 电感中的电流、电压的波形图与相量图

电压与电流的有效值之比为

$$\frac{U}{I}=\omega L=X_L \tag{3-47}$$

式(3-47)中，$X_L=\omega L=2\pi fL$ 具有电阻的量纲，而且带有对抗电流通过的性质，称为感抗. 当 L 的单位为 H，ω 的单位为 rad/s 时，X_L 的单位为 Ω.

在电感一定的情况下，电感的感抗与频率成正比. 只有在一定的频率下，感抗才是一个常量. 频率越高，则电流变动越快，感应电动势越大，电感两端的电压也将相应地增大，故感抗将成比例地增大. 对于直流，频率是零，即 $\omega=0$，所以 $X_L=\omega L=0$，相当于短路. 当 $\omega\to\infty$ 时，感抗也随之趋于无限大，虽有电压作用于电感，但电流为零，此时电感相当于开路.

应该注意，感抗只能代表正弦电压与正弦电流的有效值之比，不能代表它们的瞬时值之比，因为电感上的电压 u 并不与电流 i 成正比，而与电流 i 对时间的导数成正比. 感抗只对正弦交流电才有意义.

引入感抗以后，相量的公式可写作

$$\dot{U}=\mathrm{j}\dot{I}X_L \tag{3-48}$$

2. 功率关系

电感 L 吸收的瞬时功率(设 $\varphi_i=0$)为

$$\begin{aligned}p(t)&=u(t)\times i(t)=\sqrt{2}U\sin(\omega t+\frac{\pi}{2})\times\sqrt{2}I\sin\omega t\\&=2UI\sin\omega t\cos\omega t=UI\sin 2\omega t\end{aligned} \tag{3-49}$$

图 3-8 画出了瞬时功率 p 随时间变化的规律. 瞬时功率是一个正弦变量，其最大值为 UI，频率为电流或电压频率的两倍. 在第一个 1/4 周期，u 和 i 的方向一致，瞬时功率 p 为正值，表示电感在吸收能量，并把吸收的能量转化为磁场能量. 在第二个 1/4 周期内，u 和 i 方向相反，p 为负值，表示电感在提供能量，原先储存在磁场中的能量逐渐释放直到全部放出. 接下来两个 1/4 周期过程与前面相似，不再重复.

综上可知,电感元件是储能元件,在电路中的作用是储存与释放能量,并不消耗能量,即它的平均功率为零.

$$P = \frac{1}{T}\int_0^T p(t)\mathrm{d}t = \frac{1}{T}\int_0^T UI\sin 2\,\omega t\,\mathrm{d}t = 0 \tag{3-50}$$

电感元件上电压有效值为 U,电流有效值为 I,但平均功率却为零,这是由于电压与电流在相位上恰好相差 $\frac{\pi}{2}$,即相位正交的缘故. 工程上,将具有 $\frac{\pi}{2}$ 相位差的电压与电流的有效值的乘积称为无功功率. 电感元件的无功功率为

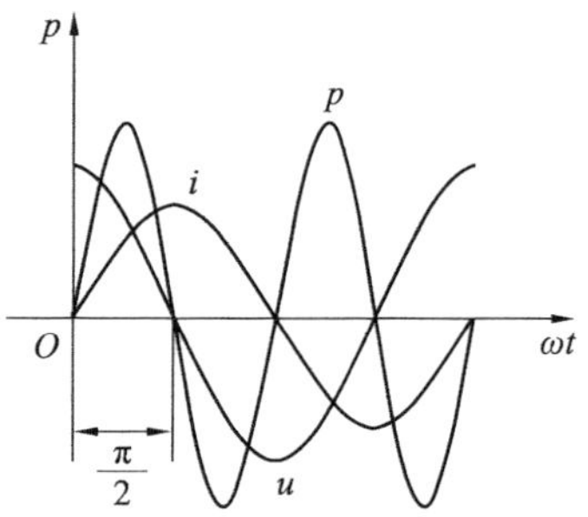

图 3-8 电感中的瞬时功率随时间变化的规律

$$Q_L = UI = I^2 X_L = \frac{U^2}{X_L} \tag{3-51}$$

无功功率反映了储能元件与外部交换能量的规模."无功"不应理解为"无用". 电感元件上的无功功率是感性无功功率,感性无功功率在电力供应中占有很重要的地位. 无功功率的单位不用 W,而用 var(乏),工程上单位有 kvar.

【例 3-9】 一个 0.8 H 的电感元件接到电压为 $u(t)=220\sqrt{2}\sin(314t-120°)$ V 的电源上.(1) 试求电感元件的电流表达式和无功功率;(2) 如电源的频率改为 150 Hz,电压有效值不变,电感元件的电流和无功功率各为多少?

解 (1) 电压的相量为 $\dot{U}=220\angle -120°$ V

电感元件感抗为 $X_L=\omega L=314\times 0.8=251\ \Omega$

电流的相量为 $\dot{I}=\frac{\dot{U}}{\mathrm{j}X_L}=\frac{220\angle -120°}{\mathrm{j}251}=0.876\angle -210°=0.876\angle 150°$ A

电流表达式 $i(t)=0.876\sqrt{2}\sin(314t+150°)$ A

线圈的无功功率为 $Q_L=UI=220\times 0.876=192.7$ var

(2) 感抗与频率成正比,频率改变为原来的 150/50=3 倍,感抗也增加为原来的 3 倍,电压有效值不变,则电流减小为原来的 1/3,即 0.876/3=0.292 A,无功功率也减小为原来的 1/3,即 192.7/3=64.2 var.

任务 4 纯电容交流电路

任务描述: 掌握纯电容电路中电压和电流的关系及功率关系.

任务分析: 电容元件是电子元件中的基础元件,本任务内容既是电容在应用范围上的延续和拓展,又是学习 RLC 串联电路的基础,起着承上启下的作用.

1. 电压和电流的关系

如图 3-9(a)所示,关联参考方向下电容元件的电压、电流基本关系为

$$i=C\frac{\mathrm{d}u}{\mathrm{d}t} \tag{3-52}$$

设电容元件的正弦电压

$$u(t)=\sqrt{2}U\sin(\omega t+\varphi_u)$$

则电容元件的电流

$$i(t)=C\frac{\mathrm{d}}{\mathrm{d}t}\sqrt{2}U\sin(\omega t+\varphi_u)$$
$$=\sqrt{2}\omega CU\cos(\omega t+\varphi_u)$$
$$=\sqrt{2}\omega CU\sin(\omega t+\varphi_u+\frac{\pi}{2}) \tag{3-53}$$

设 $$i(t)=\sqrt{2}I\sin(\omega t+\varphi_i)$$

则有

$$I=\omega CU,\varphi_i=\varphi_u+\frac{\pi}{2} \tag{3-54}$$

式(3-54)说明电容的电流相位超前于电压$\frac{\pi}{2}$或 90°. 它们的有效值关系为 $I=\omega CU$,写成相量的形式为

$$I\angle\varphi_i=\omega CU\angle(\varphi_u+\frac{\pi}{2})\text{或 }\dot{I}=\mathrm{j}\dot{U}\omega C \tag{3-55}$$

式(3-55)就是电容的电压、电流相量关系式.

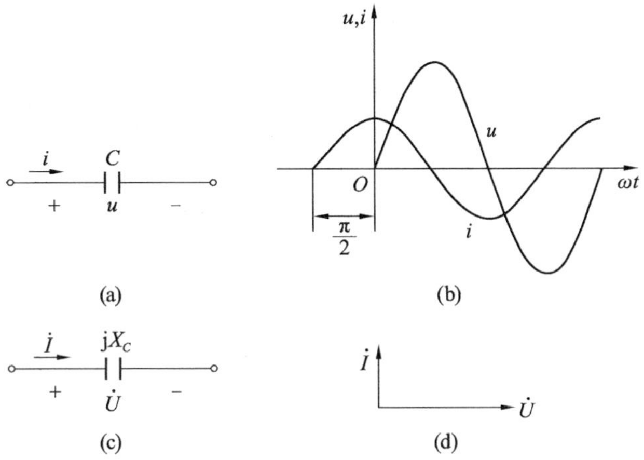

图 3-9 电容中电容、电压的波形图与相量图

电压与电流的有效值之比为

$$\frac{U}{I}=\frac{1}{\omega C}=X_C \tag{3-56}$$

式(3-56)中,$X_C=\frac{1}{\omega C}=\frac{1}{2\pi fC}$具有电阻的量纲,而且带有对抗电流通过的性质,称为容

抗. 当 C 的单位为 F，ω 的单位为 rad/s 时，X_C 的单位是 Ω.

振幅相同、频率不同的正弦电压作用于电容时，频率越高，电容极板上电荷变化率越大，电容电流也就越大，相应地，容抗也就越小. 相同的电压作用于不同的电容时，电容越小，极板上电荷变化率也越小，电容电流也越小，因而容抗也就越大. 这就是容抗与频率及电容均成反比的缘故. 对于直流，$\omega=0$，所以 $X_C=1/\omega C=\infty$，虽有电压作用于电容，但电流却为零，此时电容相当于开路；当 $\omega=\infty$ 时，容抗趋于零，虽有电流通过电容，但电压为零，此时电容相当于短路.

应该注意，容抗只能代表正弦电压与正弦电流有效值之比，不能代表它们的瞬时值之比，因为电容中的电流 i 并不与电压 u 成正比，而是与电压 u 对时间 t 的导数成正比. 并且，容抗只对正弦电流才有意义.

引入容抗后，上式可写成

$$\dot{I}=\mathrm{j}\,\frac{1}{X_C}\dot{U} \text{ 或 } \dot{U}=-\mathrm{j}\dot{I}X_C \tag{3-57}$$

有时要用到容抗的倒数，记为

$$B_C=\frac{1}{X_C}=\omega C \tag{3-58}$$

B_C 称为容纳，其 SI 单位是 S. 于是式(3-57)可写成

$$\dot{I}=\mathrm{j}B_C\dot{U} \tag{3-59}$$

图 3-9(b)画出了电容的电流、电压波形，电流相位超前电压$\frac{\pi}{2}$，为了简化，图中设 $\varphi_u=0$. 图 3-9(c)画出了电流、电压相量的参考方向. 图 3-9(d)画出了电流、电压的相量图，电流超前电压$\frac{\pi}{2}$.

2. *功率关系*

电容 C 吸收的瞬时功率(设 $\varphi_u=0$)为

$$p(t)=u(t)\times i(t)=\sqrt{2}U\sin\omega t\times\sqrt{2}I\sin(\omega t+\frac{\pi}{2})$$
$$=2UI\sin\omega t\cos\omega t=UI\sin 2\omega t \tag{3-60}$$

图 3-10 画出了电容的瞬时功率 p 随时间变化的规律. 瞬时功率是一条正弦曲线，其最大值为 UI，频率为电压或电流频率的两倍. 在第一个 1/4 周期，u 和 i 的方向一致，瞬时功率 p 为正值，表示电容在吸收能量，并把吸收的能量储存在电场中. 在第二个 1/4 周期内，u 和 i 方向相反，p 为负值，表示电容在提供能量，将原先储存在电场中的能量全部放出. 接下来的过程与前面相似，不再重复.

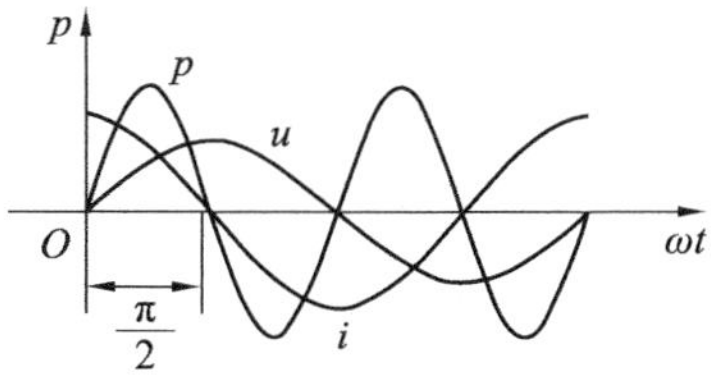

图 3-10 电容的瞬时功率随时间变化的规律

综上可知，电容元件是储能元件，在电路中的作用是储存与释放能量，并不消耗能量，即它的平均功率为零.

$$P=\frac{1}{T}\int_0^T p(t)\mathrm{d}t=\frac{1}{T}\int_0^T UI\sin 2\omega t\mathrm{d}t=0 \tag{3-61}$$

由于电容的电压 u 与电流 i 相位正交，因此其有效值乘积构成了无功功率. 电容元件的无功功率为

$$Q_C=UI=I^2X_C=\frac{U^2}{X_C} \tag{3-62}$$

这是容性无功功率. 由式(3-62)可以看出，电容元件上的无功功率 Q_C 等于瞬时功率的最大值，也就是电场与外电路交换能量的最大速率，Q_C 的单位也是 var.

【例 3-10】 已知加在 2 μF 电容两端的电压为 10 V，初相为 60°，角频率为 10^6 rad/s. 试求流过电容的电流，写出其瞬时值解析式并画出相量图.

解 本题的电路图及电压、电流的参考方向如例 3-10 图(a)所示，得

$$U=10\angle 60°\ \mathrm{V}$$

$$X_C=\frac{1}{\omega C}=\frac{1}{10^6\times 2\times 10^{-6}}=0.5\ \Omega$$

$$I=\mathrm{j}\frac{1}{X_C}\dot{U}=\mathrm{j}\frac{1}{0.5}\times 10\angle 60°\ \mathrm{A}$$

$$=20\angle(60°+90°)\ \mathrm{A}=20\angle 150°\ \mathrm{A}$$

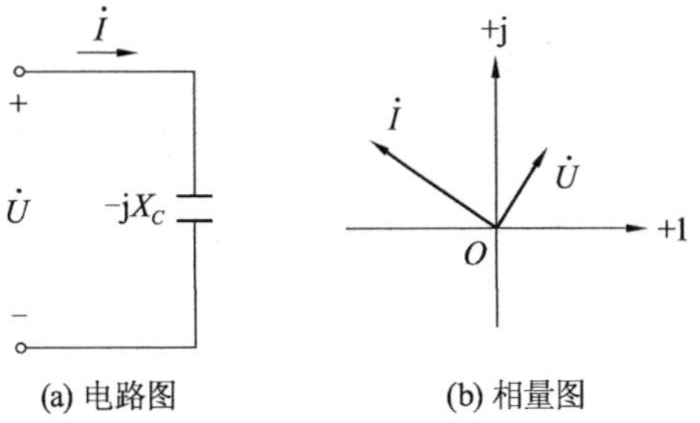

(a) 电路图　　(b) 相量图

例 3-10 图

相量图如例 3-10 图(b)所示，电流瞬时值解析式为

$$i=20\sqrt{2}\sin(10^6t+150°)\ \mathrm{A}$$

思考与练习

1. 电压 $u=100\sin(314t-60°)$ V 施加于电阻，若电阻 $R=20\ \Omega$，试写出其上电流的解析式，并作电压和电流的相量图.

2. 有一 220 V，1000 W 的电炉，接在 220 V 的交流电源上，试求通过电炉的电流和正常工作时的电阻.

3. 已知在 10 Ω 的电阻上通过的电流为 $i_1=5\sqrt{2}\sin(314t-\frac{\pi}{6})$ A，试求电阻上电压的有效值，并求电阻吸收的功率.

4. 一个额定值为 220 V，500 W 的电炉丝，接到 $u=220\sqrt{2}\sin(\omega t-\frac{2}{3}\pi)$ V 的电源上，求流过电炉丝的电流的解析式，并画出电压、电流的相量图.

5. 把电感为 10 mH 的线圈接到 $u=141\sin(100\pi t-\frac{\pi}{6})$ V 的电源上.

(1) 试求线圈中电流的有效值；

(2) 写出电流瞬时值表达式；

(3) 画出电流和电压相应的相量图；

(4) 试求无功功率.

6. 已知一电感线圈通过 50 Hz 的电流时，其感抗为 10 Ω，u 与 i 相位差为 90°. 试问：当频率升高至 5000 Hz 时，其感抗是多少？u 与 i 的相位差是多少？

7. 回答下列问题：

(1) 在纯电感电路中，电压超前电流 $\frac{\pi}{2}$，是否意味着先有电压后有电流？

(2) 感抗 X_L 的物理意义是什么？

(3) 在纯电感电路中，$X_L=\frac{U}{I}$，$X_L=\frac{U_m}{I_m}$，为什么 $X_L\neq\frac{u}{i}$？

任务 5　*RLC* 串联交流电路

任务描述： 掌握用相量法分析和计算简单正弦交流电路的方法；
理解并掌握正弦交流电路的有功功率、功率因数的概念和计算.

任务分析： 电阻、电感、电容在电路中可以串联的形式连接. 根据 3 种元件特性的不同，本任务将主要介绍 RLC 串联交流电路中电压与电流及功率的计算方法.

阶段 1　电压和电流的关系

如图 3-11(a)所示 *RLC* 串联电路中的电流为

$$i=\sqrt{2}I\sin(\omega t+\varphi_i)$$

根据前面所述，可以得出每个元件上的电压都是同一频率的正弦量. 取参考方向如图所示，根据 KVL 定律，此电路瞬时值电压方程为

$$u=u_R+u_L+u_C$$

电流参考方向如图 3-11(b)所示，得

$$\dot{I}=I\angle\varphi_i$$

$$\dot{U}=\dot{U}_R+\dot{U}_L+\dot{U}_C$$

上式也可由相量形式的 KVL 定律直接得出. 根据元件的电压、电流相量关系，可将上式写成

$$\dot{U}=R\dot{I}+\mathrm{j}\omega L\dot{I}+\frac{1}{\mathrm{j}\omega C}\dot{I}=[R+\mathrm{j}(\omega L-\frac{1}{\omega C})]\dot{I}$$

$$=Z\dot{I} \tag{3-63}$$

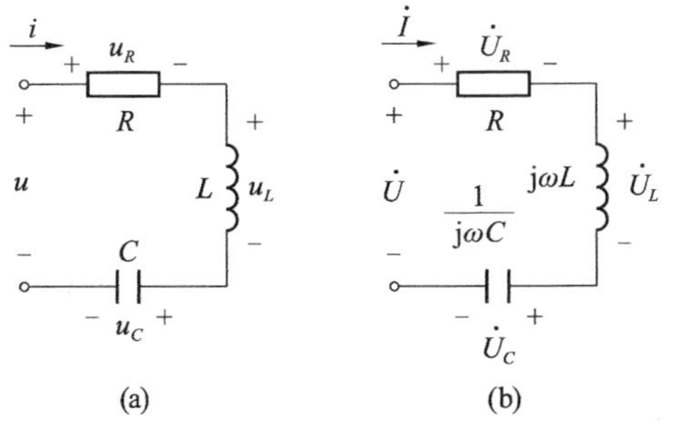

图 3-11　*RCL* 串联电路

称为欧姆定律的相量形式，式中复数 Z 称为阻抗.

阶段 2　阻抗

阻抗等于图 3-11(b)端口电压相量与端口电流相量的比值，即 $Z=\dot{U}/\dot{I}$，它是电路的一个复数参数，而不是表示正弦量的相量. 为了区别起见，阻抗只用大写字母表示，而不

加点，可得

$$Z=R+\mathrm{j}(\omega L-\frac{1}{\omega C})=R+\mathrm{j}(X_L-X_C)=R+\mathrm{j}X \tag{3-64}$$

阻抗的实部 R 就是所研究电路的电阻，虚部 X 是感抗 X_L 与容抗 X_C 之差，即 $X=X_L-X_C$，称为电抗. 感抗和容抗总是正的，而电抗为一个代数量，可正可负. 这反映了电感上电压的相位与电容上电压的相位恰好相反，这是由于电感电压超前电流 $\pi/2$，而电容电压滞后电流 $\pi/2$. 单一电阻、电感及电容的阻抗分别为 $Z=R$，$Z=\mathrm{j}X_L$ 及 $Z=-\mathrm{j}X_C$.

阻抗也可以用极坐标形式表示 $Z=|Z|\angle\varphi$ (3-65)

式中

$$Z=\sqrt{R^2+X^2}$$

$$\theta=\arctan\frac{X}{R}=\arctan\frac{X_L-X_C}{R}$$

以及

$$R=|Z|\cos\varphi,\quad X=|Z|\sin\varphi$$

$|Z|$ 称为阻抗模，总是正值；φ 是阻抗的辐角，称为阻抗角，可能是正的，也可能是负的，视 X 的正负而定. 显然，$|Z|$ 和 R，X 的单位相同，都是 Ω.

若 $X_L>X_C$，则 $X>0$，$\varphi>0$，电路是电感性的；若 $X_L<X_C$，则 $X<0$，$\varphi<0$，电路是电容性的；若 $X_L=X_C$，则 $X=0$，电路是电阻性的，电路发生谐振.

对阻抗的性质进行讨论以后，得到电压相量式为

$$\begin{aligned}\dot{U}&=Z\dot{I}=|Z|\angle\varphi\times I\angle\varphi_i\\&=|Z|I\angle(\varphi_i+\varphi)=U\angle\varphi_u\end{aligned} \tag{3-66}$$

其瞬时值表达式

$$\begin{aligned}u&=\sqrt{2}|Z|I\sin(\omega t+\varphi_i+\varphi)\\&=\sqrt{2}U\sin(\omega t+\varphi_u)\end{aligned} \tag{3-67}$$

式(3-66)、(3-67)中，$\varphi=\varphi_u-\varphi_i$，为电压相量超前电流相量的角度，等于阻抗角. 如上所述，对于感性电路，$\varphi>0$；对于容性电路，$\varphi<0$.

阶段 3　相量图

图 3-12(a)画出了 $\varphi>0$(感性电路)时的相量图，图 3-12(b)画出了 $\varphi<0$(容性电路)时的相量图. 作相量图时，先作出电流的相量，为了简单起见，设 $\varphi=0$，将 $\dot{I}$ 画在正实轴方向. 然后作 R，L，C 各元件的电压相量，电阻电压 U_R 与电流同相位，电感电压 U_L 超前于电流 $\pi/2$，而电容的电压 U_C 滞后于电流 $\pi/2$，所以相量 $\dot{U}_L$ 与 $\dot{U}_C$ 相位差为 π. 图中，采用了多边形加法，即根据尾首相接的原则作图. 具体作法：先画出第一个相量 $\dot{U}_R$，在 $\dot{U}_R$ 的尾端直接画出第二个相量 $\dot{U}_L$，在 $\dot{U}_L$ 的尾端再画第三个相量 $\dot{U}_C$. 求和的结果是从第一个相量的首端指向最后一个相量的尾端，得出相量 $\dot{U}$. 图 3-12(a)中 $\dot{U}_L>\dot{U}_C$，是感性电路，所以 $\dot{U}$ 超前 $\dot{I}$，$\varphi>0$；图 3-12(b)中 $\dot{U}_C>\dot{U}_L$，是容性电路，所以 $\dot{U}$ 滞后 $\dot{I}$，$\varphi<0$，其正负视 $\dot{U}$ 超前或滞后于 $\dot{I}$ 而定.

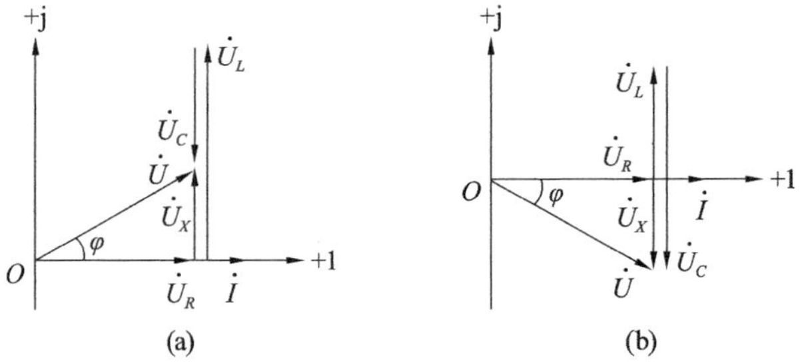

图 3-12 RLC 串联电路的相量图

在图 3-12(a)和(b)中,将相量 $\dot{U}_L$ 和 $\dot{U}_C$ 合并成 $\dot{U}_X$,则

$$\dot{U}=\dot{U}_R+\dot{U}_L+\dot{U}_C \tag{3-68}$$

或

$$Z\dot{I}=R\dot{I}+jX\dot{I} \tag{3-69}$$

同样有

$$Z=R+jX$$

电压 U_R,U_X 和 U 组成一直角三角形,称为电压三角形,U 为斜边,U_R 和 U_X 分别为两个直角边. 由上式可以看出,电阻 R,电抗 X 和阻抗模 $|Z|$ 也构成一个直角三角形,称为阻抗三角形,$|Z|$ 为斜边,而 R 和 X 分别为两个直角边. 这两个三角形是相似的,如图 3-13 所示.

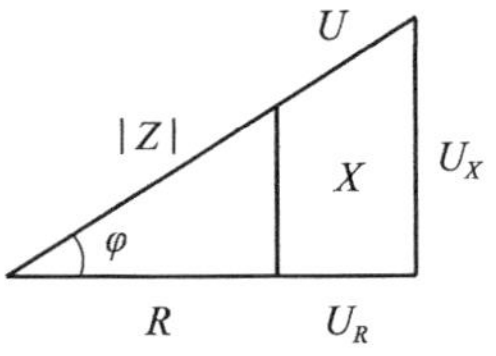

图 3-13 电压及阻抗三角

【例 3-11】 在如图所示 RLC 串联电路中,$R=30\ \Omega$,$L=254\ \text{mH}$,$C=80\ \mu\text{F}$,电源电压 $u=220\sqrt{2}\sin(314t+20^\circ)$ V. 试求电路中的电流和各元件上的电压瞬时值解析式.

解 采用相量法,先写出已知相量,计算电路的阻抗,然后求出解答. 电路的电压相量为

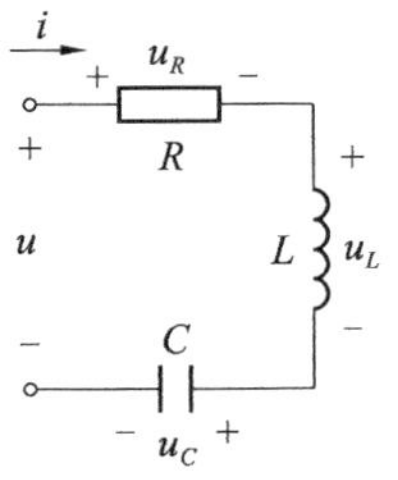

例 3-11 图

$$U=220\angle 20^\circ\ \text{V}$$

电路的阻抗为

$$Z=R+j(\omega L-\frac{1}{\omega C})=\left[30+j\left(314\times 254\times 10^{-3}-\frac{1}{314\times 80\times 10^{-6}}\right)\right]$$

$$=[30+j(79.8-39.8)]=30+j40$$

$$=50\angle 53.1^\circ\Omega$$

$$\dot{I}=\frac{\dot{U}}{Z}=\frac{220\angle 20^\circ}{50\angle 53.1^\circ}=4.4\angle -33.1^\circ$$

各元件上的电压相量分别为

$$\dot{U}_R=R\dot{I}=30\times 4.4\angle -33.1^\circ=132\angle -33.1^\circ\ \text{V}$$

$$\dot{U}_L=j\omega L\dot{I}=j79.8\times 4.4\angle -33.1^\circ=351.1\angle 56.9^\circ\ \text{V}$$

$$\dot{U}_C=-j\frac{1}{\omega C}\dot{I}=-j39.8\times 4.4\angle -33.1^\circ=175.1\angle -123.1^\circ\ \text{V}$$

它们的瞬时值解析式为

$$i=4.4\sqrt{2}\sin(314t-33.1^\circ)\ \text{A}$$

$$u_R=132\sqrt{2}\sin(314t-33.1^\circ)\ \text{V}$$

$$u_L=351\sqrt{2}\sin(314t+56.9^\circ)\ \text{V}$$

$$u_C=175\sqrt{2}\sin(314t-123.1^\circ)\ \text{V}$$

【例 3-12】 当日光灯导通后，整流器与灯管串联.整流器可用电感元件作为其模型，灯管可用电阻元件作为其模型.一个日光灯电路的 $R=300\ \Omega$，$L=1.66\ \text{H}$，工频电源的电压为 220 V.试求：电源电压与灯管电流的相位差、灯管电流、灯管电压和整流器电压.

解 这是串联电路，整流器的感抗

$$X_L=\omega L=100\pi\times1.66=521.5\ \Omega$$

电路的阻抗 $Z=R+j\omega L=(300+j521.5)=601.6\angle60^\circ\ \Omega$

所以电源电压比灯管电流超前 60°.

灯管电流

$$I=\frac{U}{|Z|}=\frac{220}{601.6}=0.366\ \text{A}$$

灯管电压、整流器电压各为

$$U_R=RI=300\times0.366=110\ \text{V}$$

$$U_L=X_LI=521.5\times0.366=191\ \text{V}$$

当只求电流、电压的有效值时，也可不用相量计算.

思考与练习

1. 有一 RC 串联电路，接于 50 Hz 的正弦电源上，$R=10\ \Omega$，$C=10^4/314\ \mu\text{F}$，电压相量 $U=200\angle30^\circ$ V，求复阻抗 Z、电流 I、电压 U_C，并画出电压电流相量图.

2. 有一 RL 串联电路，接于 50 Hz，100 V 的正弦电源上，测得电流 $I=2$ A，功率 $P=100$ W，试求电路参数 R 和 L.

3. RLC 串联电路中，$R=4\ \Omega$，感抗 $X_L=6\ \Omega$，容抗 $X_C=3\ \Omega$.

若电源电压 $u=70.7\sin(314t+60^\circ)$V.求：(1) 电路的复数阻抗 Z 和电流 i；

(2) 电压 u_R，u_L，u_C，

(3) 功率因数 $\cos\varphi$ 及功率 P，Q，S；

(4) 画出相量图.

任务 6 正弦交流电路中的功率

任务描述： 了解正弦交流电路的瞬时功率、无功功率和视在功率的概念.

任务分析： 由于电路中负载性质的不同，它们的功率性质及大小也不一样.感性负载不一定全部都吸收或消耗能量，所以要对电路中的不同功率进行分析.

阶段 1　瞬时功率

设二端网络的端口电压 u 和端口电流 i 的参考方向如图 3-14(a)所示，其表达式为

$$u(t)=\sqrt{2}U\sin(\omega t+\varphi_u)$$

$$i(t)=\sqrt{2}I\sin(\omega t+\varphi_i)$$

$\varphi_u-\varphi_i=\varphi$，为了简化，设 $\varphi_i=0$，上式可写成

$$u(t)=\sqrt{2}U\sin(\omega t+\varphi)$$

$$i(t)=\sqrt{2}I\sin\omega t$$

式中，φ 是电压超前于电流的相位，即该无源二端网络的等效阻抗的阻抗角.

按上式的 u,i，得二端网络吸收的瞬时功率为

$$p(t)=u(t)\times i(t)=\sqrt{2}U\sin(\omega t+\varphi)\times\sqrt{2}I\sin\omega t=UI[\cos\varphi-\cos(2\omega t+\varphi)]$$

其波形如图 3-14(b)所示，图中同时画出了电压、电流的波形. 由图可以看出，当 u,i 瞬时值同号时，$p>0$，二端网络从外电路吸收功率；当 u,i 瞬时值异号时，$p<0$，二端网络向外电路提供功率. 瞬时功率有正有负的现象说明，在外电路和二端网络之间有能量往返交换，这是由储能元件造成的. 作为储能元件的电感和电容，只能储存能量而不能消耗能量. 电感的磁场能量将随电感电流的增减而增减，电容的电场能量将随电容电压的增减而增减. 当磁场能量或电场能量减少时，一个储能元件释放出来的能量，可以转移到另一个储能元件中，也可以消耗于电阻中，如有多余则必然要送回电源. 这就造成了能量由二端网络反向传输到外电路的现象.

由图 3-14(b)还可以看出，在一个循环内，$p>0$ 的部分仍大于 $p<0$ 的部分，因此，平均来看，二端网络仍是从外电路吸收功率的. 这是由于二端网络中存在着消耗能量的电阻.

为了便于说明二端网络的有功功率和无功功率，将上式括号内的第二项展开，经过整理，可得

$$p(t)=UI\cos\varphi[1-\cos2\omega t]+UI\sin2\omega t\sin\varphi \tag{3-70}$$

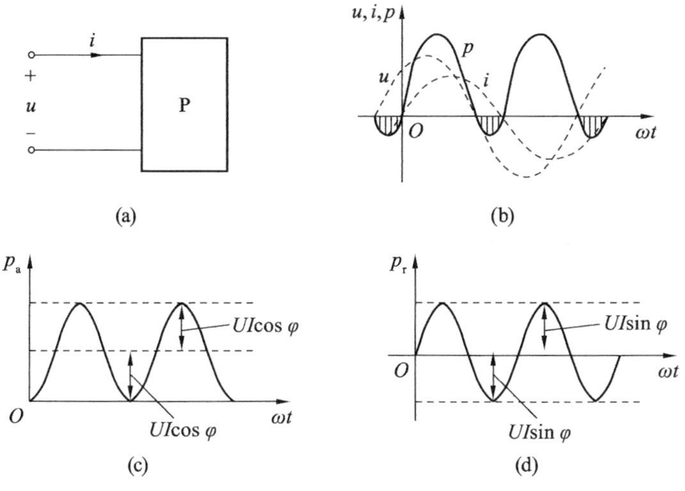

图 3-14　二端网络的功率

阶段 2 平均功率

由于二端网络中一般总有电阻，而电阻又总要消耗功率，所以二端网络的瞬时功率虽然有正有负，但二端网络吸收的平均功率一般恒大于零.

平均功率又称为有功功率，即

$$P=\frac{1}{T}\int_0^T p(t)\mathrm{d}t=\frac{1}{T}\int_0^T UI[\cos\varphi-\cos(2\omega t+\varphi)]\mathrm{d}t=UI\cos\varphi=UI\lambda \quad (3\text{-}71)$$

式(3-71)表明，正弦电流电路中无源二端网络的有功功率一般并不等于电压与电流有效值的乘积，它还与电压、电流之间相位差 φ 有关.

$$\lambda=\cos\varphi \quad (3\text{-}72)$$

称为二端网络的功率因数，φ 称为功率因数角，它等于二端网络的等效阻抗的阻抗角. 若 $\varphi=0$，即 $\lambda=\cos\varphi=1$ 时，二端网络吸收的有功功率才等于电压与电流有效值的乘积. 这是因为 $\varphi=0$ 时，电压与电流同相位，二端网络等效于一个电阻. 若 $\varphi=\pm\pi/2$，即 $\lambda=\cos\varphi=0$ 时，二端网络不吸收有功功率. 这是因为 $\varphi=\pm\pi/2$ 时，电压与电流相位正交，二端网络等效于一个电抗.

如果二端网络仅由 R，L，C 元件组成，则可以证明它吸收的有功功率等于二端网络各部分消耗的有功功率的和.

在直流电路中，若测出电压与电流的量值，那么它们的乘积就是有功功率，因此在直流电路中一般不用功率表测量功率. 但在正弦电流电路中，即使测出电路中电压与电流的有效值，它们的乘积也不一定是有功功率，因为有功功率还与功率因数有关，所以在正弦电流电路中需采用功率表测量有功功率.

阶段 3 无功功率

电感和电容虽然并不消耗能量，但却会在二端网络与外电路之间造成能量的往返交换现象. 能量交换的规模显然与二端网络瞬时功率无功分量的最大值 $UI\sin\varphi$ 有关(见图 3-14(d))，此值越大，则瞬时功率无功分量波形正、负半周与横轴之间构成的面积越大，二端网络与外电路往返交换的能量也越多. 只要知道瞬时功率无功分量的最大值，就能确定能量交换的规模，因此定义二端网络的无功功率为

$$Q=UI\sin\varphi \quad (3\text{-}73)$$

若 $\varphi=0$，二端网络等效于一个电阻，它吸收的无功功率为零. 当 $\varphi\neq0$ 时，二端网络中必有储能元件，它与外电路间有能量交换，因而构成了无功功率. 由式(3-70)可知，对于感性的二端网络，$\varphi>0$，则 Q 为正值；对于容性的二端网络，$\varphi<0$，则 Q 为负值. 无功功率的正负与二端网络阻抗角 φ 的正负及等效电抗的正负相一致.

若 $\varphi=\pi/2$，二端网络等效于一个电感，它吸收的无功功率为 $Q=Q_L=UI\sin\frac{\pi}{2}=UI>0$，就是等效电感元件的无功功率；若 $\varphi=-\pi/2$，二端网络等效于一个电容，它吸收的无功功率为 $Q=Q_C=UI\sin(-\frac{\pi}{2})=-UI<0$，就是等效电容元件的无功功率.

若二端网络中既有电感又有电容，则它们在二端网络内部先自行交换一部分能量，其差额再与外电路进行交换，因而二端网络由外电路吸收的无功功率 Q 应等于电感吸收

的无功功率 Q_L 与电容吸收的无功功率 Q_C 的和，即

$$Q=Q_L+Q_C \tag{3-74}$$

式中，$Q_L>0$，$Q_C<0$，而 Q 为一代数量，可正可负.

虽然，无功功率在平均意义上并不做功，但在电力工程中也把无功功率看作可以“产生”或“消耗”的. 对于感性二端网络，Q 为正值，习惯上把它看作吸收(消耗)无功功率；对于容性二端网络，Q 为负值，习惯上把它看作提供(产生)无功功率. 无功功率的产生或消耗一般都是对感性无功功率而言的.

可以证明，二端网络吸收的无功功率等于各部分吸收的无功功率的代数和. 在实际应用中，为了减小电源供给的无功功率，可以在感性的二端网络中增添电容元件.

阶段4 视在功率

变压器、电机及一些电气器件的容量由它们的额定电压和额定电流决定，所以引入视在功率的概念. 对于一个二端网络，定义其端口电压、端口电流有效值的乘积为视在功率，即

$$S=UI \tag{3-75}$$

视在功率的量纲与有功功率相同. 为了与有功功率与无功功率区别起见，视在功率的单位为 V · A(伏安)，工程上常用的单位有 kVA 和 MVA 等.

视在功率与有功功率、无功功率的关系为

$$P^2+Q^2=(UI\cos\varphi)^2+(UI\sin\varphi)^2=(UI)^2=S^2$$

所以

$$S=\sqrt{P^2+Q^2} \tag{3-76}$$

因此，P，Q 和 S 也构成一个直角三角形(见图 3-15). 它与串联电路中的电压三角形及并联电路中的电流三角形相似，此三角形称为功率三角形.

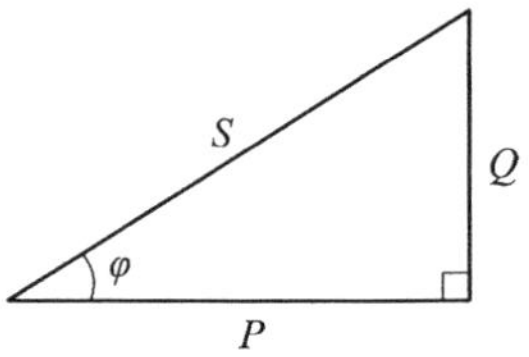

图 3-15 功率三角形

由功率三角形可得出

$$\tan\varphi=\frac{Q}{P},\cos\varphi=\frac{P}{S}=\lambda \tag{3-77}$$

以及

$$Q=P\tan\varphi,P=S\cos\varphi=\lambda S \tag{3-78}$$

思考与练习

1. 三个负载并联，由 250 V，50 Hz 电源供电. 一个负载吸收 20 W 的功率，功率因数为 0.8($\varphi>0$)；第二个负载是电阻性负载，吸收的功率是 16 W；第三个负载吸收 30 W 的功率，功率因数为 0.6($\varphi>0$). 求：

(1) 电源供给的总功率；

(2) 电源提供的视在功率；

(3) 电路的功率因数；

(4) 若将电路的功率因数提高到 0.95，需并联多大的电容？

2. 已知：在 10 Ω 的电阻上通过的电流为 $i_1=5\sqrt{2}\sin(314t-\frac{\pi}{6})$A，试求电阻上电压

的有效值,并求电阻吸收的功率.

任务 7　功率因数的提高

任务描述: 了解提高功率因数的方法及其经济意义.

任务分析: 功率因数是电力系统的一项重要的技术数据,是衡量电气设备效率高低的系数.功率因数低,说明电路用于交变磁场转换的无功功率大,增加了线路供电损失,因此供电部门对用电单位的功率因数有一定的标准要求.

正弦电流电路中,负载从电源获得的有功功率 $P=UI\lambda=UI\cos\varphi$,除与负载的电压、电流有效值有关外,还与负载的功率因数 λ 有关,而负载的功率因数取决于负载的阻抗角 φ.电阻负载(如电灯、电炉)的功率因数为 1;感应电动机是感性负载,其功率因数一般在 0.7～0.85;其他如日光灯、感应加热装置也是功率因数低的感性负载.负载功率因数不等于 1,它的无功功率就不等于零,这意味着它除从电源获得能量外,还与电源进行能量交换,功率因数越低,交换部分所占比例越大.

负载的功率因数低,使电源设备的容量不能得到充分利用.因为电源设备额定容量等于额定电压和额定电流的乘积,设备运行时的电压和电流不能超过额定值.在电压和电流相同的情况下,负载的功率因数越低,发电机或变压器能提供的有功功率就越小.例如,一台 1000 kVA 的变压器,当功率因数 $\lambda=1$ 时,这台变压器的输出功率是 1000 kW;当功率因数 $\lambda=0.7$ 时,它的输出功率仅为 1000×0.7 kW=700 kW.为了充分利用发电机或变压器的容量,必须尽量提高功率因数.

负载的功率因数过低,在供电线上会引起较大的能量损耗和电压降低.在一定的电压下向负载输送一定的有功功率时,负载的功率因数越低,通过线路的电流 $I=P/U\cos\varphi$ 越大,导线电阻的能量损耗和导线阻抗的电压降越大.线路电压降增大,引起负载电压的降低,影响负载的正常工作,如电灯不够亮、电动机转速降低等.

提高用电的功率因数,既能使电源设备的容量得到合理利用、减少输电电能损耗,又能改善供电的电压质量,所以功率因数是电力技术经济中的一项重要指标,应该努力提高用电的功率因数.

一般负载都是感性的,即通常说的功率因数滞后.对于感性负载,提高功率因数最常用的方法是采用电容器和负载并联,供电线上增加一个电容电流,使用电的综合功率因数得到提高.

【例 3-13】 设有一电感性负载,如例 3-13 图(a)中用串联的 R,L 代表,其端电压为 U,有功功率为 P,现要求把它的功率因数从 $\cos\varphi$ 提高到 $\cos\varphi'$,需要并联多大的电容(图中用 C 代表)?

解　作相量图如例 3-13 图(b)所示,以电压相量 $\dot{U}$ 为参考相量,原有负载电流为 $\dot{I}_L$(功率因数角为 φ);并联电容后,电容电流为 $\dot{I}_C$,使线路电流由原来的 $\dot{I}_L$ 变为 $\dot{I}=\dot{I}_L+$

$\dot{I}_C$(功率因数角变为 φ').

未并联电容 C 时,线路电流等于负载电流,即

$$I_L=\frac{P}{U\cos\varphi}$$

电流 I_L 的无功分量为 $I_L\sin\varphi$.

并联电容后,线路电流等于

$$I=\frac{P}{U\cos\varphi'}$$

电流 I 的无功分量变为 $I\sin\varphi'$.

显然,所需电容电流等于两个无功电流之差

$$I_C=I_L\sin\varphi-I\sin\varphi'$$

由于 $I_C=\omega CU$,所以所需并联的电容为

$$C=\frac{I_C}{\omega U}=\frac{I_L\sin\varphi-I\sin\varphi'}{\omega U}$$

$$C=\frac{P}{\omega U^2}(\tan\varphi-\tan\varphi')$$

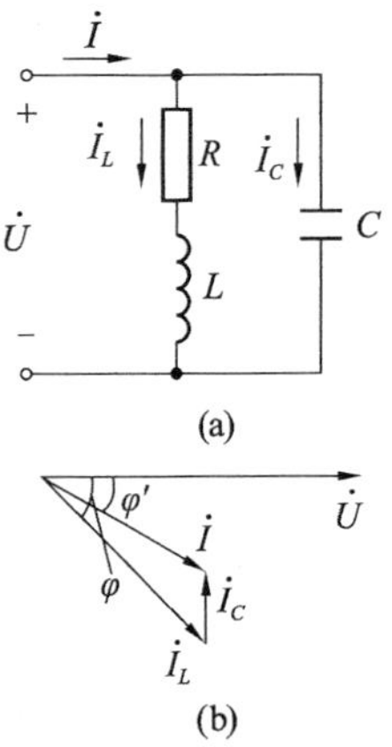

例 3-13 图

思考与练习

1. 将一感性负载接到频率 $f=50$ Hz 的交流电源上,功率因数 $\cos\varphi=0.5$.若将电源频率变为 100 Hz,则功率因数数变为(　　).(提示:应用阻抗三角形解此题)

A. 1　　B. $\frac{1}{2}$　　C. $\frac{\sqrt{2}}{2}$　　D. $\frac{\sqrt{13}}{13}$　　E. $\frac{\sqrt{2}}{4}$

2. 填空题

(1) 在电力系统中,功率因数是一个______.功率因数取决于电路的______和电源的______.纯电阻电路中,功率因数为______,感性负载电路中,功率因数介于______与______之间.

(2) 感性负载并联电容以后,电路的______功率不变,这是因为电容器不消耗______,感性负载的工作状态______.

3. 简答题

(1) 什么叫功率因数?提高负载的功率因数有什么重要意义?

(2) 为什么感性负载并联电容器以后可以提高功率因数?

(3) 是否可以采用串联电容器的方法来提高功率因数?为什么?

情境小结

正弦电流电路是指同频率正弦激励下线性动态电路的稳定状态,正弦电流电路中所

有响应都是与激励同频率的正弦量. 本情境先介绍正弦量和用相量表示正弦量,这是分析计算正弦电流电路的基础. 然后从分析正弦电流电路中的 R,L,C 元件及 RLC 串联电路这些特殊情况出发,定义阻抗,并讨论正弦电流电路中的功率,以及利用相量分析正弦电流电路的方法——相量法.

1. 正弦量

(1) 电流瞬时值解析式为

$$i=\sqrt{2}I\sin(\omega t+\varphi)$$

有效值 I、角频率 ω、初相 φ 是决定一个正弦量的三要素.

(2) 有效值 I 是周期量在热效应方面相当的直流量,等于周期量的方均根值. 正弦量的有效值为其最大值的 $1/\sqrt{2}$.

(3) 正弦量一个周期内相位为 2π rad,角频率是正弦量相位变化的速率,$\omega=2\pi f$,式中 f 为频率,单位为 Hz;T 为周期,单位为 s,$f=1/T$.

(4) 初相反映正弦量在计时起点的状态. 初相为正的正弦量,其初始值为正,它在计时起点之前达到零点,零点在坐标原点左边;初相为负的正弦量,其初始值为负,它在计时起点之后达到零点,零点在坐标原点右边.

相位差等于两个同频率正弦量初相之差,相位差的存在表示两个正弦量在不同时刻到达零点.

2. 正弦量的相量表示

正弦量 $i=\sqrt{2}I\sin(\omega t+\varphi)$,由于正弦电流电路中各正弦量都具有相同的角频率 ω,一般用有效值相量表示正弦量,即 $\dot{I}=I\angle\varphi$.

同频率正弦量之和的相量等于正弦量的相量之和.

3. 正弦电流电路的基本性质和计算公式

(1) KCL,KVL 的相量形式:$\sum\dot{I}=0$,$\sum\dot{U}=0$.

(2) R,L,C 元件电压与电流关系的相量形式:

$$\dot{U}=R\dot{I}\ ,\dot{U}_L=\mathrm{j}\omega L\dot{I}=\mathrm{j}X_L\dot{I}\ ,\dot{U}_C=\frac{1}{\mathrm{j}\omega C}\dot{I}=-\mathrm{j}X_C\dot{I}$$

其中,R 为电阻,X_L 为感抗,X_C 为容抗,单位均为 Ω.

$$\dot{I}=G\dot{U},\dot{I}_L=\frac{1}{\mathrm{j}\omega L}\dot{U}=-\mathrm{j}B_L\dot{I}\ ,I_C=\mathrm{j}\omega C\dot{U}=\mathrm{j}B_C\dot{U}$$

其中,G 为电导,B_L 为感纳,B_C 为容纳,单位均为 S.

(3) RLC 串联电路的阻抗

$$Z=R+\mathrm{j}\omega L+\frac{1}{\mathrm{j}\omega C}=R+\mathrm{j}(\omega L-\frac{1}{\omega C})=R+\mathrm{j}(X_L-X_C)=R+\mathrm{j}X=|Z|\angle\varphi$$

其中,Z 为阻抗,单位为 Ω;R,X 分别为电阻、电抗;$|Z|$,φ 分别为阻抗模、阻抗角. R,X,$|Z|$ 构成阻抗三角形.

当 $X_L>X_C$,$X>0$,$\varphi>0$ 时,为感性电路;当 $X_L<X_C$,$X<0$,$\varphi<0$ 时,为容性电路.

4. 正弦电流电路的功率

(1) 不含独立源二端网络的功率

有功功率 $P=UI\cos\varphi=UI\lambda$,为二端网络吸收的平均功率,$\lambda$ 为功率因数,φ 为功率因数角,等于二端网络的阻抗角. P 的单位为 W.

无功功率 $Q=UI\sin\varphi$,为二端网络与外电路进行能量交换的最大速率.

若 $Q>0$,吸收感性无功功率;若 $Q<0$,吸收容性无功功率,相当于提供感性无功功率. Q 的单位为 var.

视在功率 $S=UI$,常用来表征电气设备的容量. S 的单位为 V・A.

P,Q,S 构成功率三角形,$Q/P=\tan\varphi$.

(2) 为了改善功率因数(由 $\cos\varphi$ 提高为 $\cos\varphi'$),以减少线路的电压损失和功率损耗,可在有功功率为 P 的负载处并联电容器,所需电容器的无功功率为

$$Q_C=P(\tan\varphi-\tan\varphi')$$

电容器的电容为

$$C=\frac{Q_C}{\omega U^2}=\frac{P}{\omega U^2}(\tan\varphi-\tan\varphi')$$

学习情境 4 三相交流电路

本情境主要介绍三相电源、三相负载的连接方式，三相电路中电压、电流和三相功率，以及对称三相电路和不对称三相电路的分析和计算方法.

任务 1 三相正弦交流电路的概念

任务描述：了解三相交流电动势的产生；
熟悉三相电动势的三角函数表示法、相量表示法和正弦波形图；
理解相序中正序和逆序的基本含义.

任务分析：三相正弦交流电动势是由三相交流发电机产生的，当今人们的日常工作和生活都离不开它.本任务将主要介绍三相对称正弦交流电动势的产生和三相电动势的表示方法.

一般的电力系统都采用三相四线制供电方式，即由三个频率相同、大小相等、波形相同，但变化进程不同的交流电源组成的三相供电系统，单相交流电只是三相中的一相.

三相供电方式应用广泛是因为它比单相供电方式具有明显的优势：

(1) 三相交流发电机和变压器比同容量的单相交流发电机和变压器节省材料，并且体积小；

(2) 在输送电压、功率及线路损耗等相同时，三相线路比单相线路节省有色金属；

(3) 三相交流电动机的结构、性能及运行可靠性等都比单相交流电动机优越.

对于三相电路的分析，可以用单相电路的分析方法.单相电路中的基本理论、基本定律完全适用于三相正弦交流电路，但三相交流电路又有其自身的特点，所以，在三相电路的学习过程中，必须掌握三相交流电路的特点.

阶段 1 三相正弦交流电动势的产生

三相交流电动势是由三相交流发电机产生的.发电机是利用电磁感应原理将机械能转变为电能的装置.

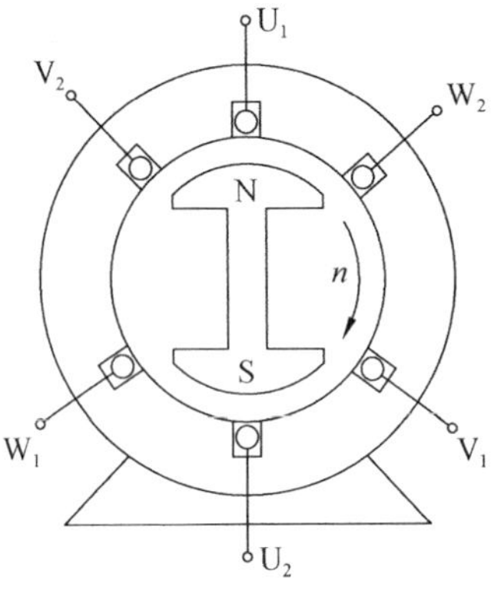

图 4-1 三相交流发电机示意

图 4-1 是三相交流发电机示意图，它主要由电枢与磁极组成.

电枢是固定的，又称为定子. 电枢（定子）铁芯的内圆周表面冲有槽，用以放置三相电枢绕组 U_1U_2，V_1V_2，W_1W_2，三相绕组完全相同且彼此相隔 120°，U_1，V_1，W_1 称为始端，U_2，V_2，W_2 称为末端.

阶段 2　三相电动势的表示方法

磁极是旋转的，又称转子. 磁极（转子）铁芯上有励磁绕组，用直流电流励磁. 当转子以角速度 ω 匀速旋转时，在三个定子绕组中，均会感应出随时间按正弦规律变化的电动势. 这三个正弦交流电动势频率相同，幅值相等，彼此间的相位差是 120°，这种电动势称为三相对称电动势. 三相电动势可表示为

$$\begin{cases} e_U = E_m \sin \omega t \\ e_V = E_m \sin(\omega t - 120°) \\ e_W = E_m \sin(\omega t - 240°) = E_m \sin(\omega t + 120°) \end{cases} \tag{4-1}$$

因为三相对称电动势是正弦旋量，可以用相量表示为

$$\begin{cases} \dot{E}_U = E\angle 0° \\ \dot{E}_V = E\angle(-120°) \\ \dot{E}_W = E\angle 120° \end{cases} \tag{4-2}$$

显然，它们的瞬时值或相量值之和为零，即

$$\begin{cases} e_U + e_V + e_W = 0 \\ \dot{E}_U + \dot{E}_V + \dot{E}_W = 0 \end{cases} \tag{4-3}$$

三相对称电动势的波形图和相量图分别如图 4-2(a)和图 4-2(b)所示.

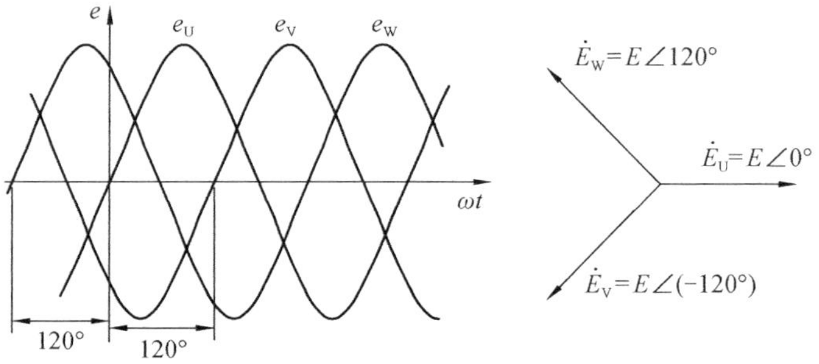

(a) 波形图　　(b) 相量图

图 4-2　三相对称电动势的波形图和相量图

由于发电机绕组的阻抗很小，因此绕组上的压降也很小，通常情况下可以忽略不计. 所以不论电源的绕组中有无电流，一般认为电源各相的电压和各相的电动势大小相等、方向相反. 因三相电动势是对称的，所以三相的电压也是对称的，即三相电压大小相等、相位互差 120°，所以也可得到电压瞬时值和相量的表达式为

$$\begin{cases} u_U + u_V + u_W = 0 \\ \dot{U}_U + \dot{U}_V + \dot{U}_W = 0 \end{cases} \tag{4-4}$$

阶段 3　相序

三相交流电源中的三个电压达到同一量值（如最大值）的先后次序称为相序. U→V→

W 为正相序，这种相序是 U 相超前于 V 相，V 相超前于 W 相；U→W→V 为逆相序，这种相序是 U 相超前于 W 相，W 相超前于 V 相.

在无特别说明时，三相电源均认为是正序对称电源. 工业上通常在交流发电机的三相引出线及配电装置的三相母线上涂以黄、绿、红三种颜色，分别表示 U，V，W 三相.

三相电源的相序改变会影响接在电源上的三相电动机的转向，这种方法常用于控制电动机使其正转或反转，所以，在接三相电动机时尤其要注意这一点.

思考与练习

1. 三相对称电压的含义是什么？
2. 什么是正相序？什么是逆相序？

任务 2　三相电源的连接电路

任务描述： 掌握三相电源的连接方法；
掌握三相电路中线电压、相电压、线电流和相电流之间的关系；
了解三相四线制连接方式；
会分析三相电源的星形连接和三角形连接电路.

任务分析： 日常电力系统所采用的供电方式绝大多数是三相制供电方式，根据三相发电机绕组的连接方式不同，可以将三相电源的连接方式分为星形(Y)连接和三角形(△)连接. 本任务将主要介绍三相四线制连接方式，以及相电压与线电压的相关知识.

三相电源在向外供电时要按一定的规律连接，而不是直接引出六根导线. 三相电源的连接方式有星形连接和三角形连接两种.

为了分析方便，对三相交流电量的参考方向作如下规定：各相电动势的正方向规定为从绕组的末端指向始端；相电压的正方向规定为从绕组的始端指向末端.

阶段 1　三相电源的星形连接电路

将三相电源的三个末端依次连接到一起，从三个始端引出三根电源线向负载供电的方法叫星形连接，如图 4-3 所示.

在星形连接中，三相绕组末端的连接点称为三相电源的中性点或零点，用字母 N 表示. 从中性点引出的输电线叫中性线(俗称零线). 中性线通常和大地相接. 从三相绕组的始端引出的导线称为端线或相线(俗称火线)，用字母 U，V，W 表示，这种供电方式就是三相四线制. 居民生活用电和工厂的低压配电线路大都属于三相四线制.

电源作星形连接时，可得到两种电压，即相电压与线电压.

(1) 相电压：电源每相绕组两端的电压，或相线与中性线之间的电压，称为电源的相电压，用 u_U，u_V，u_W 表示，如图 4-3 所示.

(2) 线电压：任意两相绕组始端之间或任意两相相线之间的电压，称为线电压，用字母 u_{UV}, u_{VW}, u_{WU} 表示，如图 4-3 所示.

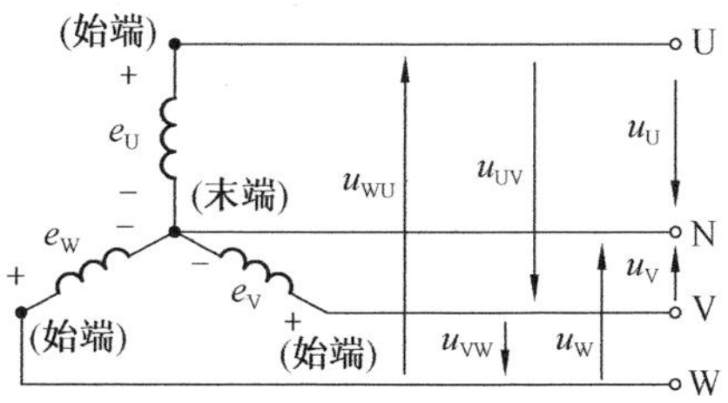

图 4-3　三相电源的星形连接

三相电源星形连接时，根据基尔霍夫电压定律，线电压和相电压之间的关系可表示为

$$u_{UV}=u_U-u_V, u_{VW}=u_V-u_W, u_{WU}=u_W-u_U \tag{4-5}$$

上述关系说明，线电压的瞬时值等于对应相电压的瞬时值之差. 由于上述各量都是同频率的正弦量，因此可以用相量形式来表示，即

$$\dot{U}_{UV}=\dot{U}_U-\dot{U}_V, \dot{U}_{VW}=\dot{U}_V-\dot{U}_W, \dot{U}_{WU}=\dot{U}_W-\dot{U}_U \tag{4-6}$$

线电压的相量等于对应相电压相量之差. 根据上式可画出星形连接时相电压与线电压的相量图，如图 4-4所示.

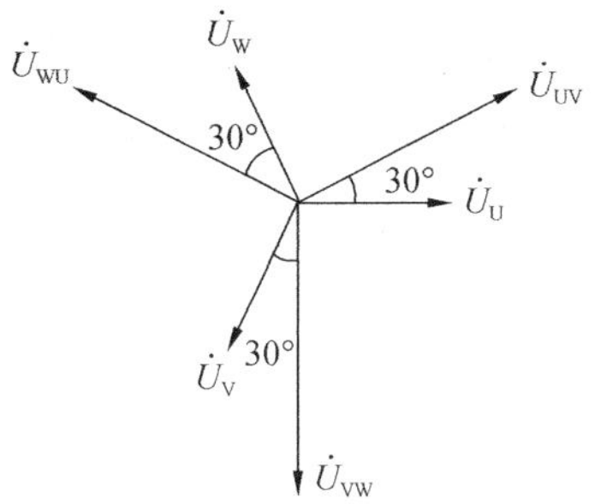

图 4-4　星形连接时的电压相量图

由于相电压是对称的，所以线电压也是对称的. 从相量图上可以看出，线电压的相量在相位上比相应相电压的相量超前 30°. 线电压和相电压的大小关系可以通过相量图求得

$$\frac{U_{UV}}{2}=U_U\cos 30°=\frac{\sqrt{3}}{2}U_U$$

所以，线电压在数量上等于相电压的$\sqrt{3}$倍，即

$$U_{UV}=\sqrt{3}U_U \tag{4-7}$$

阶段 2　三相电源的三角形连接电路

将三相交流发电机绕组的始末端依次相连，即 U_2 与 V_1、V_2 与 W_1、W_2 与 U_1 分别相连，连成一个闭合的三角形，这种方法称为三角形连接，如图 4-5(a)所示. 为了便于分析，可将图画成 4-5(b)所示形式.

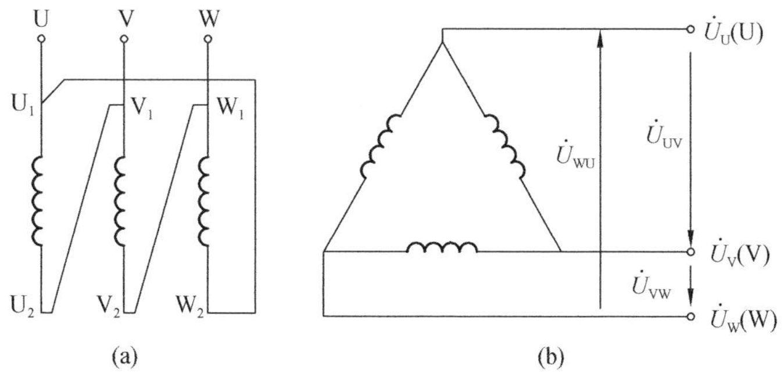

图 4-5　三相电源的三角形连接

电源三角形连接时，只有三条端线，没有中线，它是三相三线制. 每相绕组的电压是相电压，端线上的电压是线电压，从三角形连接看线电压和相电压相等，即

$$u_{UV}=u_U, u_{VW}=u_V, u_{WU}=u_W \tag{4-8}$$

或

$$\dot{U}_{UV}=\dot{U}_U,\dot{U}_{VW}=\dot{U}_V,\dot{U}_{WU}=\dot{U}_W \tag{4-9}$$

由此可见,电源三角形连接时,线电压与相电压是相等的.

三角形连接时三相电源形成了一个回路.因三相电源对称时有

$$\dot{U}=\dot{U}_U+\dot{U}_V+\dot{U}_W=0 \tag{4-10}$$

值得注意的是,三相电源接成三角形时,如果连接正确,电源内部三角形连接回路电压的和为零,回路中的电流为零;假如连接不正确,其中有一相接反,三相电压之和不为零,这时回路电压的大小是相电压的2倍,回路中产生足以造成损坏三相绕组的短路电流,所以在三相电源接成三角形时要当心.实际中,可用测量的方法来确定连接正确与否,方法是首先把三相电源接成一个开口三角形,然后测量开口端的电压:若电压为零,说明连接是正确的;若电压不为零,说明连接不正确,需要重新连接.

三角形连接一般出现在变压器的三相绕组中,如图4-6所示.

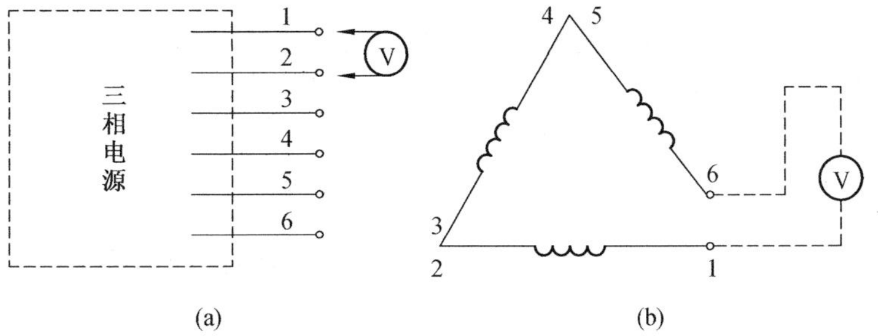

图4-6 三相绕组连接测量

思考与练习

1. 欲将发电机的三个绕组连成星形时,如果误将 U_2,V_1,W_1 连成一点(中性点),是否也可以产生对称三相电动势?

2. 当发电机的三相绕组连成星形时,设线电压 $u_{UV}=220\sin(\omega t-30°)$ V,试写出相电压 U_U 的三角函数式.

3. 何谓相电压、线电压?何谓相电流、线电流?

任务3 对称三相正弦交流电路分析

任务描述： 掌握三相对称电路的分析方法；
理解负载星形连接、三角形连接的三相电路；
学会分析和计算负载星形连接、三角形连接三相电路.

任务分析： 三相负载可以是一个整体，也可以是独立的3个单相负载(如照明电路). 三相负载有对称和不对称之分，连接方式有Y连接和△连接2种. 本任务将着重分析三相负载的这2种连接电路.

对称三相正弦交流电路是指三相电源对称，同时三相负载也对称的三相交流电路. 在单相交流电路中有关正弦交流电路的基本理论、基本定律和分析方法，对三相交流电路完全适用. 但在分析计算对称三相交流电路时，利用对称三相交流电路的特点可以简化分析和计算的过程.

阶段1 三相负载的连接电路

三相负载是由三个单相负载按照一定的规律连接组合起来的. 常见的三相交流电路中的负载有动力负载(如三相电动机)、电热负载(如三相电炉)或照明负载(如白炽灯、日光灯等). 为了和三相电源相对应，三相负载的始端和末端分别表示为 u_1u_2，v_1v_2，w_1w_2. 三相负载有三相对称负载和三相不对称负载两种.

三相对称负载是指三相负载的大小相等且性质相同. 大小是指负载的阻抗，性质是指负载呈阻性、感性，还是容性. 只有同时符合这两个条件的负载才是三相对称负载.

三相不对称负载是指三相负载的大小不相等或性质不相同. 三相负载的对称与不对称，在分析三相电路时会做介绍.

三相负载究竟采用哪种接法，由电源电压、负载的额定电压和负载的运行特点确定. 如接一个三相电动机，即要根据电源电压和电动机的铭牌要求确定.

1. 三相负载的星形接法

如果负载有极性，将每相负载始端和末端区分开来，把三个末端连在一起，形成一个点，称为负载的中性点，用N′表示；将三个始端分别接到三相电源的相线上. 若负载没有极性，则可以把任意三个端点连到一起. 这种接法称为三相负载的星形接法. 把电源的中性点与负载的中性点用导线连接起来，就形成了三相四线制电路，如图4-7(a)所示.

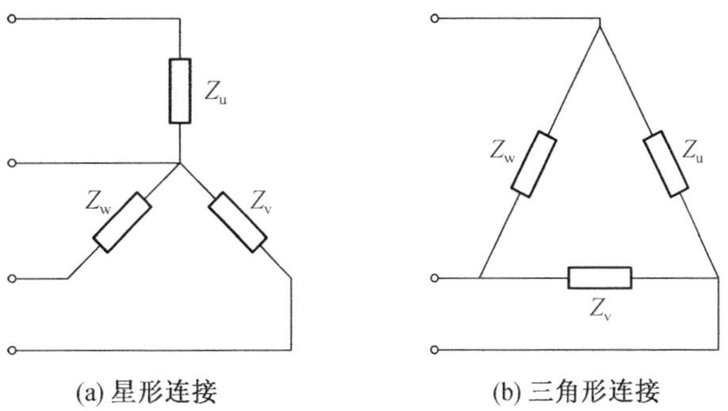

(a) 星形连接　　(b) 三角形连接

图4-7 三相负载的星形与三角形连接

2. 三相负载的三角形接法

三相负载的三角形连接是指把一相负载的末端与另一相负载的始端相连，构成一个封闭的三角形；再分别从三个端点引出三根端线连接在三相电源的 U，V，W 这 3 根相线上，如图 4-7(b)所示.

阶段 2 对称负载星形连接时的分析

1. 相电压与线电压的关系

在图 4-8 所示的电路中，若忽略输电线上的阻抗，则三相负载的相电压、线电压和电源的相电压、线电压分别相等. 所以星形连接的负载的线电压和相电压之间也是$\sqrt{3}$倍的关系，即

$$U_{UV}=\sqrt{3}U_U \tag{4-11}$$

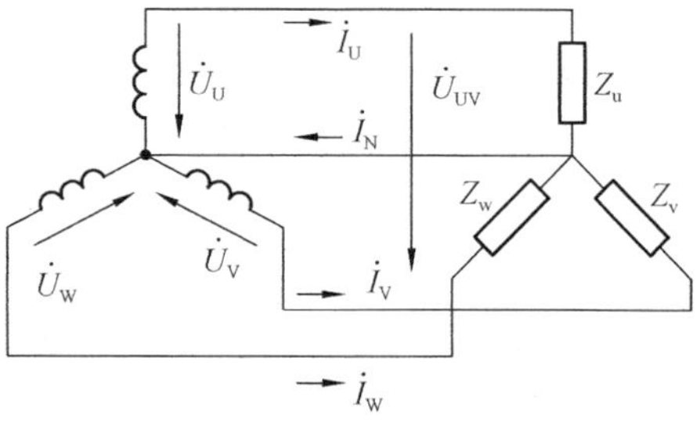

图 4-8 三相对称负载星形连接电路

2. 相电流与线电流及它们之间的关系

相电流是指每一相负载上流过的电流；线电流是指每根相线上流过的电流. 由于在星形连接中，每根相线都和相应的每相负载串联，所以线电流等于相电流，即

$$I_L=I_P \tag{4-12}$$

上式关系在星形连接时无论对于对称三相负载还是不对称三相负载都是成立的. 其中，I_L 是线电流有效值，I_P 为相电流有效值.

3. 相电压和相电流之间的关系

以相电压 U_U 为参考相量，则各相电源电压的相量可以写成以下形式(有效值为 U_P)，即

$$\begin{cases}\dot{U}_U=U_U\angle 0°=U_L\angle 0° \\ \dot{U}_V=U_V\angle(-120°)=U_L\angle(-120°) \\ \dot{U}_W=U_W\angle -240°=U_L\angle 120°\end{cases} \tag{4-13}$$

由于负载对称，因此每相负载的大小及阻抗角都相同，即

$$Z_U=Z_V=Z_W=|Z|\angle\varphi_Z \tag{4-14}$$

各相负载两端的电压等于相应的电源相电压，因此各相电流相量为

$$\dot{I}_U=\frac{\dot{U}_U}{Z_U}=\frac{U\angle 0°}{|Z|\angle\varphi_Z}=\frac{U}{|Z|}\angle(-\varphi_Z) \tag{4-15}$$

$$\dot{I}_V=\frac{\dot{U}_V}{Z_V}=\frac{U\angle(-120°)}{|Z|\angle\varphi_Z}=\frac{U}{|Z|}\angle(-120°-\varphi_Z) \tag{4-16}$$

$$\dot{I}_W=\frac{\dot{U}_W}{Z_W}=\frac{U\angle 120°}{|Z|\angle\varphi_Z}=\frac{U}{|Z|}\angle(120°-\varphi_Z) \tag{4-17}$$

由此可见，在负载对称的情况下，每相负载上电流的大小(有效值)相同，相位彼此相差 120°，即相电流也是对称的.

4. 中性线上的电流

求出三个相电流后，可以把三相负载的中点看成一个节点. 根据基尔霍夫电流定律，中性线上的电流是三相电流之和，即

$$\dot{I}_N=\dot{I}_U+\dot{I}_V+\dot{I}_W \tag{4-18}$$

当三相电路对称时，三相电流也是对称的，所以中性线上的电流为零，即

$$\dot{I}_N=\dot{I}_U+\dot{I}_V+\dot{I}_W=0 \tag{4-19}$$

由此可见，当电路对称时，通过中性线的电流等于零，说明中性线在对称电路中不起作用，即使去掉中性线，也不会影响电路的正常工作. 所以，三相负载对称的电路也可以采用三相三线制的连接方式.

实际电网中使用的三相负载的阻抗一般都是对称的，特别是大容量的电气设备，如三相电动机、三相电炉等. 尽管电网中也要接入单相负载，如单相电动机、单相照明负载等，但由于这些单相负载的容量较小，同时在供电网络布设时也尽量考虑到使各相的负载平衡，因此大电网的三相负载可以认为基本上是对称的. 在实际应用中高压输电线都采用三相三线制.

在分析三相对称交流电路时，因电源和负载都是对称的，所以在计算过程中只要计算一相，另外两相用对称的理论就可以直接写出来.

【例 4-1】 在图 4-8 所示的电路中，有一星形连接的三相对称负载，已知每相电阻 $R=6\ \Omega$，电感 $L=25.5\ \text{mH}$，现把它接入线电压 $U_L=380\ \text{V}$，$f=50\ \text{Hz}$ 的三相线路中，求通过每相负载的电流和线路上的电流.

解 因三相负载对称，只要计算其中的一相，另外两相则可以根据对称电路的特点直接写出. 设

$$\dot{U}_U=U\angle 0°=\frac{380}{\sqrt{3}}\angle 0°=220\angle 0°\ \text{V}$$

负载阻抗为

$$Z=R+\text{j}\omega L=6+\text{j}314\times 25.5\times 10^{-3}=10\angle 53.1°\ \Omega$$

U 相电流为

$$\dot{I}_U=\frac{\dot{U}_U}{Z}=\frac{220\angle 0°}{10\angle 53.1°}=22\angle -53.1°\ \text{A}$$

则 V 和 W 相电流分别为

$$\dot{I}_V=22\angle -173.1°\ \text{A}$$

$$\dot{I}_W=22\angle 66.9°\ \text{A}$$

负载星形连接时线电流与相电流相等，因此有

$$I_L=I_P=22\ \text{A}$$

在计算电路时，一般只需计算有效值而无须知道相位角，在这种情况下，可以直接通过“量值”欧姆定律来计算，例如

$$U_P=\frac{U_L}{\sqrt{3}}=\frac{380}{\sqrt{3}}=220\ \text{V}$$

$$X_L=\omega L=314\times25.5\times10^{-3}=8\ \Omega$$

$$|Z|=\sqrt{R^2+X_L^2}=\sqrt{6^2+8^2}=10\ \Omega$$

$$I_P=I_L=\frac{U_P}{|Z|}=\frac{220}{10}=22\ \text{A}$$

阶段 3 对称负载三角形连接时的分析

1. 相电压和线电压的关系

当对称三相负载接成三角形时(如图 4-9 所示),因每相负载的两端接在两根电源的相线之间,所以各相负载两端的相电压与电源的线电压相等,即

$$U_L=U_P \tag{4-20}$$

这个关系无论三相负载是否对称都是成立的.

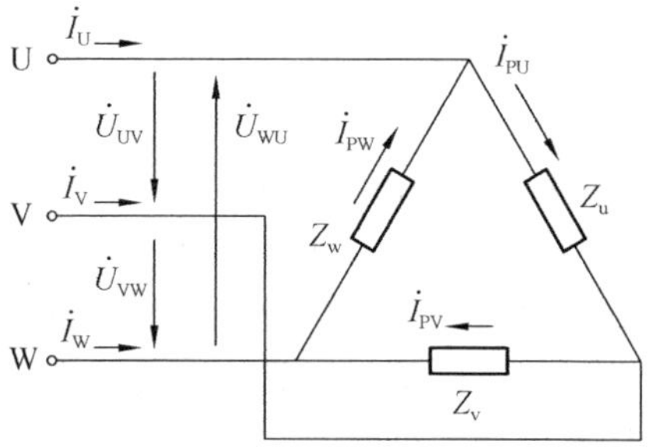

图 4-9 对称负载三角形连接电路

2. 相电压与相电流的关系

以线电压 $\dot{U}_{UV}$ 为参考相量,则各线电压的相量可以写成以下形式(有效值为 U_L):

$$\dot{U}_{UV}=U_L\angle0°,\dot{U}_{VW}=U_L\angle(-120°),\dot{U}_{WU}=U_L\angle120° \tag{4-21}$$

各相负载的电流的相量计算如下:

$$\begin{cases}\dot{I}_{PU}=\dfrac{\dot{U}_{UV}}{Z_U}=\dfrac{U_L\angle0°}{|Z_U|\angle\varphi_U}=\dfrac{U_L}{|Z_U|}\angle(0-\varphi_U)\\ \dot{I}_{PV}=\dfrac{\dot{U}_{VW}}{Z_V}=\dfrac{U_L\angle(-120°)}{|Z_V|\angle\varphi_V}=\dfrac{U_L}{|Z_V|}\angle(-120°-\varphi_V)\\ \dot{I}_{PW}=\dfrac{\dot{U}_{WU}}{Z_W}=\dfrac{U_L\angle120°}{|Z_W|\angle\varphi_W}=\dfrac{U_L}{|Z_W|}\angle(120°-\varphi_W)\end{cases} \tag{4-22}$$

若三相负载对称,并且其表达式如下

$$Z_U=Z_V=Z_W=Z=|Z|\angle\varphi_Z \tag{4-23}$$

则三相电流可写成以下形式

$$\begin{cases}\dot{I}_{PU}=\dfrac{\dot{U}_{UV}}{Z_U}=\dfrac{\dot{U}_L\angle0°}{|Z|\angle\varphi_Z}=I_P\angle(0-\varphi_Z)\\ \dot{I}_{PV}=\dfrac{\dot{U}_{VW}}{Z_V}=\dfrac{\dot{U}_L\angle(-120°)}{|Z|\angle\varphi_Z}=I_P\angle(-120°-\varphi_Z)\\ \dot{I}_{PW}=\dfrac{\dot{U}_{WU}}{Z_W}=\dfrac{\dot{U}_L\angle120°}{|Z|\angle\varphi_Z}=I_P\angle(120°-\varphi_Z)\end{cases} \tag{4-24}$$

可见,三相负载对称时,负载上相电流也对称,即大小相等,相位彼此相差 120°. 相电流与对应相电压之间的相位差等于负载的阻抗角,即

$$\varphi_Z=\arctan\frac{X}{R} \tag{4-25}$$

3. 相电流与线电流的关系

负载的三角形接法中,根据基尔霍夫电流定律,可得到相电流与线电流的关系如下:

$$\dot{I}_U=\dot{I}_{PU}-\dot{I}_{PW},\dot{I}_V=\dot{I}_{PV}-\dot{I}_{PU},\dot{I}_W=\dot{I}_{PW}-\dot{I}_{PV} \quad (4\text{-}26)$$

以上关系表明,线电流的相量等于相应两个相电流相量之差. 三相负载作三角形连接时,不论三相负载对称与否,上式都是成立的.

在三相负载对称的情况下,相电流与线电流之间还有其特定的大小与相位关系,可以通过图解求取. 图 4-10 所示为负载三角形连接时的相电流、线电流与相(线)电压之间的相量图,图中 φ_Z 为阻抗角.

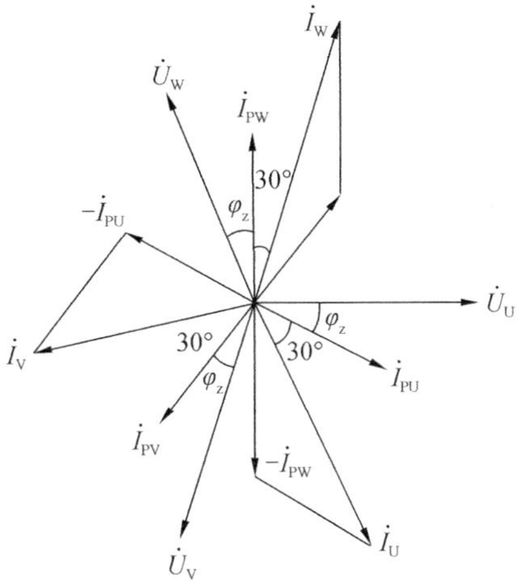

图 4-10 负载三角形连接时的相量图

从图中可以看出,因为三个相电流是对称的,所以三个线电流也是对称的. 线电流在相位上比相应的相电流滞后 30°,其大小可通过相量图求得. 例如,对于线电流 I_U 有

$$I_U=2I_{PU}\cos 30°=\sqrt{3}I_{PU}=\sqrt{3}I_P \quad (4\text{-}27)$$

也可以通过相量运算求取. 例如,对于线电流 I_U,有

$$\begin{aligned}\dot{I}_U&=\dot{I}_{PU}-\dot{I}_{PW}=I_P\angle(0-\varphi_Z)-I_P\angle(120°-\varphi_Z)\\&=\sqrt{3}\dot{I}_{PU}\angle-30°\end{aligned} \quad (4\text{-}28)$$

可见,对称负载作三角形连接时,线电流等于相电流的$\sqrt{3}$倍,并且在相位上比相电流滞后 30°.

【例 4-2】 例 4-2 图 Ⅰ 所示电路中,有两组对称三相负载,星形连接的负载阻抗为 $Z_1=(12+j16)\Omega$,三角形连接的三相负载阻抗为 $Z_2=(48+j36)\Omega$,每根导线上的阻抗为 $Z_L=(1+j2)\ \Omega$,电源的线电压为 380 V. 试计算各相负载的相电流、线电流及各相负载的功率.

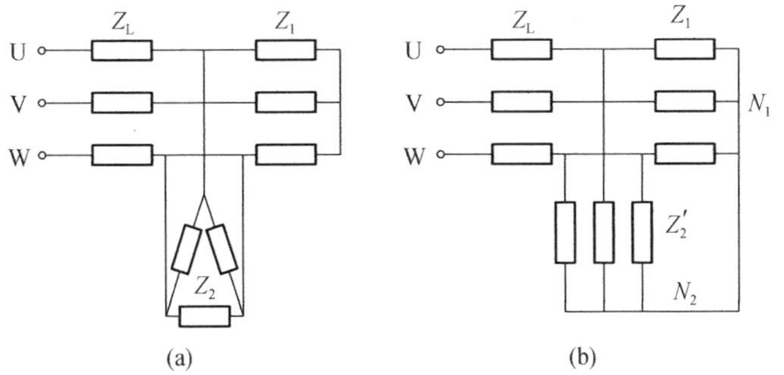

例 4-2 图 Ⅰ

解 设电源作星形连接,则有

$$\dot{U}=U\angle 0°=220\angle 0°\text{ V}$$

把三角形连接的三相负载等效变化为星形连接的负载，则

$$Z_2'=\frac{Z_2}{3}=\frac{48+j36}{3}=(16+j12)\ \Omega$$

画出一相（U 相）的电路图，如例 4-2 图Ⅱ所示，该相的总阻抗为

$$Z=\frac{Z_1\times Z_2'}{Z_1+Z_2'}+Z_L=(1+j2)+\frac{(12+j16)(16+j12)}{(12+j16)+(16+j12)}$$

$$=(8.14+j9.14)=12.25\angle 48.4^\circ\ \Omega$$

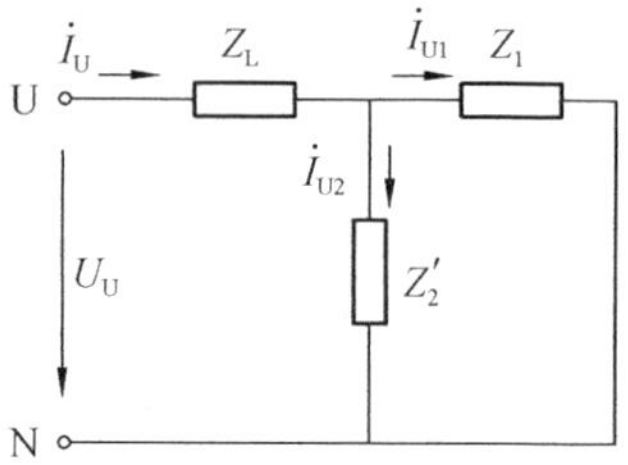

例 4-2 图Ⅱ

$$\dot I_U=\frac{\dot U_U}{Z}=\frac{220\angle 0^\circ}{12.25\angle 48.4^\circ}=17.96\angle -48.4^\circ\ \text{A}$$

$$\dot I_{U1}=\frac{Z_2'}{Z_1+Z_2'}\dot I_U=\frac{16+j12}{(12+j16)+(16+j12)}\times 17.96\angle -48.4^\circ$$

$$=9.06\angle -56.5^\circ\ \text{A}$$

$$\dot I_{U2}=\frac{Z_1}{Z_1+Z_2'}\dot I_U=\frac{12+j16}{(12+j16)+(16+j12)}\times 17.96\angle -48.4^\circ$$

$$=9.06\angle -40.3^\circ\ \text{A}$$

三角形连接负载 Z_2 的相电流根据对称特点可得

$$\dot I_{UV2}=\frac{1}{\sqrt3}\dot I_{U2}\angle 30^\circ=\frac{1}{\sqrt3}\times 9.06\angle -40.3^\circ\times\angle 30^\circ=5.23\angle -10.3^\circ\ \text{A}$$

其他各相电流可按对称情况类推：

$$\dot I_V=17.96\angle -168.4^\circ\ \text{A},\ \dot I_W=17.96\angle 71.6^\circ\ \text{A}$$

$$\dot I_{V1}=9.06\angle -176.5^\circ\ \text{A},\ \dot I_{W1}=9.06\angle 63.5^\circ\ \text{A}$$

$$\dot I_{VW2}=5.23\angle -130.3^\circ\ \text{A},\ \dot I_{WU2}=5.23\angle 109.7^\circ\ \text{A}$$

星形连接负载的功率为

$$P_1=3R_1I_1^2=3\times 12\times 9.06^2=2955\ \text{W}$$

三角形连接负载的功率为

$$P_2=3R_2I_2^2=3\times 48\times 5.23^2=3940\ \text{W}$$

电源的功率为

$$P=3U_PI_P\cos\varphi=3\times 220\times 17.96\cos 48.4^\circ=7870\ \text{W}$$

思考与练习

1. 为什么电源的总中线上不允许安装熔断器？

2. 有一星形连接的三相负载，每相电阻为 10 Ω，感抗为 8 Ω，电源电压对称，设$\dot U_U=220\angle 0^\circ$，试求电流 I_P，I_L 并画相量图.

3. 三相对称电源星形连接的三相三线制电路，线电压为 380 V，每相负载 $R=20\ \Omega$，$X=15\ \Omega$，求各项电压、相电流和线电流，并画出相量图.

4. 题 3 中，若三相电源与负载不变，只是将负载的连接方式改为三角形连接. 求各相电压、相电流和线电流，并将结果与题 3 加以比较.

5. 三相四线制供电线路中，三相对称电源的线电压为 380 V，每相负载的电阻值为 $R_U=10\ \Omega$，$R_V=20\ \Omega$，$R_W=40\ \Omega$. 试求：

(1) 各相电流及中线电流；

(2) W 相开路时，各相负载的电压和电流；

(3) W 相和中线均断开时，各相负载的电压和电流；

(4) W 相短路，且中线断开时，各相负载的电压和电流.

任务 4　三相电路功率的计算

任务描述： 理解有功功率、无功功率和视在功率的含义；
会分析负载对称时的电路功率；
掌握三相电路功率的计算方法.

任务分析： 本任务将主要分析负载星形连接时和三角形连接时三相电路有功功率、无功功率和视在功率的计算方法.

阶段 1　三相功率的一般关系

在三相交流电路中，无论负载是星形连接还是三角形连接，负载是对称还是不对称，三相电路的有功功率均等于各相负载的有功功率之和，即

$$P=P_U+P_V+P_W \tag{4-29}$$

或

$$P=U_U I_U \cos\varphi_U+U_V I_V \cos\varphi_V+U_W I_W \cos\varphi_W \tag{4-30}$$

式中，U_U，U_V，U_W 是各相的相电压；I_U，I_V，I_W 是各相的相电流；$\cos\varphi$ 是各相的功率因数.

三相电路的无功功率等于各相负载的无功功率之和，即

$$Q=Q_U+Q_V+Q_W=U_U I_U \sin\varphi_U+U_V I_V \sin\varphi_V+U_W I_W \sin\varphi_W \tag{4-31}$$

一般情况下，三相交流电路的视在功率为

$$S=\sqrt{P^2+Q^2} \tag{4-32}$$

阶段 2　三相对称电路的功率

在三相电路中，如三相负载是对称的，则三相电路的总有功功率等于每相负载上消耗的有功功率的 3 倍，即

$$P=3P_P=3U_P I_P \cos\varphi \tag{4-33}$$

式中，φ 角是相电压 U_P 与相电流 I_P 的相位差.

在实际应用中，负载有星形与三角形两种连接方法. 因三相电路中的线电压和线电流的数值比较容易测量，所以一般用线电压和线电流来表示三相电路的功率.

当三相对称负载星形连接时，

$$U_L=\sqrt{3}U_P，I_L=I_P \tag{4-34}$$

当三相对称负载三角形连接时，

$$U_L=U_P, I_L=\sqrt{3}I_P \tag{4-35}$$

所以，不论是星形连接还是三角形连接，将相应关系代入式(4-33)则得

$$P=3U_PI_P\cos\varphi=\sqrt{3}U_LI_L\cos\varphi \tag{4-36}$$

值得注意的是，式(4-36)中 φ 角仍为相电压 U_P 和相电流 I_P 的相位差角，即负载阻抗的阻抗角.

同理可得，三相电路的无功功率和视在功率分别为

$$Q=3U_PI_P\sin\varphi=\sqrt{3}U_LI_L\sin\varphi \tag{4-37}$$

$$S=3U_PI_P=\sqrt{3}U_LI_L \tag{4-38}$$

三相负载的总功率因数为

$$\lambda=\frac{P}{S} \tag{4-39}$$

因此，接在同一三相电源上的同一三相对称负载，当其连接方式不同时，其三相有功功率是不同的，接成三角形时的有功功率是接成星形时的 3 倍，即 $P_\triangle=3P_Y$.

【例 4-3】 有一个三相对称感性负载，其中每相的 $R=12\ \Omega$，$X_L=16\ \Omega$，接在 $U_L=380$ V 的三相对称电源上.

(1) 若负载作星形连接，计算 I_L，I_P 及 P；

(2) 若负载作三角形连接，再计算上述各量，并比较两种接法的结果.

解 因三相电源和三相负载对称，所以根据对称电路的特点，只要计算一相，另两相就可以根据对称关系直接写出.

(1) 当三相负载接成星形时，有

$$U_P=\frac{U_L}{\sqrt{3}}=\frac{380}{\sqrt{3}}=220\ \text{V}$$

$$Z=\sqrt{R^2+X_L^2}=\sqrt{12^2+16^2}=\sqrt{144+256}=20\ \Omega$$

$$I_P=\frac{U_P}{Z}=\frac{220}{20}=11\ \text{A}$$

$$I_L=I_P=11\ \text{A}$$

$$P=I_P^2\times R=11^2\times 12=1452\ \text{W}$$

(2) 当负载为三角形接法时，因线电压和相电压相等，所以

$$I_P=\frac{U_P}{Z}=\frac{380}{20}=19\ \text{A}$$

$$I_L=\sqrt{3}\times I_P=19\times\sqrt{3}=32.8\ \text{A}$$

$$P=I_P^2\times R=19^2\times 12=4332\ \text{W}$$

可见，三角形接法时由于每相负载的电压升高，所以有功功率增大.

阶段 3 三相功率的测量

在实验室或工程中，除用三相功率表测量三相功率外，也可用单相功率表来测量三相功率，测量方法有一表法、两表法和三表法.

(1) 一表法:在三相对称负载电路中,若三相负载是对称的,则每相负载的功率都相等.这时可以用一个表测量其中任一相负载的功率,将结果乘以3,就可得出三相负载的总功率.一表法接线图如4-11所示.

(2) 两表法:常用来测量三相对称或不对称负载的功率,尤其对中性点不外露的星形连接或是端点不易打开的三角形连接的负载最为方便.正确的接法是把两个功率表的电流线圈串接在任意两根相线中,两个电压线圈同时接在未接表的一根相线上,如图4-12所示

(3) 三表法:用于测量三相四线制不对称负载的功率.测量时把三个表分别接在被测量的每相电路中,如图4-13所示.三个表的读数加起来就是三相负载的总功率.

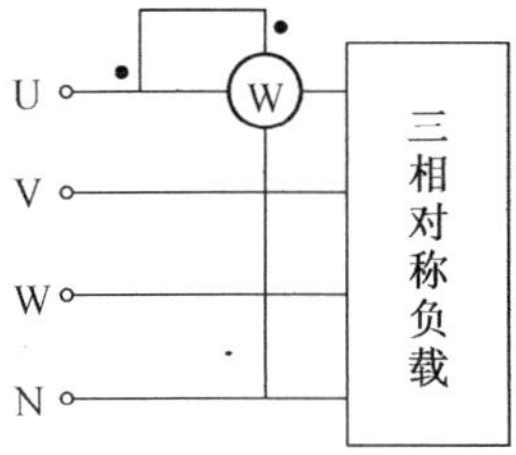

图4-11 一表法测量功率

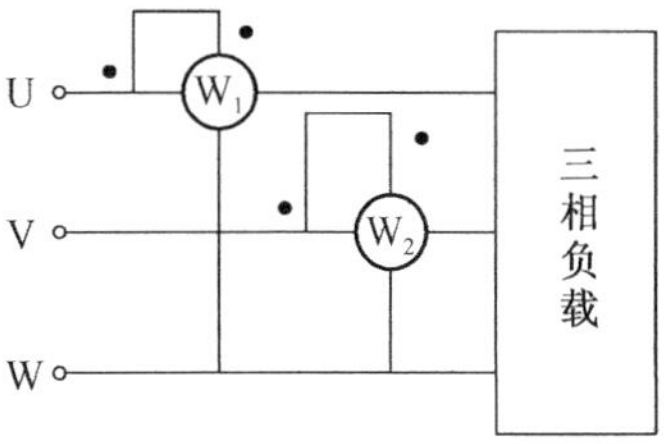

图4-12 两表法测量功率

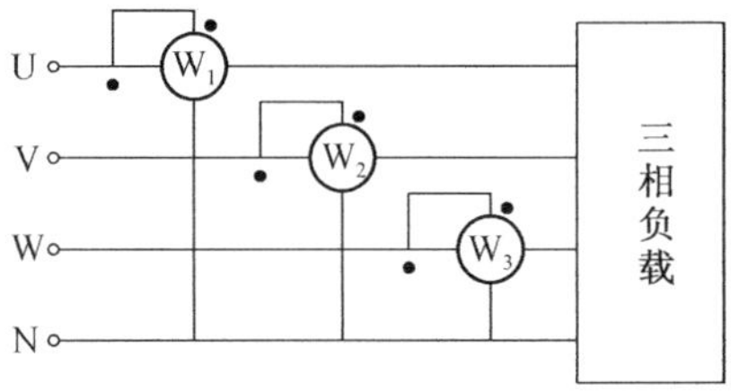

图4-13 三表法测量功率

思考与练习

1. 星形连接有中线的负载,接于线电压为380 V的三相电源上.试求:

(1) 各相负载为20 Ω时的各相电流和中线电流;

(2) 各相消耗的功率和三相总功率.

2. 一台三相异步电动机,每相绕组等效复阻抗为$Z=(16+\mathrm{j}12)\ \Omega$,绕组额定电压为220 V.若绕组采用星形接法,接到电源线电压为380 V、频率为50 Hz的对称三相电源上,求线电流及有功功率;若绕组采用三角形接法,接到电源线电压为220 V、频率为50 Hz的对称三相电源上,线电流及有功功率又为多少?

3. 对称三相电路的功率如何测量?不对称三相电路的功率如何测量?

4. 有一三相对称负载,每相的电阻$R=8\ \Omega$,$X_L=6\ \Omega$,如果负载连成星形,接到$U_L=380$ V的三相电源上,求负载的相电流、线电流及有功功率.

5. 一三相异步电动机,其绕组连成三角形接于$U_L=380$ V的三相电源上,从电源取用的功率$P=11.43$ kW,功率因数$\cos\varphi=0.87$,试求电动机的相电流和线电流.

情境小结

1. 三相对称电动势的概念

三相电动势幅值相等、频率相同、相位上彼此相差 120°. 这种电动势称为三相对称电动势，其瞬时值和相量的表达式为

$$e_u = E_m \sin \omega t$$
$$e_v = E_m \sin(\omega t - 120°)$$
$$e_w = E_m \sin(\omega t + 120°)$$
$$\dot{E}_U = E\angle 0°, \dot{E}_V = E\angle -120°, \dot{E}_W = E\angle 120°$$

2. 三相电源的连接方式

(1) 星形连接：把三相电源的末端连接在一起，形成电源的中性点，引出中线；从三个首端引出三条端线，就是星形连接.

星形连接的特点：线电压相量(瞬时值)等于相对应的两个相电压相量(瞬时值)之差. 线电压的大小等于相电压的$\sqrt{3}$倍，相位超前于相电压 30°. 它们的表达式是

$$\dot{U}_{UV} = \dot{U}_U - \dot{U}_V, \dot{U}_{VW} = \dot{U}_V - \dot{U}_W, \dot{U}_{WU} = \dot{U}_W - \dot{U}_U$$
$$\dot{U}_{UV} = U_U\angle 30°, \dot{U}_{VW} = U_V\angle 30°, \dot{U}_{WU} = \dot{U}_W\angle 30°$$

(2) 三角形连接：将三相电源的始端和末端相互连接形成一个回路就是三角形连接.

三角形连接的特点：当三相对称时，线电压和相电压相等，即 $U_L = U_P$.

3. 三相负载的连接方式

(1) 星形连接：三相负载的三个末端连接到一起，将三个端线接到电源的三个端线上，就形成了星形连接. 如接中线就是三相四线制，不接中线就是三相三线制.

(2) 三角形连接：分别将三相负载的始端和另一相的末端连到一起，形成三角形连接. 若三相负载对称，则线电流等于相电流的$\sqrt{3}$倍.

4. 三相对称电路的分析

对称三相电路可化为 Y－Y 连接，负载中性点对电源中性点电压 $U_{N'N} = 0$，中线不起作用，形成各相的独立性. 这种电路可以归结为一相的计算：单独画出一相的电路进行计算，然后按照对称的方法计算另两相.

5. 三相负载的功率

三相负载的功率分为有功功率、无功功率和视在功率.

三相负载功率的一般式是

$$P = P_W + P_V + P_W$$
$$P = U_U I_U \cos \varphi_U + U_V I_V \cos \varphi_V + U_W I_W \cos \varphi_W$$
$$Q = Q_U + Q_V + Q_W = U_U I_U \sin \varphi_U + U_V I_V \sin \varphi_V + U_W I_W \sin \varphi_W$$
$$S = \sqrt{P^2 + Q^2}$$

若三相负载对称,则有

$$P=\sqrt{3}U_{\mathrm{L}}I_{\mathrm{L}}\cos\varphi$$

$$Q=3U_{\mathrm{P}}I_{\mathrm{P}}\sin\varphi=\sqrt{3}U_{\mathrm{L}}I_{\mathrm{L}}\sin\varphi$$

$$S=3U_{\mathrm{P}}I_{\mathrm{P}}=\sqrt{3}U_{\mathrm{L}}I_{\mathrm{L}}$$

6. 三相功率的测量

测量三相有功功率可以用一表法、两表法和三表法.

学习情境 5 磁路与变压器

电路是电工技术研究的主要对象，在前面情境中介绍了交、直流电路的基本概念和定律，学习了电路的分析计算方法. 但实际使用的各种电工设备，很多不仅涉及电路问题，还涉及磁路问题，如电磁铁、变压器、电机、电工测量仪表及其他各种电磁元件，其线圈中都有铁芯，线圈通电后铁芯构成磁路，磁路反过来又会影响电路. 因此，只有同时掌握了电路和磁路的基本理论，才能对各种电工设备进行全面的分析.

任务 1 磁路中的基本物理量及磁路的欧姆定律

任务描述： 掌握磁场中基本的物理量和基本定律.

任务分析： 本任务主要介绍磁路中最常用的基本物理量和基本定律，以便后续更好地理解、应用磁路.

电流产生磁场，即通电导体周围存在磁场. 在电磁铁、变压器、电机等电工设备中，为了用较小的电流产生较大的磁场，通常把线圈绕在由磁性材料制成的铁芯上. 当电流通过线圈时，电流产生的磁通绝大部分通过铁芯，通过铁芯的磁通称为主磁通，用字母 Φ 表示；小部分沿铁芯以外空间闭合的磁通，称为漏磁通，用 Φ_σ 表示. 由于漏磁通很小，在工程中常略去不计.

主磁通通过的闭合路径称为磁路. 用以产生磁场的电流称为励磁电流. 图 5-1(a)所示为四极直流电动机的磁路，磁路中有空气隙. 图 5-1(b)所示为变压器的磁路，它由同一种磁性材料组成，且各段截面积基本相等，这种磁路称为均匀磁路.

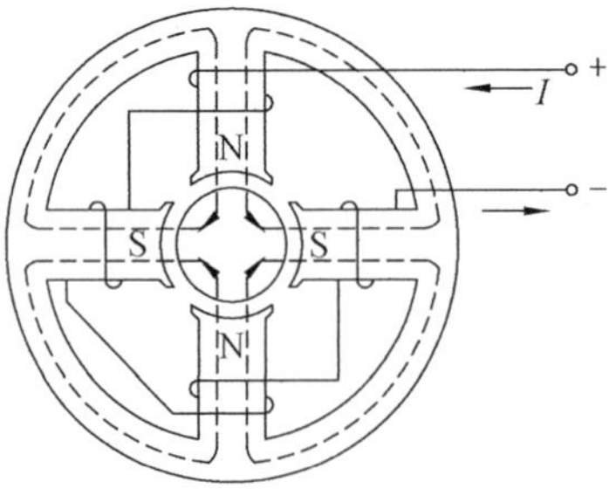

(a) 四极直流电动机的磁路

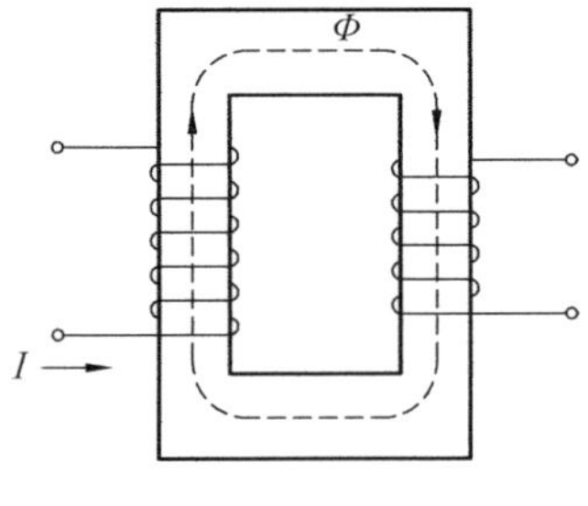

(b) 变压器铁芯线圈的磁路

图 5-1 常用电工设备的磁路

阶段1　磁场的主要物理量

1. *磁感应强度*

磁感应强度是磁场的基本物理量，为一个矢量，表示空间某点磁场的强弱和方向，用 $\boldsymbol{B}$ 表示. 它的方向可用小磁针 N 极在磁场中某点的指向确定，也即磁场的方向.

在磁场中一点放一小段长度为 L（单位为 m）、电流为 I（单位为 A）并与磁场方向垂直的导体. 如导体所受电磁力为 F（单位为 N），则该点磁感应强度的量值为

$$B=\frac{F}{IL} \tag{5-1}$$

磁感应强度的单位是特斯拉（T），简称特.

$$1\ \text{T}=1\ \text{Wb/m}^2$$

为了使磁场的分布状况形象化，常用磁力线描述磁场. 磁力线上每一点的切线方向就是该点的磁场方向. 在磁感应强度大的地方磁力线密，相应的磁场就强；磁感应强度小的地方磁力线疏，相应的磁场也就弱.

2. *磁通*

磁感应强度 B 仅仅反映磁场中某一点的磁场性质. 在研究实际问题时，往往要考虑某一个面的磁场情况；为此，引入一个新的物理量——磁通，用字母 Φ 表示. 磁感应强度 B 和与其垂直的某一截面积 S 的乘积，称为通过该面积的磁通.

在匀强磁场中，磁感应强度 B 是一个常数. 磁通的计算公式为

$$\Phi=BS \tag{5-2}$$

式中，B 为匀强磁场的磁感应强度，单位是特斯拉，符号为 T；S 为与 B 垂直的某一截面面积，单位是平方米，符号为 m^2；Φ 为通过该面积的磁通，单位是韦伯，符号为 Wb. 上式也可以写成

$$B=\frac{\Phi}{S} \tag{5-3}$$

这说明在匀强磁场中，磁感应强度就是与磁场垂直的单位面积上通过的磁通量. 所以，磁感应强度又叫磁通密度（简称磁密）.

3. *磁导率*

磁导率 μ 是表示物质导磁性能的物理量，它的单位是亨/米（H/m）.

实验证明，自然界中大多数物质，如各种气体、非金属材料、铜、铝、锡、铅等对磁场的影响都很小，且与真空极为接近，这类物质统称为非磁性物质. 由实验测出真空的磁导率为

$$\mu_0=4\pi\times10^{-7}\ \text{H/m}$$

还有一类物质，如铁、钢、铸铁、镍和钴等及其合金，它们的导磁性能远比真空好，这类物质统称为磁性物质或铁磁物质.

在说明物质的磁性能时，往往不直接使用磁导率 μ，而是用 μ 与真空磁导率 μ_0 的比值 μ_r 表示. μ_r 为物质的相对磁导率，即

$$\mu_r=\frac{\mu}{\mu_0} \tag{5-4}$$

非磁性物质的导磁能力很差，相对磁导率 μ_r 近似为 1. 磁性物质的导磁能力一般很强，相对磁导率 μ_r 远大于 1，其值从几百到几万不等. 在制造电机、变压器等电气设备时，把线圈套在磁性物质上，目的是用同样大小的电流及同样匝数的线圈产生较大的磁感应强度.

应当指出，真空的磁导率 μ_0 是一个常数，而磁性物质的磁导率 μ 不是常数，当励磁电流改变时，磁导率 μ 也随之改变. 铁磁物质的相对磁导率见表 5-1.

表 5-1 铁磁物质的相对磁导率

物质名称	μ_r	物质名称	μ_r
钴	174	镍铁合金	60000
镍	1120	真空中熔化电解铁	12950
软铁	2180	坡莫合金	115000
硅钢片	7000～10000	铝硅铁粉芯	7
未退火铸铁	240	锰锌铁氧铁	5000
已退火铸铁	620	镍铁铁氧体	1000

4. *磁场强度*

由于磁性物质的磁导率 μ 不是常数，因此磁场的计算比较复杂，为了简化，引入磁场强度 H 这一辅助物理量. 磁场强度只与产生磁场的电流及这些电流的分布有关，而与磁介质的磁导率无关. 磁场强度的单位是安/米(A/m).

磁场强度 H 与磁感应强度 B 之间的关系为

$$H=\frac{B}{\mu} \tag{5-5}$$

或

$$B=\mu H \tag{5-6}$$

磁场强度是矢量，它的方向与该点磁感应强度的方向相同.

阶段 2 磁路的欧姆定律

无分支磁路由某种铁磁材料构成，其横截面积为 S，平均长度为 L，如图 5-2 所示. 若不计漏磁通，即认为所有磁通都被约束在铁芯之内，就可以认为磁通在横截面上的分布是均匀的，即磁路内部是匀强磁场，则磁通的大小为

$$\Phi=BS$$

如果通电线圈的匝数为 N，磁路的平均长度为 L，线圈中的电流为 I，那么螺线管线圈内的磁场强度为

$$H=\frac{NI}{L} \tag{5-7}$$

则磁路内部磁通为

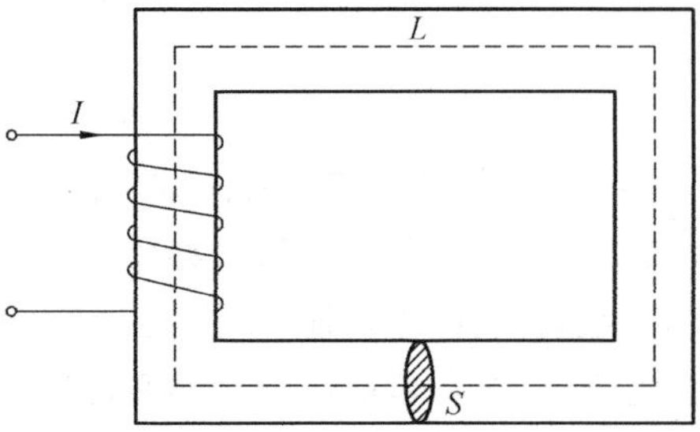

图 5-2 无分支磁路

$$\Phi=BS=\mu HS=\mu\frac{NI}{L}S=\frac{NI}{\frac{L}{\mu S}}$$

一般将上式写成欧姆定律的形式，即磁路欧姆定律

$$\Phi=\frac{F_m}{R_m} \tag{5-8}$$

式中，$F_m=NI$，称为磁动势，单位是安，符号为 A，它与电路中的电动势相似；$R_m=\frac{L}{\mu S}$表示磁路的磁阻，单位是每亨，符号为 H^{-1}，磁阻类似电路中的电阻.

与电路相比较，磁力线是闭合曲线，磁路是闭合的，无法断开，而电流可以关断. 因此电路具有开路状态.

思考与练习

1. 说明磁感应强度、磁通、磁导率和磁场强度等物理量的含义及其相互关系.
2. 什么叫磁场强度？它与磁感应强度有什么区别和联系？

任务 2　铁磁物质的磁化

任务描述： 掌握铁磁物质磁化曲线、磁滞回线的特性；
掌握铁磁物质的磁性能，了解铁磁物质的分类及应用.

任务分析： 电流不仅具有热效应，而且具有磁效应. 空心的载流线圈产生的磁场较弱，不能满足电工设备的需要. 若在空心线圈中套入铁芯，则铁芯线圈就会获得较强的磁场，从而满足电工设备的需要. 本任务主要对磁性材料的磁性能进行分析.

阶段 1　铁磁物质的磁化

铁磁物质在外磁场作用下将会磁化. 磁化过程可用磁畴理论来说明. 物质都是由分子组成的，分子是由原子组成的. 原子中的电子不停地绕原子核转动，而且不停地自旋. 电子的运动在物质内部形成一种电流，叫作分子电流. 电流能产生磁效应，分子电流同样也会产生磁效应. 铁磁物质中的分子电流能产生很强的磁场. 由于原子间的相互作用，一些原子的磁场具有相同的方向，它们组成一个小磁体，叫作磁畴. 在没有外界磁场作用时，小磁畴杂乱无章地排列，磁畴间的磁性被抵消，对外部(整体)不呈现磁性，如图 5-3(a)所示. 在外界磁场作用下，小磁畴受到磁力作用，会转到与外界磁场一致的方向上，有序整齐地排列，如图 5-3(b)所示，对外部(整体)呈现出很强的磁场，与原磁场相加，使总磁场明显增强. 像这种原来没有磁性，在外磁场作用下产生磁性的现象叫作磁化. 所有铁磁物质都能够被磁化.

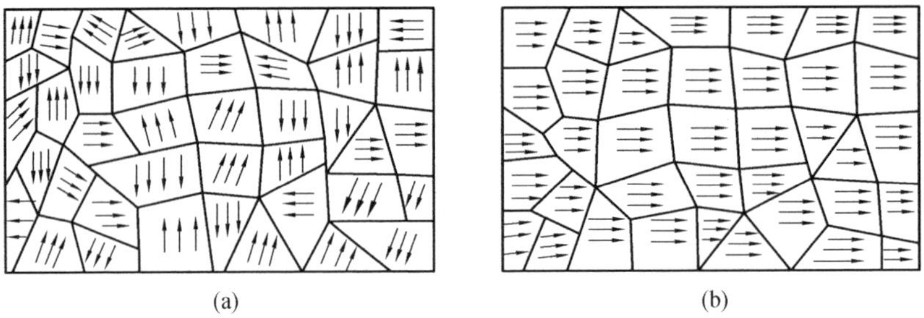

图 5-3 铁磁物质磁化示意图

阶段 2 磁化曲线

铁磁物质都可以被磁化，但不同铁磁物质的磁化特性不同. 磁感应强度 B 随磁场强度 H 变化的规律，可用 B-H 曲线来表示，也叫磁化曲线. 磁化曲线可以反映物质的磁化特性.

在图 5-4(a)所示的实验装置中，将待研究的磁感应强度为零的铁磁材料作为线圈的铁芯，并制成闭合环状，环上均匀密绕 N 匝线圈；将开关闭合后，通过调节电阻 R_P 改变线圈中电流的大小，从而改变磁场强度 H. 以磁场强度 H 为横坐标，磁感应强度 B 为纵坐标，可以得到如图 5-4(b)所示的磁化曲线.

当 $I=0$ 时，$H=0$，则 $B=\mu H=0$. 当 I 增大时，H 随之增强，B 也随之增强. 由于铁磁物质磁导率不是常数，$B=\mu H$，因此 B 与 H 呈非线性关系. 一般磁化曲线可大致分成 4 段，各段反映了铁磁材料磁化过程中的性质.

(1) Oa 段曲线变化较缓慢. 当 H 增强时，B 增强得较缓慢. 说明小磁畴有惯性，较弱的外磁场不能使它转向而形成整齐有序的排列.

(2) ab 段曲线急剧上升. 当 H 增强时，B 相应地快速增强，说明小磁畴在外磁场作用下向外磁场方向转动，使磁场增强，磁感应强度 B 迅速增强.

(3) bc 段曲线接近平坦. 铁磁材料中大部分小磁畴在外磁场作用下已形成整齐有序的排列，H 的增强对 B 的影响已不大.

(4) cd 段曲线已平坦. H 对 B 几乎无影响，说明铁磁材料中的全部小磁畴已排列整齐，B 已达饱和状态，H 增强也基本不能使 B 再增强. 这种现象称为磁饱和现象.

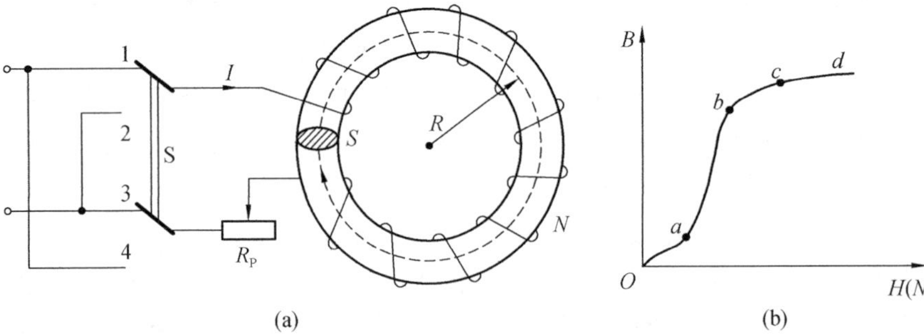

图 5-4 磁化实验与磁化曲线

阶段3 磁滞回线

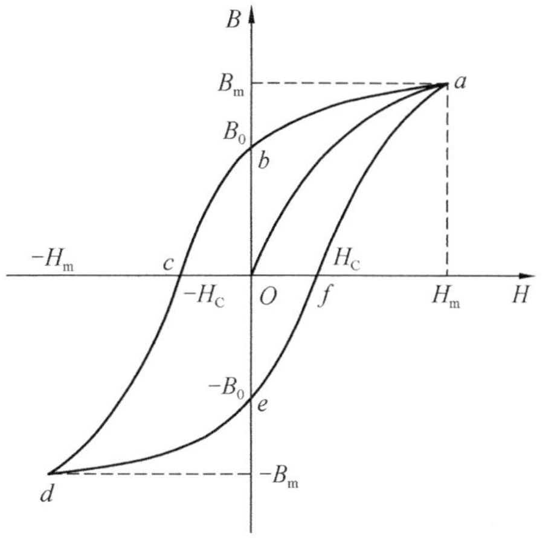

图5-5 磁滞回线

利用图5-4(a)所示的实验装置,对铁磁材料反复磁化,可观察到磁滞现象.调节变阻器 R_P,电流从零逐渐增大,磁场强度 H 从零逐渐增强,磁感应强度 B 相应增强.当 B 达到饱和值时,磁化曲线达到饱和点 a,如图5-5所示.然后逐渐减小电流,减小 H,曲线并不沿原曲线返回 O 点,而是沿另一条曲线 ab 减小.当 H 减小到零时,B 却不回到零,而是到达 b 点,说明铁磁材料中仍然保持着一定的磁性,叫作剩磁,用 B_r 来表示.其原因是在磁化过程中,小磁畴已整齐有序地排列好,撤掉外磁场,也不能使铁磁材料中的小磁畴回到原先杂乱无章的状态.要消除剩磁,可以加反向磁场.当反向电流由零逐渐增大时,剩磁随之逐渐减小,曲线到达 c 点时,剩磁为零.剩磁为零时的反向磁场强度叫作矫顽磁力,用 H_C 表示.继续增大反向电流,铁磁材料被反向磁化,当反向磁场强度达最大值时,B 达到反向饱和值,曲线到达反向饱和点 d.逐渐减小励磁电流,磁场强度 H 随之减小,磁感应强度 B 也随之减小.当 $H=0$ 时,B 到达 e 点,这时铁磁材料中存在一定的剩磁,其大小也为 B_r.若要消除剩磁,需要加正向电流,加强正向磁场.反复改变电流方向,得到近似闭合的 $abcdefa$ B-H 曲线,也叫磁滞回线,其原因是 B 的变化滞后于 H 的变化.

阶段4 铁磁材料的磁性能及种类

1. 铁磁材料的磁性能

铁磁材料是构成磁路的主要材料,常用的磁性材料有铁、钴、镍及其合金等.磁性材料具有下列磁性能:

(1) 高导磁性

磁性材料的磁导率很高,相对磁导率 μ_r 可达 $10^2 \sim 10^4$,所以由磁性材料组成的磁路磁阻很小.磁性材料的磁导率高是由于磁性材料在磁场中能够被强烈磁化所致.

磁性材料的高导磁性已被广泛应用于各种电气设备中,如电机、变压器及其他电磁元件的线圈中都有铁芯,只要在线圈中通入较小的励磁电流 I,即可获得足够大的磁通 Φ,从而较好地解决了既要磁通大,又要励磁电流小的矛盾.采用优质磁性材料,可使同样容量的设备体积和质量大大减小.

(2) 磁饱和性

铁磁材料的磁饱和性表现在磁感应强度 B 不会随磁场强度 H 的增强而无限增强,当磁场强度 H 增大到一定值时,磁感应强度 B 不再继续增强,这就是磁性材料的磁饱和性.磁性材料的磁化特性通常用磁化曲线表征.

对于铁磁材料来说,B 和 H 的关系是非线性的,即磁导率 μ 不是常数,但在未饱和段进行粗略分析计算时,μ 可近似看作常数.

(3) 磁滞性

工程中的励磁电流多为周期性变化的交流电流. 当线圈中通入交流电流时,磁场强度 H 的大小和方向都会改变,这时铁芯在交变磁场中处于反复交变磁化的状态下,会产生磁感应强度 B 滞后于磁场强度 H 变化的特性,即铁磁性料的磁滞性.

工业生产中广泛使用的永久磁铁就是利用剩磁制造的,自励直流发电机也是利用剩磁自励建立起电压而发电的. 剩磁有时却是有害的,如当工件在平面磨床上加工完毕后,由于电磁吸盘有剩磁,会将工件吸住,为此,要通入反向去磁电流,去掉剩磁,才能将工件取下.

2. 铁磁材料的种类

不同的铁磁材料具有不同的磁滞回线,剩磁和矫顽力也不相同. 因此,它们的用途不同,一般将磁性材料分为三类.

(1) 软磁材料

软磁材料的特点是磁导率高,磁滞特性不明显,矫顽力和剩磁都小,磁滞回线较窄,磁滞损耗小. 软磁材料的磁滞回线如图 5-6(a)所示.

软磁材料又分为低频和高频两种,低频软磁材料常用于工频交流电路中,有铸钢、钢片、坡莫合金等. 硅钢片的厚度一般为 0.3～1.0 mm. 硅钢片有冷轧与热轧之分,冷轧性能较好,但价格较贵,常用于变压器和大型电机的铁芯. 高频软磁材料常用于电子电路,主要有软磁铁氧体,它是用几种氧化物的粉末烧结而成的,如锰锌铁氧体、镍锌铁氧体等. 半导体收音机的磁棒、中周变压器的铁芯,都是用软磁铁氧体制成的.

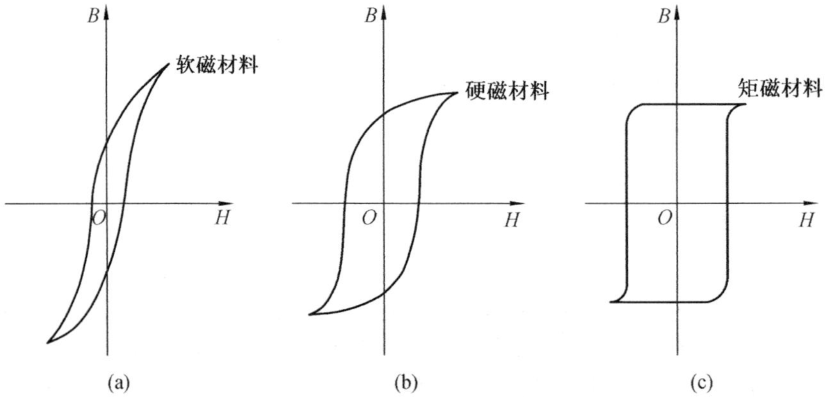

图 5-6 三种铁磁材料的磁滞回线

(2) 硬磁材料

硬磁材料的特点是剩磁和矫顽力均较大,磁滞性明显,磁滞回线宽. 硬磁材料的磁滞回线如图 5-6(b)所示. 由于硬磁材料磁化后有很强的剩磁,适宜作永久磁铁. 硬磁材料广泛用于各种磁电系测量仪表、扬声器等,常用的有碳钢、钴钢等. 新型硬磁材料钕铁硼合金有极高的磁感应强度,能使永久磁铁的体积大大减小.

(3) 矩磁材料

矩磁材料的特点是只要受较小的外磁场作用就能磁化饱和,当外磁场去掉,磁性仍保持,磁滞回线几乎成矩形. 矩磁材料的磁滞回线如图 5-6(c)所示. 计算机的存储磁芯就是利用这种原理制造的.矩磁材料的 $+B$ 及 $-B$ 两种状态分别代表二进制数 0 和 1,起到记忆功能.

思考与练习

1. 铁磁物质在磁化过程中有哪些特点?
2. 起始磁化曲线、磁滞回线有哪些区别?它们是如何形成的?
3. 铁磁物质具有哪些磁性能?
4. 按磁滞回线形状,铁磁物质可分为哪几类?各类的主要用途有哪些?
5. 磁滞回线有什么特征?

任务 3　电磁感应现象

任务描述: 了解电磁感应现象,自感应、互感应现象;
掌握楞次定律和电磁感应定律.

任务分析: 本任务作为变压器的理论基础,需从现象到本质进行深入分析.

阶段 1　电磁感应现象

电磁感应现象在生产建设、科学研究和日常生活中应用广泛.发电机、变压器、电动机、各种仪器、各种家用电器等都和电磁感应现象的应用相关.由物理学知识可知,在匀强磁场中放置一根直导线,导线的两端接在检流计的两个接线柱上,形成闭合回路.当导线在磁场中做垂直切割磁力线运动时,检流计指针发生偏转,表明闭合回路中有电流流过,并且导体两端产生了电动势.当导线沿着平行磁力线方向运动时(导线运动时没有割断磁力线),检流计的指针不动,表明回路中没有电流.

像这样利用磁场产生电动势(电流)的现象叫作电磁感应现象.用电磁感应的方法产生的电动势叫作感应电动势.如果导体构成回路,则产生的电流叫作感应电流.

结论　闭合回路中的一部分导体在磁场中做切割磁力线运动时,回路中有感应电流产生.导体做切割磁力线运动时产生的感应电流的方向,可以用右手定则来判定.

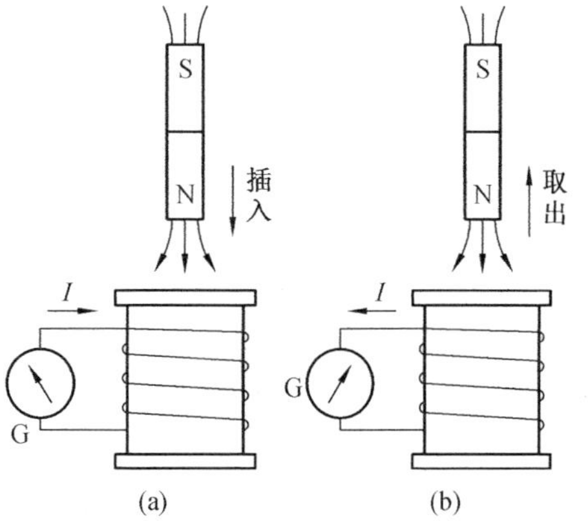

图 5-7　电磁感应实验

如图 5-7 所示,把一个检流计和一个线圈连接成闭合回路.如果将条形磁铁插入线圈(或从线圈中将条形磁铁拔出),使穿过线圈的磁通发生变化,检流计的指针会发生偏转,表明闭合回路中有感应电流产生;如果穿过线圈的磁通不变(条形磁铁放在线圈中不动),检流计指针指零,表明回路中没有电流.

结论 穿过闭合回路的磁通发生变化时，线圈会产生感应电动势，回路中有感应电流通过.

上述两个结论，阐述了产生感应电流的两种不同的条件，实质上是从不同角度观察问题的结果. 第一种说法是通过导体与磁场的相对运动来研究电磁感应现象；第二种说法是通过穿过闭合回路磁通的变化来研究电磁感应现象.

阶段 2 楞次定律

右手定则可以判定闭合回路中一部分导体在磁场中做切割磁力线运动时，产生感应电流的方向. 但是，右手定则有局限性，它不能判定穿过闭合回路磁通变化时产生感应电流的方向，这时可以用楞次定律来确定电流方向，它是判定感应电流方向的一般规律.

楞次定律 当穿过线圈的磁通发生变化时，感应电流产生的方向总是力图使它产生的磁场阻碍线圈中原磁通的变化. 感应电动势的方向和感应电流的方向一致.

将条形磁铁插入线圈时，线圈的磁通增加，线圈中产生感应电流. 由楞次定律可知，感应电流产生的磁通要阻碍原磁通的增加(用右手螺旋法则判定)，如图 5-8(a)所示. 也可以理解成，当线圈中有感应电流时，它相当于一块磁铁，上端 N 极与条形磁铁的 N 极互相排斥，阻碍条形磁铁插入；当把条形磁铁拔出时，磁通减少，线圈中产生感应电流. 由楞次定律可知，感应电流产生的磁通要阻碍原磁通减少，如图 5-8(b)所示. 同样，也可以将线圈看成一块磁铁，上端为 S 极，它与条形磁铁 N 极互相吸引，阻碍条形磁铁拔出.

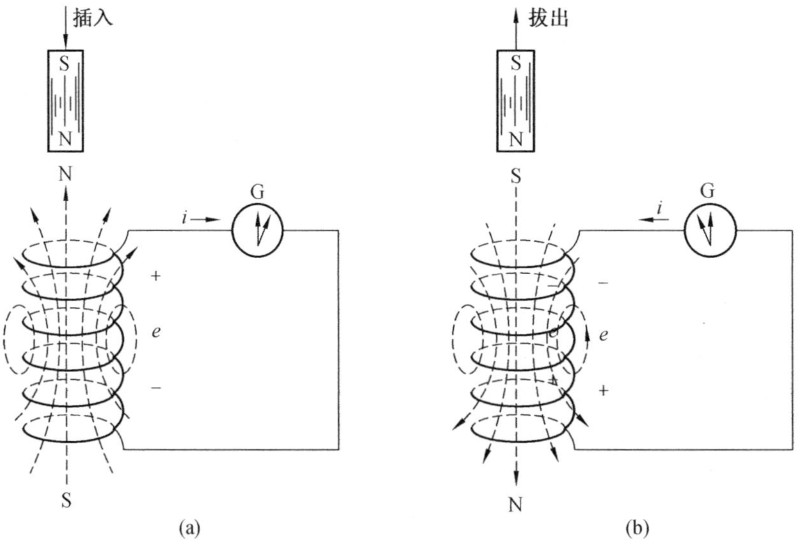

图 5-8 楞次定律的应用

阶段 3 电磁感应定律

实验表明，线圈感应电动势的大小与线圈中磁通的变化率有关. 在单匝线圈中，感应电动势的大小与穿过线圈的磁通变化率成正比. 即

$$|e| = \left|\frac{\mathrm{d}\Phi}{\mathrm{d}t}\right| \tag{5-9}$$

式中，磁通的单位是韦伯(Wb)，时间单位是秒(s)，感应电动势的单位是伏特(V).

如果线圈有 N 匝，当磁通变化时，每一线匝都有感应电动势. 由于各线匝相串联，所以整个线圈的感应电动势等于各线匝的感应电动势之和，即

$$\Psi = N\Phi \tag{5-10}$$

$$|e| = \left|\frac{d\Psi}{dt}\right| = N\left|\frac{d\Phi}{dt}\right|$$

上式表明，线圈感应电动势的大小等于线圈磁链的变化率. Ψ 是线圈各匝磁通之和，称为磁链. 如果线圈有 N 匝，每匝的磁通相等，则 $\Psi = N\Phi$. 线圈感应电动势的方向由楞次定律确定. 把这两者结合在一起，可写成

$$e = -\frac{d\Psi}{dt} = -N\frac{d\Phi}{dt} \tag{5-11}$$

这就是电磁感应定律的数学表达式. 当线圈磁链变化时，线圈感应电动势等于磁链变化率的负值.

式(5-11)中的负号是反映楞次定律的. 应用电磁感应定律时，为确定感应电动势的方向，应当规定感应电动势的参考方向和磁通的参考方向符合右手螺旋定则. 也就是说，如果用拇指代表磁通的参考方向，那么弯曲的四指的指向就是感应电动势的参考方向，如图 5-9(a)所示.

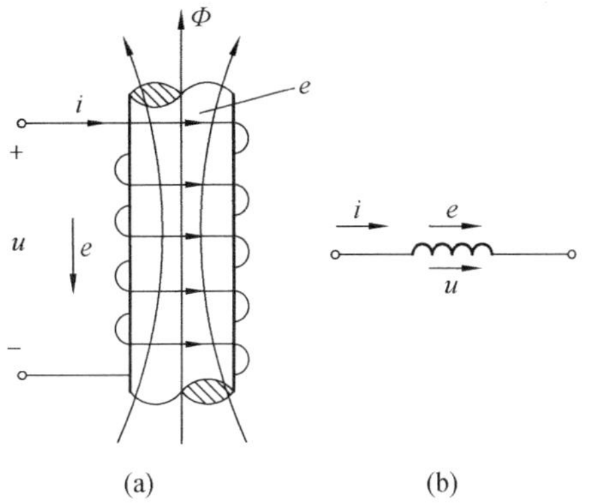

图 5-9　电磁感应定律的应用

当 $\frac{d\Psi}{dt} > 0$ 时，e 为负值，表示 e 的实际方向和参考方向相反；当 $\frac{d\Psi}{dt} < 0$ 时，e 为正值，表示 e 的实际方向和参考方向相同.

综上所述，在应用电磁感应定律时，首先要按照原磁通的参考方向，根据右手螺旋定则确定感应电动势的参考方向；然后按电磁感应定律表达式进行计算，得到感应电动势的数值，并且根据计算结果的正负，判定感应电动势的实际方向，若为正值，则与参考方向一致，若为负值，则与参考方向相反.

感应电动势大小也可用感应电压来表示，电感线圈的电路图符号如图 5-9(b)所示，习惯选择感应电压和感应电动势的参考方向相同. 由于 $u = -e$，故感应电压为

$$u = \frac{d\Psi}{dt} = N\frac{d\Phi}{dt} \tag{5-12}$$

阶段 4　自感与互感

1. 自感应现象

线圈的自感应现象是一种重要的电磁感应现象. 线圈的磁通发生变化的原因不同，就表现为不同形式的电磁感应现象. 某线圈中通有电流，则这个电流所产生的磁场使线圈每匝具有的磁通叫自感磁通，使线圈具有的磁链叫自感磁链. 线圈的自感磁通方向和电流方向符合右手螺旋定则.

如图 5-9 所示，线圈中的电流 i 变化时，线圈的自感磁通要跟着变化，线圈中就要因

此产生感应电动势.由于线圈中自身电流的变化而产生感应电动势的现象叫作自感应现象.线圈中由于自感应而产生的感应电动势叫作自感电动势,用 e 来表示.线圈因自感电动势而具有的端电压叫自感电压,用 u 来表示.

一个线圈的自感磁链 Ψ 和所通电流 i 的大小的比值称为线圈的自感系数,简称自感,也叫电感,用 L 表示.

$$L=\frac{\Psi}{i} \tag{5-13}$$

如果线圈匝数为 N 匝,选择 i,e 和 u 三者的参考方向相同,如图 5-9(b)所示,则自感电动势的大小和方向遵守电磁感应定律.

线圈的自感磁链为

$$\Psi=Li=N\Phi$$

线圈的自感电动势、自感电压分别为

$$e=-\frac{\mathrm{d}\Psi}{\mathrm{d}t}=-N\frac{\mathrm{d}\Phi}{\mathrm{d}t}=-L\frac{\mathrm{d}i}{\mathrm{d}t}$$

$$u=-e$$

2. 互感应现象

(1) 互感现象

如图 5-10(a)所示为相互邻近的两个线圈Ⅰ和Ⅱ,N_1 和 N_2 分别表示两线圈的匝数.当线圈Ⅰ有电流 i_1 通过时,产生自感磁通 Φ_{11} 和自感磁链 $\Psi_{11}=N_1\Phi_{11}$.Φ_{11} 的一部分穿过了线圈Ⅱ,这一部分磁通称为互感磁通 Φ_{21}.

同样,在图 5-10(b)中,当线圈Ⅱ通有电流 i_2,它产生的自感磁通中 Φ_{22} 的一部分穿过了线圈Ⅰ,称为互感磁通 Φ_{12}.这种由于一个线圈通过电流所产生的磁通穿过另一个线圈的现象,叫磁耦合.当 i_1,i_2 变化时,引起 Φ_{21},Φ_{22} 的变化,导致线圈Ⅰ与Ⅱ产生互感电压,这就是互感现象.互感现象其实是一种电磁感应现象.

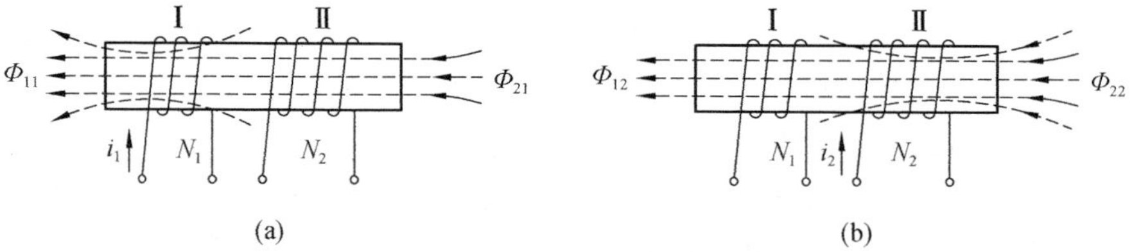

图 5-10 两个线圈的互感

一方面,互感现象在电气工程、电子工程、通信工程和测量仪器中应用非常广泛,如输配电用的电力变压器,测量用的电流互感器、电压互感器,收音机、电视机中的中周振荡线圈等都是利用互感现象制成的.另一方面,互感也会给某些设备的工作带来负面影响,如电话的串音干扰就是由于长距离相互平行架设的电线之间的互感造成的.

(2) 互感电压

两线圈因变化的互感磁通而产生的感应电势或电压称为互感电势或互感电压.

如图 5-11 (a)所示,当线圈Ⅰ中的电流 i_1 变动时,在线圈Ⅱ中产生了变化的互感磁链 Ψ_{21},而 Ψ_{21} 的变化将在线圈Ⅱ中产生互感电压 u_{M2}.如果选择电流 i_1 的参考方向及 u_{M2}

的参考方向与 Ψ_{21} 的参考方向都符合右手螺旋定则,则有以下关系式

$$u_{M2}=\frac{d\Psi_{21}}{dt}=M\frac{di_1}{dt} \tag{5-14}$$

同理，在图 5-11(b)中,当线圈Ⅱ中的电流 i_2 变动时,在线圈Ⅰ中也会产生互感电压 u_{M1}. 当 i_2 与 Ψ_{12} 的参考方向均符合右手螺旋定则时,有以下关系式

$$u_{M1}=\frac{d\Psi_{12}}{dt}=M\frac{di_2}{dt} \tag{5-15}$$

式中,M 为互感系数.

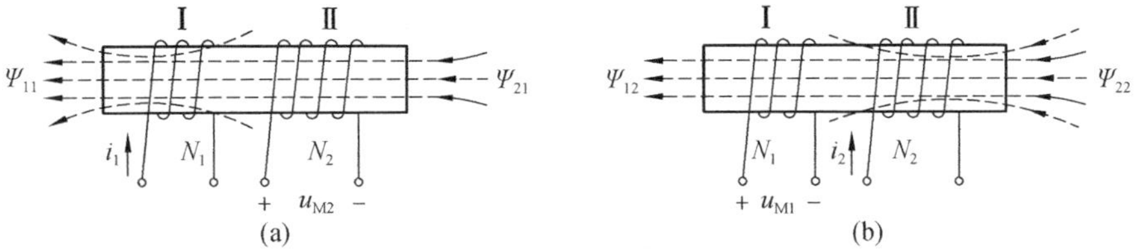

图 5-11 互感线圈的电压与电流

可见,互感电压与产生它的相邻线圈电流的变化率成正比.

思考与练习

1. 说说磁阻与哪些因素有关.

2. 均匀截面铸钢无分支恒定磁通磁路工作在非饱和区,若:(1) 磁路长度增加一倍;(2) 截面积增加一倍. 欲保持磁路磁通及线圈匝数不变,线圈电流应如何变化?

3. 什么叫电磁感应现象? 什么叫感应电流? 必须满足什么条件,导体中才能产生感应电流?

4. 直流电路中电流恒定时,有没有自感电动势?

5. 什么是自感现象和互感现象? 在同一个回路内是否可能既有自感电动势又有互感电动势存在?

6. 为了使收音机中的电源变压器与输出变压器彼此不发生互感现象,应采取什么措施?

7. 互感系数 M 的大小与哪些因素有关?

任务4 变压器

任务描述: 了解变压器的结构组成;
掌握变压器的工作原理.

任务分析: 变压器主要由铁芯和绕组组成. 铁芯和绕组是变压器通过电磁感应进行能量传递的部件,称为变压器的器身. 本任务在介绍变压器的结构后,重点介绍变压器的工作原理.

变压器是利用电磁感应原理传输电能或信号的器件，具有变压、变流、变阻抗和隔离的作用．它的种类很多，应用广泛，但基本结构和工作原理相同．

阶段 1 变压器的基本结构

变压器由铁芯和绕在铁芯上的两个或多个线圈（又称绕组）组成．铁芯的作用是构成变压器的磁路．为了减小涡流损耗和磁滞损耗，铁芯采用硅钢片交错叠装或卷绕而成．根据铁芯结构形式的不同，变压器分为壳式和芯式两种．图 5-12(a)所示是芯式变压器，特点是线圈包围铁芯．功率较大的变压器多采用芯式结构，以减小铁芯体积，节省材料．

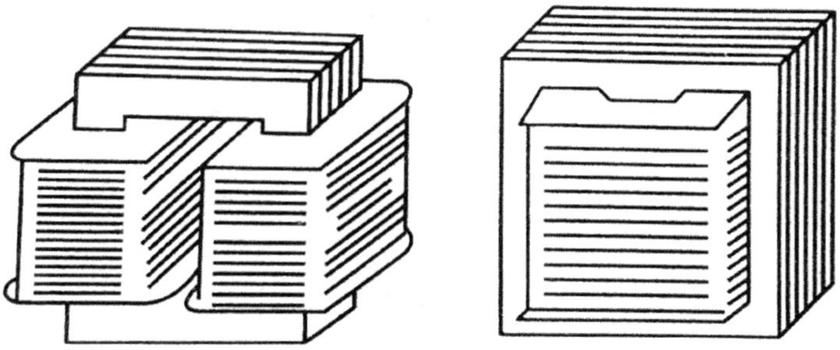

(a) 芯式变压器　　(b) 壳式变压器

图 5-12 变压器结构

壳式变压器则是铁芯包围线圈，如图 5-12(b)所示，其特点是可以省去专门的保护包装外壳．

图 5-13 画出了一个单相双绕组变压器的原理结构示意图及其图形符号．两个绕组中与电源相连接的绕组称为一次绕组，又称原绕组或初级绕组．表示一次绕组各量的字母均标注下标"1"，如一次绕组电压 u_1、一次绕组匝数 N_1；与负载相连接的绕组称为二次绕组，又称副绕组或次级绕组．表示二次绕组各量的字母均标注下标"2"，如二次绕组电压 u_2、二次绕组匝数 N_2．变压器二次绕组电压 u_2 高于一次绕组电压 u_1 的是升压变压器；反之，是降压变压器．为了防止变压器内部短路，变压器应具有良好的绝缘性．

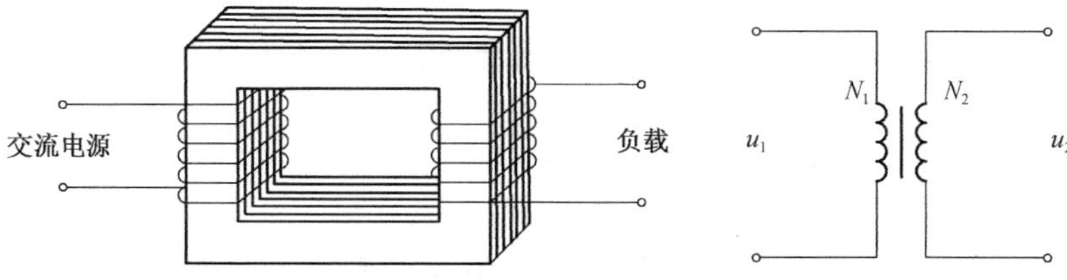

图 5-13 双绕组变压器结构示意图与图形符号

阶段 2 变压器的工作原理

1．电压变换

图 5-14 所示为单相变压器的工作原理，一次绕组、二次绕组的匝数分别为 N_1 和 N_2．当变压器的一次绕组接上交流电压 u_1 时，一次绕组中便有电流 i_1 流过．电流 i_1 在铁芯产生闭合磁通 Φ，磁通 Φ 随 i_1 的变化而变化，从而在二次绕组中产生感应电动势．如果二次绕组接有负载，则在二次绕组和负载组成的回路中有负载电流 i_2 产生．由法拉第电

磁感应定律可知

$$e_1=-N_1\frac{\mathrm{d}\Phi}{\mathrm{d}t}$$

e_1 的有效值为

$$E_1=4.44fN_1\Phi_m \tag{5-16}$$

若忽略漏磁的影响,不考虑绕组上电阻的电压降,则可认为绕组上电动势的有效值近似等于绕组上电压的有效值,即

$$U_1\approx E_1=4.44fN_1\Phi_m$$

同理可推出

$$U_2\approx E_2=4.44fN_2\Phi_m$$

所以

$$\frac{U_1}{U_2}\approx\frac{E_1}{E_2}=\frac{4.44fN_1\Phi_m}{4.44fN_2\Phi_m}=\frac{N_1}{N_2}=K$$

即

$$\frac{U_1}{U_2}=\frac{N_1}{N_2}=K \tag{5-17}$$

由上式可知,变压器负载运行时,一、二次绕组上电压的比值等于两者的匝数比,这个比值 K 称为变压器的变压比或变比. 当一、二次绕组匝数不同时,变压器就可以把某一数值的交流电压变换为同频率的另一数值的电压,这就是变压器的电压变换作用. 当 $N_1>N_2$ 时,$K>1$,这种变压器称为降压变压器;反之,称为升压变压器.

2. 电流变换

变压器运行时,一、二次绕组磁动势方向相反,即二次侧电流 i_2 对一次侧电流 i_1 产生的磁通有去磁作用. 当负载阻抗减小,二次侧电流 i_2 增大时,铁芯中的主磁通将减小,于是一次侧电流 i_1 必然增加,以保持主磁通基本不变. 无论负载怎样变化,一次侧电流 i_1 总能按比例自动调节以适应负载电流的变化. 当变压器额定运行时,可认为 $N_1I_1\approx N_2I_2$,于是变压器一、二次侧电流有效值的关系为

$$\frac{I_1}{I_2}\approx\frac{N_2}{N_1}=\frac{1}{K} \tag{5-18}$$

由上式可知,当变压器额定运行时,一、二次侧电流比近似等于其匝数比的倒数. 改变一、二次绕组的匝数,可以改变一、二次绕组电流的比值,这就是变压器的电流变换.

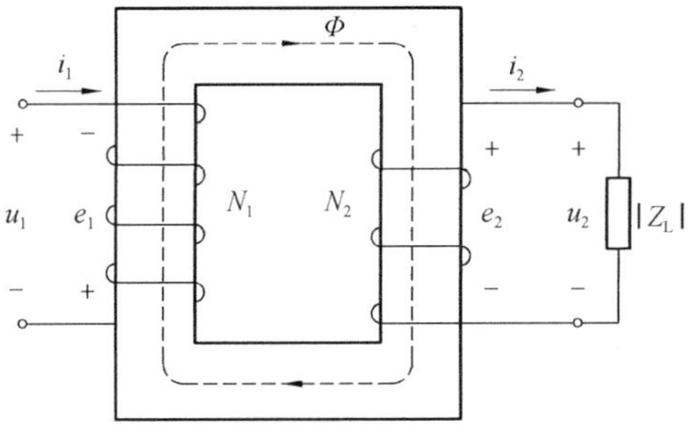

图 5-14 单相变压器原理

3. 阻抗变换

如图 5-15 所示，变压器一次绕组接电源电压 u_1，二次绕组接负载阻抗 $|Z_L|$，对于电源来说，图中点画线框内的电路可用另一个阻抗 $|Z'_L|$ 来等效代替. 当忽略变压器的漏磁和损耗时，等效阻抗可由下式求得

$$|Z'_L|=\frac{U_1}{I_1}=\frac{\frac{N_1}{N_2}U_2}{\frac{N_2}{N_1}I_2}=\left(\frac{N_1}{N_2}\right)|Z_L|=K^2|Z_L| \tag{5-19}$$

式中，$|Z_L|=\frac{U_2}{I_2}$为负载阻抗. 式(5-19)说明，变比为 K 的变压器二次绕组接阻抗为 $|Z_L|$ 的负载，相当于在电源上直接接一个阻抗 $Z'_L=K^2|Z_L|$. 通过选择合适的变比可把实际负载阻抗变换为所需的数值，这就是变压器的阻抗变换.

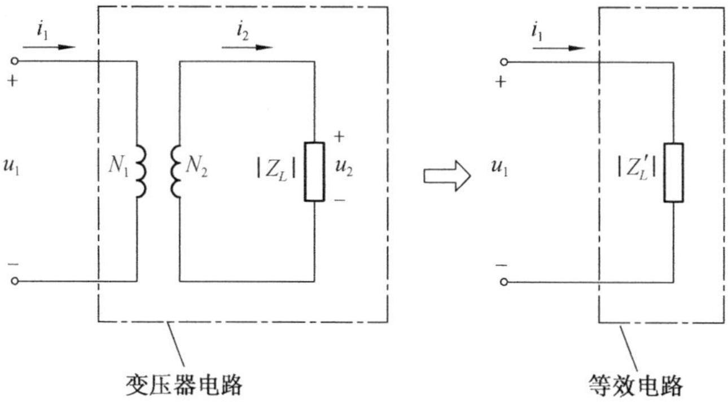

图 5-15 变压器阻抗变换

在电子电路中，为了提高信号的传输效率，常用变压器将负载阻抗变换为适当的数值，这种做法即为阻抗匹配.

阶段 3 变压器的外特性

变压器的输出电压随所带负载性质的变化而变化，利用变压器的外特性描述它们之间的关系，如图 5-16 所示. 对电阻性和电感性负载而言，电压 U_2 随电流 I_2 的增加而下降，而电容性负载则相反.

通常希望二次电压的变动越小越好. 从空载到满载，二次电压的变化程度用电压变化率 ΔU 来表示，即

$$\Delta U=\frac{U_{20}-U_2}{U_{20}}\times 100\% \tag{5-20}$$

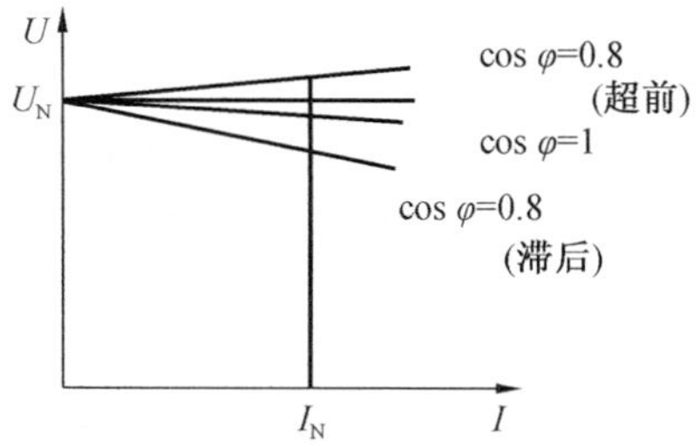

图 5-16 变压器的外特性

在一般变压器中，由于其电阻和漏磁感均很小，电压变化率约为 5%.

阶段 4 变压器中的损耗

变压器的损耗包括有功损耗和无功损耗. 有功损耗又包括铜损耗 ΔP_{Cu} 和铁损耗 ΔP_{Fe} 两部分.

铜损耗 ΔP_{Cu}是线圈电阻 R 上的有功功率损耗，是由线圈导线发热引起的. 铜损的值为

$$\Delta P_{Cu} = I^2 R \tag{5-21}$$

铁损 ΔP_{Fe}是处于交变磁化下的铁芯中的有功功率损耗，主要是由磁滞和涡流产生的. 铁芯在反复磁化过程中，由于磁感应强度 B 的变化滞后于磁场强度 H 的变化，磁性物质在这个过程中会产生发热损耗，称为磁滞损耗. 磁滞损耗转换为热能，使铁芯的温度升高. 可以证明，磁滞损耗与磁滞回线所包围的面积及电源频率、铁芯的体积成正比. 磁滞回线的面积与磁感应强度的最大值 B_m 有关：B_m 越大，磁滞回线的面积也越大. 为了减少磁滞损耗，应选用磁滞回线狭小的磁性材料制造铁芯. 硅钢是交流铁芯的理想材料，其磁滞损耗较小.

当绕在铁芯上的线圈中通有交变电流时，铁芯中的主磁通也是交变的. 磁路中交变的磁通不仅使线圈产生感应电动势，也会在铁芯中产生感应电动势. 这个感应电动势使铁芯产生涡旋状的感应电流，称为涡流，它在垂直于磁通方向的平面环流如图 5-17(a)所示.

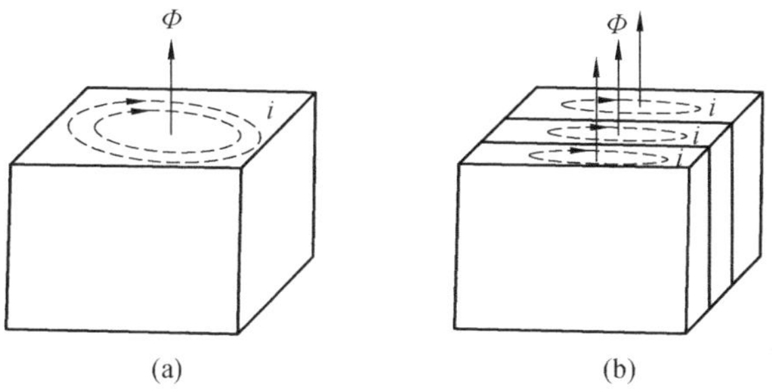

图 5-17 铁芯中的涡流损耗

涡流在铁芯中流动如同电流流过电阻一样，也会引起能量损耗，这种损耗称为涡流损耗. 涡流损耗不仅消耗了电能，也会引起铁芯发热、温度升高，严重时还会影响电气设备的正常运行. 工程中常用两种方法减少涡流损耗：一是增大铁芯材料的电阻率，如在钢片中掺入少量的硅，这样既保持了良好的导磁性，又使电阻率大幅提高；二是不用整块铁磁材料做铁芯，而是顺着磁方向由彼此绝缘的硅钢片叠成铁芯，用硅钢片代替整块铁芯，既加长了涡流路径，又增加了涡流电阻，使涡流损耗大大减少. 片状铁芯如图 5-17(b)所示.

涡流损耗与频率的平方、磁感应强度及铁芯体积成正比，因此在高频情况下，涡流损耗更加严重，所以在高频电器中常用含铁磁物质的陶瓷作为磁路材料.

涡流有有害的一面，但在一些场合下也有有利的一面. 对有害的一面应尽可能地加以限制，而对有利的一面则应充分加以利用. 例如，利用涡流的热效应冶炼金属，利用涡流和磁场相互作用产生电磁力的原理制造感应式仪器、滑差电机及涡流测距器等.

综上所述，交流铁芯线圈电路总的有功功率为

$$P = UI\cos\varphi = \Delta P_{Cu} + \Delta P_{Fe} = I^2 R + I^2 R_0 \tag{5-22}$$

式中，R_0 是和铁芯损耗相应的等效电阻.

直流铁芯线圈没有磁滞损耗和涡流损耗，因此铁芯不必造成片状.

阶段 5 变压器的主要参数

1. 额定电压 U_{1N}，U_{2N}

一次侧额定电压 U_{1N} 是指变压器在额定运行情况下，根据变压器绝缘等级和允许温升所规定的一次绕组的线电压值. 二次侧额定电压 U_{2N} 在电力系统中是指变压器一次侧施加额定电压时的二次侧空载电压有效值；在仪器仪表中通常是指变压器一次侧施加额定电压，二次侧接额定负载时的电压有效值.

2. 额定电流 I_{1N}，I_{2N}

一、二次侧额定电流 I_{1N} 和 I_{2N} 是指变压器连续运行时，一、二次绕组允许通过的最大电流有效值.

3. 额定容量 S_N

额定容量 S_N 是指变压器二次侧额定电压和额定电流的乘积，即 $S_N = U_{2N} I_{2N}$ 为二次侧的额定视在功率. 额定容量反映了变压器所能传送电功率的能力，不要把变压器的实际输出功率与额定容量相混淆，因变压器实际使用时输出功率取决于二次侧负载的大小和性质.

4. 额定频率 f_N

额定频率 f_N 是指变压器应接入的电源频率. 我国电力系统的标准频率为 50 Hz.

5. 变压器的型号

变压器的型号表示变压器的特征和性能. 如 $SL7-\frac{1000}{10}$，其中 SL7 是基本型号（S—三相；D—单相；油浸自冷无文字表示；F—油浸风冷；L—铝线；铜线无文字表示；7—设计序号）；1000 是指变压器的额定容量为 1000 kVA；10 表示变压器高压绕组额定线电压为 10 kV.

【例 5-1】 有一台电压为 $\frac{220}{36}$ V 的降压启动变压器，二次绕组接一盏 36 V，40 W 的灯泡. 试求：(1) 若变压器的原边绕组 $N_1 = 1100$ 匝时，二次绕组匝数应为多少？(2) 灯泡点亮后，一、二次绕组的电流各为多少？

解 (1) 由变压比的公式，可求出二次绕组的匝数为

$$N_2 = \frac{U_2}{U_1} N_1 = \frac{36}{220} \times 1100 = 180 \text{ 匝}$$

(2) 根据有功功率公式 $P_2 = U_2 I_2 \cos\varphi$，因灯泡是纯电阻负载，$\cos\varphi = 1$，可求得二次绕组的电流为

$$I_2 = \frac{P_2}{U_2} = \frac{40}{36} = 1.11 \text{ A}$$

由变流公式可求原边电流为

$$I_1 = I_2 \frac{N_2}{N_1} = 1.11 \times \frac{180}{1100} = 0.18 \text{ A}$$

思考与练习

1. 变压器能否用来变换直流电压？为什么？如果把一台220 V/36 V的变压器接在220 V的直流电源上，会有什么后果？

2. 要制作一台220 V/110 V的变压器，能否原边绕组只有两匝、副边绕组只有一匝？为什么？

3. 一台220 V/110 V的变压器，能否把440 V的电压降为220 V或者把220 V的电压升高为440 V？为什么？

4. 某变压器的原边电压为220 V，副边电压为36 V，已知原边绕组匝数是1100匝. 试求：(1) 副边绕组匝数；(2) 若在副边接入一盏36 V/100 W的白炽灯，问原边、副边电流各为多少？

情境小结

1. *磁感应强度*

磁感应强度是表示磁场强弱和方向的物理量，单位是特斯拉(T)，简称特. 其方向为小磁针N极在磁场中的指向，可用一段单位长度为L、单位电流为I的通电导体在与磁场方向垂直时，导体所受电磁力F来表示.

$$B=\frac{F}{IL}$$

常用磁力线描述磁场，磁力线上的每一点的切线方向就是这一点的磁场方向. 在磁感应强度大的地方磁力线密，相应的磁场就强；磁感应强度小的地方磁力线就疏，相应的磁场就弱.

2. *磁通*

磁通用字母Φ表示，单位是韦伯，符号为Wb. 在匀强磁场中，磁感应强度B和与其垂直的某一截面积S的乘积，称为通过该面积的磁通.

$$\Phi=BS$$

在匀强磁场中，磁感应强度就是与磁场垂直的单位面积上通过的磁通量. 所以，磁感应强度又叫磁通密度(简称磁密).

$$B=\frac{\Phi}{S}$$

3. *磁导率*

磁导率μ是表示物质导磁性能的物理量，单位是亨/米(H/m). 根据导磁性能的不同，物质分为非磁性物质(如各种气体、非金属材料、铜、铝、锡、铅等)和铁磁物质(如铁、钢、铸铁、镍和钴等物质及其合金). 真空的磁导率为

$$\mu_0=4\pi\times10^{-7}\ \text{H/m}$$

物质的相对磁导率 μ_r 用 μ 与真空磁导率 μ_0 的比值来表示.

$$\mu_r=\frac{\mu}{\mu_0}$$

真空的磁导率 μ_0 是一个常数,而磁性物质的磁导率 μ 不是常数.

4. *磁场强度*

磁场强度 H 是分析磁场的辅助物理量.磁场强度只与产生磁场的电流及这些电流的分布有关,而与磁介质的磁导率无关.磁场强度的单位是安/米(A/m).

$$H=\frac{B}{\mu}$$

磁场强度是矢量,它的方向与该点磁感应强度的方向相同.

5. *磁路欧姆定律*

磁路欧姆定律表达式为

$$\Phi=\frac{F_m}{R_m}$$

式中,$F_m=NI$,称为磁动势,单位是安,符号为 A,它与电路中的电动势相似;$R_m=L/\mu S$ 表示磁路的磁阻,单位是每亨,符号为 H^{-1}.磁阻类似于电路中的电阻.

6. *磁化曲线*

磁化曲线反映物质的磁化特性.铁磁物质在磁化过程中,磁感应强度 B 随磁场强度 H 变化的规律,可用 B-H 曲线来表示.

铁芯在反复磁化下,磁感应强度 B 会滞后于磁场强度 H 变化, 其 $B-H$ 曲线是近似闭合的曲线,叫磁滞回线.

铁磁性物质的磁性能具有以下特点:

(1) 磁导率要比非铁磁性物质大得多.

(2) 存在磁饱和现象,$B-H$ 关系为非线性关系,磁导率也不是常数.

(3) 存在磁滞现象,磁化后除去外磁场,仍有剩磁.

(4) 磁状态与磁化过程有关,交变磁化时的 $B-H$ 曲线为磁滞回线.

铁磁材料的种类:

(1) 软磁材料,特点是磁导率高,剩磁小,磁滞损耗小,常用于制造变压器和大型电机等电工、电子设备的铁芯.

(2) 硬磁材料,特点是剩磁大,磁滞损耗高,适宜作永久磁铁,广泛用于各种磁电系测量仪表、扬声器等.

(3) 矩磁材料,磁导率高,剩磁很强,磁滞回线几乎呈矩形.

7. *楞次定律*

楞次定律是判定感应电流方向的一般规律.该定律的内容是:当穿过线圈的磁通发生变化时,感应电流产生的方向总是力图使它产生的磁场阻碍线圈中原磁通的变化.

8. *电磁感应定律*

电磁感应定律的表达式为 $e=\frac{\mathrm{d}\Psi}{\mathrm{d}t}=-N\frac{\mathrm{d}\Phi}{\mathrm{d}t}$,即当线圈磁链变化时,线圈感应电动势等于磁链变化率的负值.

9. 自感应与互感应

自感应与互感应现象都是一种电磁感应现象.

自感电动势和自感系数的大小为

$$e=-\frac{\mathrm{d}\Psi}{\mathrm{d}t}=-N\frac{\mathrm{d}\Phi}{\mathrm{d}t}=-L\frac{\mathrm{d}i}{\mathrm{d}t},L=\frac{\Psi}{i}$$

同名端是表示互感线圈瞬时极性相同的端钮.

互感系数为

$$M=M_{12}=M_{21}=\frac{\Psi_{12}}{i_2}=\frac{\Psi_{21}}{i_1}$$

互感线圈有两种串联方式:顺向串联和反向串联.

顺向串联时的端电压为:$u=u_1+u_2$.

反向串联时的端电压为:$u=u_1-u_2$.

学习情境6 三相异步电动机及其控制

电动机是指依据电磁感应定律实现能量转换或信号转换的一种电磁装置，它主要产生驱动转矩，常作为电器或各种机械的动力源.用于能量转换的电动机称为动力电机，用于信号转换的电动机称为控制电机.动力电机包括发电机和电动机，将机械能转换为电能的称为发电机，将电能转换为机械能的称为电动机.

电动机按电源种类可分为直流电动机和交流电动机；按结构和工作原理可分为异步电动机和同步电动机；按用途可分为驱动电动机和控制电动机；按转子的结构可分为笼式电动机和绕线式电动机；按运转速度可分为高速电动机、低速电动机、恒速电动机和调速电动机.

三相异步电动机具有结构简单，制造、使用和维护方便，运行可靠，成本较低等优点，是目前应用最广泛的一种电动机.

任务1 三相异步电动机

任务描述： 掌握三相异步电动机的基本结构及其分类方法；
了解三相异步电动机的工作原理.

任务分析： 异步电动机由定子和转子两个基本部分组成.三相异步电动机的固定部分称为定子，它由机座、定子铁芯和定子绕组等组成.本任务主要介绍三相异步电动机的基本结构及其工作原理.

阶段1 三相异步电动机的结构

三相异步电动机是由三相交流电供电的电动机，又称异步电动机.与其他类型的电动机相比，它的结构简单、制造容易、价格低廉、效率高、运行经济可靠且便于维护，获得了广泛的应用；其缺点是调速性能差、功率因素低，在有些场合其应用受到限制，但随着当前变频调速技术的发展，该问题已得到解决.

三相异步电动机主要包括定子（固定部分）和转子（旋转部分）两大部件.图6-1所示为三相异步电动机的笼式结构.

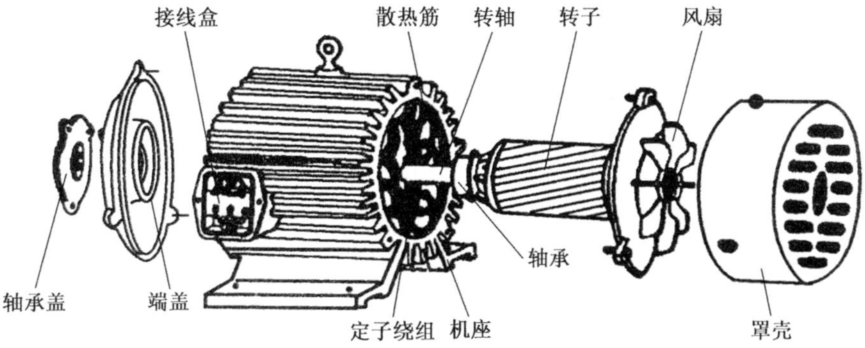

图 6-1 三相异步电动机的笼式结构

1. 定子

定子是指电动机中静止不动的部分，由定子铁芯、定子绕组、机座、端盖等部件组成. 定子铁芯用 0.5 mm 厚的表面有绝缘层的硅钢片叠压成圆筒状，如图 6-2 所示. 在定子铁芯的内圆冲有均匀分布的槽孔，用以嵌置三相定子绕组，每相绕组分布在几个槽内，线圈按一定规则连接成三相定子绕组，如图 6-3(a)所示. 三相定子绕组结构完全对称，一般有六个接线端 U_1，U_2，V_1，V_2，W_1，W_2 置于接线盒内，根据需要接成星形或三角形，分别如图 6-3(b)、图 6-3(c)所示. 整个定子绕组、铁芯和端盖固定在机座上，端盖上装有轴承，支承转子，机座一般为铸钢件.

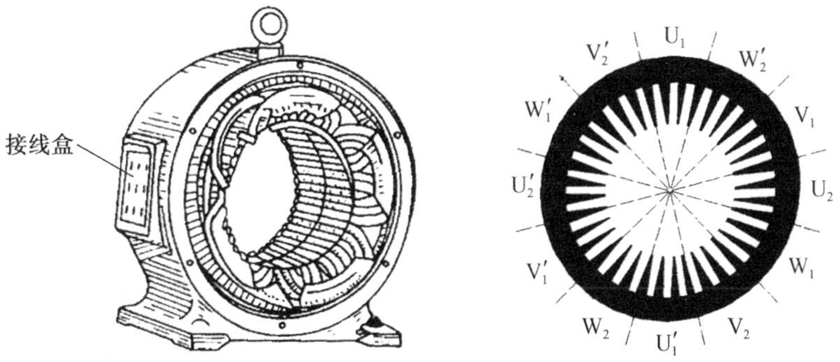

(a) 电动机定子外形 (b) 定子硅钢片

图 6-2 电动机定子

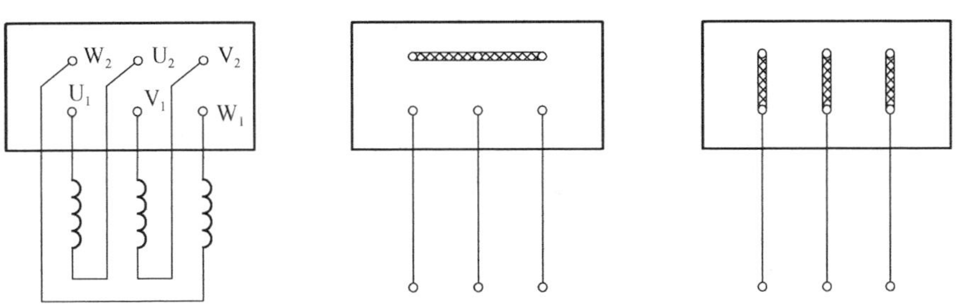

(a) 接线端 (b) 星形连接 (c) 三角形连接

图 6-3 三相异步电动机的定子接线盒

2. 转子

转子是电动机的旋转部分，由转子铁芯、转子绕组和转轴组成. 转子铁芯也是由 0.5 mm 厚的硅钢片叠加成的圆柱体，固定在转轴上，转轴上加机械负载. 与定子相同，在转子铁芯的内圆周外表面冲有槽孔，用以嵌置转子绕组，如图 6-4(a)所示. 转子绕组的构造分为笼式和绕线式两种.

笼式转子绕组是用铜条和铜环焊接成的笼型闭合电路，如图 6-4(b)所示，由于转子绕组的形状像鼠笼，故称笼式转子. 对于中小型电动机，为了降低成本，在槽中浇铸铝液，铸成如图 6-4(c)所示的转子，不仅制造简单，而且坚固耐用.

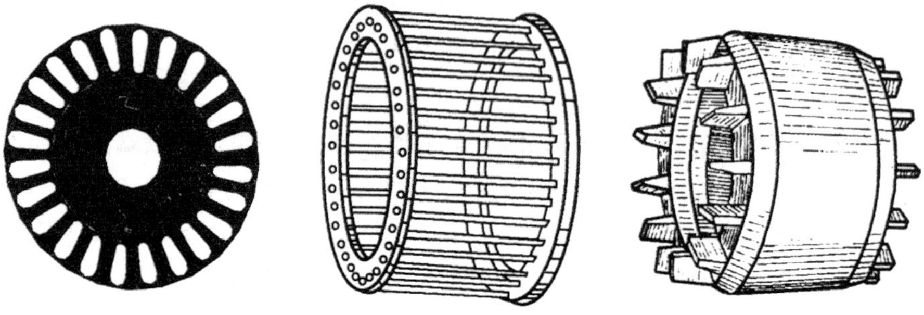

(a) 转子铁芯冲片　　(b) 笼式转子绕组　　(c) 铝条笼式转子

图 6-4　笼式转子

绕线式转子的铁芯与笼式一样，不同的是在转子的铁芯槽内嵌置对称三相绕组，并作星形连接，绕组的另外三个端分别接至固定在转轴转子彼此绝缘的三个铜质滑环上，通过与滑环接触的电刷引入相应的接线盒内. 绕线式转子电路与转子形状如图 6-5 所示.

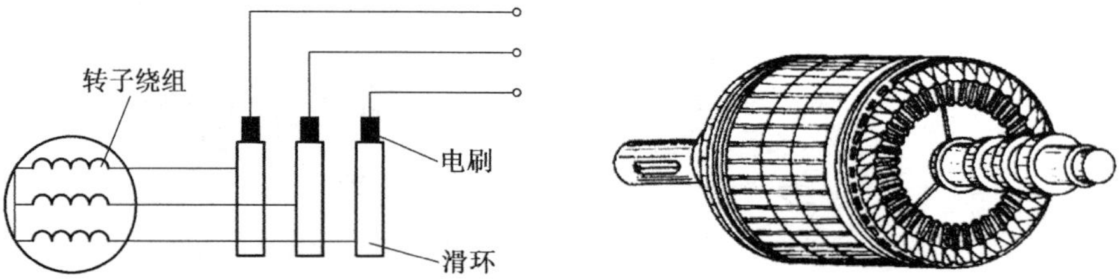

(a) 转子电路　　(b) 转子形状

图 6-5　绕线式转子

绕线式转子的特点是可以通过滑环和电刷，在转子电路中接入附加的电阻，以便电动机启动时调节电动机的转速. 在需要大启动转矩时，往往采用绕线式转子异步电动机.

阶段 2　三相异步电动机的工作原理

定子绕组接通三相交流电源后，在定子绕组内形成三相对称电流，在电动机内产生旋转磁场，转子绕组与旋转磁场产生相对运动并切割磁力线，使转子绕组产生感应电流，两者互相作用产生电磁转矩，使转子旋转起来.

1. 旋转磁场的产生

为了研究方便，把三相异步电动机定子中的线圈看成简单的三相六槽结构，每相绕组分别相差120°并对称. 每相绕组的符号和接法如图6-6所示，连接成星形.

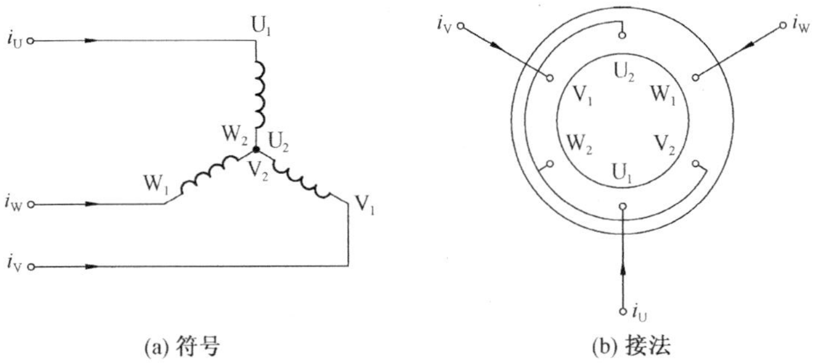

图6-6　三相异步电动机定子绕组的符号和接法

如果在三相绕组中分别通入的三相对称电流为

$$i_U = I_m \sin \omega t$$
$$i_V = I_m \sin(\omega t - 120°)$$
$$i_W = I_m \sin(\omega t + 120°)$$

取绕组始端指向末端的方向作为电流的参考方向，则在电流的正半周，其值为正，电流实际方向与参考方向一致；在电流的负半周，其值为负，电流实际方向与参考方向相反. 当在对称三相绕组中分别通入三相交流电后，在 U_1，U_2，V_1，V_2，W_1，W_2 中将产生各自的交变磁场，三个交变磁场将合成一个两级磁场，如图6-7所示，反映了交流电变化一个周期旋转磁场的变化情况.

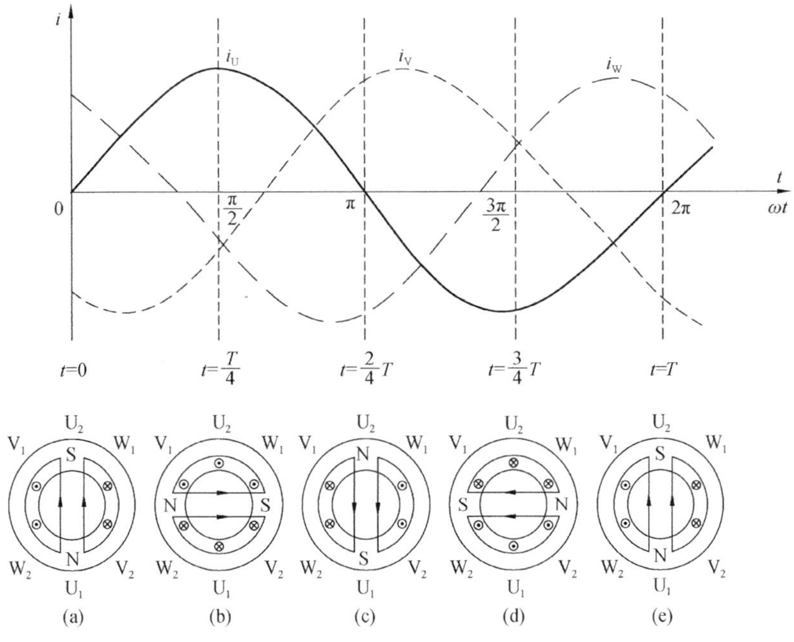

图6-7　三相交流旋转磁场的产生

如图 6-7(a)所示，$t=0(\omega t=0)$，$i_U=0$，i_V 为负值，i_W 为正值，i_V 的大小与 i_W 的大小相同，电流通过三个绕组的方向及行程开关磁场的磁力线方向可用右手螺旋法则判断，该磁场的磁力线由一对磁极产生，下边是 N 极，上边是 S 极.

$t=T/4(\omega t=\pi/2)$时刻，i_U 为正，i_V，i_W 均为负，合成的磁场如图 6-7(b)所示. 左边是 N 极，右边是 S 极，磁场在空间顺时针旋转了 $\pi/2$ 弧度.

同理，在 $t=2T/4$，$3T/4$ 及 T 时刻，各绕组的电流方向及对应的合成磁场如图 6-7(c)至图 6-7(e)所示. 当电流完成了一个周期的变化时，它们所产生的合成磁场在空间上也旋转了一周. 三相电流随时间周而复始地变化，合成磁场也在空间不停地旋转.

以上研究的磁场只有一对磁极($p=1$)，如果将定子绕组进行不同的空间排列，可以制成两对磁极($p=2$)和三对磁极($p=3$)或更多对磁极的旋转磁场. 三相异步电动机的转速与旋转磁场的转速有关，而旋转磁场的转速又与磁极的对数有关. 由前面的分析可知，$p=1$ 时电流变化一周，合成磁场在空间正好旋转一周. 若电流频率为 f(Hz)，旋转磁场的转速 $n_1=60f$(r/min)，可以证明，若旋转磁场为四极($p=2$)，电流变化一周期，旋转磁场旋转半周，则 $n_1=60f/2$. 以此类推，p 对磁极的旋转磁场的转速为

$$n_1=\frac{60f}{p} \tag{6-1}$$

我国交流电源频率为 50 Hz. 表 6-1 列出了磁极对数与旋转磁场转速的关系.

表 6-1　磁极对数与旋转磁场转速的关系

磁极对数 p	1	2	3	4	5	6
旋转磁场转速 n_1/(r/min)	3000	1500	1000	750	600	500

在图 6-7 中，旋转磁场按顺时针方向旋转，旋转磁场的方向是由线圈中电流的相序决定的. 如果将电源接到定子绕组的三根引线中的任意两根对调，如图 6-8 所示，则三相定子绕组中的电流相序就按逆时针方向排列，使旋转磁场按逆时针方向旋转.

2. 转子转动原理

图 6-9 是一个三相异步电动机的模型图，图中 U，V，W 为定子绕组. 为了研究方便，转子中只画出了两根导条 a，b 组成转子绕组，设转子不动，旋转磁场以转速 n_1 顺时针旋转，可以等效于磁场不动，而转子中的闭合导体 ab 以逆时针方向切割磁力线. 因此，在 ab 中将产生感应电动势和感应电流，感应电流方向用右手螺旋法则判断(a 向外、b 向里). 由于闭合导体 ab 中有电流通过，用左手螺旋法则判断出 a 受电磁力 $\boldsymbol{F}$ 向右，b 受电磁力 $\boldsymbol{F}$ 向左，电磁力对转轴产生力矩，称电磁转矩 T，使转子沿顺时针方向转动. 转子转速 n 小于旋转磁场的转速 n_1，即不可能使 n 达到 n_1，因为如果二者相等，转子和磁场间就没有相对运动，ab 就不会切割磁力线产生感应电流，也不会受到电磁力产生电磁转矩. 所以，转子转速一定要小于旋转磁场的转速，这就是异步电动机名称的由来.

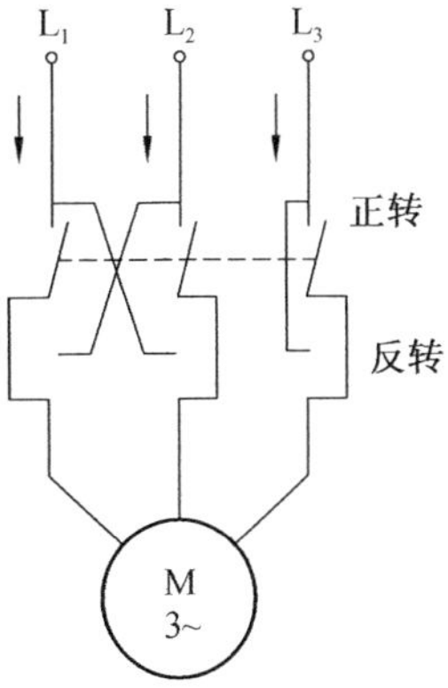

图 6-8　改变旋转磁场的方向

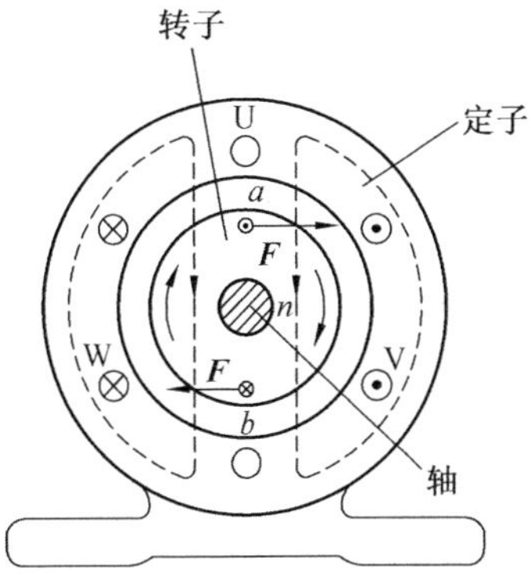

图 6-9　三相异步电动机模型图

把旋转磁场的转速 n_1 与转子转速 n 的差值与旋转磁场转速 n_1 之比称为异步电动机的转差率，用 s 表示，即

$$s=\frac{n_1-n}{n_1}\times 100\% \tag{6-2}$$

转差率是异步电动机的一个重要物理量. 三相异步电动机在额定转速时的转差率 s_N 一般为 0.02～0.06.

【例 6-1】 有一台三相异步电动机，其额定转速 $n_N=975$ r/min. 试求电动机的磁极对数和额定负载时的转差率. 电源频率 $f_1=50$ Hz.

解　由于电动机的额定转速接近且略小于旋转磁场的转速，而同步转速对应于不同的磁极对数，显然 975 r/min 与 1000 r/min 最接近，从而确定磁极对数 $p=3$.

额定负载时的转差率为

$$s=\frac{n_1-n}{n_1}\times 100\%=\frac{1000-975}{1000}\times 100\%=2.5\%$$

阶段 3　三相异步电动机的机械特性

电动机产生的电磁转矩 T 与转子转速 n 的关系曲线，即 $n=f(T)$ 曲线称为电动机的机械特性曲线，如图 6-10 所示.

在电动机启动时，即 $n=0$ 时，对应于机械特性曲线上的 D 点，电动机轴上的电磁转矩称为启动转矩（又称为堵转转矩），用 T_{st} 表示. 若 T_{st} 大于电动机轴上带机械负载的阻力转矩 T_L，电动机就能启动. 如果电动机所带负载转矩大于电动机轴上的电磁转矩，电动机转速为零，电动机处于堵转状态，此时定子的电流可以达到额定电流的 4～7 倍，时间稍长将会损坏电动机.

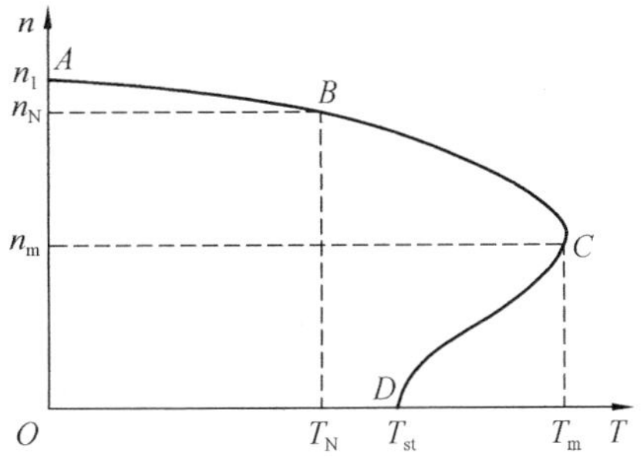

图 6-10　机械特性曲线

当电动机带额定负载时，对应于机械特性曲线上的 B 点. 此时的电磁转矩为额定转矩，用 T_N 表示；对应的转速为额定转速，用 n_N 表示.

电动机在运行中对应的最大转矩用 T_m 表示，对应图 6-10 中的 C 点.

电动机轴上不带负载时，输出机械功率 $P_2=0$，称为空载运行，此时电动机的空载转速接近于电动机的同步转速，故转子切割磁力线的速度接近于零，使转子上的感应电流 $I_2\approx 0$，电磁转矩 $T_2\approx 0$. 此时，定子侧线电流称为空载电流，用 I_{10} 表示. 空载电流用于建立旋转磁场，因而电动机空载时定子侧功率因数很低($\cos\varphi=0.2\sim 0.3$). 对于大型电动机，空载电流约为额定电流的 20%，小型电动机的空载电流可达到额定电流的 50%.

由三相异步电动机的机械特性曲线可知，当启动转矩大于负载转矩时，转子在电磁转矩的作用下逐渐加速，转速沿 DC 段上升，电磁转矩也随之增加，一直增加到最大转矩 T_m. 以后转速沿 CA 段增加而电磁转矩开始减小，当电磁转矩等于负载转矩时，电动机就以某一转速稳定运行.

在电动机正常运行过程中，若由于外界因素而使电动机转速发生变化，电动机在 AC 段自动调节电磁转矩与负载转矩平衡，并稳定在新的转速上稳定运行. 显然，AC 段电动机的机械特性较硬，这种特性能满足大多数生产机械对拖动的要求. 但为了使电动机安全可靠地工作，电动机一般工作在 AB 段.

电动机的启动转矩与额定转矩之比称为电动机的启动能力. 三相鼠笼式电动机的启动能力为 1.4～2.2，即

$$启动能力=\frac{T_{st}}{T_N}=1.4\sim 2.2 \tag{6-3}$$

电动机的最大电磁转矩与额定转矩之比，称为电动机的过载能力. 一般情况下，电动机的过载能力为 1.6～2.5，即

$$过载能力=\frac{T_m}{T_N}=1.6\sim 2.5 \tag{6-4}$$

实际应用过程中，电动机的电磁转矩对电源电压的变化很敏感，当电网电压降低时，将引起电磁转矩大幅下降. 可以证明，电磁转矩 T 与电动机定子绕组所加电压 U 的平方成正比，即

$$T\propto U^2 \tag{6-5}$$

图 6-11 为定子绕组加不同工作电压时的几条机械特性曲线.

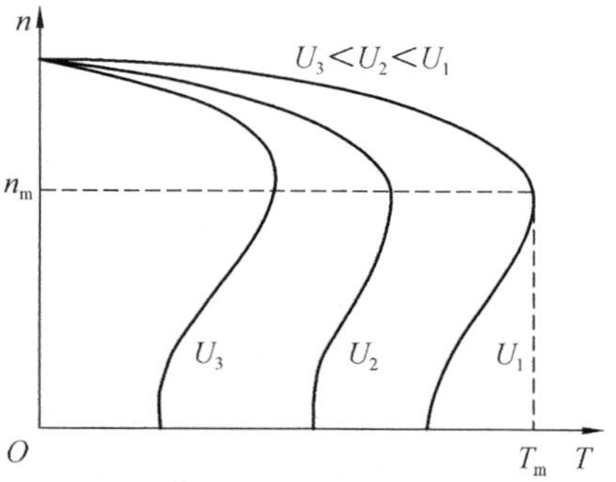

图 6-11　电源电压变化时的机械特性曲线

电动机从电源输入的功率为

$$P_1=\sqrt{3}U_1I_1\cos\varphi_1 \tag{6-6}$$

式中，U_1 与 I_1 分别为线电压和线电流；$\cos\varphi_1$ 为电动机功率因数.

轴上输入功率(铭牌上标出的功率)P_2(kW)为旋转体的机械功率，等于作用在旋转体上的转矩 T 与它的机械角速度 ω 的乘积，所以电动机的输出功率为

$$P_2=T\omega \tag{6-7}$$

由上式得

$$T=\frac{P_2}{\omega}=\frac{P_2\times 10^3\times 60}{2\pi n}=9550\,\frac{P_2}{n} \tag{6-8}$$

若电机在额定状态运行，则有

$$T_N = 9550\frac{P_N}{n_N} \tag{6-9}$$

式中，T_N 为电动机输出的额定转矩，单位为 N·m；P_N 为电动机输出的额定功率，单位为 kW. 电动机的效率为

$$\eta = \frac{P_2}{P_1}\times 100\% = \frac{P_2}{\sqrt{3}U_1 I_1 \cos\varphi_1}\times 100\% \tag{6-10}$$

阶段4 三相异步电动机的铭牌数据与选择

1. 三相异步电动机的铭牌数据

在三相异步电动机的外壳上有一块铭牌（见表6-2），铭牌上标注着这台电动机的型号及主要技术数据. 要正确使用电动机，必须要看懂铭牌.

表6-2 电动机铭牌

三相异步电动机			
Y－112M－4		编号	
额定功率 4.0 kW		额定电流 8.8 A	
额定电压 380 V	额定转速 1440 r/min	LW 82 dB	
接法△	保护等级 IP44	频率 50 Hz	质量 45 kg
标准编号	工作制 S1	B级绝缘	出厂：×年×月×日
××电机厂			

三相异步电动机铭牌上标注的主要额定数据：

(1) 型号：Y－112M－4，Y表示异步电动机，中心高度为 112 mm，机座类型为中机座（L表示长机座，S是短机座，M表示中机座），4表示磁极数为4级.

(2) 额定功率：表示电动机在额定工作状态下运行时，轴上输出的机械功率，单位是 kW.

(3) 额定电流：表示电动机在额定工作状态下运行时，定子绕组上的线电流. 定子绕组有星形接法和三角形接法，故额定电流就有两种.

(4) 额定电压：表示电动机在额定工作状态下运行时，定子绕组所加的线电压. 通常有两种电压值 220 V/380 V：当定子绕组采用星形接法时为 220 V，采用三角形法时为 380 V.

(5) 额定转速：表示电动机在额定工作状态下运行时的转速.

(6) 接法：△表示定子绕组与三相电源的连接方法，一旦接错就会烧毁电动机.

(7) 保护等级：IP44 表示电动机和外壳防护的方式为封闭式电动机.

(8) 频率：表示电动机定子绕组输入交流电源的频率.

(9) 工作制：S1 表示电动机在额定工作状态下连续运行，S2 为短时运行，S3 为短时重复运行.

(10) 绝缘等级：根据绝缘等级材料允许的最高温度，分为 Y，A，E，B，F，H，C 级，见表6-3.

表 6-3 绝缘材料耐热等级 ℃

等级	Y	A	E	B	F	H	C
最高允许温度	90	105	120	130	155	180	>180

2. 三相异步电动机的选择

正确选择三相异步电动机的功率、种类、转速，对于电动机的安全十分重要.

(1) 功率的选择

选择电动机最重要的就是功率，必须依据生产机械的要求来确定：功率选择过大，设备费用增加，不经济；功率选择过小，电动机易过载发热，导致烧毁. 因此，三相异步电动机的额定功率应选择为

$$P_N \geqslant P_L/\eta_1\eta_2$$

式中，P_L 为生产机械的负载功率；η_1 为生产机械的效率；η_2 为电动机与生产机械的传动效率，即传动效率，直接连接时 $\eta_2=1$，有传动系统时 $\eta_2<1$.

(2) 种类的选择

首先主要考虑电动机的性能应满足生产机械的要求，如启动、调速等指标；然后再优先选择结构简单、价格便宜、运行可靠、维修方便的电动机. 功率小于 100 kW 且不要求调速的生产机械可选用笼式电动机，如泵类、风机、压缩机等；需要大启动转矩或要求有一定调速范围时，可选用绕线式电动机，如起重机、卷扬机等.

在一些特殊场合，还要注意电动机的外形结构. 潮湿、灰尘多的场所应选择防爆式电动机；有爆炸性气体的场所应选择防爆式的电动机.

(3) 转速的选择

三相异步电动机的额定转速是根据生产机械的要求决定的. 功率相同的电动机，转速越高，体积越小，价格越便宜. 但高速电动机的转矩小，启动电流大，选择时应使电动机的转速尽可能与生产机械的转速相一致或接近，以简化传动装置.

思考与练习

1. 说明三相异步电动机的转动原理.

2. 如何实现三相异步电动机的反转？

3. 一台四级笼式三相异步电动机，其额定转差率 $s_N=0.06$，接于频率为 50 Hz 的三相电源上. 试求：(1) 旋转磁场相对于定子的转速；(2) 转子转速.

4. 一台三相四级 50 Hz 异步电动机，$s=0.03$，求转子的转速及相对转差.

5. 三相八极 50 Hz 异步电动机，其额定转差率 $s_N=0.04$. 试问：

(1) 该电动机的同步转速是多少？

(2) 转子转速是多少？

(3) 当负载改变时，其同步转速是否改变？

(4) 若运行转速为 700 r/min，其转差率是多少？

任务 2　三相异步电动机的运行

任务描述： 了解三相异步电动机的启动过程；
熟悉三相异步电动机的调速过程.

任务分析： 低压电器基本控制电路以电动机控制电路为主. 所谓电动机控制电路，就是由各种低压电器组成的，能控制电动机启动、反转、制动等作用的电路. 本任务主要介绍三相异步电动机的启动与调速过程.

阶段 1　启动

电动机从接通电源到稳定运行的过程称为启动过程. 电动机的启动条件是 $T_{st}>T_L$. 刚接通电源的瞬间，电动机的转子尚处于静止状态，定子的电流称为启动电流 I_{st}，中小型电动机的启动电流为额定电流的 4～7 倍，由于电动机启动时间不长，小型的为几秒，大型的为十几秒到几十秒，只要不是频繁启动，电动机是可以承受的. 但是过大的启动电流在短时间内会在线路上造成较大的电压降落，从而使负载的电压降低，影响邻近负载的正常工作. 因此，必须采取措施设法限制电动机的启动电流. 常采用的启动方法有以下几种：

1. 直接启动（全压启动）

直接启动是给定子绕组直接加额定电压启动. 直接启动的异步电动机要受到供电变压器的限制，当电动机采用单独的变压器作为电源时，电动机的容量不超过变压器容量的 20%～30%便可采用，以电动机启动时电源电压降低不超过额定电压的 5%为原则.

2. 降压启动

电动机启动时，降低加在电动机定子绕组上的电压，待启动结束时再恢复额定电压运行. 由于启动转矩将明显减小，所以降压启动适用于容量较大的笼式三相异步电动机及对启动转矩要求不高的生产机械负载. 笼式三相异步电动机常用的降压启动方法有定子绕组串电阻（或电抗）降压启动、自耦变压器降压启动、星形一三角形降压启动等.

(1) 定子绕组串电阻（或电抗）降压启动

如图 6-12 所示，启动时将 QS 闭合，电阻 R 与定子线圈串联，起到分压作用. 电动机启动后，电阻 R 被切掉不起作用，电源直接与定子绕组相连，正常运行.

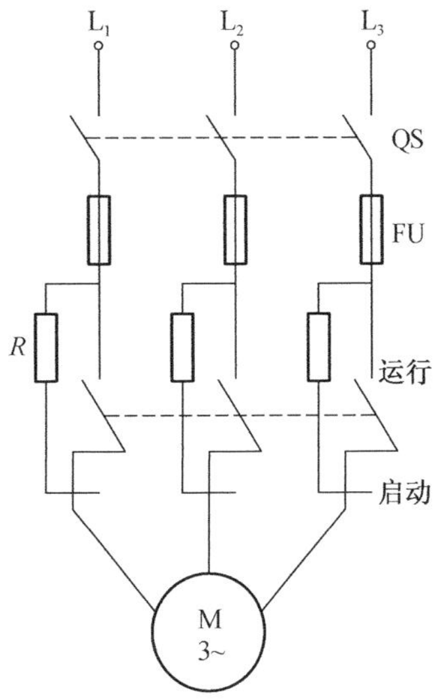

图 6-12　串电阻降压启动线路

(2) 自耦变压器降压启动

如图 6-13 所示，启动时将 QS 闭合，这时启动电压小于额定电压，起到分压作用. 电动机启动后，电阻

R 被切掉不起作用，电源直接与定子绕组相连，正常运行.

(3) 星形一三角形降压启动

如果电动机在工作时其定子绕组接成三角形，这时启动电流是全压启动电流的 1/3. 启动完成后再转换成三角形连接，如图 6-14 所示.

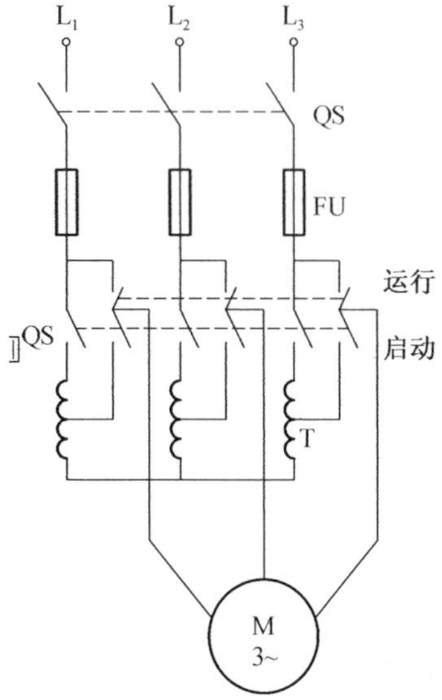

图 6-13 笼式三相异步电动机自耦变压器降压启动线路

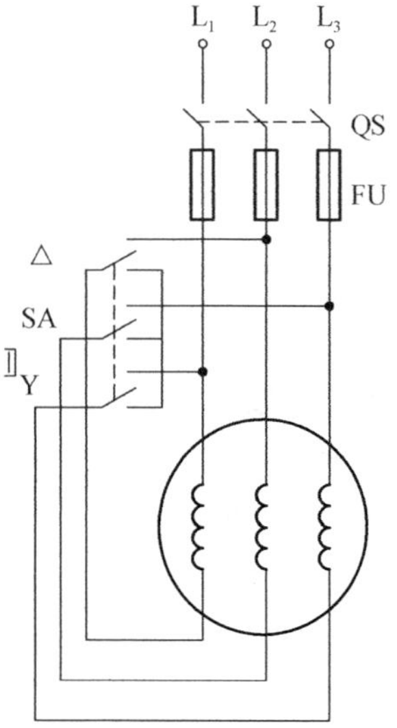

图 6-14 笼式三相异步电动机星形一三角形降压启动线路

3. 绕线式异步电动机的启动

对于绕线式异步电动机的启动，如图 6-15 所示，只要在转子电路中接入大小适当的启动电阻，转子电流减小，定子电流也减小，同时转子电路电阻增加，电动机的启动转矩随之增加，既可以达到减小启动电流的目的，又可以提高启动转矩. 启动后，将转子电阻调到零值. 该启动方法适用于启动转矩较大的机械，如卷扬机等.

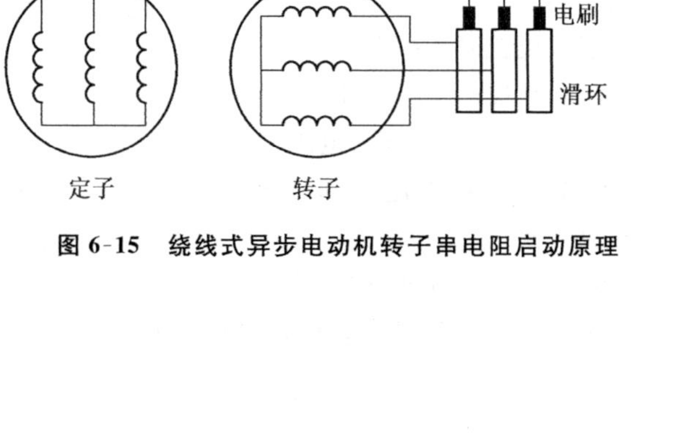

图 6-15 绕线式异步电动机转子串电阻启动原理

阶段 2　制动

电动机切断电源后，阻止电动机转动，使之停转或限制转速的措施称为制动. 电动机及其拖动的生产机械具有惯性，切断电源后会转动一定的时间而后停止，但有些生产机械要求切断电源后能够迅速停车和反转，因此必须采取制动方法.

三相异步电动机常用的制动方法有以下几种：

1. 能耗制动

如图 6-16 所示，这种方法是在切断三相电源的同时，在任意两相定子之间接入直流电源，使直流电流流入一组线圈，产生一个稳定磁场，转子由于惯性继续在原方向转动，并切割磁力线产生感应电流. 根据右手螺旋法则和左手螺旋法则，不难确定转子受力矩方向与转动方向相反，起制动作用，电动机迅速停转. 在制动过程中转子的动能转变为电能，再转变为热能消耗掉，所以称为能耗制动.

2. 反接制动

如图 6-17 所示，为了快速停机，将电源三根导线中的任意两根对调，这时电动机内的旋转磁场反向旋转，转子受到一个与原转动方向相反的制动力矩，使电动机转速迅速降低. 在电动机的转速接近零时，必须由控制电器将电动机的电源及时切断，以防电动机反转.

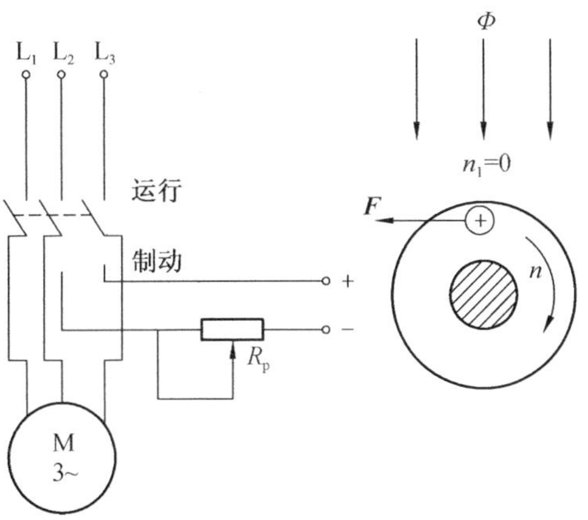

图 6-16　三相异步电动机能耗制动原理

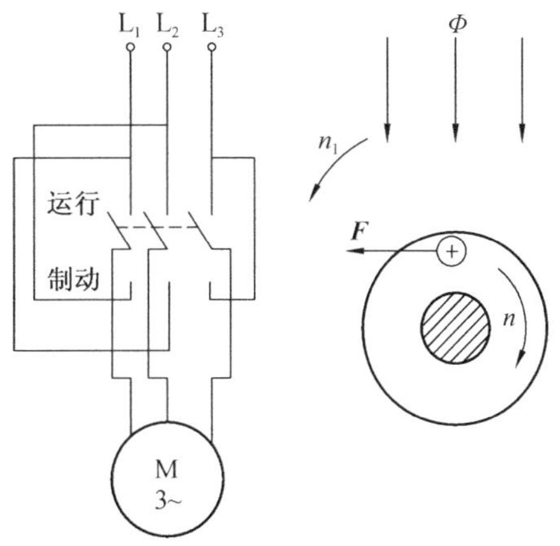

图 6-17　三相异步电动机反接制动原理

除以上两种制动方法外，还有回馈制动和机械抱闸制动等.

阶段 3　反转

三相异步电动机的转子转动方向与定子产生的旋转磁场方向相同，而旋转磁场的转向取决于定子绕组通入的三相电流的方向，所以只要将三根电源线中的任意两根对调，就可以使转子转向改变，实现电动机反转，如图 6-8 所示.

阶段 4　调速

为了满足生产工艺的要求，负载对电动机的转速要求各不相同，需要人为地改变电动机的转速，由式(6-1)和式(6-2)得

$$n=(1-s)\frac{60f}{p} \tag{6-11}$$

即转子的转速与频率、磁极对数、转差率有关，因此调速的方法有以下三种：

1. 变极(p)调速

改变电动机定子绕组的磁极对数 p 来改变电动机的转速. 这种方法要求电动机的定子有几套绕组或绕组有多个抽头引到外部，通过转换开关改变绕组接法，以改变磁极对数，形成多速电动机，如双速电动机等.

2. 变频(f)调速

改变电动机定子绕组的电源频率实现调速. 三相交流电先经整流器变成直流电，再经逆变器输出电压和频率可调的三相交流电，作为电源给电动机供电，实现三相异步电动机的无级调速. 图 6-18 所示电路是目前广泛应用的变频调速方法.

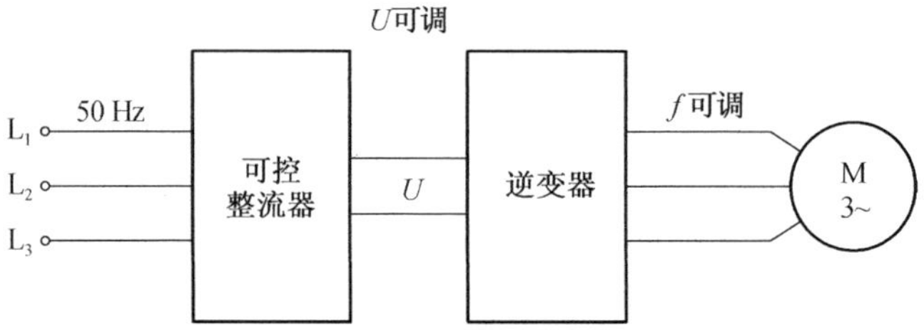

图 6-18　三相异步电动机变频调速原理

3. 变转差率(s)调速

在绕线式异步电动机的转子电路中接入调速电阻改变转差率，达到调整转速的目的.

思考与练习

1. 改变三相异步电动机的参数，对三相异步电动机的机械特性有什么影响？
2. 三相异步电动机低压时，可否带额定电流负载长期运行？为什么？
3. 三相异步电动机各种降压启动方法的优缺点是什么？
4. 三相异步电动机有哪些调速方法？

情境小结

1. 三相异步电动机根据电磁感应原理使转子产生电流，所以异步电动机也叫感应电动机. 电动机的转速略小于同步转速，所以叫三相异步电动机.

2. 异步电动机工作的基础是旋转磁场，旋转磁场是由定子磁动势和转子磁动势共同建立的.

3. 异步电动机转矩的产生及能量的转换都是以旋转磁场为基础的. 若绕组的空间位置对称，定子绕组连接成对称的三相电路，并通过对称的三相电流，就得到旋转磁场，其转速(同步转速)是 $n=\frac{60f}{p}$. 旋转磁场的方向由三相电源的相序决定.

4. 转差率是分析异步电动机运行特性的一个重要物理量,它体现了转子与旋转磁场之间的相对运动速度. 因此,它与异步电动机的主要参数有密切关系,其表达式为

$$s=\frac{n_1-n}{n}\times 100\%$$

5. 异步电动机的机械特性曲线包括最大电磁转矩 T_m、额定电磁转矩 T_N 和启动转矩 T_{st}. 在最大转矩时,其转差率 s_m 为临界转矩.

学习情境 7 继电器-接触器控制系统

现代机床和生产机械的运动部件大多是由电动机带动的，因此，在生产过程中要对电动机进行控制，使生产机械各部件的动作按顺序进行，保证生产过程和加工工艺合乎预定要求. 对电动机的控制主要是指控制它的启动、停止、正反转、制动及工作顺序.

任何复杂的控制线路都是由一些元器件和单元电路组成的. 因此，本情境中先介绍一些常用控制电器和基本控制线路，而后讨论应用实例.

任务 1 常用的低压电器

任务描述： 熟悉常用低压断路器等控制电器的结构组成，理解其工作原理及控制方法；
能够正确选用和使用常用的低压控制电器.

任务分析： 在分析电动机控制电路之前，必须了解控制电路中一些常见的电气设备，熟悉它们的结构、工作原理及在电路中的控制作用. 本任务主要介绍一些常用的低压电器设备.

用来对电能的产生、输送、分配与应用起开关、控制、保护与调节作用的电工设备称为电器. 低压电器通常是指工作在直流电压 1500 V、交流电压 1200 V 及以下电路中的电器.

低压电器可分为低压配电电器和低压控制电器两类. 闸刀开关、空气开关、熔断器等是低压配电电器，接触器、各种继电器、启动器等是低压控制电器.

按低压电器动作的方式又可将其分为自动切换电器和非自动切换电器两种. 自动切换电器工作时依靠本身参数(如电压、电流)的变化或外来信号(温度、压力、速度等)自动进行切换；非自动切换电器依靠外力(如用手按动)直接操作进行切换，又称手动电器.

阶段 1 低压开关

低压开关主要用作隔离、转换及接通和分断电路，大多作为局部照明电路的控制、机床电路的电源开关，也可用于小容量电动机直接启动、停止和正反转控制. 低压开关一般为非自动切换电器，常见的有闸刀开关、组合开关等.

1. 闸刀开关

闸刀开关又称开启式负载开关，外形和结构如图 7-1(a)所示. 当它所控制的电路发生短路故障时，熔体熔断，可迅速切断故障电路，从而保护电路中其他用电设备. 闸刀开关的全部导电零件都固定在一块瓷底板上，上面用胶盖盖住，以防电弧或触及带电体伤人. 胶盖上有与刀数(级数)相同的槽，将各级隔开，防止级间飞弧导致电源短路，便于闸刀上下运动与刀座之间分合操作.由于它结构简单、价格便宜,使用和维修方便,所以得到广泛应用.

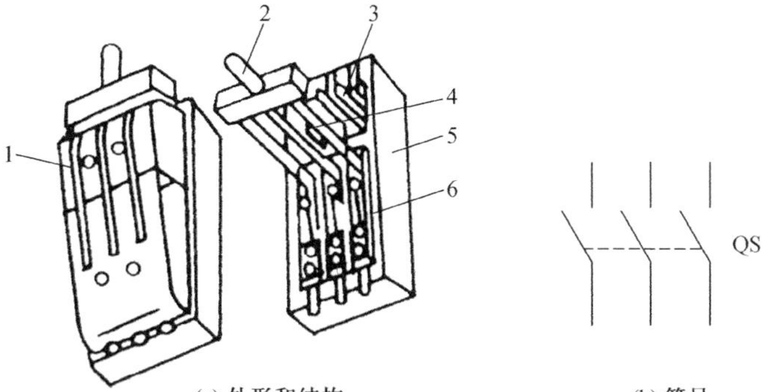

(a) 外形和结构　　(b) 符号

1—胶盖;2—手柄;3—刀座;4—闸刀;5—瓷底板;6—熔丝

图 7-1　闸刀开关

闸刀开关安装时,手柄要向上,不得倒装或平装,以免由于重力自动下落而误将电路接通,引起事故.接线时,应将电源线接在上端(静触头),负载线接在下端(与熔丝连接的端子上),这样拉闸后,闸刀与电源隔离,既便于更换熔丝,又可防止意外事故发生.

2. 组合开关

组合开关其实也是一种刀开关,又称转换开关.组合开关的刀片可转动,沿任一方向将手柄旋转 90°,可使动触片与静触片接通或断开.组合开关的结构、工作原理图及符号如图 7-2(a),(b),(c)所示.

组合开关根据电源种类、电压等级、所需触点数、接线方式等选用.用它控制电动机的启停时,每小时通断次数一般不超过 15～20 次;开关的额定电流也应选得稍大一些,一般为电动机额定电流的 1.5～2.5 倍.组合开关的种类很多,常用的有 HZ5,HZ10 等系列.HZ10 系列的外形如图 7-2(d)所示.

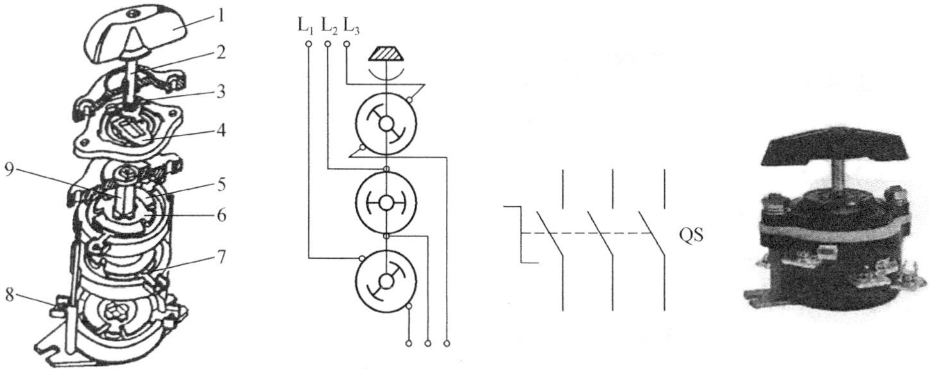

(a) 结构　　(b) 工作原理　　(c) 符号　　(d) HZ10外形

1—手柄;2—转轴;3—弹簧;4—凸轮;5—绝缘垫板;6—动触片;7—静触片;
8—接线柱;9—绝缘杆

图 7-2　组合开关的结构、工作原理、符号及外形

阶段 2 按钮

按钮是发出控制指令和信号的电器开关，是一种手动且一般可以自动复位的主令电器，通常用于对电磁启动器、接触器、继电器及其他电器设备发出控制指令.

有的按钮有一个常闭触点和一个常开触点，有的按钮只有一个常闭触点或一个常开触点，也有的按钮具有两个常开触点或两个常闭触点. 常见按钮的结构示意图、符号及外形如图 7-3 所示.

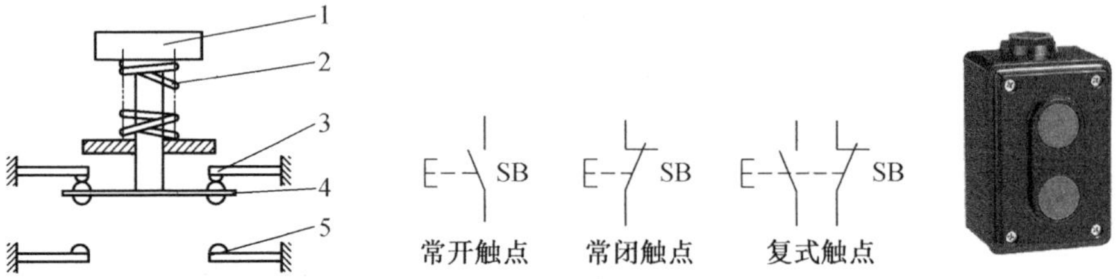

(a) 结构示意图　(b) 符号　(c) 外形

1—按钮帽；2—复位弹簧；3—常闭触点；4—动触点；5—常开触点

图 7-3　按钮结构示意图、符号及外形

阶段 3 熔断器

熔断器是最简便且有效的短路保护电器. 熔断器中的熔片或熔丝用电阻率较高的易熔合金制成，如铅锡合金等；或用截面积很小的良导体制成，如铜、银等. 线路在正常工作情况下，熔断器中的熔丝或熔片不应熔断. 一旦发生短路或严重过载时，熔断器中的熔丝或熔片应立即熔断. 图 7-4 所示为常用熔断器的外形及符号.

(a) 瓷插式　(b) 螺旋式　(c) 无填料密封管式　(d) 有填料密封管式　(e) 符号

图 7-4　熔断器外形及符号

选择熔丝的方法如下：

1. 电灯支线的熔丝

为电灯支线选择熔丝时，熔丝额定电流≥支线上所有电灯的工作电流.

2. 一台电动机的熔丝

为了防止电动机启动时电流较大而将熔丝烧断，熔丝不能按电动机的额定电流来选择，应按下式计算

$$\text{熔丝额定电流}=\frac{\text{电动机的启动电流}}{2.5}$$

如果电动机启动频繁，则

$$\text{熔丝额定电流}=\frac{\text{电动机的启动电流}}{1.6\sim2.5}$$

3. 几台电动机合用的总熔丝

一般可粗略地按下式计算:

熔丝额定电流=(1.5～2.5)×容量最大的电动机的额定电流+其余电动机的额定电流

熔丝的额定电流有 4,6,10,15,20,25,35,60,80,100,125,160,200,225,260,300,350,430,500,600 A 等.

阶段4　交流接触器

接触器用来接通或断开带负载的主电路,主要控制对象是电动机,也用于其他电力负载,如电热器、电焊机、照明设备.同时,接触器还具有欠压保护作用,接触器控制容量大,适用于频繁操作和远距离控制,是自动控制系统中的重要元件之一.图7-5所示为交流接触器的结构示意图及符号.

当线圈通电时,产生电磁力,克服弹簧作用力,吸引铁芯向下运动,动铁芯带动绝缘连杆和动触点向下运动使常开触点闭合,常闭触点断开.当线圈失电或欠电压时,电磁力小于弹簧反力,常开触点断开,常闭触点闭合.

当主触点断开时,其间产生电弧,会烧坏触点,并使切断时间拉长,因此必须采取灭弧措施.交流接触器常采用双断口桥形触点以利于灭弧,它有两个断点,以降低当触点断开时加在断点上的电压,使电弧容易熄灭,并且相间有绝缘隔板,以免短路.容量较大的交流接触器都设有专门的灭弧装置.

在选用交流接触器时,应注意它的额定电流、线圈电压、机械与电气寿命、触点数量等.CJ10系列交流接触器的主触点的额定电流有 5,10,20,40,75,120 A 等;线圈额定电压通常为 220 V 或 380 V.其他常用的交流接触器还有 CJ12,CJ20T 和 3TB 等系列.

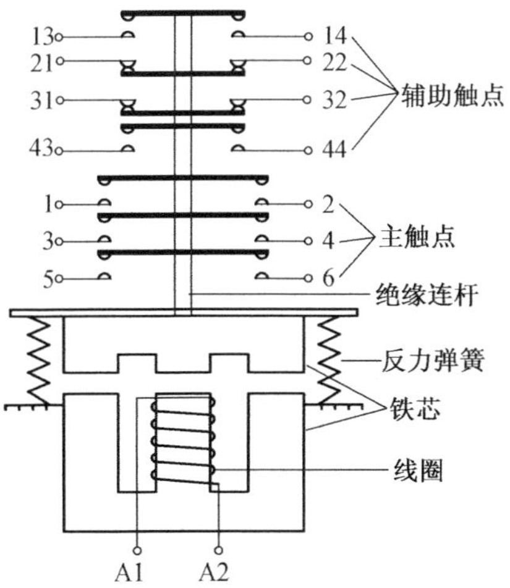

(a) 结构示意图

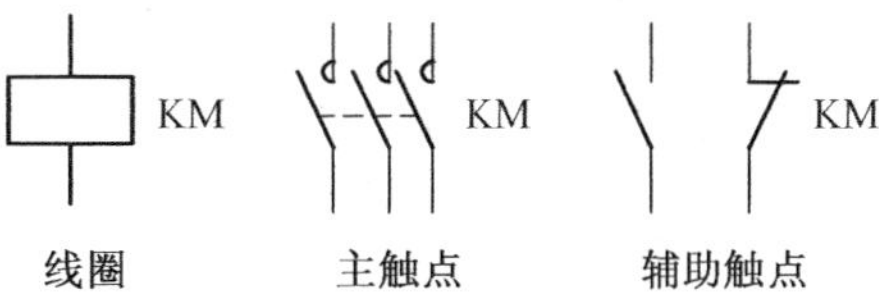

(b) 符号

图7-5　交流接触器的结构示意图及符号

阶段5　继电器

继电器用于电路的逻辑控制,它具有逻辑记忆功能,能组成复杂的逻辑控制电路.继电器能将某种电量(如电压、电流)或非电量(如温度、压力、转速、时间等)的变化转换为开关量,以实现对电路的自动控制.

继电器的种类很多,按输入量可分为电压继电器、电流继电器、时间继电器、速度继电器、压力继电器等;按工作原理可分为电磁式继电器、感应式继电器、电动式继电器、电子式继电器等;按用途可分为控制继电器、保护继电器等;按输入量变化形式可分为有无继电器和量度继电器.

1. 热继电器

热继电器利用电流热效应工作,与接触器配合使用,主要用于保护电动机,使之免受长期过载的危害.

在实际运行中,三相异步电动机常会遇到因电气或机械等原因引起的过电流(过载和断相)现象.如果过电流情况不严重,持续时间短,绕组不超过允许温升,这种过电流是允许的;如果过电流情况严重,持续时间较长,会加快电动机绝缘老化,甚至烧毁电动机.因此,在电动机回路中应设置电动机保护装置.

常用的电动机保护装置种类很多,使用最多的是双金属片式热继电器.图 7-6 所示是双金属片式热继电器的结构、符号及接线图.双金属片是一种将两种膨胀系数不同的金属用机械碾压成一体的金属片.当产生热效应时,双金属片向膨胀系数小的一侧弯曲,由弯曲产生的位移带动触点动作.

热继电器动作电流的调节是通过旋转调节旋钮来实现的,旋转旋钮可以改变传动杆和动触点之间的传动距离,距离越长,动作电流就越大;反之,动作电流就越小.如果要热继电器复位,则按下复位按钮即可.

热继电器的主要技术参数是整定电流,即当热元件中通过的电流超过此值的 20% 时,热继电器应当在 20 min 内动作.大多数情况下,热继电器的整定电流要与电动机额定电流一致.常用的热继电器有 JR0,JR10,JR16,JR20,RJS1 等系列.

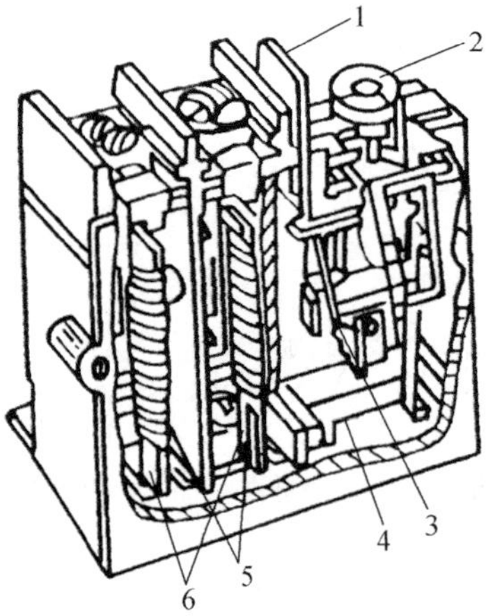

(a) 结构

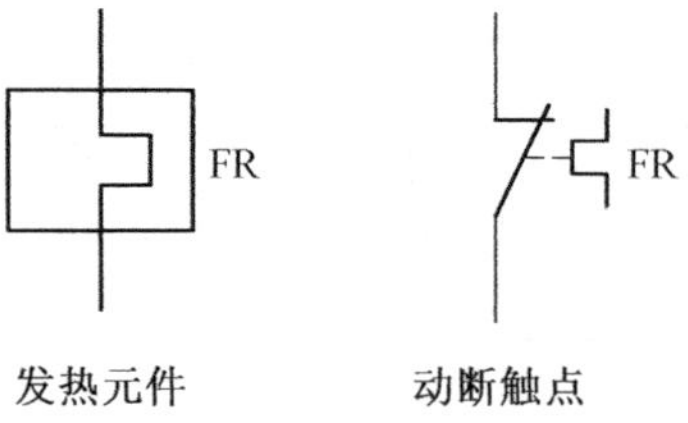

(b) 符号

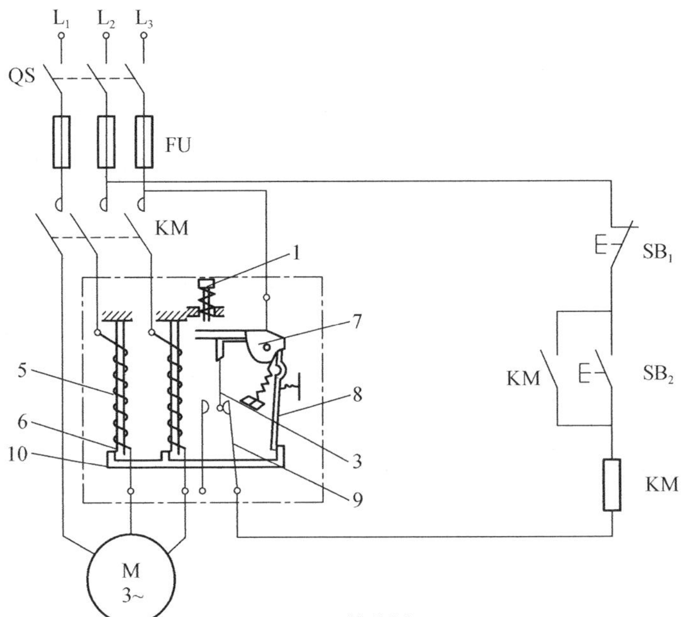

(c) 接线图

1—复位按钮;2—整定电流装置;3—动触点;4—动作机构;5—热元件;6—双金属片;7—推杆;8—补偿双金属片;9—静触点;10—导板

图 7-6 双金属片式热继电器结构、符号及接线图

2. 中间继电器

在继电器一接触器控制系统中,常采用中间继电器来解决系统触点不足的矛盾,用以传递信号或同时控制多个电路.中间继电器的内部结构和接触器基本相同,只是电磁系统小一些,触点多一些.中间继电器体积小,动作灵敏度高,一般不直接控制电路的负载,其外形和符号如图 7-7 所示.

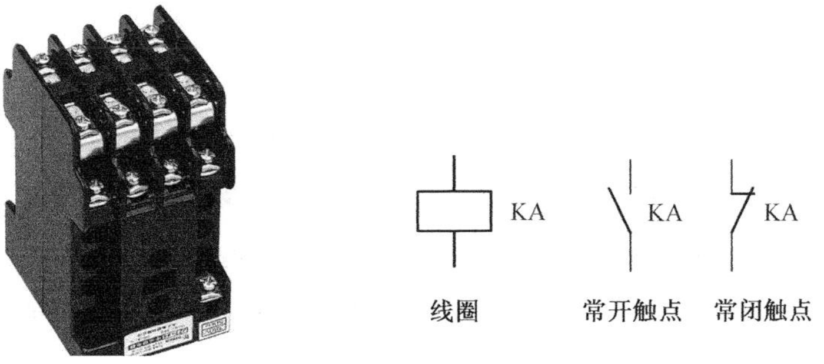

(a) 外形 (b) 符号

图 7-7 中间继电器外形和符号

在选用中间继电器时,主要考虑电压等级和触点数量.常用的中间继电器有 JZ7 系列和 JZ8 系列两种,后者是交、直流两用.此外,还有 JTX 系列小型通用继电器,用在自动装置上以接通或断开电路.

阶段 6 空气开关

空气开关因利用空气来熄灭开关过程中产生的电弧而得名. 它又被称为低压断路器,适用于不频繁地接通和切断电路或启动、停止电动机,并能在电路发生过载、短路或欠压等情况时自动切断电路. 它是低压交、直流配电系统和电力拖动系统中重要的控制和保护电器.

空气开关的种类繁多,按其用途和结构特点,分为框架式、塑料外壳式、直流快速断式和限流式等. 框架式空气开关主要用作配电线路的保护开关. 塑料外壳式空气开关除可用作配电线路的保护开关外,还可用作电动机、照明电路及电热电路的控制开关.

图 7-8 所示是塑料外壳式空气开关的工作原理示意图及空气开关符号. 空气开关是靠操作机构手动或电动合闸的,触点闭合后,自由脱扣机构将触点锁在合闸位置上. 当电路发生过载、短路或欠压等故障时,通过各自的脱扣器使自由脱扣机构动作,自动跳闸以实现保护作用.

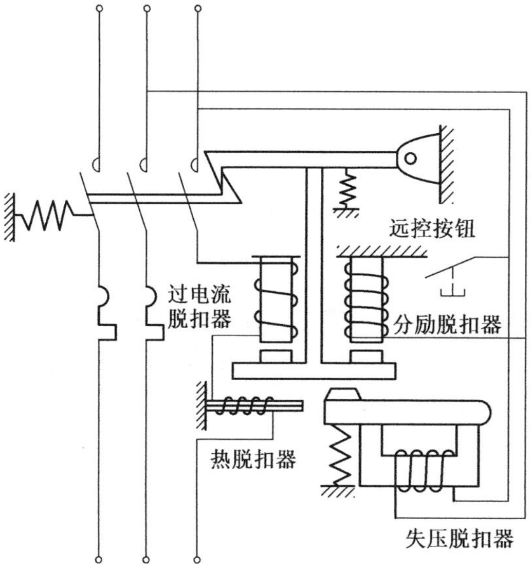

(a) 工作原理示意图

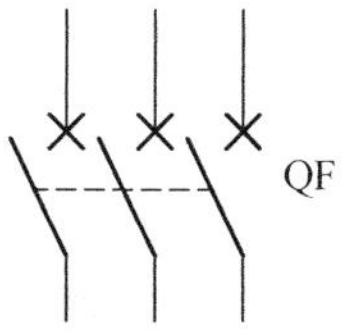

(b) 符号

图 7-8 塑料外壳式空气开关工作原理示意及空气开关符号

过电流脱扣器用于线路的短路和过电流保护,当线路的电流大于整定电流值时,过电流脱扣器所产生的电磁力使挂钩脱扣,动触点在弹簧的拉力下迅速断开,实现空气开关的跳闸功能.

热脱扣器用于线路的过负荷保护,其工作原理和热继电器相同. 当线路发生一般性过载时,过载电流虽不能使过电流脱扣器动作,但能使热元件产生一定的热量,促使双金属片受热向上弯曲,推动杠杆使挂钩脱扣,起到保护作用.

失压(欠压)脱扣器用于失压保护. 失压脱扣器的线圈直接接在电源上,处于吸合状态,空气开关可以正常合闸;当停电或电压很低时,失压脱扣器的吸力小于弹簧的作用力,弹簧使动铁芯向上,挂钩脱扣,实现空气开关的跳闸功能.

分励脱扣器可作远距离控制分断电路用，当在远方按下按钮时，分励脱扣器得电产生电磁力，使其脱扣跳闸.

思考与练习

1. 简述双金属片式热继电器的结构与工作原理. 为什么热继电器不能用作短路保护，而只能作长期过载保护？

2. 行程开关的主要作用是什么？

任务 2　基本控制电路

任务描述： 了解电气控制图的基本知识；
熟悉各种基本控制线路的工作原理；
能画出简单的基本控制线路.

任务分析： 由于各种生产机械的工作性质和加工工艺不同，它们对电动机的控制要求也不同. 要使电动机按照生产机械的要求正常安全地运转，必须对电动机电路进行控制. 电动机常见的基本控制线路有点动控制电路，正转控制电路，正反转控制电路，顺序控制电路，多地控制电路，行程、时间控制电路，降压启动控制电路等.

阶段 1　笼式电动机直接启动的控制电路

图 7-9 所示为中、小容量笼式电动机直接启动的控制电路结构图，其中用了开关 QS、交流接触器 KM、按钮 SB、热继电器 FR 及熔断器 FU 等几种低压电器.

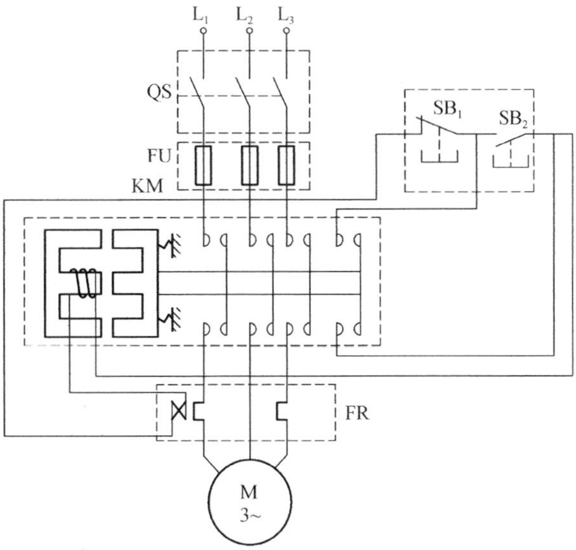

图 7-9　中、小容量笼式电动机直接启动的控制电路结构

电动机直接启动的控制电路可分为主电路和控制电路两部分. 主电路由三相电源、开关 QS、熔断器 FU、交流接触器 KM(主触点)和辅助触点 KM、热继电器常闭触点 FR 构成. 控制电路的功率很小,因此可以通过小功率的控制电路来控制较大功率的电动机.

工作原理:先将开关 QS 闭合,为电动机启动做好准备. 当按下启动按钮 SB_2 时,交流接触器 KM 的线圈通电,动铁芯被吸合而将三个主触点闭合,电动机 M 便启动. 当松开 SB_2 时,它在弹簧的作用下恢复到断开位置,但是由于与启动按钮并联的辅助触点(图 7-9 中最右边)和主触点同时闭合,因此交流接触器线圈的电路仍然接通,从而使交流接触器触点保持在闭合的位置,这个辅助触点称为自锁触点. 如将停止按钮 SB_1 按下,则将线圈的电路切断,动铁芯和触点恢复到断开的位置.

电路可实现短路保护、过载保护和零压保护. 起短路保护作用的是熔断器 FU. 当过载时,FU 发热元件发热,将常闭触点断开,使交流接触器线圈断电,主触点断开,电动机也就停下来.

热继电器有两相结构的,即有两个热元件分别串接在任意两相中. 这样不仅可在电动机过载时起保护作用,而且当任意一相中的熔断器断后做单相运行时,仍有一个或两个热元件中通有电流,电动机因而得到保护. 为了更可靠地保护电动机,热继电器常做成三相结构,即有三个热元件分别串接在各相中.

零压(或失压)保护就是当电源暂时断电或电压严重下降时,电动机自动从电源切除. 因为这时交流接触器的动铁芯释放而使主触点断开. 当电源电压恢复正常时如不重按启动按钮,则电动机不能自行启动,因为自锁触点也已断开. 如果不是采用继电器一接触器控制,而是直接用刀开关或组合开关进行手动控制,若在停电时未及时断开开关,当电源电压恢复时,电动机即自行启动,可能造成事故.

在控制电路中,各个电器都是按照其实际位置画出的,属于同一电器的各部件都集中在一起,这种图称为控制电路的结构图. 这种画法比较容易识别电器,便于安装和检修. 但当电路比较复杂、使用的电器较多时,电路便不容易看清楚. 因为同一电器的各部件在机械上虽然连在一起,但是在电路上并不一定互相关联. 因此,为了读图和分析研究及设计电路的方便,控制电路常根据其作用原理画出,从而把控制电路和主电路清楚地分开,这样的图称为控制电路的原理图.

在控制电路的原理图中,各种电器都用统一的符号来表示. 同一电器的各部件(譬如交流接触器的线圈和触点)是分散的,为了识别起见,它们用同一文字符号来表示.

在不同的工作阶段,各个电器的动作不同,触点时闭时开,而在原理图中只能表示出一种情况. 因此,规定所有电器的触点均表示在起始情况下的位置,即在没有通电或没有发生机械动作时的位置. 对交流接触器来说,是在动铁芯未被吸合时的位置;对按钮来说,是在未按下时的位置. 在起始的情况下,如果触点是断开的,则称为常开触点或动合触点(因为一动就合);如果触点是闭合的,则称为常闭触点或动断触点(因为一动就断). 根据上述原则可把图 7-9 画成如图 7-10 所示.

如果将图 7-10 中的自锁触点 KM 除去,则可对电动机实现点动控制,即按下启动按钮 SB_2,电动机就转动,一松手就停止. 这在生产上也是常用的,如在机床刀具调整时用.

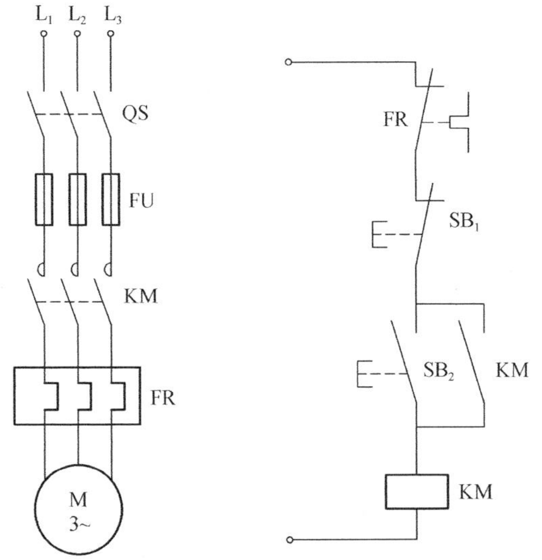

图 7-10 图 7-9 的控制电路原理图

阶段 2 笼式电动机正反转的控制电路

1. 电气联锁控制电路

在生产上往往要求运动部件向正反转两个方向运行. 例如,机床工作台的前进与后退,主轴的正转与反转,起重机的提升与下降等. 为了实现正反转,只要将接到电源的任意两根连线对调一头即可. 为此,只要用两个交流接触器就能实现这一功能,主电路如图 7-11所示. 当正转交流接触器 KM_1 工作时,电动机正转;当反转交流接触器 KM_2 工作时,电动机反转. 显然,如果两个交流接触器同时接通,电源将通过 KM_1,KM_2 的主触点而短路,所以对正反转控制电路最根本的要求是保证两个交流接触器不能同时接通. 这种在同一时间两个交流接触器只允许一个工作的控制作用称为互锁或联锁. 使用交流接触器的联锁叫作电气联锁. 下面分析电气联锁的正反转控制电路.

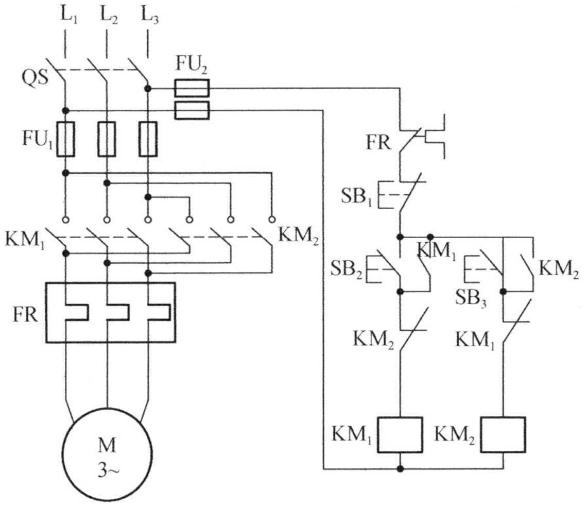

图 7-11 电气联锁的正反转电路

正反转控制电路的工作原理：先合上电源开关 QS，之后按如下步骤操作.

① 正转控制：

按下SB_2→KM_1线圈得电
- → KM_1自动触头闭合自锁 → 电动机M启动连续正转
- → KM_1主触头闭合
- → KM_1联锁触头分断对KM_2联锁

② 反转控制：

先按下SB_1→KM_1线圈失电
- → KM_1自动触头分断解除自锁 → 电动机M失电停转
- → KM_1主触头分断
- → KM_1联锁触头恢复闭合，解除对KM_2联锁

再按下SB_3→KM_2线圈得电
- → KM_2自锁触头闭合自锁 → 电动机M启动连续反转
- → KM_2主触头闭合
- → KM_2联锁触头分断对KM_1联锁

③ 停止：

停止时，按下停止按钮→控制电路失电→KM_1(或KM_2)主触头分断→电动机M失电停转

在图 7-11 所示的控制电路中，正转交流接触器 KM_1 的一个常闭辅助触点串接在反转交流接触器 KM_2 的线圈电路中，而反转交流接触器的一个常闭辅助触点串接在正转交流接触器 KM_1 的线圈电路中，这两个常闭触点称为联锁触点. 这样一来，当按下正转启动按钮 SB_2 时，正转交流接触器线圈通电，主触点 KM_1 闭合，电动机正转. 与此同时，联锁触点断开反转交流接触器 KM_2 的线圈电路. 因此，即使误按反转按钮 SB_3，反转交流接触器也不能动作.

2. 机械联锁控制电路

图 7-11 所示控制电路有个缺点，就是在正转过程中要求反转时，必须先按停止按钮 SB_1，让联锁触点 KM_1 闭合后，才能按反转启动按钮使电动机反转，由此带来操作上的不便. 为了解决这个问题，在生产中常采用复式按钮和触点联锁的控制电路，也叫机械联锁控制电路，如图 7-12 所示. 当电动机正转时，按下反转启动按钮 SB_3，它的常闭触点断开，而使正转交流接触器的线圈 KM_1 断电，主触点 KM_1 断开. 此时，串接在反转控制电路中的常闭触点 KM_1 恢复闭合，反转交流接触器的线圈通电，电动机就反转；同时串接在正转控制电路中的常闭触点 KM_2 断开，起着机械联锁保护的作用.

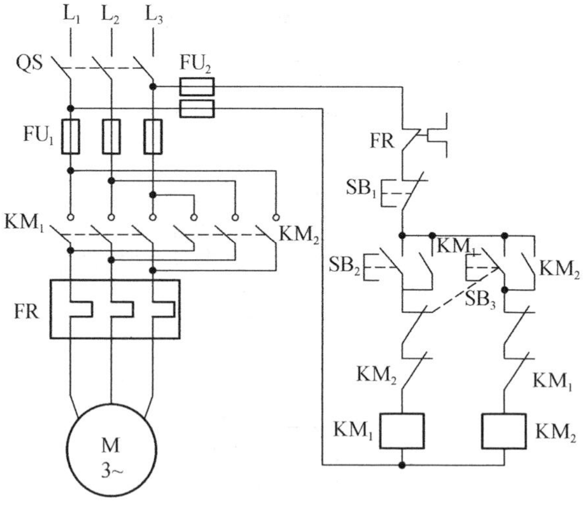

图 7-12 机械联锁正反转的控制电路

3. 双重联锁正反转控制电路

为了克服电气联锁正反转控制电路和机械联锁控制电路的不足，在机械联锁的基础上增加电气联锁，构成双重联锁正反转控制电路，如图 7-13 所示. 该电路兼有两种联锁控制电路的优点，既安全可靠，又操作方便.

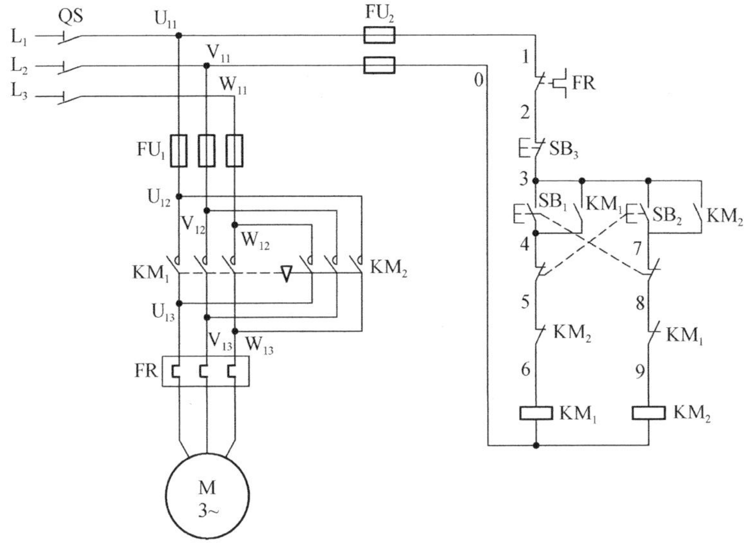

图 7-13　双重联锁正反转控制电路

该电路的工作原理：先合上电源开关 QS，之后按如下步骤操作.

① 正转控制：

按下SB_1 → SB_1常闭触头先分断对KM_2联锁（切断反转控制线路）
按下SB_1 → SB_1常开触头后闭合 → KM_1线圈得电 →

→ KM_1自动触头闭合自锁 → 电动机M启动连续正转
→ KM_1主触头闭合 → 电动机M启动连续正转
→ KM_1联锁触头分断对KM_2联锁（切断反转控制线路）

② 反转控制：

按下SB_2 → SB_2常闭触头先分断 → KM_1线圈失电 →
按下SB_2 → SB_2常开触头后闭合 → KM_2线圈得电 →

→ KM_1联锁触头恢复闭合 → KM_2线圈得电 →
→ KM_1主触头分断 → 电动机M失电
→ KM_1自锁触头分断解除自锁 → 电动机M失电

→ KM_2自锁触头闭合自锁 → 电动机M启动连续反转
→ KM_2主触头闭合 → 电动机M启动连续反转
→ KM_2联锁触头分断对KM_1联锁（切断正转控制线路）

③ 停止：

按下SB_3→控制电路失电→接触器线圈失电→接触器主触点分断→电动机M停转

阶段 3 顺序控制电路

顺序控制电路是在一个设备启动之后另一个设备才能启动的一种控制方法. 许多生产机械装有多台电动机，根据生产工艺的要求，有些电动机必须按一定的顺序启停. 例如，机床要求润滑油泵启动后才能启动主轴.

图 7-14 所示为实现顺序控制的电路图. 如图 7-14(a)，(b)所示，M_1 启动后，M_2 才能启动，因为 SB_2 和 KM_1 是断开状态，只有当 KM_1 吸合实现自锁之后，SB_2 按钮才起作用，使 KM_2 通电吸合. 图 7-14(c)为时间控制的顺序控制电路，当 M_1 启动一定时间后，M_2 才能启动.

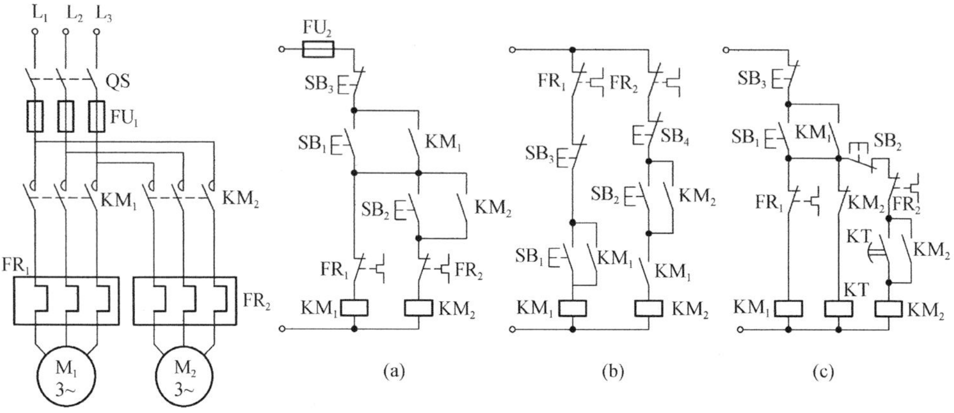

图 7-14 顺序控制电路

阶段 4 多地控制电路

实际工作中，有时为了操作方便，一台设备有几个操纵盘或按钮站，各处都可以进行操控. 要实现多地控制，需在控制电路中将启动按钮并联使用，而将停止按钮串联使用. 图 7-15 以两地控制为例分析电动机多地控制电路，两地启动按钮 SB_3，SB_4 并联，两地停止按钮 SB_1，SB_2 串联，这样就可以实现多地启动和停止电动机的运行.

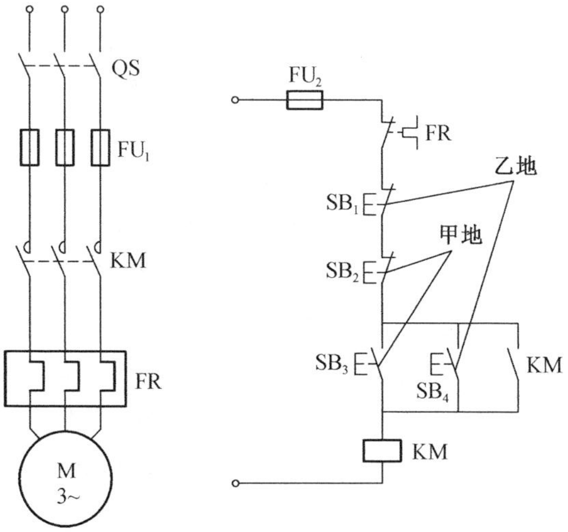

图 7-15 两地控制电路

思考与练习

1. 电动机控制电路有哪些基本控制环节、基本保护环节和基本控制方法？

2. 什么叫互锁控制？它在控制电路中起什么作用？

3. 画出图 7-12 所示双重联锁正反转控制电路的动作过程图.

4. 按图 7-12 接线后同时按下 SB_2 和 SB_3，能否引起电源短路？为什么？

5. 电气控制线路中常用的保护环节有哪些？各采用什么电器元件？

6. 习题 6 图所示为电动机正反转控制电路，检查图中哪些地方画错了，试加以改正，并说明原因.

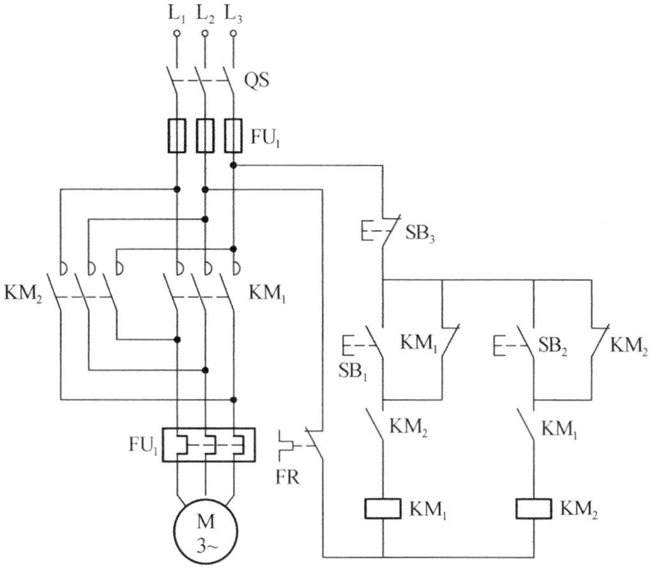

习题 6 图

7. 分析如习题 7 图所示控制电路有何不当之处.

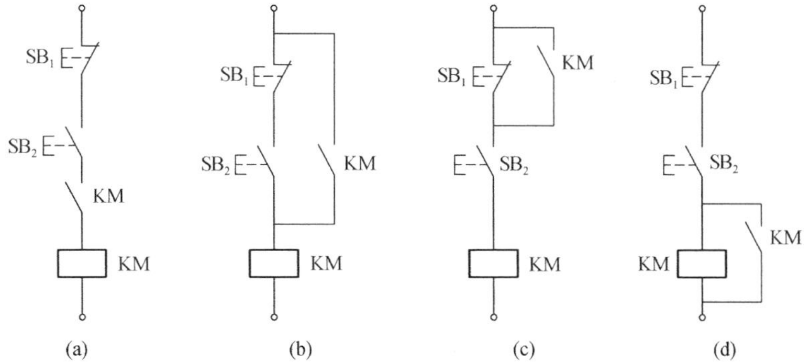

习题 7 图

任务3 行程、时间控制电路

任务描述： 理解行程开关的原理及行程控制的原理；
理解时间继电器的原理及时间控制的原理.

任务分析： 行程控制和时间控制应用于生活和工业生产的各个方面，如伸缩门、龙门吊车、水电站水闸等都用到行程控制和时间控制.本任务主要介绍继电器—接触器控制系统中行程控制和时间控制的原理.

阶段1 行程开关

行程开关又称限位开关或位置开关，是根据运动部件的运动位置进行电路切换的自动控制电器，用来控制运动部件的运动方向、行程距离或位置.

行程开关的种类很多，按运动形式可分为直动式、微动式、转动式等；按触点的性质可分为有触点和无触点式.一般它常从整体上分为机械式和电子式行程开关.机械式行程开关又分为直动式和滚轮式两种，其外形如图7-16(a)至(c)所示，触点符号如图7-16(d)所示.

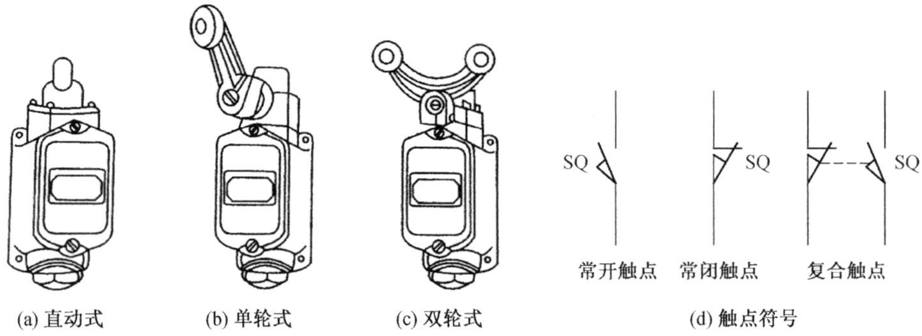

图7-16 行程开关外形及符号

1. 直动式行程开关

直动式行程开关又称按钮式行程开关，其结构和动作原理与按钮相同，结构原理如图7-17所示.直动式行程开关不是用手按，而是由运动部件上的挡块移动碰撞.它的缺点是触点分合速度取决于运动部件的移动速度，若移动速度太慢，触点因分断太慢而易被电弧烧蚀，故不宜在移动速度低于0.4 m/min的运动部件上使用.

2. 滚轮式行程开关

滚轮式行程开关又称滑轮式行程开关，是一种快速动作的行程开关，其结构如图7-18所示.当滚轮1受到向左的碰撞外力作用时，上转臂2向左下方转动，推杆4向右转动并压缩右边弹簧10，同时下面的小滚轮5也很快沿着纵擒件6向右滚动，小滚轮滚动并压缩弹簧11，使此弹簧蓄积能量.当小滚轮5滚动越过纵擒件6的中点时，盘形弹簧3和弹簧11都使纵擒件6迅速转动，从而使动触点迅速地与右边静触点分开，减少了电弧对触点的烧蚀，并使左边的静触点闭合. 因此，低速运动的部件上应采用滚轮式行程开关.

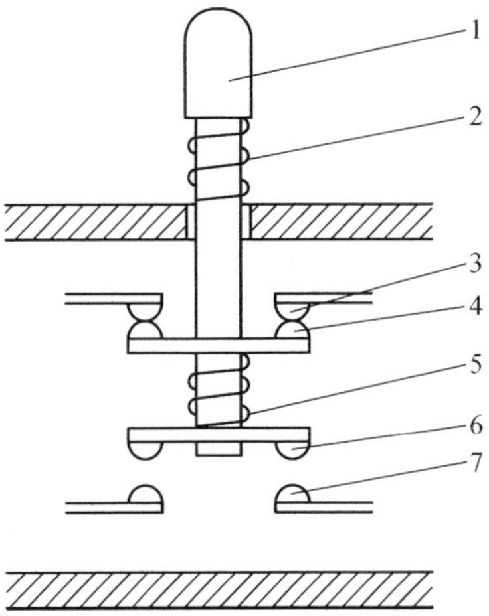

1—顶杆；2—复位弹簧；3，7—静触点；4，6—动触点；5—触点弹簧

图 7-17 直动式行程开关

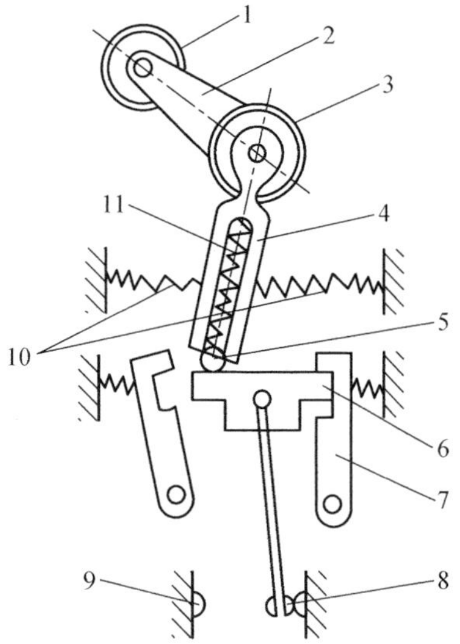

1—滚轮；2—上转臂；3—盘形弹簧；4—推杆；5—小滚轮；6—擒纵件；7—压板；8—动触点；9—静触点；10，11—弹簧

图 7-18 滚轮式行程开关

阶段 2 行程控制

自动往返运动通常利用行程开关来检测往返运动的位置，进而控制电动机的正反转. 图 7-19 为机床工作台自动往返运动示意图. 为达到这种控制要求，应使用具有一对动断触点和一对动合触点的行程开关. 将此行程开关连接到电动机正反转控制电路中，如图 7-20 所示，该电路启动后，可以使电动机正反转，从而使工作台自动往返运动.

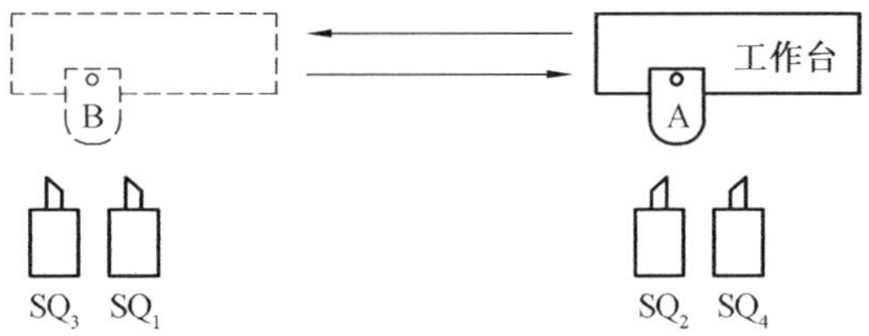

图 7-19 机床工作台自动往返运动示意

行程开关 SQ_1 的动断触点与控制电动机正转的交流接触器 KM_1 线圈串联，SQ_2 的动合触点与控制电动机反转的开机按钮 SB_3 并联. 行程开关 SQ_2 的动断触点与控制电动机反转的交流接触器 KM_2 线圈串联，SQ_2 的动合触点与控制电动机正转的开机按钮 SB_2 并联. SQ_3，SQ_4 为极限保护开关.

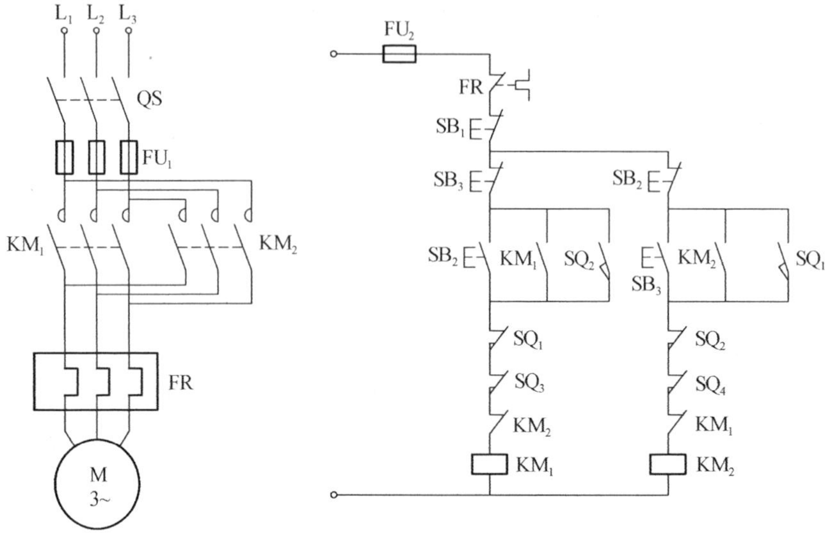

图 7-20 自动往返运动控制电路

起始时，若按下正向运转的开机按钮 SB_2，则交流接触器 KM_1 线圈通电，电动机正转，工作台向左前进，到位后撞块 B 迫使行程开关 SQ_1 动作，SQ_1 的动断触点被断开，交流接触器 KM_1 线圈断电，电动机断开电源. 接着行程开关 SQ_1 的动合触点闭合，使控制电动机反转的交流接触器 KM_2 线圈通电，电动机又接入电源，工作台向相反方向运动；电动机反向转动后，撞块 B 与行程开关 SQ_1 分开，作用在 SQ_1 上的外力消失，SQ_1 的动合触点分开，动断触点闭合. SQ_1 的动合触点分开后，交流接触器 KM_2 线圈在它的自锁触点作用下可保持继续通电，SQ_1 的动断触点再闭合后，因互锁触点（KM_2 的动断触点）被打开，所以交流接触器 KM_1 线圈不会通电.

交流接触器 KM_2 通电后，电动机反转，当撞块 A 到达行程开关 SQ_2 的位置后使 SQ_2 动作，行程开关 SQ_2 动作后，使交流接触器 KM_2 线圈断电，过程与正向运动到位后相似. 这样，通过行程开关使电动机能够不停地正转、反转运行，拖动着工作台在规定的行程范围内往复运动.

当工作台处于行程开关 SQ_1 和 SQ_2 之间时，按下停止按钮 SB_1，电动机停止工作，工作台停止运动. 当行程开关 SQ_1 或 SQ_2 失灵时，由极限保护开关 SQ_3 或 SQ_4 实现保护，避免工作台因超出极限位置而发生事故.

阶段 3 时间控制

生产过程中，若要求一个动作完成后，间隔一定的时间开始下一个动作，就要求在时间上进行控制. 用继电器进行时间的自动控制，需要使用时间继电器.

1. 时间继电器

时间继电器在控制电路中用于时间的控制，是在接收到输入信号时，延时一定时间才产生响应动作的自动电器. 它的种类较多，按其动作原理可分为电磁式、空气阻尼式、电动式和电子式等；按延时方式可分为通电延时型和断电延时型.

(1) 空气阻尼式时间继电器

空气阻尼式时间继电器是利用空气阻尼原理获得延时的,可以做成通电延时型,也可改成断电延时型,如图 7-21 所示.

图 7-21(a)为通电延时型时间继电器线圈不通电时的情况,当线圈通电后,动铁芯吸合,带动 L 型传动杆向右移动,弱弹簧动接点受压,其接点瞬时动作. 活塞杆在塔形弹簧的作用下,带动橡皮膜向右移动,弱弹簧将橡皮膜压在活塞上,橡皮膜左方的空气不能进入气室,形成负压,只能通过进气孔进气,因此活塞杆只能缓慢地向右移动,其移动的速度和进气孔的大小有关(通过延时调节螺丝调节进气孔的大小,可改变延时时间). 经过一定的延时后,活塞杆移动到右端,通过杠杆压动微动开关(通电延时接点),使其常闭触点断开,常开触点闭合,起到通电延时作用.

图 7-21(c)为断电延时型时间继电器线圈不通电时的情况,塔形弹簧将橡皮膜和活塞杆推向右侧,杠杆将延时接点压下,当线圈通电时,动铁芯带动 L 型传动杆向左运动,使瞬动接点瞬时动作,同时推动活塞杆向左运动,这样活塞杆向左运动不延时,延时接点瞬时动作. 线圈失电时,动铁芯在反力弹簧的作用下返回,瞬动接点瞬时动作,延时接点延时动作.

空气阻尼式时间继电器的优点为结构简单,延时范围大,寿命长,价格低廉,不受电源电压及频率波动的影响;缺点为延时误差大,无调节刻度指示,适用于延时精度要求不高的场合. 在使用空气阻尼式时间继电器时,应保持延时机构的清洁,防止因进气孔堵塞而失去延时接点作用.

通电延时型和断电延时型继电器图形符号分别如图 7-21(b)和(d)所示.

(2) 电子式时间继电器

电子式时间继电器近年来使用日益广泛,其延时范围广,精度比空气阻尼式时间继电器高,延时时间调节方便,功耗小,寿命长. 电子式时间继电器有阻尼式和数字式两种,前者是利用 RC 电路充放电原理构成的;后者是利用计数器式延时电路,由输入信号的频率决定延时的时间.

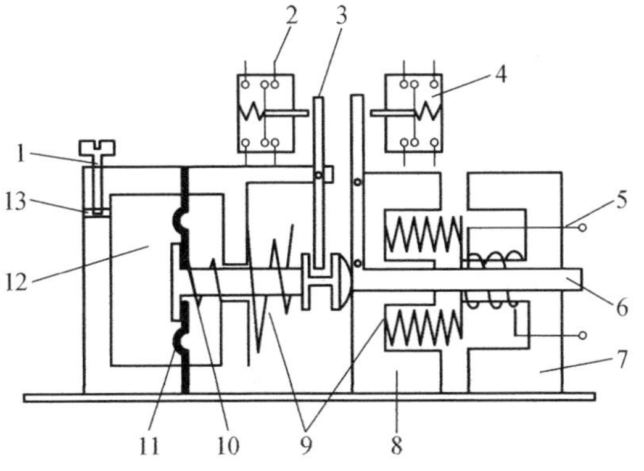

(a) 通电延时型继电器示意图

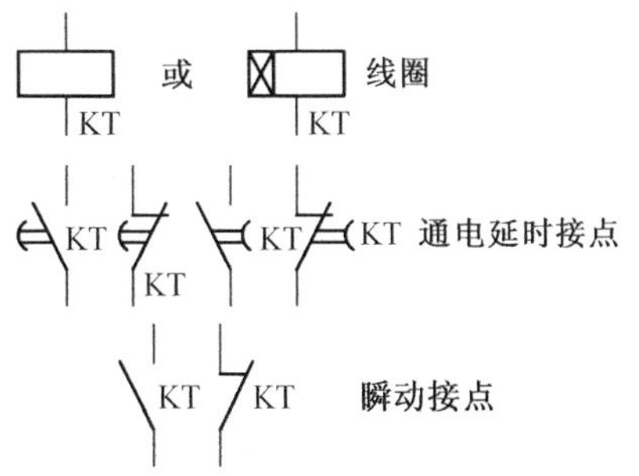

(b) 通电延时型继电器图形符号

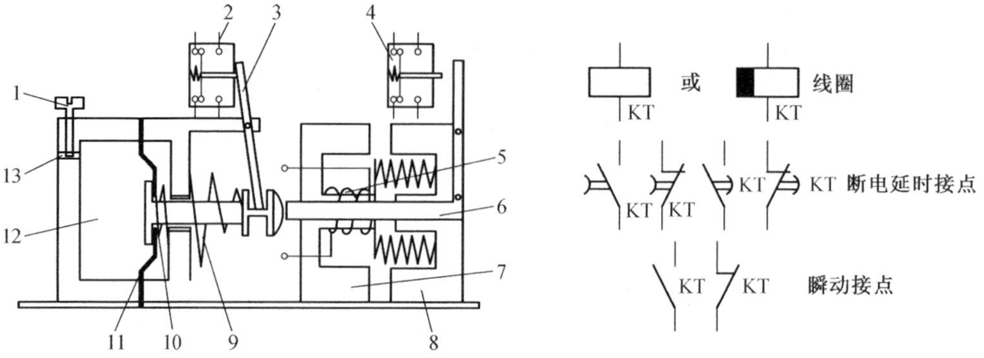

(c) 断电延时型继电器示意图　　(d) 断电延时型继电器图形符号

1—延时调节螺丝;2—通电延时接点;3—杠杆;4—瞬动接点;5—线圈;6—传动杆;

7—铁芯;8—动铁芯;9—弹簧;10—弱弹簧;11—橡皮膜;12—气室;13—进气孔

图 7-21　空气阻尼式时间继电器

2. 时间控制电路举例

(1) 高频加热时间控制

应用高频电流给工件表面加热,对工件进行淬火处理,因加热时间很短(如只有 10 s),用人工控制时间很不准确,不易保证淬火质量. 因此,可使用时间继电器对高频加热处理进行时间控制,如图 7-22 所示.

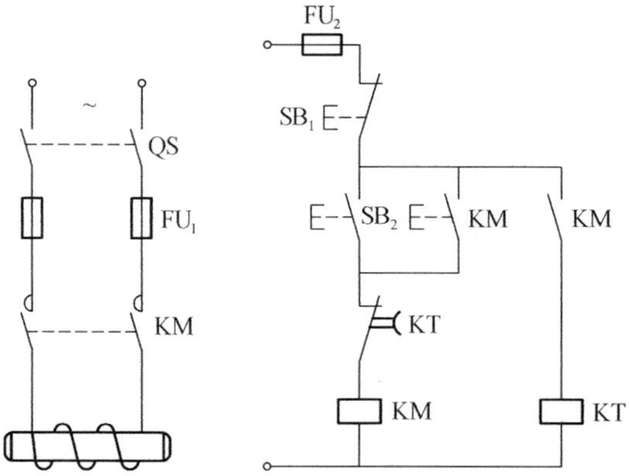

图 7-22　高频加热时间控制电路

控制电路工作原理:放好工件,按下按钮 SB_2,交流接触器 KM 线圈通电,主触点接通调频电流电路,工件加热,辅助触点 KM 自锁并接通时间继电器 KT 线圈;时间继电器 KT 的延时动断触点在线圈通电之后延时一段时间再断开,使交流接触器 KM 线圈断开,主回路主触点 KM 断开,停止加热. 这个电路从按下按钮 SB_2,到时间继电器 KT 的延时动断触点打开的这段时间是工件加热时间,其长短由时间继电器控制.

(2) 三相异步电动机 Y－△换接降压启动

三相异步电动机启动时定子绕组星形连接,启动后将电动机改为三角形连接. 用时间继电器可以控制电动机星形启动时间,经延时后自动改为三角形连接,实现 Y－△启动自动转换，控制电路如图 7-23 所示.

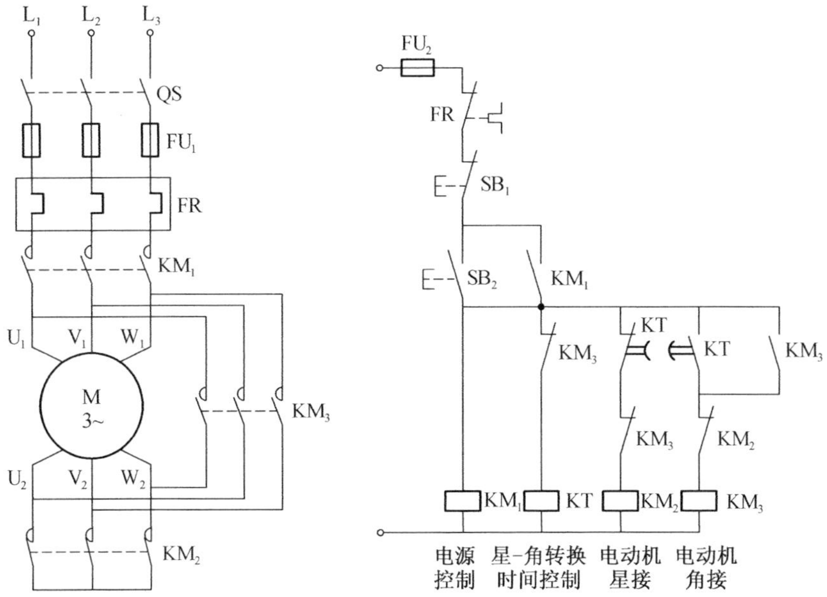

图 7-23 三相异步电动机 Y—△换接降压启动自动控制线路

电路工作原理：按下按钮 SB_2，交流接触器 KM_1，KM_2 和时间继电器 KT 的线圈通电，电动机星形连接启动. 时间继电器通电，经预定延时时间，时间继电器的延时动断触点打开，使交流接触器 KM_2 断电，而延时动合触点闭合，使交流接触器 KM_3 通电，电动机由星形连接自动改为三角形连接. 为防止交流接触器 KM_2 和 KM_3 同时通电，控制电路中接入起互锁作用的触点.

电动机进入三角形连接运行，交流接触器 KM_3 的辅助动断触点将时间继电器 KT 和交流接触器 KM_2 断电.

思考与练习

1. 如习题 1 图所示的电路中各有什么错误？工作时会出现什么现象？应如何改正？

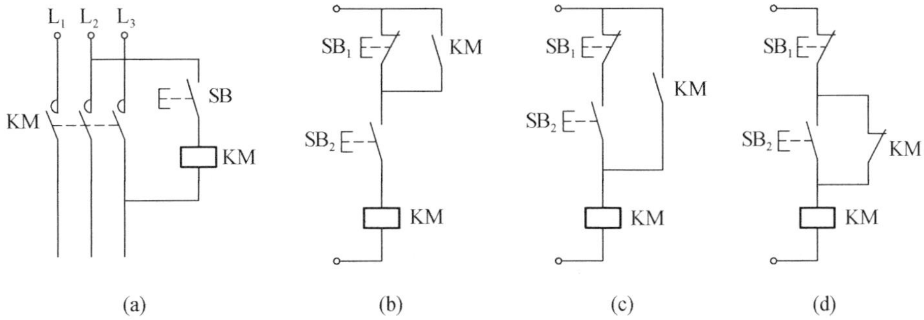

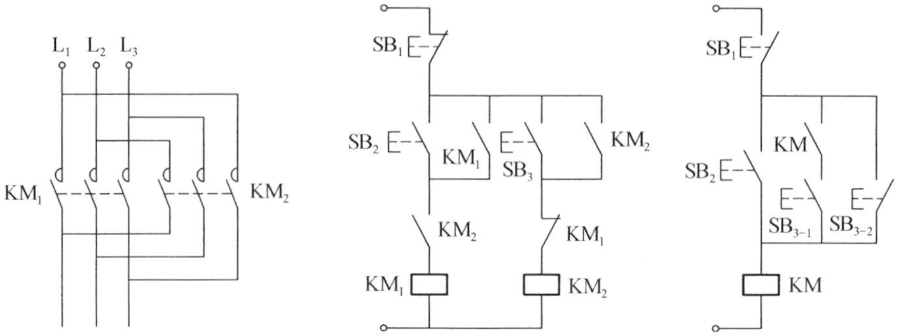

(e) (f) (g)

习题 1 图

2. 定时控制常由时间继电器来实现，习题 2 图所示为加热炉定时加热控制电路，请叙述其动作过程.

3. 电动机控制电路如习题 3 图所示，图中 KM 为控制电动机电源的交流接触器，KA 为中间继电器. 该控制电路能否既实现点动控制，又实现连续运行控制？试叙述其动作过程.

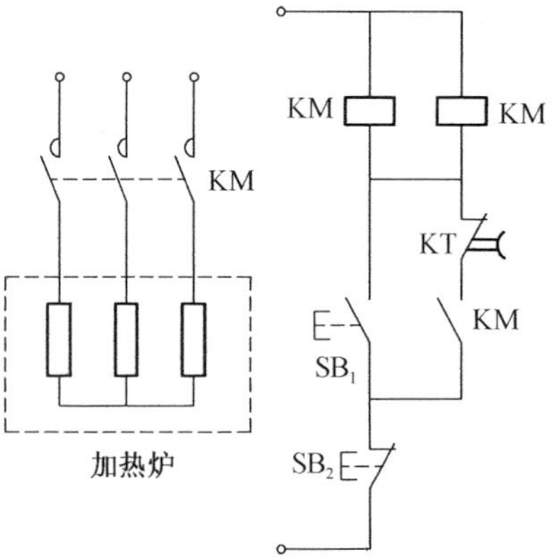

习题 2 图

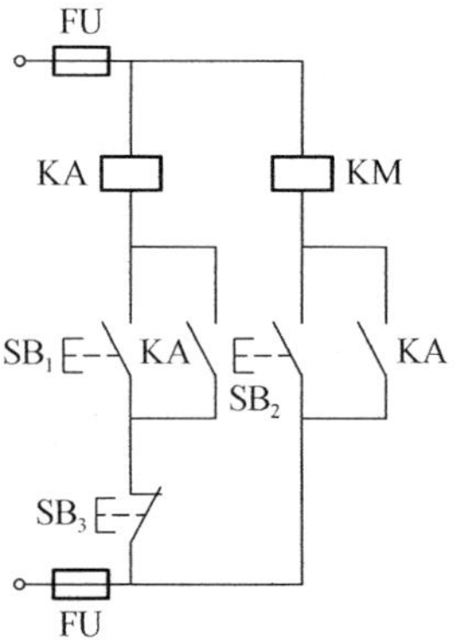

习题 3 图

情境小结

1. 点动控制：按下按钮，电动机转动，松开按钮，电动机停止，多用于短时转动场合.

2. 长动控制：通过自锁电路实现电动机连续运转控制. 依靠接触器自身的常开辅助触点使自身的线圈保持通电的电路称为自锁电路.

3. 正反转控制：通过对调三相电源的任意两根相线实现正反转控制. 在接触器联锁正反转控制线路中要实现电动机由正转到反转或由反转到正转，都需要先使电动机停转. 而接触器按钮复合联锁正反转控制电路实现了电动机直接由正转到反转或由反转到正转的控制，且工作时安全可靠，被广泛使用.

4. 顺序控制：可实现电动机的顺序启动. 手动顺序控制电路在启动多台电动机时需按多次启动按钮，增加了劳动强度，而且顺序启动的电动机的启动时间差由操作者控制，精度较差.

5. Y－△换接降压启动控制：通过时间继电器自动切换 Y－△连接，实现正常工作时绕组为三角形连接的电动机的降压启动控制，解决三相异步电动机启动时启动电流大的问题.

6. 自动往返循环控制：利用行程开关，按照生产机械的运动部件的行程位置进行控制. 行程控制是生产机械自动化和生产过程自动化中应用最广泛的控制方法之一.

下　篇

电子技术

学习情境8　常用半导体器件

本情境主要介绍半导体器件的定义、基本工作原理，半导体二极管的组成及其伏安特性，半导体三极管的组成及其伏安特性.

任务1　认识半导体

任务描述: 掌握半导体的定义;
了解半导体内载流子的运动形式;
了解半导体器件单向导电的原理;
熟悉半导体器件的伏安特性.

任务分析: 半导体器件已经广泛地应用到我们日常生活中，从日常用的电子手表、手机、计算机到工业控制用的单片机、PLC、自动化控制系统、神经控制网络等，半导体器件已经占据这我们生活的所有角落. 本任务将主要介绍半导体器件单向导电原理及其伏安特性.

在初高中电路知识学习中我们已经接触过导体、绝缘体，半导体器件作为一种特殊的导体，其导电性介于导体与绝缘体之间，导电性受到其他因素的影响，如半导体上所加电压的大小等.

半导体因为其特殊的性质被广泛应用在现代电子技术的各个方面，是目前集成电路快速发展的基础.

阶段1　半导体定义

自然界的各种物质，根据其导电性可分为导体、绝缘体和半导体三类.

导体：电阻率小于 $10^{-3}\Omega \cdot cm$ 的物质. 导体电阻率很小，易于传导电流，如铁、铝、铜等金属元素，其原子的最外层电子在外电场作用下很容产生定向移动，形成电流.

绝缘体：电阻率大于 $10^{9}\Omega \cdot cm$ 的物质. 绝缘体不易导电，如惰性气体、橡胶等，其原子的最外层电子受到原子核的束缚力很强，只有在外电场强到一定程度才可能导电.

半导体：导电性介于导体与绝缘体之间的物质，如硅(Si)、锗(Ge)，均为四价元素，它们原子的最外层电子受原子核的束缚力介于导体与绝缘体之间，其导电能力也介于导体与绝缘体之间. 半导体的导电能力在外界其他因素的作用下会发生显著的变化. 例如，在纯净的半导体中掺入特定的微量的杂质元素，其导电能力将大大增强.

阶段 2　半导体

1. 半导体分类

根据半导体内杂质元素的掺杂情况将半导体分为本征半导体、杂质半导体.

(1) 本征半导体

纯净的结构完整的半导体称为本征半导体，如高纯度的单晶硅. 在热力学温度为零度($T=0$ K 相当于 $t=-273$ ℃)且无外界激发的条件下，价电子所具有的能量无法冲破共价键的束缚. 这时，本征半导体中没有自由电子，半导体不能导电. 当温度升高时，价电子因受热而获得能量，如果其能量足够大，便可挣脱共价键的束缚，称为自由电子，同时在它原来所在的位置留下一个空位，称为空穴. 自由电子和空穴总是成对出现，自由电子带负电荷，空穴带正电荷. 自由电子和空穴均可以作为载流子导电，如图 8-1 所示. 常温下本征半导体载流子浓度很低，导电能力很弱.

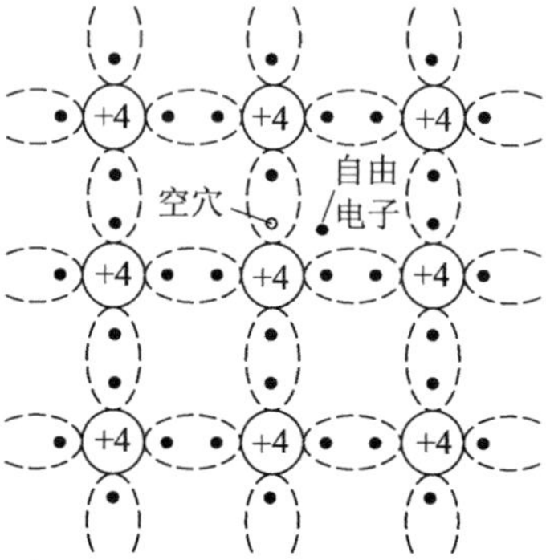

图 8-1　本征半导体晶体结构平面图

(2)杂质半导体

在本征半导体中有选择地掺入少量其他元素，会使其导电性能发生显著变化. 这些少量元素统称为杂质，掺入杂质的半导体称为杂质半导体. 根据掺入杂质的不同，杂质半导体分为 N 型半导体和 P 型半导体.

N 型半导体：在硅或锗的晶体中掺入少量的五价杂质元素，以增大半导体中自由电子浓度，如磷、锑、砷等，即构成 N 型半导体(或称电子型半导体)，如图 8-2 所示.

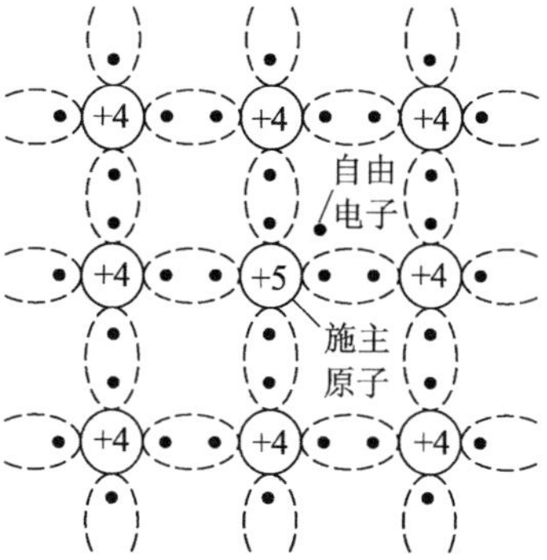

图 8-2　N 型杂质半导体晶体结构平面图

P 型半导体：在硅或锗的晶体中掺入少量的三价杂质元素，以增大半导体中空穴浓度，如硼、镓、铟等，即构成 P 型半导体.

2. 载流子的运动

(1) 漂移运动

在没有电场力作用时，半导体中的载流子作无规则热运动. 当有电场力作用时，半导体中的载流子将定向运动，称为漂移运动. 载流子的漂移运动产生的电流称为漂移电流. 这个电流是电子逆电场方向运动所形成的电流和空穴顺电场方向运动所形成的电流的代数和.

(2) 扩散运动

当半导体受光照或有载流子从外界注入时，半导体内载流子浓度分布不均匀. 这时载流子便会从浓度高的区域向浓度低的区域运动. 这种由于浓度差而引起的电流流动称为扩散运动，形成的电流叫作扩散电流.

阶段 3 PN 结的形成

1. PN 结的形成

图 8-3 为一块掺杂不同元素的半导体，把 P 型部分称为 P 区，N 型部分称为 N 区. 在 P 区与 N 区的交界面两边，载流子的性质和浓度都不同，交界处 P 区一侧空穴浓度大，而 N 区一侧自由电子浓度大，由此产生扩散运动.

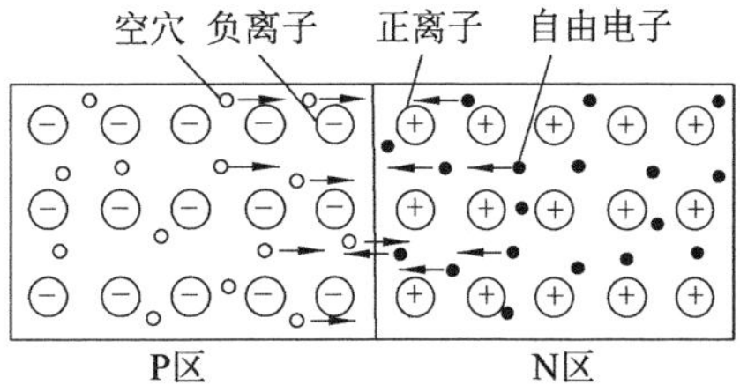

图 8-3 载流子的扩散运动

扩散运动使靠近接触面 P 区的空穴浓度降低、靠近接触面 N 区的自由电子浓度降低，产生内电场，电场方向由 N 区指向 P 区，见图 8-4. PN 结内电场的建立，一方面阻止了扩散运动的进行；另一方面使少数载流子在电场的作用下作定向运动，即空穴移向 P 区，自由电子移向 N 区. 显然扩散运动和漂移运动是反方向的，当参与扩散运动和漂移运动的载流子数目相同、达到动态平衡时，就形成了 PN 结(约几微米至几十微米的空间电荷区).

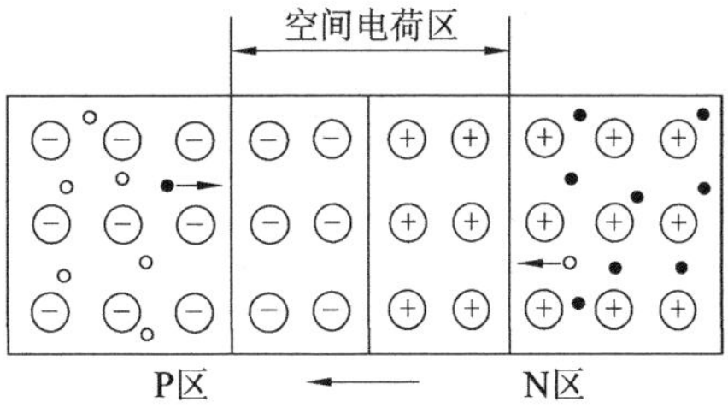

图 8-4 PN 结的形成

2. PN 结的单向导电性

在 PN 结外加不同方向的电压，就可以破坏原来的平衡，从而呈现单向导电性.

(1) PN 结加正向电压

如图 8-5 所示电源 V 的正极接 P 区，负极接 N 区，这种接法叫作 PN 结的正向电压或正向偏置. 此时，外加电场与 PN 结内自建电场方向相反. 在外加电场的作用下，P 区较多的空穴向右移动，与空间电荷区的负电荷中和；同时，N 区多余的电子向左移动，与空间电荷区的正电荷中和，使得空间电荷数量减小，使得耗尽层变窄，扩散运动加剧，由于外电源的作用，形成扩散电流，PN 结处于导通状态.

(2) PN 结加反向电压

如图 8-6 所示电源 V 的正极接 N 区，负极接 P 区，这种接法叫作 PN 结的反向电压或反向偏置. 此时，外加电场与 PN 结内自建电场方向相同. 在外加电场的作用下，P 区较多的空穴向左移动，远离空间电荷区；同时，N 区多余的电子向右移动，使得空间电荷数量增多，令耗尽层变宽，阻止扩散运动，有利于漂移运动，形成漂移电流. 由于电流很小，故可近似认为其截止.

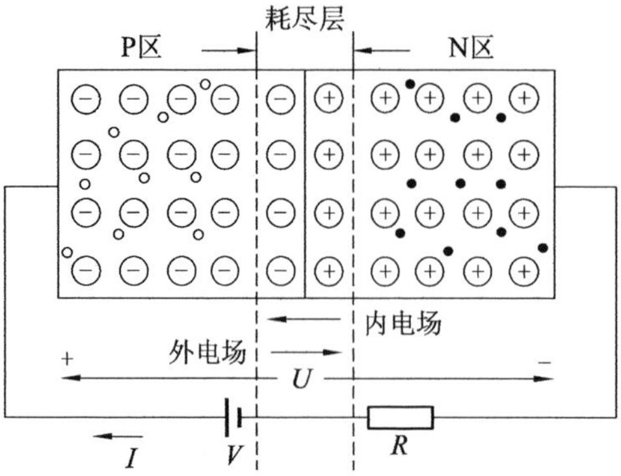

图 8-5 PN 结正向偏置

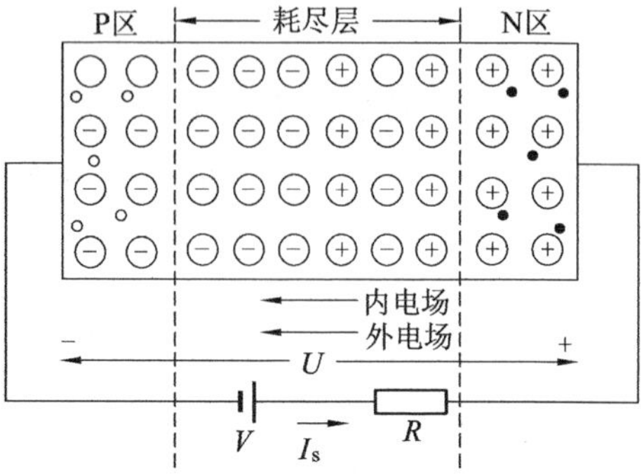

图 8-6 PN 结反向偏置

阶段 4 PN 结的伏安特性

1. PN 结的伏安特性

根据理论分析,PN 结的伏安特性可写成

$$I=I_S(e^{U/U_T}-1) \tag{8-1}$$

式中,U_T 称为温度的电压当量. 当 $T=300$ K 时,$U_T\approx26$ mV. 在室温条件下,可以近似取 $U_T=26$ mV 来分析计算.

当外加电压 U 比 U_T 大数倍时,$e^{U/U_T}\gg1$,于是 $I\approx I_Se^{U/U_T}$,正向电流随正向电压的增大按指数规律迅速增大.

当外加反向电压,且 $|U|$ 比 U_T 大数倍时,$e^{U/U_T}\ll1$,于是 $I=-I_S$,即加反向电压时 PN 结只流过很小的反向电流.

PN 结的理论伏安特性如图 8-7 所示.

2. PN 结的反向击穿

当 PN 结上加的反向电压增大到某个数值时,反向电流急剧增大,这种现象称为 PN 结的反向击穿. 反向击穿的特点是:随着反向电流的增加,反向电压增加很少如图 8-8 所示.

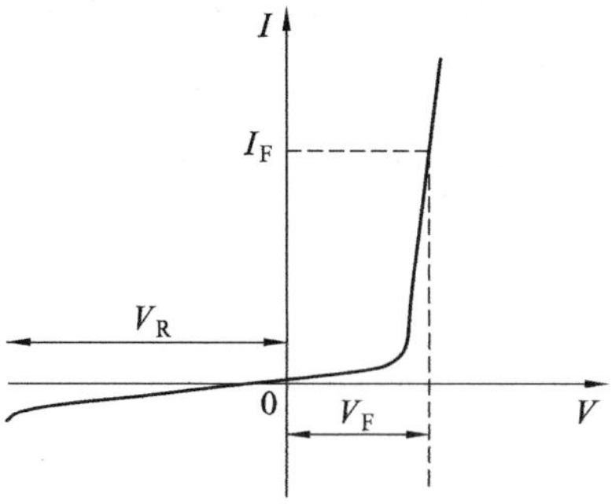

图 8-7 PN 结的理论伏安特性

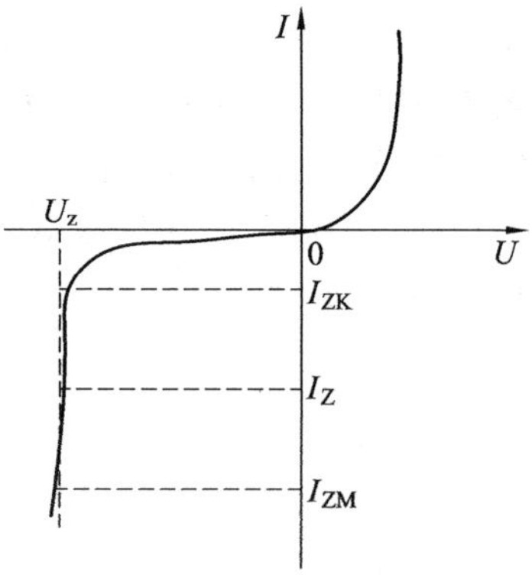

图 8-8 PN 结的反向击穿

思考与练习

1. 列举几个含有半导体器件的常用电子器件，并简单说明半导体在其中的作用.
2. 什么是本征半导体？什么是杂质半导体？它们各有什么特征？
3. 什么是载流子的扩散运动、漂移运动？它们的大小主要和什么有关？
4. PN 结正向偏置和反向偏置时各有什么特点，正向偏置和反向偏置时空间电荷区都是如何变化的？
5. 简单描述 PN 结的伏安特性.

任务 2　半导体二极管

任务描述：了解半导体二极管的组成、类型和符号；
掌握半导体二极管的特性；
掌握半导体二极管的参数.

任务分析：半导体二极管简称二极管，是电子线路中常见的半导体器件，是一种非线性半导体器件. 由于它具有单向导电性，因此广泛使用于整流、检波、限幅、开关和稳压等应用场景.

阶段 1　二极管的结构、符号和类型

1. 二极管的结构、符号

半导体二极管由一个 PN 结和电极引线及外壳封装而成. 从 P 端引出的一个电极称为阳极，从 N 端引出的另一个电极称为阴极，箭头方向表示正电流方向. 其电路符号如图 8-9 所示.

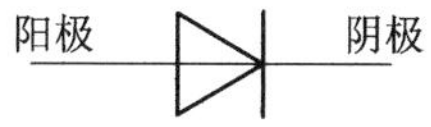

图 8-9　二极管电路符号

2. 二极管的类型

二极管种类很多，按材料分类，最常用的有硅管和锗管两种.

按结构分类，有点接触型、面接触型和硅平面型(如图 8-10 所示). 点接触型二极管的 PN 结接触面小，只允许通过较小的电流，适用于高频小电流电路，如收音机的检波等；面接触型二极管的 PN 结接触面较大，允许通过较大的电流，主要用于把交流电变换为直流电的整流电路中.

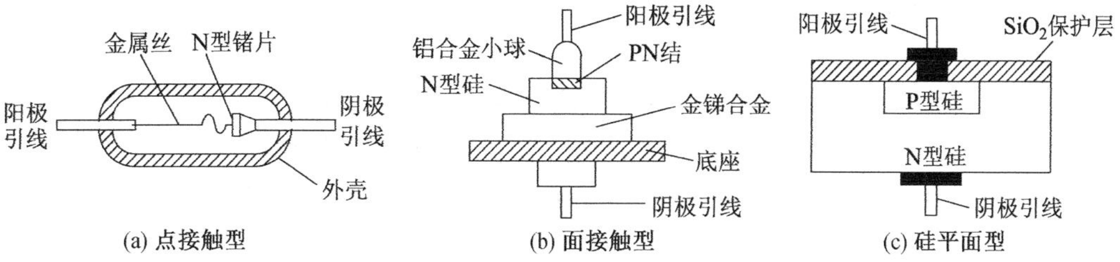

图 8-10　点接触型、面接触型和硅平面型

二极管按用途可分为普通二极管、整流二极管、开关二极管和稳压二极管、限幅二极管、发光二极管等，如图 8-11 所示.

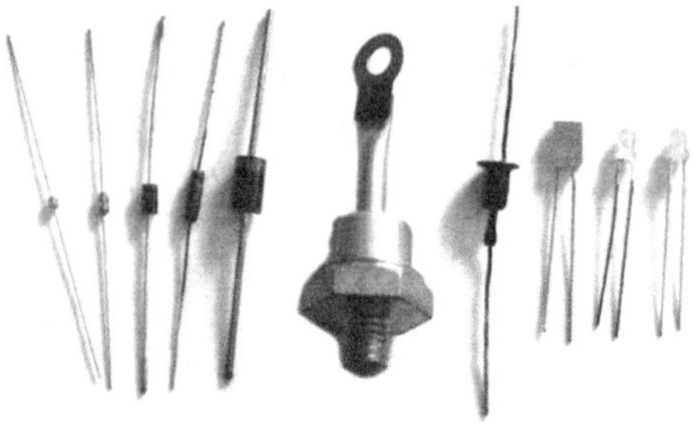

图 8-11 常见二极管实物图

阶段 2 二极管的伏安特性

二极管的伏安特性可以用如图 8-12(a)所示的电路图逐点测出，也可以用晶体管特性图示仪直接描绘下来. 二极管特性曲线如图 8-12(b)所示.

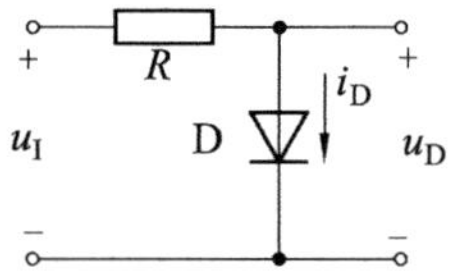

(a) 二极管特性测试电路

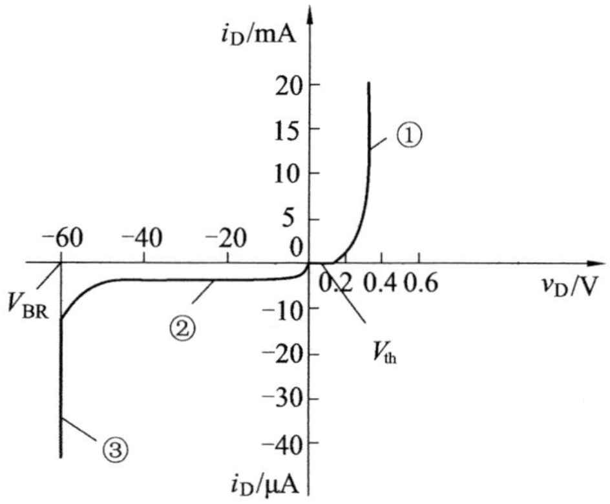

(b) 二极管特性曲线

图 8-12 二极管特性

二极管的核心是一个 PN 结，它的伏安特性和 PN 结的理论伏安特性基本相同. 二极管的伏安特性可以分为三部分：

1. 正向特性

伏安特性曲线的①段称为正向特性. 这时二极管外加正向电压. 在曲线①段前段中，正向电压较小，电流响应较小，近似看作是零. 当正向电压超过某一数值时，才有明显的正向电流，这个电压称为死区电压. 硅二极管的死区电压约为 0.5 V，锗二极管的死区电压约为 0.1 V.

当正向电压大于死区电压后，正向电流近似以指数规律迅速增大，二极管呈现导通状态，如曲线①后段. 当正向电流较大时，特征曲线接近直线，这是由于此时 PN 结电阻较小，相比之下，与之串联的半导体电阻和电极引线等电阻成为二极管电阻的主要组成部分，这些元件都是线性元件，在伏安特性的这一部分，当电流迅速增大时，二极管的正向压降却变化很小. 硅二极管的正向导通电压为 0.5～0.7 V，锗二极管的正向导通电压为

0.2～0.3 V.二极管伏安特性对温度很敏感:当温度升高时,正向特性曲线向左移.

2. 反向特性

伏安特性曲线的②段称为反向特性.这时二极管外加反向电压,反向电流很小.由于二极管的表面漏电流的影响,实际反向电流要比理论值大,而且随着反向电压增大而略有增加.一般小功率锗管的反向电流可达几十微安,而小功率硅管的反向电流要小很多,一般在 0.1 μA 以下.

3. 反向击穿特性

伏安特性曲线的③段称为反向击穿特性.当二极管反向电压大于一定数值时,反向电流突然剧增,称为二极管反向击穿.

综上所述,二极管外加正向电压时处于导通状态,电流比较大,二极管两端为 0.7 V(锗管 0.2 V)的电压,这个电压称为正向压降;二极管外加小于击穿电压的反向电压时处于截止状态,电流极小,二极管相当于开路;二极管外加大于击穿电压的反向电压时,二极管击穿,电压变化幅度很小,电流变化幅度很大,呈现稳压特性.

阶段3　二极管的参数

半导体器件的参数可分为器件性能的定量描述和器件使用的极限条件两类.由于制造工艺等方面的原因,即使同一型号的二极管,参数也存在一定的分散性,因此半导体器件手册上常给出某个参数的范围.半导体二极管的主要参数有以下几个:

(1) 最大整流电流 I_F

I_F 是二极管长期运行时允许通过的最大正向平均电流.若通过二极管的平均电流超过这个数值,将引起 PN 结过热而把二极管烧坏.

(2) 最大反向工作电压 U_R

U_R 是二极管使用时允许加载的最大反向电压.反向电压超过这个数值,二极管就有发生反向击穿的危险.通常将这个参数规定为反向击穿电压 U_{BR} 的一半,或者规定为反向电流达到某个规定值时所对应的电压值.

(3) 反向电流 I_R

I_R 是指二极管未发生击穿时的反向电流值. I_R 小,说明二极管的单向导电性能好.

(4) 最高工作频率 f_M

二极管在外加高频交流电压下工作时,PN 结的电容效应会致使单向导电性退化. f_M 就是指二极管单向导电作用开始明显退化时的交流信号的频率.

(5) 直流电阻 R_D

R_D 是指加在二极管两端的直流电压与流过二极管的直流电流的比值.二极管正向应用时电阻很小,约为几欧姆到几千欧姆;反向应用时电阻很大,通常为几百千欧到十几兆欧.正反电阻相差越大,说明二极管的单向导电性越好.

除上述主要参数外,还有一些参数,如反向击穿电压等.二极管的参数是正确使用二极管的依据.一般半导体器件手册中会给出二极管的参数,在使用时,应特别注意不要超过最大整流电流和最高反向工作电压,否则容易损伤二极管.需要指出的是,由于器件参数分散性较大,同一批的二极管参数也会有差异,半导体器件手册中给出的参数一般为经典值,必要时应通过实际测量得到准确值.在测试时应当注意测试条件,当应用条件不同时,应考虑测试条件的影响.

阶段 4 稳压二极管

1. 稳压二极管参数

稳压二极管也称齐纳二极管.稳压二极管是利用 PN 结的反向击穿特性来实现稳定电压作用的.当稳压二极管击穿后,反向电流可以在相当大的范围内变化,而相应二极管的反向击穿电压只有很小的变化量.

稳压管的主要参数如下:

(1) 稳定电压 U_Z

U_Z 是当稳压管中的电流为规定的测试电流时,稳压管两端的电压.实际上,即使同一型号的稳压管,U_Z 的值也会不同,因此,手册上常给出 U_Z 的范围.

(2) 动态电阻 r_Z

r_Z 是稳压管在稳定工作范围内,管子两端电压的变化量与相应电流变化量之比,即

$$r_Z = \Delta U_Z / \Delta I_Z \tag{8-2}$$

r_Z 值越小,则反向击穿特性曲线越陡,稳压作用越好.

(3) 稳定电流 I_Z

I_Z 是稳压管工作时的参考电流值.

(4) 额定功率 P_{ZM} 及最大稳定电流 I_{ZM}

P_{ZM} 是由二极管允许温升限定的最大功率损耗.如果已知二极管的稳定电压值,那么允许的最大稳定电流 $I_{ZM} = P_{ZM}/U_Z$;若工作电流超过 I_{ZM},就可能损坏二极管.

(5) 电压温度系数

温度变化 1 ℃时,稳定电压变化的百分数定义为电压温度系数.

2. 稳压电路

由稳压二极管构成的简单稳压电路如图 8-13 所示,其应用条件是要求输出电流较小.图 8-13 中 R 为限流电阻,R_0 为负载.该电路能在输入电压和负载在一定范围内变化时,均可保持输出电压基本不变.

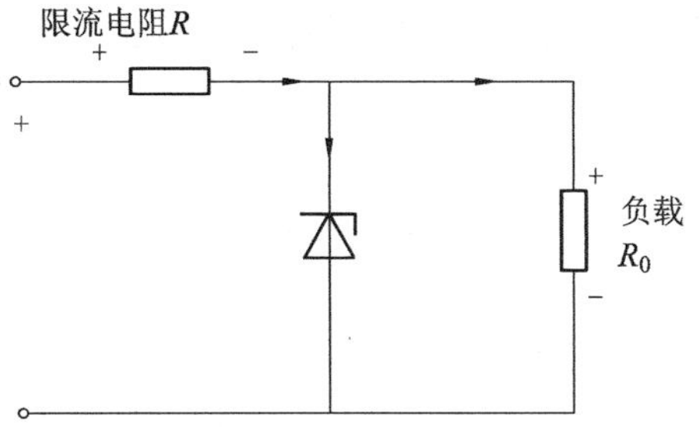

图 8-13 简单稳压电路

阶段 5 发光二极管

发光二极管(图 8-14)是用砷化镓、磷砷化磷镓等特殊化合物制成的二极管,和普通二极管一样,其也由 PN 结构成,同样具有单向导电性.但是这种二极管在正向电流通过时,能将电能转换成光能而发光.根据发光波长,发光二极管分为激光管、红外光管和可见光管.

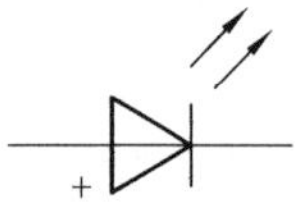

图 8-14 发光二极管符号

激光管用于激光产生器中,如光纤通信中的激光发射器,家用电器中的 VCD、DVD 中的激光头等.红外管主要用于各种遥控器,如电视、空调的遥控器中.常见的发光二极管是发出可见光的二极管,有单色、双色、变色等.LED 通常用作显示器件,如指示灯、七段数码管及手机背光灯等.

思考与练习

1. 简述二极管伏安特性图中特性曲线的三段特性，并举例说明三段特性在实际中都有何应用.

2. 二极管的主要特性参数有哪些?

3. 稳压二极管是利用二极管的什么特性制成的?

4. 思考如何测试一个二极管是否损坏.

任务 3　半导体三极管

任务描述：了解半导体三极管的组成、类型和符号；
了解半导体三极管的电流分配关系；
掌握半导体三极管的放大特性；
掌握半导体三极管的主要特性参数.

任务分析：双极性晶体管简称晶体管或半导体三极管. 它是电子电路中非常重要的器件，其最主要的作用是放大和开关作用.

阶段 1　晶体管的结构

晶体管由两个 PN 结构成，可分为 PNP 和 NPN 两种类型，晶体管的结构和符号如图 8-15 所示. 常见晶体管实物如图 8-16 所示.

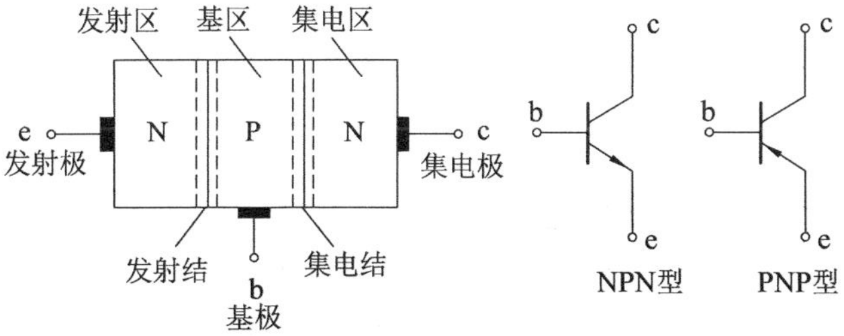

图 8-15　晶体管的结构和符号

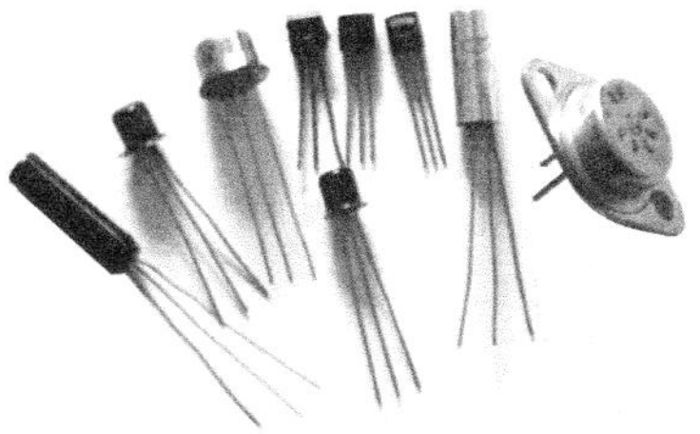

图 8-16　常见晶体管实物图

三个半导体材料区域构成两个反向串联的 PN 结：中间的一个区是两个 PN 结公用，叫作基区；另外两个区一个叫作发射区，一个叫作集电区. 发射区与基区之间的 PN 结称为发射结，集电区与基区之间的 PN 结称为集电结. 从三个区分别引出三根电极，即发射极(e)、基极(b)、集电极(c). 两种晶体管的符号中发射极的箭头表示发射极电流的方向. 箭头的指向是两种类型晶体管符号的区别标记.

作为一个具有放大能力的元件，晶体管在结构上必须具有以下两个特点：

① 发射区掺杂浓度远大于集电区掺杂浓度，集电区掺杂浓度大于基区掺杂浓度.

② 基区必须很薄，一般只有几微米. 这种结构上的特点是晶体管放大作用的基础.

阶段 2 晶体管的电流分配关系

现以 NPN 型晶体管(图 8-17)为例来说明晶体管各极间电流分配关系及其放大作用原理.晶体管结构上的特点是晶体管放大作用的内部条件.为了实现它的放大作用,还必须具有一定的外部条件,这就要给晶体管的发射结加正向电压(P 区接正、N 区接负),集电结加反向电压(N 区接正、P 区接负).欲达到这个目的,可以有两种接法:一种是在基极与发射极之间加正向电压,基极与集电极之间加反向电压,即以基极为公共端,称为共基接法;另一种是在基极与发射极之间加正向电压,集电极与发射极之间加一更大的正向电压,即集电结反向偏置,这种接法以发射极为公共端,称为共射接法.这两种接法的晶体管内部载流子运动规律和电流流通过程都是相同的.

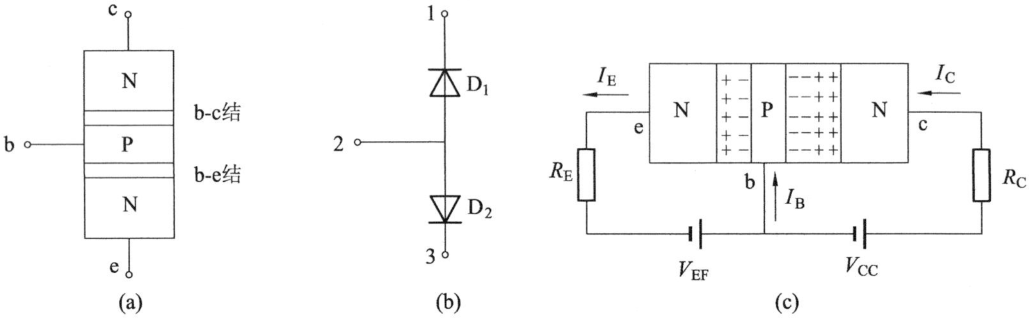

图 8-17 NPN 型晶体管结构图

1. 晶体管内部载流子的运动

(1) 发射区向基区注入电子的过程

发射结加正向电压,发射区的多数电子就要向基区扩散形成电流 i_{En},基区的多数空穴也要向发射区扩散.但是发射区的掺杂浓度远远大于基区的掺杂浓度,所以基区向发射区扩散的多数载流子相比于发射区向基区扩散的多数载流子来说可以忽略不计,因而载流子的运动主要表现为发射区向基区注入电子,形成电流 $i_E \approx i_{En}$.

(2) 电子在基区的扩散过程

发射区的多数电子注入基区以后,就在基区靠近发射结的附近积累起来,称为基区的非平衡少子,显然这些非平衡少子要向基区深处扩散.由于基区做得很薄,并且掺杂浓度又低,所以注入的电子在扩散过程中,只有极少数与基区空穴形成基极电流 i'_B,绝大多数还没有来得及复合就已经扩散到了集电结边界.

(3) 电子被集电极收集

集电结是反向偏置,显然发射区不断向基区注入的非平衡少数电子扩散到集电结边界,就会受到集电结上的电场吸引而迅速漂移过集电结,形成集电极电流 i_{Cn}.与此同时,集电结反向偏置必然使得集电区与基区的少数载流子漂移,形成反向饱和电流 I_{CBO}.

2. 晶体管的电流分配关系

晶体管各极的电流分配构成如下:

$$i_E = i'_B + i_{Cn}$$

$$i_C = i_{Cn} + I_{CBO}$$

$$i_B = i'_B - I_{CBO}$$

图 8-18 表示电流分配关系，可以看出，发射极电流 i_E 大部分流入集电极形成 i_{Cn}. 若用 $\bar{\beta}$ 表示流入集电极的电流 i_{Cn} 与流入基极的电流 i'_B 的比值，即 $\bar{\beta} = i_{Cn}/i'_B$，显然，$\bar{\beta}$ 是一个远大于 1 的数. $i_{Cn} = \bar{\beta} i'_B$，意味着电流 i'_B 对 i_{Cn} 的控制，称为共射电流放大系数. 这样各极的电流分配关系可以表示如下：

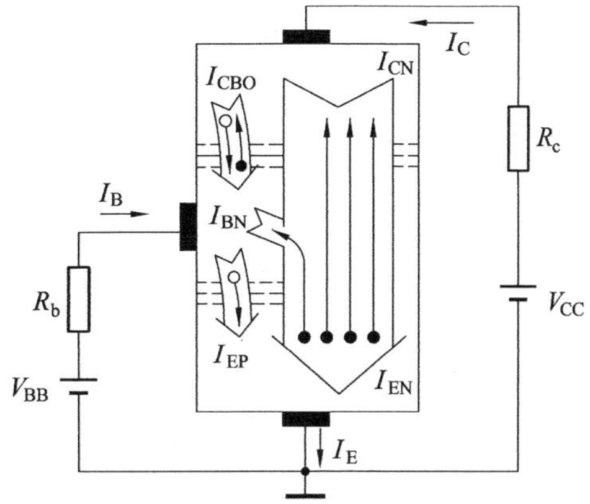

图 8-18　NPN 型晶体管电流分配关系

$$i_E = (1+\bar{\beta}) i_B + (1+\bar{\beta}) I_{CBO}$$

$$i_C = \bar{\beta} i_B + (1+\bar{\beta}) I_{CBO}$$

令　$I_{CEO} = (1+\bar{\beta}) I_{CBO}$

则 $i_C = \bar{\beta} i_B + I_{CEO}$

$$i_E = (1+\bar{\beta}) i_B + I_{CEO} = i_B + i_C$$

当 $i_B = 0$ 时，$i_E = i_C = I_{CEO}$，称 I_{CEO} 为穿透电流，它的大小与集电极反向饱和电流 I_{CBO} 及 $\bar{\beta}$ 有关.

$$\bar{\beta} = \frac{i_C - I_{CEO}}{i_B}$$

若 $I_{CEO} \approx 0$，则 $i_C \approx \bar{\beta} i_B$，即

$$\bar{\beta} = \frac{i_C}{i_B}$$

$\bar{\beta}$ 表示 i_B 对 i_C 的控制作用，$\bar{\beta}$ 越大，控制作用越强.

阶段 3　晶体管的特性

晶体管放大作用的本质是它的电流控制作用，即 i_B 对 i_C 或者 i_E 对 i_C 的控制作用. 以共射接法的晶体管为例说明晶体管的特性.

晶体管的特性曲线是晶体管各极间电压和电流直接的关系曲线. NPN 型晶体管电流分配关系如图 8-19 所示.

1. 输入特性曲线

当 u_{CE} 是一个固定值时，i_B 与 u_{BE} 之间的关系曲线称为输入特性曲线，如图 8-20 所示.

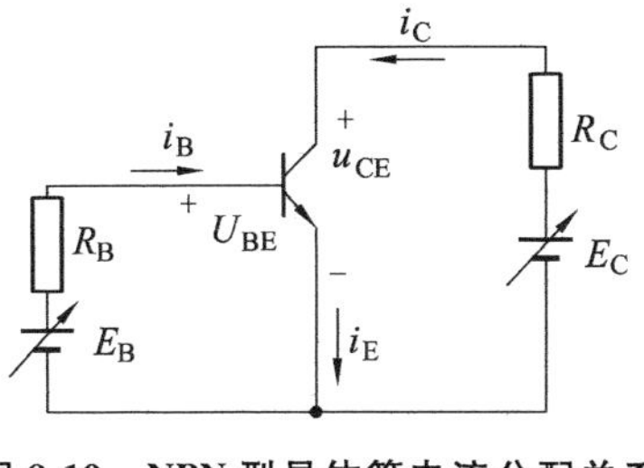

图 8-19　NPN 型晶体管电流分配关系

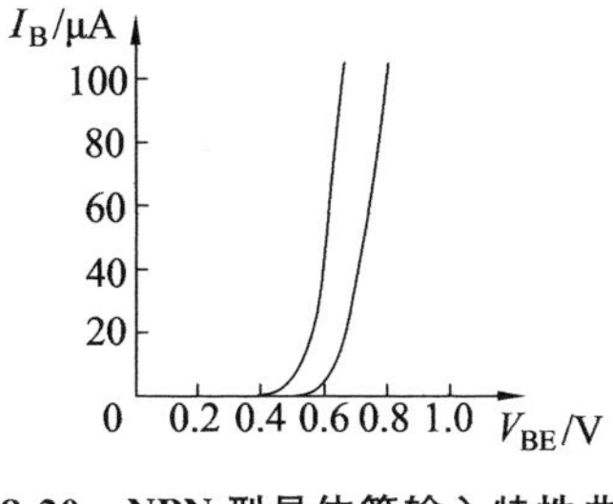

图 8-20　NPN 型晶体管输入特性曲线

① 当 $u_{CE} = 0$ 时，输入特性曲线与二极管的正向伏安特性曲线形状类似.

② 当增大 u_{CE}时，特性曲线会向右偏，但持续增大时，由于集电结已经处于反偏状态，基区中集电结边界处的电子浓度已经等于零，因此对基区中电子分布影响不大，通常使用右侧曲线表示 $u_{CE}>1$ V 时的所有情况.

2. 输出特性曲线

当 i_B 为固定值时，i_C 与 u_{CE}之间的关系曲线称为输出特性曲线，如图 8-21 所示. 根据输出特性的特点，将输出特性曲线分成三个区：

① 截止区. 指 $i_B \leqslant 0$，$i_C \leqslant I_{CBO}$的工作区域. 在这个区域中，电流 i_C 很小，基本不导通，故称为截止区. 工作在截止区时，晶体管基本失去放大作用.

② 饱和区. 指输出特性曲线中 i_C 上升部分和纵轴之间的区域. 饱和区输出特性曲线的特点是 i_B 固定不变时，i_C 随 u_{CE}的增大而迅速增大.

③ 放大区. 输出特性曲线饱和区和截止区之间的部分为放大区，在这个区域中发射结正向偏置，集电结反向偏置. 放大区的特点是：在 i_B 固定的情况下，u_{CE}增加时，i_C 基本不发生变化；u_{CE}固定时，对应不同的 i_B 值，i_C 变化很大，表现出 i_B 对 i_C 的控制作用.

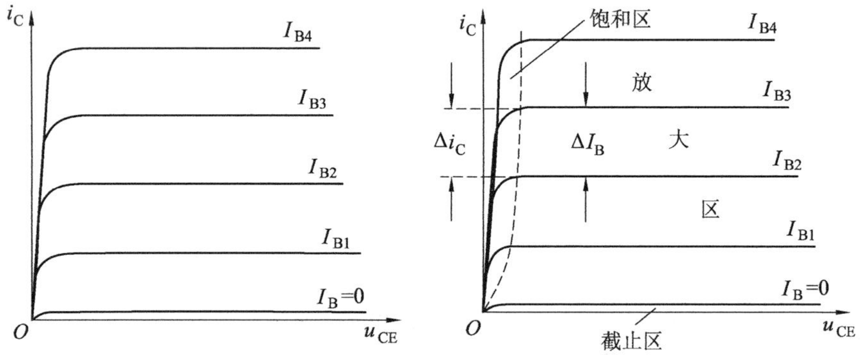

图 8-21 NPN 型晶体管输出特性曲线

阶段 4 晶体管的主要参数

1. 电流放大系数

(1) 共射直流电流放大系数 $\bar{\beta}$

它表示集电极电压 u_{CE}一定时，集电极电流和基极电流之间的关系：

$$\bar{\beta}=\frac{i_C-I_{CEO}}{i_B}\approx\frac{i_C}{i_B}$$

(2) 共射交流电流放大系数 β

它表示集电极电压 u_{CE} 一定时，集电极电流的变化量和基极电流的变化量之间的关系：

$$\beta=\frac{\Delta i_C}{\Delta i_B}$$

(3) 共基极直流电流放大系数 $\bar{\alpha}$ 和共基极交流电流放大系数 α

$$\bar{\alpha}=\frac{i_C-i_{CEO}}{i_E}\approx\frac{i_C}{i_E}$$

$$\alpha=\frac{\Delta i_C}{\Delta i_E}$$

根据晶体管的电流分配关系，可以得到下列换算公式：

$$\alpha=\frac{\beta}{1+\beta} \quad \bar{\alpha}=\frac{\bar{\beta}}{1+\bar{\beta}}$$

$$\beta=\frac{\alpha}{1-\alpha} \quad \bar{\beta}=\frac{\bar{\alpha}}{1-\bar{\alpha}}$$

2. 极间反向电流

(1) 集电极-基极反向饱和电流 I_{CBO}

I_{CBO}指发射极开路，集电极与基极之间加反向电压产生的电流，也就是集电结的反向饱和电流.

(2) 穿透电流 I_{CEO}

I_{CEO}是基极开路，集电极与发射极间加反向电压时的集电极电流.

3. 截止频率

晶体管的β值随信号频率的升高而降低. 频率较低时，β值基本保持常数，用β_0表示低频时的β值. 当频率升到较高值时，β值开始下降，当β值下降到β_0的 0.707 倍时的频率称为截止频率f_β.

思考与练习

1. 查询相关资料，列举说明生活中晶体管的使用实例.
2. 简单分析晶体管内部的电流分配关系，以及晶体管内电流分配如何影响晶体管的放大作用.
3. 简述晶体管特性图像中三个区的特性.
4. 晶体极管的主要特性参数有哪些？

情境小结

半导体是目前电子信息技术发展的基础，今日大部分的电子产品，如计算机、移动电话或是数字录音机当中的核心单元都和半导体有着极为密切的关联. 半导体是指常温下导电性能介于导体与绝缘体之间的材料，半导体的导电性可受控制. 本情境主要介绍了半导体器件的特点，以及 PN 结，并分析了其特性，同时讲解了由 PN 结构成的两种常见的半导体器件半导体二极管和晶体管，并对其特性就行了分析.

1. 半导体

半导体根据半导体内杂质元素的掺杂情况分为本征半导体和杂质半导体.

本征半导体：纯净的结构完整的半导体；

杂质半导体：掺入杂质（少量其他元素）的半导体.

2. PN 结

(1) PN 结的单向导电性

PN 结的正向电压或者正向偏置时，PN 结处于导通状态；PN 结的反向电压或者反向偏置时，可近似认为其截止.

(2) PN 结的伏安特性

根据理论分析，PN 结的伏安特性可写成

$$I = I_s(e^U/U_T - 1)$$

PN 结的理论伏安特性如图所示. 当 PN 结上加的反向电压增大到某个数值时，反向电流急剧增大，这种现象称为 PN 结的反向击穿.

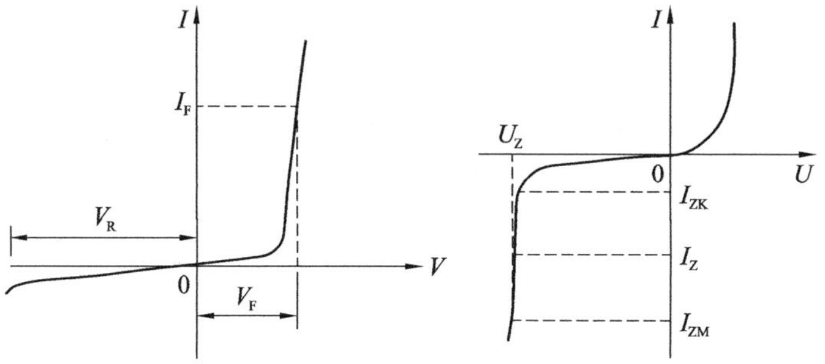

(a) PN结的伏安特性 (b) PN结的反向穿特性

图 1

3. 半导体二极管

(1) 二极管的伏安特性

二极管的核心是一个 PN 结，它的伏安特性和 PN 结的理论伏安特性基本相同. 二极管的伏安特性可以分为正向特性、反向特性和反向击穿特性三部分.

(2) 二极管的参数

最大整流电流 I_F：二极管长期运行时允许通过的最大正向平均电流；

最大反向工作电压 U_R：二极管使用时允许加载的最大反向电压；

最高工作频率 F_M：二极管单向导电作用开始明显退化的交流信号的频率；

直流电阻 R_D：二极管直流电阻是指加在二极管两端的直流电压与流过二极管的直流电流的比值.

(3) 稳压二极管

稳压二极管是利用 PN 结的反向击穿特性来实现稳定电压作用.

(4) 发光二极管

发光二极管是用砷化镓、磷砷化磷镓等特殊化合物制成的二极管，和普通二极管一样，也由 PN 结构成，同样具有单向导电性，但是这种二极管在正向电流通过时，能将电能转换成光能而发光.

4. 半导体三极管

(1) 晶体管的结构

晶体管由两个 PN 结构成，可分为 PNP 和 NPN 两种类型.

(2) 晶体管的特性

以共射接法的晶体管为例说明晶体管的特性.

1) 输入特性曲线(图 2)

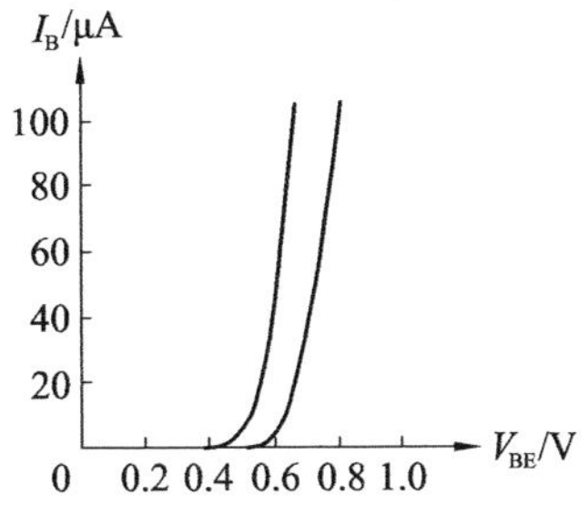

图 2 晶体管输入特性曲线

输入特性曲线与二极管的正向伏安特性曲线形状类似,当增大 u_{CE}时,特性曲线会向右偏.

2) 输出特性曲线(图 3)

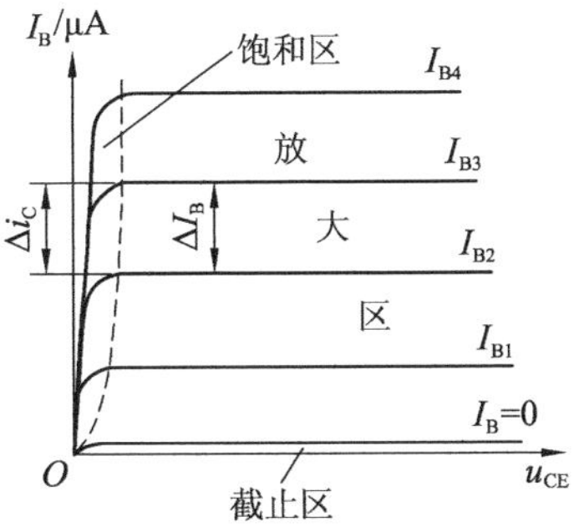

图 3 晶体管输出特性曲线

输出特性曲线分为截止区、饱和区和放大区,为保证晶体管具有放大作用,应使其工作在放大区.

(3) 晶体管的主要参数

① 共射直流电流放大系数 $\bar{\beta}=\dfrac{i_C-I_{CEO}}{i_B}\approx\dfrac{i_C}{i_B}$

② 共射交流电流放大系数 $\beta=\dfrac{\Delta i_C}{\Delta i_B}$

③ 共基极直流电流放大系数 $\bar{\alpha}=\dfrac{i_C-I_{CEO}}{i_E}\approx\dfrac{i_C}{i_E}$

④ 共基极交流电流放大系数 $\alpha=\dfrac{\Delta i_C}{\Delta i_E}$

共射极放大倍数与共基极放大倍数可通过以下公式转换:

$$\alpha=\frac{\beta}{1+\beta}\quad \bar{\alpha}=\frac{\bar{\beta}}{1+\bar{\beta}}$$

$$\beta=\frac{\alpha}{1-\alpha}\quad \bar{\beta}=\frac{\bar{\alpha}}{1-\bar{\alpha}}$$

学习情境 9 基本放大电路

本情境主要介绍基本放大电路的功能、组成和工作原理，分析基本放大电路的工作状态，介绍晶体管放大电路的分析方法、微变等效电路的转换和主要参数的计算，以及三种常见的基本放大电路结构和分析计算方法.

任务 1 放大电路的功能及组成

任务描述：了解放大电路的基本功能；
了解放大电路的性能评价指标；
了解共射极放大电路的组成.

任务分析：放大器是一种用来放大信号的装置，是电子设备中使用广泛的一类功能电路，在手机、电脑、音响器件等大部分电子器件中都有应用. 在实际生产实践和科学实验中，常常需要将微弱的电信号放大以便进行进一步的观察、测量和分析等.

阶段 1 放大电路的基本功能

放大电路的基本功能是将微弱的电信号（电压、电流或功率）放大到所需要的数值，从而使电子设备的终端执行元件（如继电器、扬声器、显示器等）有所动作或显示.

图 9-1 中左侧为信号源，中间为放大电路，也称为放大器，右侧为负载.

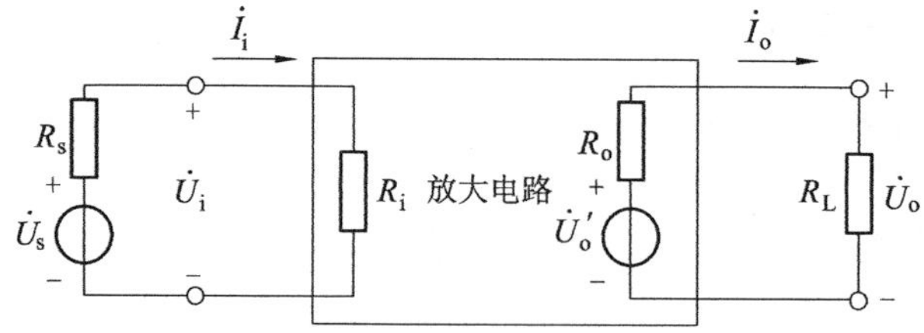

图 9-1 基本放大电路结构

信号源向放大器提供输入的电信号，此电信号可以是由温度信号、压力信号、声音信号等物理信号转变而来的. 例如扩音机，话筒把人发出的声音转变为频率和幅值都随声音变化的电信号（电流或者电压）. 话筒将信号输入音响，它就相当于放大器的信号源.

放大器由集成电路组件或者晶体管、场效应管等器件构成. 放大器应能提供足够大的放大能力，而且应该尽可能地减少信号的失真，如微弱的声音信号经过音响里的放大电路放大后带动扬声器发声. 放大电路是在输入信号的控制下将直流电源的能量转化为输出信号的能量.

经过放大器放大后的较强信号输出到终端执行元件——通常为负载.对于扩音器而言,音响就是负载,它可以等效为一个电阻负载.实际应用中的负载可以是感性的也可以是容性的,不同性质的负载对放大电路的性能影响不同.

在实际应用中经常采用正弦信号发生器作为信号源来分析和调试放大电路,因此在本情境,用正弦电压源作为信号源、纯电阻作为负载来讨论放大电路的性质.

阶段2 放大电路的性能指标

为了比较和评价放大电路性能的优势,制定了放大电路的性能指标.这些指标描述了放大电路对信号的放大能力和质量高低,是分析和设计放大电路的依据.

放大电路的主要性能指标有放大倍数、输入电阻、最大不失真输出电压、非线性失真系数、通频带、最大输出功率和效率.不同放大电路对性能指标的侧重也不同.

阶段3 共射极放大电路组成

共射极放大电路是广泛使用的放大电路,如图9-2所示.由信号源的输入信号 u_i 加到晶体管T的基极和发射极之间,这部分回路称为输入回路.交流输出信号电压 u_o 由晶体管的集电极和发射极之间输出,这部分电路称为输出回路.发射极为输入、输出回路的公共端,故将这样的电路称为共射极放大电路.

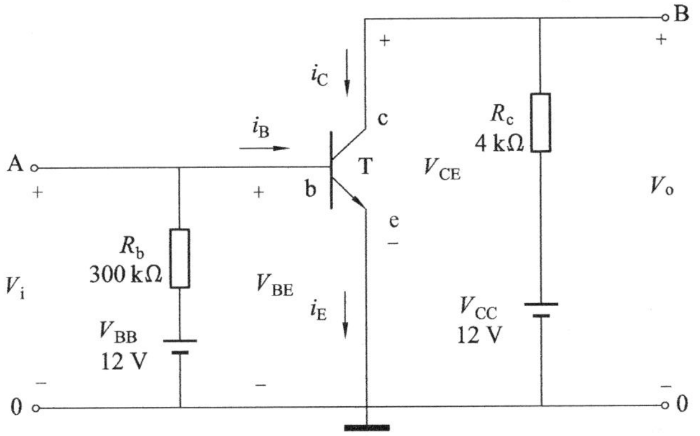

图9-2 共射极放大电路

放大电路组成必须遵循以下两条原则:一是晶体管必须工作在放大区,这样就可以用基极电流 i_B(或发射极电流 i_E)来控制集电极电流 i_C,达到放大的目的,为此,放大电路中直流电源及相关电阻的配置一定要使晶体管发射结正偏,集电结反偏.二是保证输入信号得到足够的放大和顺利传送.图9-2中电路就是依照这个原则组成,对电路中各元件的作用简述如下:

① 晶体管T为NPN型硅管,由于它具有电流放大能力,因此是放大电路中的核心元件,起着控制能量转换的作用.

② 基极直流电源 V_{BB} 通过电阻 R_b(以及信号源内阻 R_S)为发射极提供正向偏置电压.

③ 集电极直流电源 V_{CC} 通过电阻 R_c 为晶体管集电结提供反向偏置电压(适当调节

R_b 和 R_c 的值就可以使 $U_C>U_B$)，使晶体管工作在放大区. 同时 V_{CC} 也能提供放大信号所需的能量.

④ 基极偏置电阻 R_b，当 V_{BB} 一定时，以 R_b 为主来决定基极直流电流 I_B 的值(通常称为基极偏置电流).

⑤ 集电极负载电阻 R_c 可以把晶体管集电极电流 i_C 的变化转变为 R_c 上的电压变化，从而使晶体管集电极-发射极间电压 u_{CE} 随之改变，并传送到负载电阻 R_L 上输出.

⑥ 电路图中，符号"⊥"表示电路的参考零电位，通常称为"地". 它是信号源、负载、直流电源及放大电路的公共端，常接在设备机壳上.

上面介绍的放大电路是通过电阻或导线与信号源或负载连接，这种连接方式叫作直接耦合方式. 直接耦合放大电路现在常见于集成放大器的内部电路.

思考与练习

1. 简要说明放大电路的基本功能和结构，并说明各部分的主要功能.
2. 放大电路的主要性能指标有哪些?
3. 简述共射极放大电路的组成，并对电路中各元件的功能做简单说明.

任务 2　放大电路的工作原理与分析计算

任务描述： 了解放大电路的工作原理；
掌握放大电路静态工作点的计算方法；
掌握放大电路微变等效电路的转换方法；
掌握放大电路主要参数的计算方法.

任务分析： 根据放大电路不同用途需要以及实际情况分析和设计放大电路，因此需要分析放大电路的工作原理及分析计算方法.

阶段 1　放大电路的工作原理

现对图 9-3 中的放大电路进行定性分析，分两步来分析输入信号 u_i 的放大过程. 为了讨论方便，把负载电阻 R_L 开路，并将信号源 u_S 看作理想电压源，其内阻 $R_S=0$，则放大电路的交流信号 $u_i=u_S$.

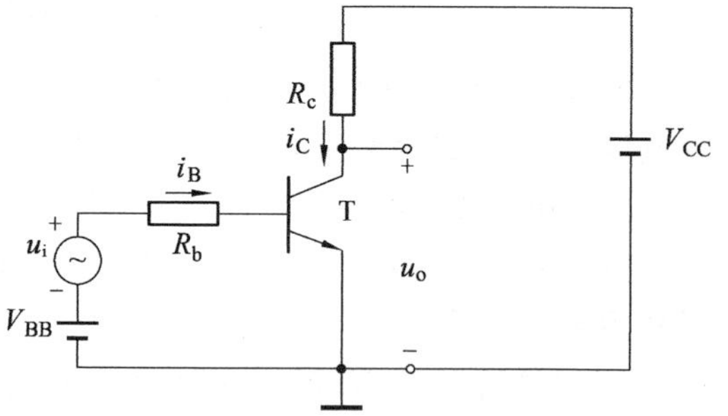

图 9-3　共射极放大电路

1. 无输入信号时($u_i=0$)

当输入信号为零时，称放大电路的工作状态为静态. 可知此时电路中只有直流电源供电，所以放大电路的静态也就是它的直流状态. 晶体管各极电流和极间电压都是直流量. 通过 V_{BB} 和 R_b 以及晶体管的输入特性，确定基极直流电流 I_B 和基极与发射极之间电压U_{BE}的大小；通过V_{CC}，R_C和晶体管的输出特性以及I_B，确定集电极直流电流I_C和集电极与发射极之间电压U_{CE}的大小.

2. 有输入信号时($u_i \neq 0$)

在静态的基础上，给放大电路加上交流输入信号u_i. 这时的工作状态称为动态. 在这种情况下，电路中各处的电压和电流信号是由直流电源和交流信号源共同作用产生的. 根据电路理论，各电量的总瞬时值可以分解为直流分量和交流分量. 我们用不同的符号来表示不同性质的电量. 以基极电流为例，i_B表示基极电流总瞬时值(符号小写，下标大写)；i_b表示基极电流交流分量瞬时值；I_{bm}表示它的交流幅值；I_B表示基极电流的直流分量(符号、下标均大写). 现设输入信号u_i为正弦信号，即

$$u_i = U_{im}\sin\omega t \text{ mV} \tag{9-1}$$

输入回路中显示，晶体管的基极-发射极间电压u_{BE}除了有直流电源作用而产生的直流分量U_{BE}之外，还要叠加由信号源作用产生的一个交流分量u_{be}. 当晶体管始终工作在放大区时，可以近似把它的特性曲线的相应部分看作直线，那么u_{be}也是一个正弦交流分量，故晶体管基极-发射极电压瞬时值为

$$u_{BE} = U_{BE} + u_{bem}\sin\omega t \tag{9-2}$$

即放大电路的电流和电压都是在静态值的基础上再叠加交流成分. 在分析电路时，一般用交流通路来研究交流量及放大电路的动态性能.

通过计算分析可知，输出瞬时电压$u_o = u_{CE}$，即输出端的电压既有直流成分也有交流成分.

$$u_o = u_{CE} = U_{CE} + u_{cem}\sin(\omega t - 180°) \tag{9-3}$$

不难看出，共射极放大电路的输出信号u_o与输入信号u_i反相，或者说相位相差180°.

根据以上分析可以得到结论：

① 当输入信号$u_i = 0$时，放大电路处于静态，也就是直流状态. 直流电源和R_b，R_c共同确定晶体管的极间直流电压和直流电流，确保晶体管工作在放大区.

② 当输入交流信号时，放大电路处于放大状态及动态. 电路中的各交流分量都随u_i发生变化.

③ 放大电路处于动态时，只要是在放大信号不失真的情况下，晶体管的各瞬时量都是由静态时的直流量叠加一个随u_i变化的交流分量合成的.

因此，在分析放大电路时，通常都要单独分析其静态和动态时的情况.

阶段2 图解法分析放大电路

对放大电路进行分析时，常用到两种基本分析方法：一种是利用晶体管的特性曲线，用作图的方法分析，称为图解法；另一种方法是将晶体管用等效电路代替，用电路理论分析求解，称为计算分析法. 本节讨论图解分析法.

1. 图解法分析静态工作情况

图9-4(a)是共射极放大电路的习惯画法，只标出V_{CC}电位，省略了V_{CC}电源回路. 为了讨论方便，设信号源内阻$R_S = 0$，负载电阻R_L开路.

放大电路处于静态时，常用直流量I_B，U_{BE}，I_C和U_{CE}来描述晶体管静态工作情况. 对

应于这 4 个数据,可以在晶体管的输入特性曲线和输出特性曲线上确定一点,该点就是静态工作点 Q.用图解法来分析放大电路的静态工作情况,就是用作图法在特性曲线上确定静态工作点 Q,求出 Q 点坐标 I_{BQ},U_{BEQ},I_{CQ}和 U_{CEQ}的数据.

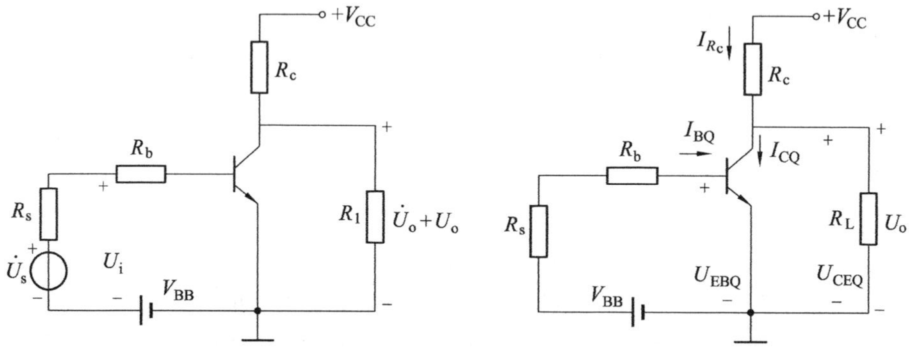

(a) 放大电路　　(b) 直流通路

图 9-4　共射极放大电路及其直流通路图

(1) 画出直流通路

静态时,输入信号电压 $u_i=0$,即放大电路输入端对地短接,就得到放大电路的直流通路,如图 9-4(b)所示.电路中只有电源 V_{CC}和 V_{BB}供电.

(2) 利用输入特性曲线确定 I_{BQ}和 U_{BEQ}

根据图 9-4(b)电路的输入回路,可以列出回路电压方程

$$V_{BB}=i_B R_b+u_{BE} \tag{9-4}$$

同时 u_{BE}和 i_B 还符合晶体管的输入特性曲线.通过式 9-4 及输入特性曲线就可以求出静态工作点 Q 所对应的 I_{BQ}和 U_{BEQ},如图 9-5 所示.

(3) 利用输入特性曲线确定 I_{CQ}和 U_{CEO}

根据图 9-4(b)电路的输出回路,可以列出回路电压方程

$$V_{CC}=i_C R_c+u_{CE} \tag{9-5}$$

同时 u_{CE}和 i_C 还符合晶体管的输入特性曲线.通过式(9-5)及输出特性曲线就可以求出静态工作点 Q 所对应的 I_{CQ}和 U_{CEQ},如图 9-6 所示.

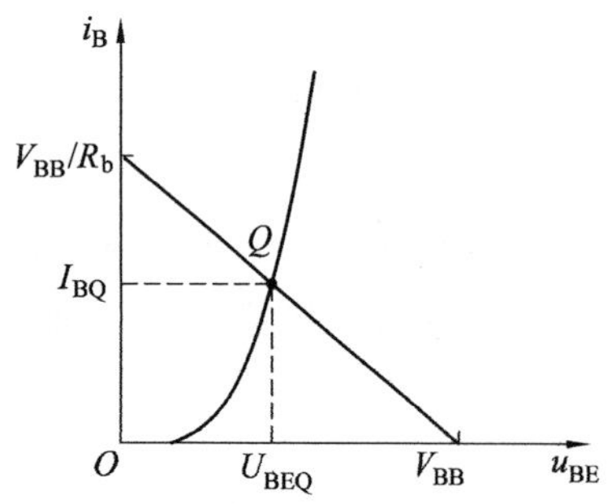

图 9-5　图解法求 I_{BQ}和 U_{BEQ}

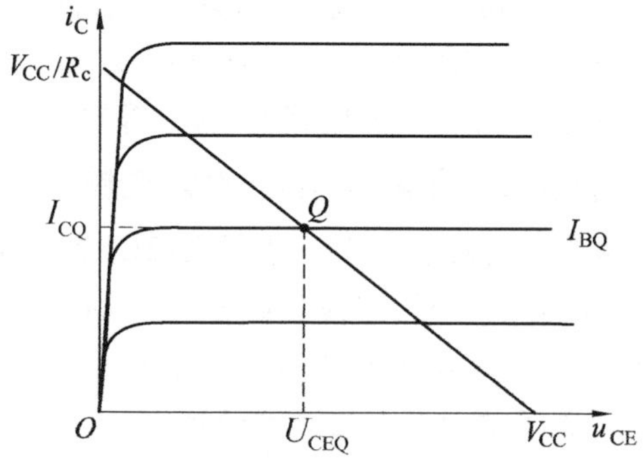

图 9-6　图解法求 I_{CQ}和 U_{CEQ}

2. 图解法分析动态工作情况

放大电路加上输入交流信号 u_i 以后，利用图解法可以画出放大电路中的电压、电流随 u_i 变化的波形.

(1) 利用输入特性曲线画出 i_B 和 u_{BE} 的波形

设输入信号 $u_i=U_{im}\sin\omega t$，那么输入回路可以列出方程：

$$V_{BB}+u_i=i_BR_b+u_{BE} \tag{9-6}$$

从式(9-6)中可以看出，每一个输入量 u_i 正弦电压的瞬时值都可以作一条直线. 这些直线的斜率与 V_{BB} 单独作用时相同，只有截距随 u_i 改变，这样对应 u_i 的每一个值，相应的直线与输入特性曲线有一个交点，可以查到 i_B 和 u_{BE} 的值，从而画出 i_B 和 u_{BE} 的波形，如图 9-7 所示.

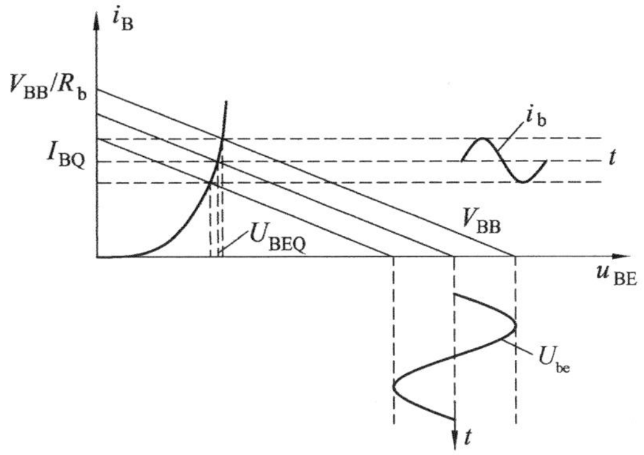

图 9-7　图解法求 i_B 和 u_{BE}

(2) 利用输入特性曲线画出 i_C 和 u_{CE} 的波形

当输入端加上 $u_i=U_{im}\sin\omega t$ 的输入信号时，输出回路可以列出方程：

$$V_{CC}=i_CR_C+u_{CE} \tag{9-7}$$

通过输入特性曲线已经得到了随 u_i 变化的 i_B 的波形. 在每一瞬时 i_C 和 u_{CE} 的值都要随着 i_B 的瞬时值所对应的输出特性曲线和动态负载线来确定，据此可画出 i_C 和 u_{CE} 的波形，如图 9-8 所示.

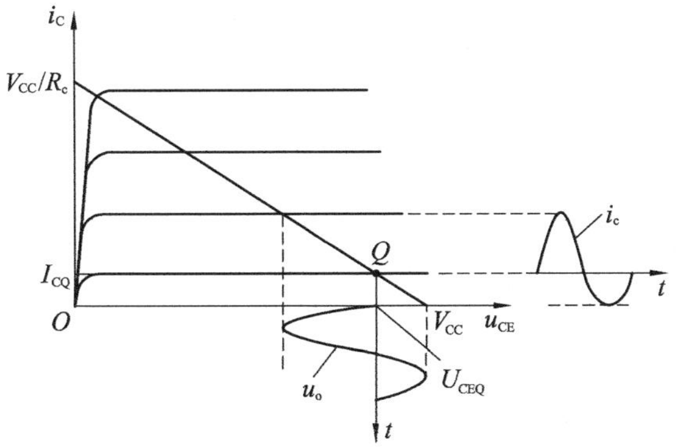

图 9-8　图解法求 i_C 和 u_{CE}

【例 9-1】　如例 9-1 图所示，单管共射放大电路及特性曲线中，已知 $R_b=280\ k\Omega$，$R_c=3\ k\Omega$，集电极直流电源 $V_{CC}=12\ V$，试用图解法确定静态工作点.

解 首先估算 I_{BQ}

$$I_{BQ}=\frac{V_{CC}-U_{BEQ}}{R_b}=\frac{12-0.7}{280}=40\ \mu A$$

作直流负载线，确定 Q 点.

根据 $$U_{CEQ}=V_{CC}-I_{CQ}R_C$$

当 $$i_C=0, u_{CE}=12\ V;$$

$$u_{CE}=0\ V, i_C=4\ mA;$$

在输出特性曲线中画出直流负载线，在对应输出曲线上截得静态工作点 Q，如例 9-1 图(b)所示.

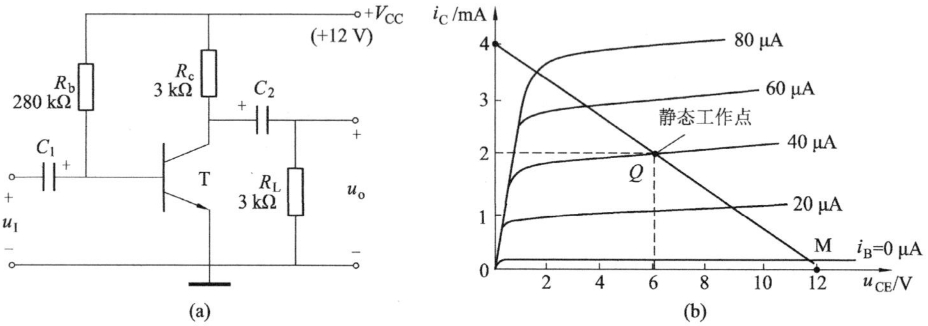

例 9-1 图

得

$$I_{BQ}=40\ \mu A$$
$$I_{CQ}=2\ mA$$
$$U_{CEQ}=6\ V$$

阶段 3 计算法分析放大电路

通常情况下，对于一般放大电路输入信号幅值不大，采用计算法分析放大电路及其相关的性能指标. 这种方法是在一定条件下，把工作在放大区的晶体管小范围的特性曲线近似地用直线来代替，从而用相应的线性等效电路来代替具有非线性的晶体管，然后运用电路理论进行分析计算. 以共射极放大电路为例，如图 9-9 所示.

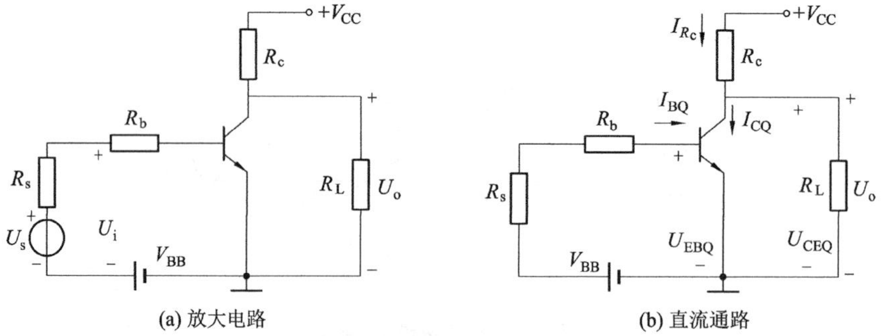

图 9-9 共射极放大电路及其直流通路

1. 静态工作点的计算

首先将输入信号源 U_I 短路，此时，电路中只有直流电源作用. 根据直流通路可以列出

$$I_{BQ}=\frac{V_{BB}-U_{BEQ}}{R_S+R_b}$$

$$U_{CEQ}=V_{CC}-I_{RC}R_C$$

$$V_{CC}=I_{RC}R_C+(I_{RC}-I_{CQ})R_L$$

得
$$I_{RC}=\frac{V_{CC}+I_{CQ}R_L}{R_C+R_L}$$

晶体管的直流电压和电流除满足上述的电压方程外，还应满足其特性曲线所描述的关系. 在常温下，晶体管充分导通后，硅管的 U_{BE} 值在 0.6～0.8V（锗管的 U_{BE} 值在 0.1～0.3 V），通常取：

$$U_{BE}=0.7\ \text{V(硅管)}\quad U_{BE}=0.2\ \text{V(锗管)}$$

对于工作在放大区的晶体管，满足 $i_C=\bar{\beta}i_B+I_{CEO}$ 的关系. 如果把晶体管的输出特性曲线在放大区里一定范围看成是一簇平行线，那么可以认为在一定范围内 $\bar{\beta}$ 为常数；如果还满足 $\bar{\beta}i_B \gg I_{CEO}$，则可认为 $\beta=\bar{\beta}$. 因此在计算静态工作点时，可用式 9-8 计算：

$$I_{CQ}=\bar{\beta}I_{BQ}+I_{CEO}\approx\beta I_{BQ} \tag{9-8}$$

由此可以计算得到静态工作点 I_{BQ}，U_{BEQ}，I_{CQ} 及 U_{CEQ} 的值.

【例 9-2】 如例 9-2 图(a)所示，已知 BJT 的 $\beta=100$，$U_{BE}=-0.7$ V，试求该电路的静态工作点.

解 作其直流通路如例 9-2 图(b)所示.

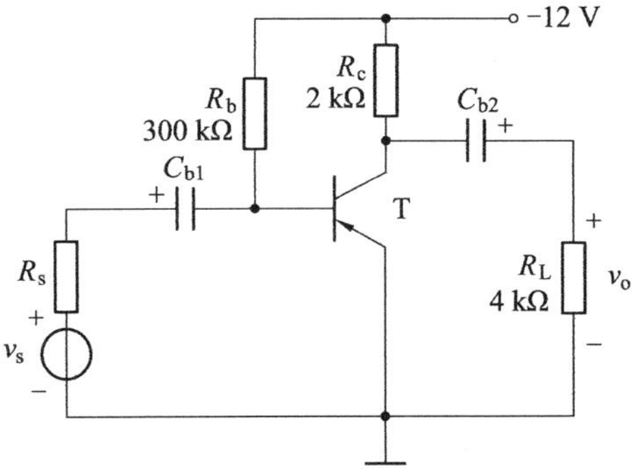

(a) 阻容耦合共射极放大电路

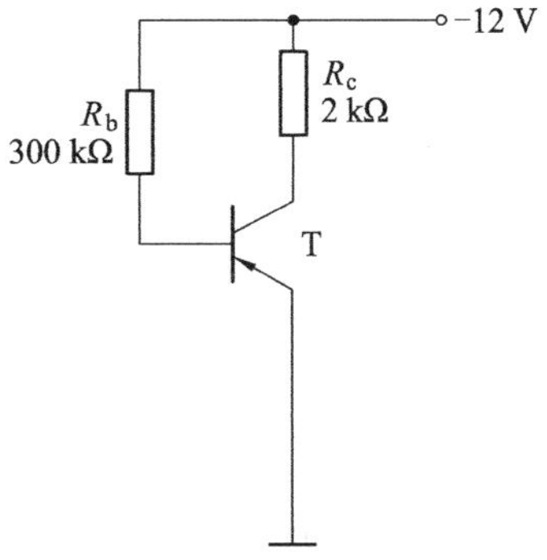

(b) 直流通路

例 9-2 图 阻容耦合共射极放大电路及其直流通路

则
$$I_{BQ}=\frac{V_{BB}-U_{BEQ}}{R_S+R_b}$$

由于电路采用了阻容耦合的方式，则 $R_S=0$

$$I_{BQ}=\frac{V_{CC}-U_{BEQ}}{R_b}=\frac{-12-(-0.7)}{300\ \text{K}}\approx-40\ \mu\text{A}$$

$$I_{CQ}=\beta I_{BQ}=100\times(-40)=-4\ \text{mA}$$

$$U_{CEQ}=V_{CC}-I_{RC}R_C=-12+4\times2=-4\ \text{V}$$

2. 晶体管的微变等效电路

要分析放大电路的放大倍数、输入电阻、输出电阻，就需要从交流通路入手. 当放大电路中只有信号源作用时，这样的电路称为交流通路，如图 9-10 所示.

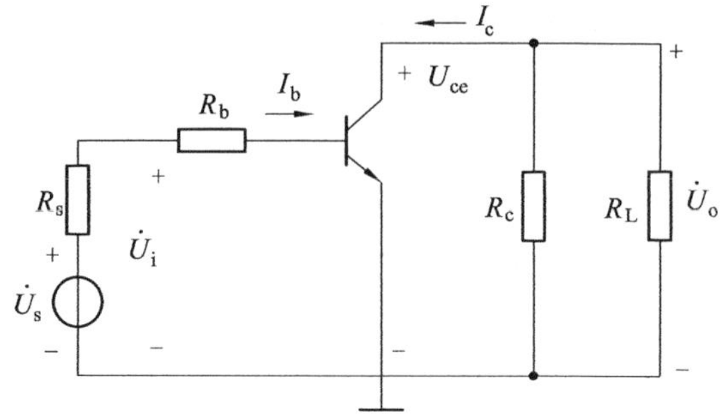

图 9-10　交流通路

当输入信号幅值比较小时，可以认为晶体管的工作点始终在特性曲线的直线范围内移动，此时晶体管的交流信号电压和电流都可以近似看作成按正比例变化，可将晶体管当作一个线性二端网络. 这时求出的等效电路称为晶体管的微变等效电路，如图 9-11 所示.

通常情况下，对于小功率晶体管常采用如下的电路进行等效，如图 9-12 所示.

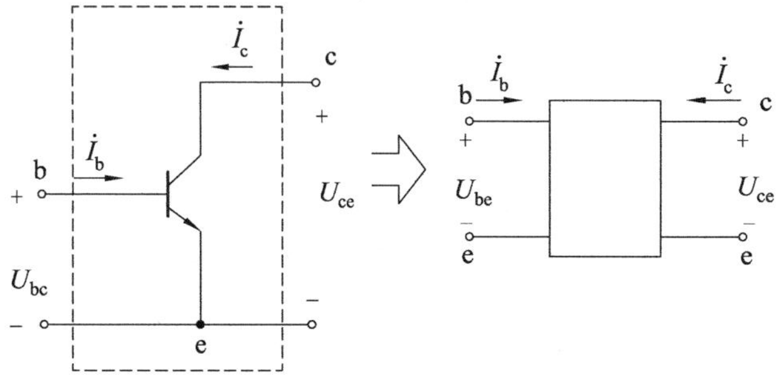

图 9-11　晶体管交流等效电路框图

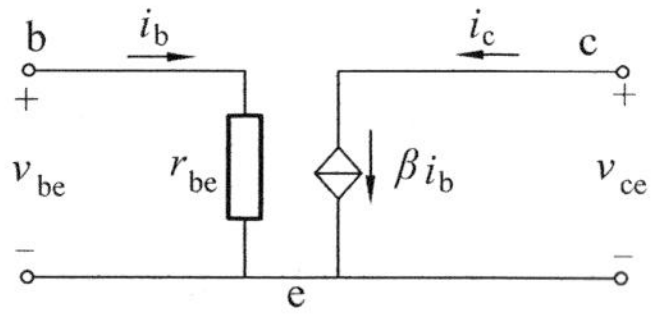

图 9-12　常用共射极放大电路微变等效电路

其中，β 可以通过特性曲线求出，r_{be} 常用近似公式计算，即

$$r_{be}=r_{bb'}+(1+\beta)\frac{U_T}{I_{EQ}} \tag{9-9}$$

式中，$r_{bb'}$ 为基区半导体的体电阻，可由手册查出，一般在无说明的情况下近似取 300 Ω；在常温下 U_T 可取 26 mV；I_{EQ} 为发射极的静态电流.

3. 放大电路主要参数计算

放大电路性能由三个重要性能指标来衡量，它们分别是电压放大倍数、输入电阻和输出电阻.

(1) 电压放大倍数

将图 9-13 中的共射极放大电路进行微变等效后得到如图 9-13(b)所示等效电路，根据元件数据手册查得 β 值，并计算得到 r_{be}.

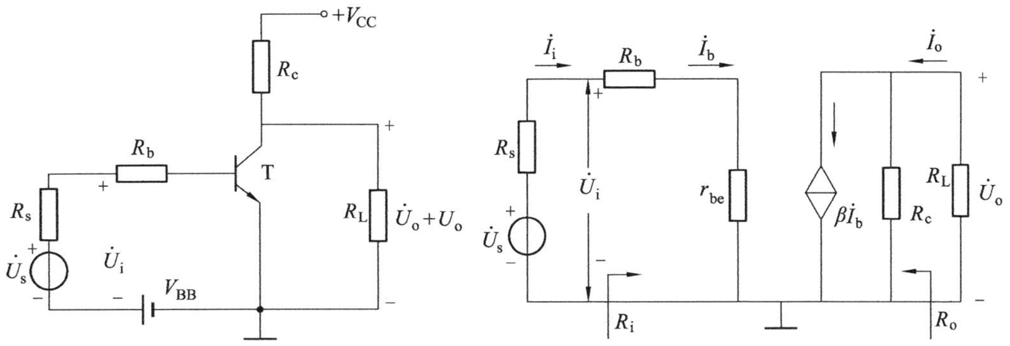

(a) 放大电路　　(b) 微变等效电路

图 9-13　共射极放大电路及其微变等效电路

电压放大倍数 $\dot{A}_u$ 是放大电路的重要指标之一.它表示放大器放大信号电压的能力，定义为输出正弦电压和输入正弦电压之比，即

$$\dot{A}_u=\frac{\dot{U}_o}{\dot{U}_i}=\frac{U_o\angle\varphi_o}{U_i\angle\varphi_i}=A_u\angle\varphi \tag{9-10}$$

式中，$A_u=U_o/U_i$（有效值之比），$\varphi=\varphi_o-\varphi_i$. 放大倍数亦常用增益来表示，单位是分贝(dB). 只要将放大倍数的模代入公式 $A_u=20\lg A_u$ 就可以换算为放大电路的增益.

可以使用放大电路的微变等效电路来计算电压放大倍数. 由微变等效电路图得

$$\dot{U}_i=\dot{I}_b(R_b+r_{be})$$

$$\dot{U}_o=-\beta\dot{I}_b(R_c/\!/R_L)=-\beta\dot{I}_bR'_L,R'_L=R_c/\!/R_L$$

所以

$$\dot{A}_u=\frac{\dot{U}_o}{\dot{U}_i}=\frac{-\beta\dot{I}_bR'_L}{\dot{I}_b(R_b+r_{be})}=-\frac{\beta R'_L}{R_b+r_{be}}$$

式中，负号表示输出电压信号 $\dot{U}_o$ 与输入电压信号 $\dot{U}_i$ 方向相反.

(2) 提高 A_u 的方法

① 增大 β；

② 增大交流负载电阻 R'_L；

③ 减小 R_b；

④ 增大静态发射极电流 I_{EQ} 来减小 r_{be}.

但实际上，$\dot{A}_u$ 与这些参数并不是简单的正比关系. 这些参数改变时还会相互影响，因此需要综合分析，调整有关参数以获得更高的电压放大倍数.

(3)电流放大倍数

电流放大倍数 $\dot{A}_i$ 表示放大器放大信号电流的能力，定义为输出电流 $\dot{I}_o$ 与输入电流 $\dot{I}_i$ 之比，即

$$\dot{A}_i=\frac{\dot{I}_o}{\dot{I}_i}=\frac{I_o\angle\varphi_o}{I_I\angle\varphi_i}=A_i\angle\varphi$$

根据微变等效电路可列出

$$\dot{I}_{\mathrm{i}}=\frac{\dot{U}_{\mathrm{i}}}{R_{\mathrm{b}}+r_{\mathrm{be}}},\dot{I}_{\mathrm{o}}=\frac{-\dot{U}_{\mathrm{o}}}{R_{\mathrm{L}}}$$

所以
$$\dot{A}_{\mathrm{i}}=\frac{\dot{I}_{\mathrm{o}}}{\dot{I}_{\mathrm{i}}}=\frac{-\dot{U}_{\mathrm{o}}}{R_{\mathrm{L}}}\cdot\frac{R_{\mathrm{b}}+r_{\mathrm{be}}}{\dot{U}_{\mathrm{i}}}=-\dot{A}_{\mathrm{u}}\frac{R_{\mathrm{b}}+r_{\mathrm{be}}}{R_{\mathrm{L}}}$$

(4) 输入、输出电阻

1) 输入电阻 R_{i}

输入电阻是衡量放大器对信号源影响的一个性能指标. 它定义为输入电压信号 $\dot{U}_{\mathrm{i}}$ 与输入电流信号 $\dot{I}_{\mathrm{i}}$ 之比,即

$$R_{\mathrm{i}}=\frac{\dot{U}_{\mathrm{i}}}{\dot{I}_{\mathrm{i}}}$$

信号源向放大器提供输入信号电压 $\dot{U}_{\mathrm{i}}$ 和输入信号电流 $\dot{I}_{\mathrm{i}}$,因此放大器就相当于信号源的一个负载电阻,即输入电阻 R_{i}. 根据微变等效电路可以计算共射极基本放大电路的输入电阻

$$R_{\mathrm{i}}=R_{\mathrm{b}}+r_{\mathrm{be}}$$

2) 输出电阻 R_{o}

输出电阻用来衡量放大器带负载能力的强弱. 当放大器将放大了的信号输出给负载电阻 R_{L} 时,对负载电阻来说,放大器可以等效为具有内阻 R_{o} 的信号源,由这个信号源向 R_{L} 输出电压、电流信号. R_{o} 称为放大器的输出电阻,它是从放大器输出端向放大器本身看的交流等效电阻. 求 R_{o} 时将输入信号源电压 $\dot{U}_{\mathrm{s}}$ 短接、负载电阻 R_{L} 开路,输出端外加信号电压 $\dot{U}_{\mathrm{o}}$,$\dot{U}_{\mathrm{o}}$ 向放大器输出回路送入电流 $\dot{I}'_{\mathrm{o}}$,R_{o} 为 $\dot{U}'_{\mathrm{o}}$ 与 $\dot{I}'_{\mathrm{o}}$ 之比,即

$$R_{\mathrm{o}}=\frac{\dot{U}'_{\mathrm{o}}}{\dot{I}'_{\mathrm{o}}}$$

根据微变等效电路可知

$$R_{\mathrm{o}}=R_{\mathrm{c}}$$

(5) 最大输出电压幅值 U_{omax}

根据计算分析,通常使用下式计算最大输出电压幅值:

$$U_{\mathrm{omax}}=\min\{U_{\mathrm{CEQ}}-U_{\mathrm{CES}},I_{\mathrm{CQ}}R'_{\mathrm{L}}\}$$

式中,$R'_{\mathrm{L}}=R_{\mathrm{c}}/\!/R_{\mathrm{L}}$,$U_{\mathrm{CEQ}}$ 和 I_{CQ} 根据静态工作点计算得到,通常近似估算时,U_{CES} 取 1 V (硅管).

【例 9-3】 对例 9-3 图(a)中的电路进一步分析求解,计算该电路的电压增益 $\dot{A}_{\mathrm{u}}$、输出电阻 R_{o} 和输入电阻 R_{i}.

解 画出其微变等效电路如例 9-3 图(b)所示.

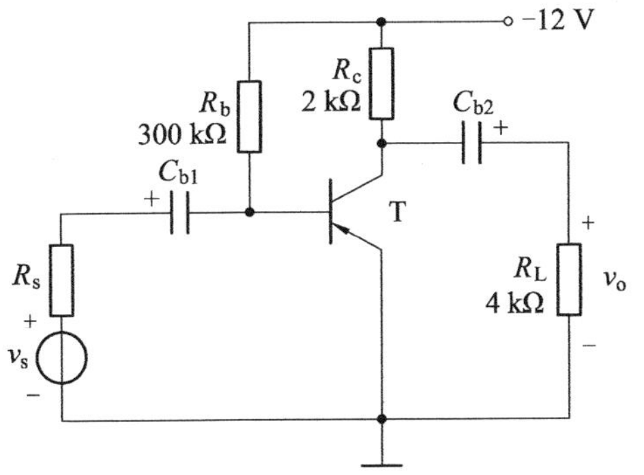

(a) 阻容耦合共射极放大电路

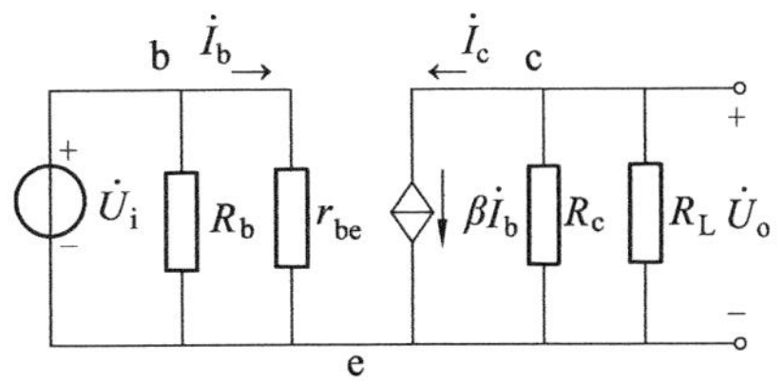

(b) 微变等效电路

例 9-3 图　阻容耦合共射极放大电路及其微变等效电路

其中 $r_{be}=r_{bb'}+(1+\beta)\dfrac{U_T}{I_{EQ}}=200+(1+100)\dfrac{26}{4}=865(\Omega)$

则
$$\dot{A}_u=\frac{-\beta(R_c/\!/R_L)}{r_{be}}\approx-155.6$$
$$R_i=R_b/\!/r_{be}\approx865(\Omega)$$
$$R_o=R_c=2000(\Omega)$$

【例 9-4】 在例 9-4 图(a)中的阻容耦合共射极放大电路中，晶体管 T 为硅管，$\beta=50$，$U_{CES}=1$ V. 耦合电容 C_1，C_2 为大容量电解电容. $R_s=100\ \Omega$，$R_b=265\ \text{k}\Omega$，$R_c=3\ \text{k}\Omega$，$R_L=3\ \text{k}\Omega$，$V_{CC}=+6$ V.

计算：(1) I_{BQ}，I_{CQ}及 U_{CEQ}的值；

(2) $\dot{A}_u$，R_o，R_i 的值；

(3) U_{omax}.

解　(1) 对于直流通路，耦合电容 C_1，C_2 的容抗无穷大，相当于开路. 令交流信号源 $\dot{U}_s$ 短路，得到直流通路如例 9-4 图(b)所示. 根据直流通路可以求出

$$I_{BQ}=\frac{V_{CC}-U_{BEQ}}{R_b}=\frac{6-(0.7)}{265}=0.02\ \text{mA}$$
$$I_{CQ}=\beta I_{BQ}=50\times0.02=1\ \text{mA}$$
$$U_{CEQ}=V_{CC}-I_{Rc}R_c=6-1\times3=3\ \text{V}$$

由于电路采用了阻容耦合的方式，信号源内阻、负载电阻均不影响静态工作点.

(2) 耦合电容 C_1，C_2 的容量很大，在信号源频率足够高时，可以认为电容的阻抗非常小，同与之串联的电阻相比可以忽略，看成短路，得到其交流通路，转化为微变等效电路，如例 9-4 图(c)所示. 根据微变等效电路计算放大电路的性能指标.

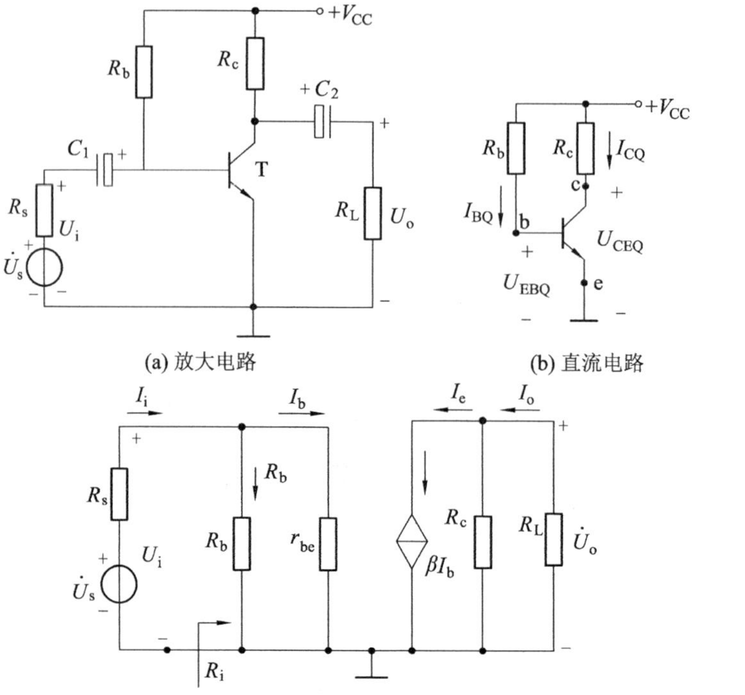

(a) 放大电路 (b) 直流电路

(c) 微变等效电路

例 9-4 图 阻容耦合共射极放大电路

① 电压放大倍数 $\dot{A}_u$

$$r_{be}=r_{bb'}+(1+\beta)\frac{U_T}{I_{EQ}}=300+(1+50)\frac{26}{1.02}=1600\ \Omega$$

$$\dot{U}_i=\dot{I}_b r_{be},\dot{U}_o=-\beta\,\dot{I}_b(R_c/\!/R_L)$$

则
$$\dot{A}_u=\frac{\dot{U}_o}{\dot{U}_i}=\frac{-\beta\dot{I}_b(R_c/\!/R_L)}{\dot{I}_b r_{be}}=\frac{-\beta(R_c/\!/R_L)}{r_{be}}=\frac{-50\times(3/\!/3)}{1.6}=-46.9$$

② 输入电阻 R_i

$$R_i=R_b/\!/r_{be}\approx 1.6\ \text{k}\Omega$$

③ 输入电阻 R_o

$$R_o=R_c=3\ \text{k}\Omega$$

(3) 计算不失真电压输出幅值 U_{omax}

$$U_{omax}=\min\{U_{CEQ}-U_{CES},I_{CQ}(R_c/\!/R_L)\}$$

其中
$$U_{CEQ}-U_{CES}=3-1=2\ \text{V}$$

$$I_{CQ}(R_c/\!/R_L)=1\times(3/\!/3)=1.5\ \text{V}$$

则

$$U_{omax}=1\ \text{V}$$

思考与练习

1. 习题1图为共射放大电路，其中 $U_{CC}=12$ V，三极管的电流放大系数 $\beta=40$，$r_{be}=1$ kΩ，$R_b=300$ kΩ，$R_c=4$ kΩ，$R_L=4$ kΩ. 求：(1) 接入负载电阻 R_L 前、后的电压放大倍数；(2) 输入电阻 r_i 和输出电阻 r_o

2. 在习题2图示电路中，已知晶体管的 $\beta=80$，$r_{be}=1$ kΩ，$U_i=20$ mV；静态时 $U_{BE}=0.7$ V，$U_{CE}=4$ V，$I_B=20$ μA. 求：(1) 电压放大倍数；(2) 输入电阻；(3) 输出电阻.

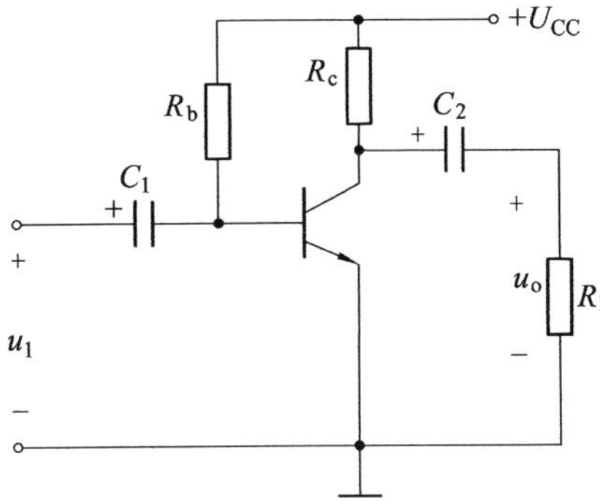

习题1图

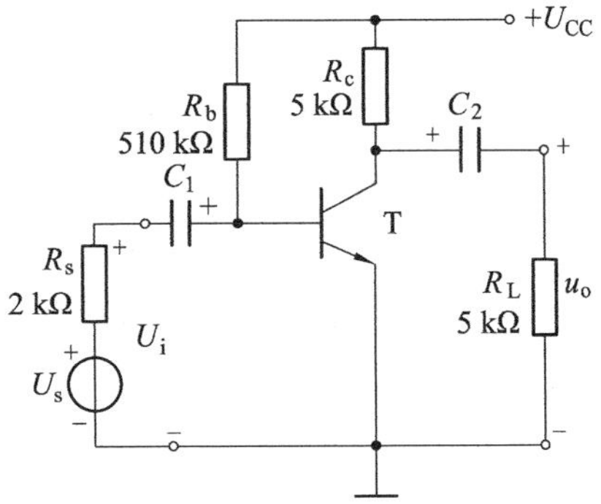

习题2图

3. 电路如习题3图所示，晶体管的 $\beta=50$，$r_{be}=1$ kΩ，$U_{BE}=0.7$ V. 求：(1) 电路的静态工作点Q；(2) 电路的电压放大倍数 $\dot{A}_u$.

4. 电路如习题4图所示，晶体管的 $\beta=60$，$r_{be}=1$ kΩ，$U_{BE}=0.7$ V. 求：(1) 静态工作点Q；(2) $\dot{A}_u$，r_i 和 r_o.

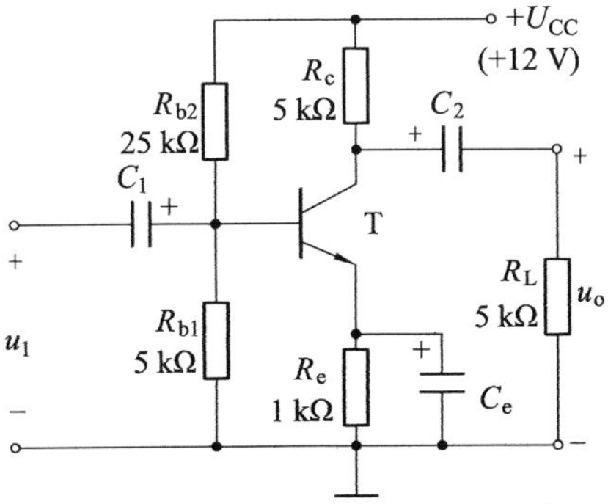

习题3图

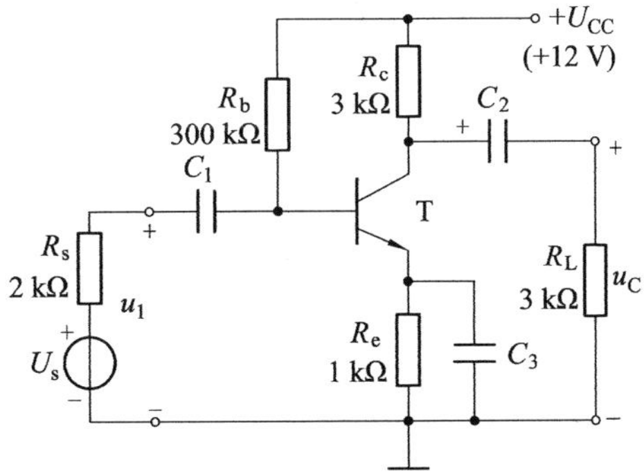

习题4图

任务3 基本放大电路

任务描述：了解基本放大电路；
掌握共集电极放大电路的分析计算方法；
掌握共基极放大电路的分析计算方法；
掌握三种放大电路的特点.

任务分析：除了前面介绍的共射极放大电路外，如果将晶体管的集电极和基极作为输入回路和输出回路的公共端，还可以组成共集电极放大电路和共基极放大电路. 不同连接形式的放大电路分析计算方法基本相同，但不同连接方法的放大电路性能却有较大的差别.

阶段1 共集电极放大电路

如图9-14所示是一个共集电极放大电路及其交流通路. 从交流通路中可以看出：由于直流电源对信号近似短路，这时输入信号加在b极与c极之间，e极和c极之间输出电压，集电极成为输入回路和输出回路的公共端，因为由发射极向负载电阻 R_L 输出信号，且电压放大倍数接近1，故又称其为射极跟随器.

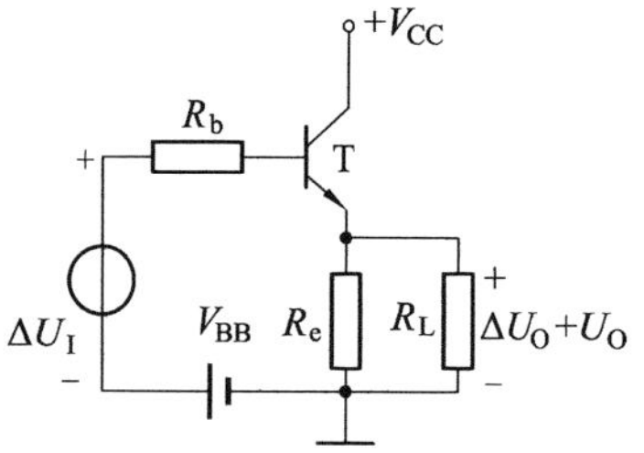

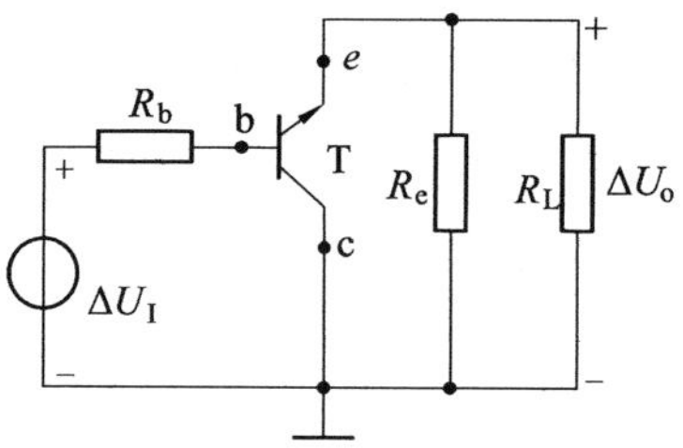

图9-14 共集电极放大电路及其交流通路

1. 静态工作点的计算

共集电极放大电路的直流通路如图9-15所示，可计算得：

$$I_{BQ}=\frac{V_{BB}-U_{BE}}{R_b+(1+\beta)(R_e/\!/R_L)}$$

$$I_{CQ}=\beta I_{BQ},I_{EQ}=(1+\beta)I_{BQ}$$

$$U_{CE}=V_{CC}-I_{EQ}(R_e/\!/R_L)\approx V_{CC}-I_{CQ}(R_e/\!/R_L)$$

2. 电压放大倍数

共集电极放大电路微变等效电路如图9-16所示。

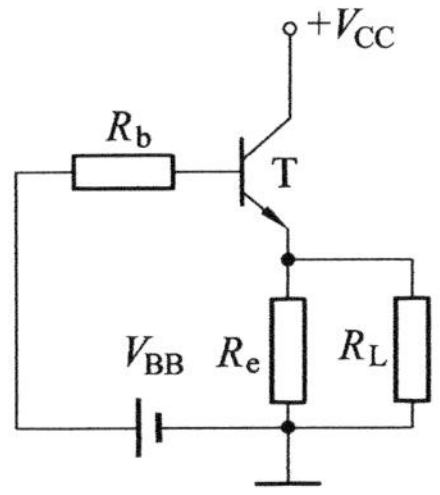

图 9-15　共集电极放大电路直流通路

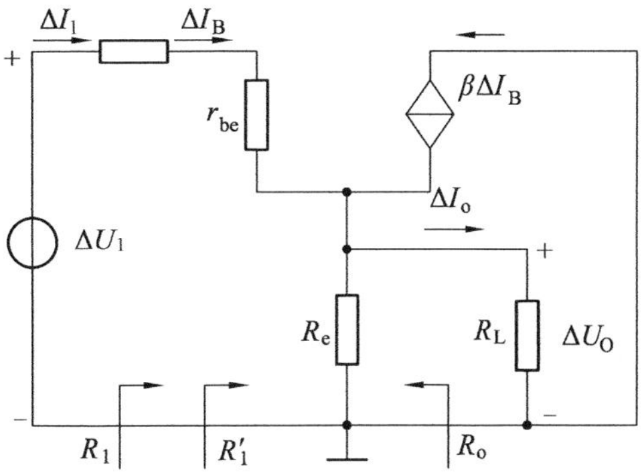

图 9-16　共集电极放大电路微变等效电路

由交流通路可知：

$$\Delta U_I = \Delta I_B(R_b + r_{be}) + (1+\beta)\Delta I_B R_L'$$

$$R_L' = R_e /\!/ R_L$$

$$\Delta U_O = (1+\beta)\Delta I_B R_L'$$

所以
$$A_u = \frac{\Delta U_O}{\Delta U_I} = \frac{(1+\beta)R_L'}{R_b + r_{be} + (1+\beta)R_L'}$$

由上式可知：共集电极放大电路的电压放大倍数小于 1，且输出信号和输入信号同向.

3. 电流放大倍数

由微变等效电路可知：

$$A_i = \frac{\Delta I_O}{\Delta I_I} = \frac{R_e}{R_e + R_L}\Delta I_E / \Delta I_B = \frac{R_e(1+\beta)}{R_e + R_L}$$

在实际电路中，只要参数配置合适，A_i 就有可能大于 1.

4. 输入电阻 R_i

由微变等效电路可得

$$R_i = \frac{\Delta U_I}{\Delta I_I} = R_b + r_{be} + (1+\beta)(R_e /\!/ R_L)$$

5. 输出电阻 R_o

将微变等效电路中的 ΔU_I 短接、负载 R_L 开路，外加信号源 $\Delta U_O'$，得到如图 9-17 所示计算 R_o 的等效电路图.

由图 9-17 可知，由于 $\Delta U_O'$的作用，使晶体管内有电流流过，因此受控电流源不能按开路处理. 根据电路列出：

$$\Delta I_O' = \Delta I_E' + \Delta I_{R_e}',\quad \Delta I_E' = (1+\beta)\Delta I_B'$$

$$\Delta I_B' = \frac{\Delta U_O'}{R_b + r_{be}},\quad \Delta I_{R_e}' = \frac{\Delta U_O'}{R_e}$$

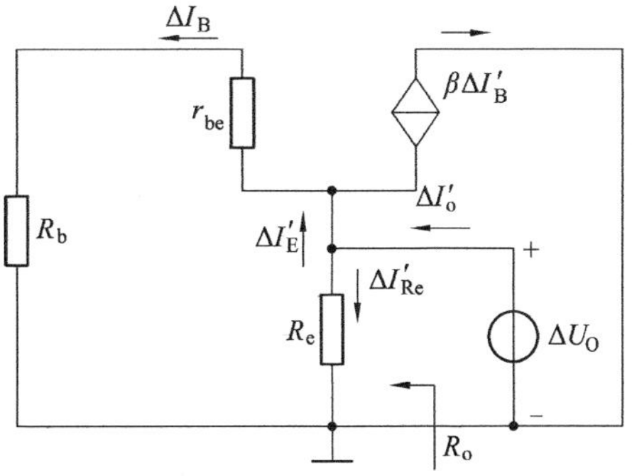

图 9-17　计算 R_o 的等效电路

$$R_o=\frac{\Delta U'_O}{\Delta I'_O}=\frac{\Delta U'_O}{\Delta I'_{R_e}+(1+\beta)\Delta I'_B}=\frac{1}{\dfrac{1}{R_e}+\dfrac{1+\beta}{R_b+r_{be}}}$$

$$R_o=R_e/\!/\frac{R_b+r_{be}}{1+\beta}$$

式中，R_b+r_{be}是流过基极电流 $\Delta I'_B$的基极回路的总电阻. 在大对数情况下 $R_e\gg\dfrac{R_b+r_{be}}{1+\beta}$，所以有：

$$R_o\approx\frac{R_b+r_{be}}{1+\beta}$$

【例 9-5】 在例 9-5 图Ⅰ所示的射极跟随器中，已知晶体管的 $\beta=100$，$U_{BE}=0.6$ V. 计算其 A_{us}，R_i，R_o.

解 画出其直流通路如例 9-5 图Ⅰ(b)所示，将其使用戴维南定理等效，化简后的等效电路如例 9-5 图Ⅰ(c)所示. 从中可以计算出 I_{EQ}和 r_{be}.

$$U_{BA}=\frac{R_{b2}+R_s}{R_{b1}+R_{b2}+R_s}V_{CC}=\frac{40+0.1}{60+40+0.1}\times 9\approx 3.6\text{ V}$$

$$R_b=R_{b1}/\!/(R_{b2}+R_s)=60/\!/(40+0.1)\approx 24\text{ k}\Omega$$

所以

$$I_{BQ}=\frac{V_{BA}-U_{BE}}{R_b+(1+\beta)(R_e/\!/R_L)}=\frac{3.6-0.6}{24+101\times 1.5}=0.0171\text{ mA}$$

$$I_{EQ}=(1+\beta)I_{BQ}\approx 1.71\text{ mA}$$

$$r_{be}=r_{bb'}+(1+\beta)\frac{U_T}{I_{EQ}}=300+\frac{101\times 26}{1.71}\approx 1.8\text{ k}\Omega$$

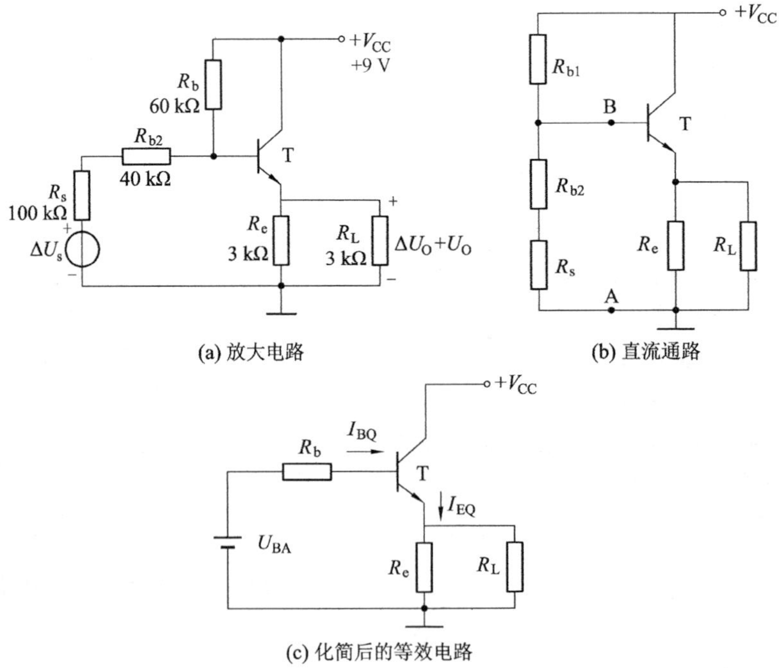

例 9-5 图Ⅰ 射极跟随器

画出其微变等效电路如例 9-5 图Ⅱ所示，可得：

$$\Delta U_O=(1+\beta)\Delta I_B(R_e /\!/ R_L)$$

$$\Delta U_I=\frac{R_{b2}+(R_{b1} /\!/ R_i')}{R_{b1} /\!/ R_i'}\Delta U_I'$$

$$R_i'=r_{be}+(1+\beta)(R_e /\!/ R_L)=1.8+101\times1.5=153.3\ \text{k}\Omega$$

$$\Delta U_I'=\Delta I_B[r_{be}+(1+\beta)(R_e /\!/ R_L)]$$

所以

$$A_u=\frac{\Delta U_O}{\Delta U_I}=\frac{(1+\beta)(R_e /\!/ R_L)}{r_{be}+(1+\beta)(R_e /\!/ R_L)}\cdot\frac{R_{b1} /\!/ R_i'}{R_{b2}+(R_{b1} /\!/ R_i')}$$

$$=\frac{101\times1.5}{1.8+101\times1.5}\times\frac{60 /\!/ 153.3}{40+(60 /\!/ 153.3)}=0.51$$

$$R_i=R_{b2}+(R_{b1} /\!/ R_i')=40+(60 /\!/ 153.3)=83.12\ \text{k}\Omega$$

$$A_{us}=A_u\cdot\frac{R_i}{R_s+R_i}=0.51\times\frac{83.12}{83.22}\approx0.51$$

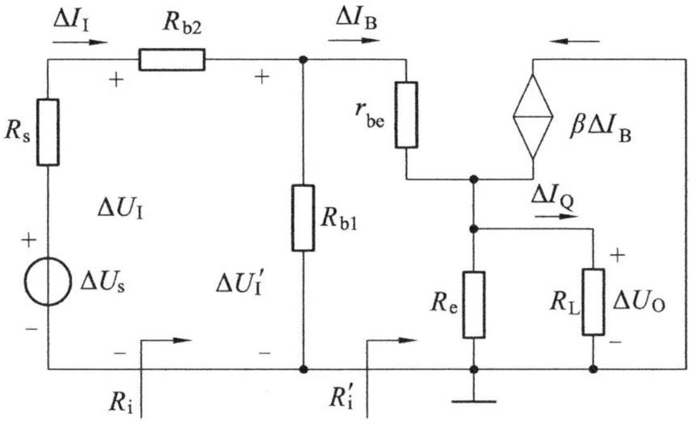

例 9-5 图Ⅱ 射极跟随器微变等效电

根据 R_o 的定义画出计算 R_o 的等效电路，如例 9-5 图Ⅲ所示。

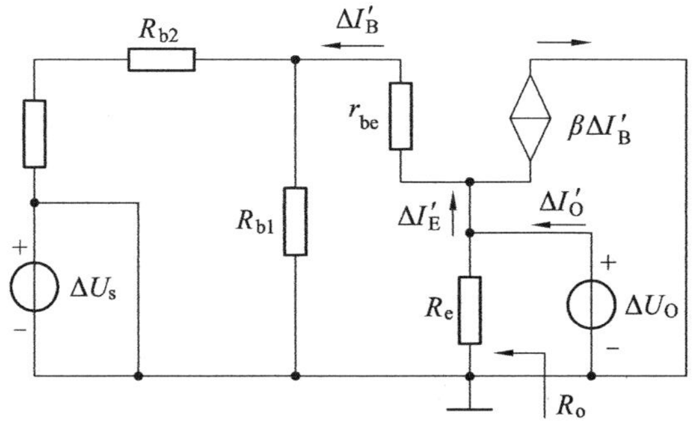

例 9-5 图Ⅲ 计算 R_o 的等效电路

$$R_o=R_e /\!/ \frac{r_{be}+[R_{b1} /\!/ (R_{b2}+R_s)]}{1+\beta}=3 /\!/ \frac{1.8+[60 /\!/ (40+0.1)]}{1+100}=236\ \Omega$$

阶段 2 共基极放大电路

如图 9-18 所示是一个共基极放大电路及其交流通路. 电路中输入信号加在 b 极与 e

极之间，b 极和 c 极之间输出电压，基极成为输入回路和输出回路的公共端.

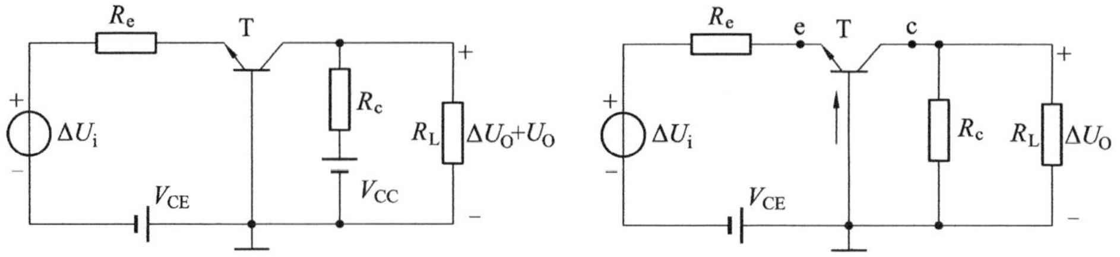

(a) 放大电路　　　　(b) 交流通路

图 9-18　共基极放大电路及其交流通路

1. 静态工作点的计算

将输入信号 ΔU_I 短接，就得到了共基极放大电路的直流通路，如图 9-19 所示.

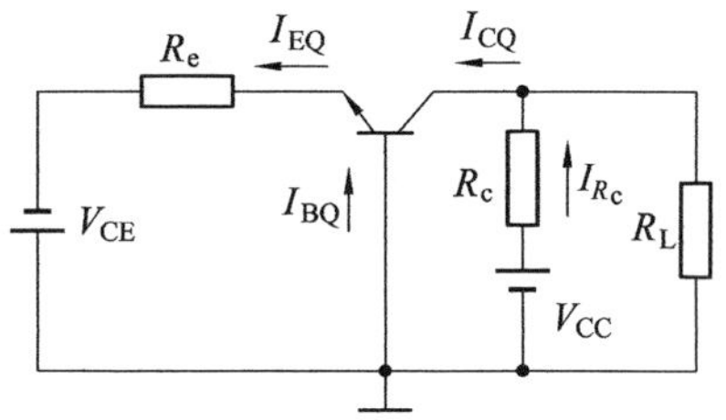

图 9-19　共基极放大电路的直流通路

根据电路可得：

$$I_{EQ}=\frac{V_{EE}-U_{BE}}{R_e},\ I_{BQ}=\frac{I_{EQ}}{1+\beta},\ I_{CQ}=\frac{\beta}{1+\beta}I_{EQ}$$

$$V_{CC}=I_{R_c}R_C+(I_{R_c}-I_{CQ})R_L$$

可求出

$$I_{R_c}=\frac{V_{CC}+I_{CQ}R_L}{R_c+R_L}$$

又因为

$$U_C=V_{CC}-I_{R_c}R_c,U_E=0-U_{BE}$$

故

$$U_{CEQ}=U_C-U_E=V_{CC}-I_{R_c}R_c+U_{BE}$$

2. 电压放大倍数

共基极放大电路微变等效电路如图 9-20 所示.

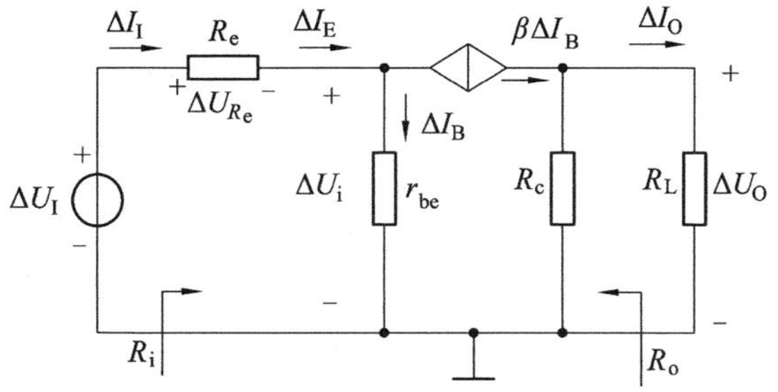

图 9-20　共基极放大电路微变等效电路

由微变等效电路可得

$$\Delta U_I=\Delta I_E R_e+\Delta I_B r_{be}$$

$$\Delta U_O=\beta\Delta I_B(R_c/\!/R_L)$$

所以

$$A_u=\frac{\Delta U_O}{\Delta U_I}=\frac{\beta(R_c/\!/R_L)}{r_{be}+(1+\beta)R_e}$$

3. 电流放大倍数

$$A_i=\frac{\Delta I_O}{\Delta I_I}=\frac{R_c}{R_c+R_L}\beta\frac{\Delta I_B}{\Delta I_E}=\frac{\beta R_c}{(1+\beta)(R_c+R_L)}$$

4. 输入电阻

$$R_i=\frac{\Delta U_I}{\Delta I_I}=\frac{\Delta U_{R_e}+\Delta U_I'}{\Delta I_I}=\frac{\Delta U_{R_e}}{\Delta I_I}+\frac{\Delta U_I'}{(1+\beta)\Delta I_B}$$

即

$$R_i=R_e+\frac{r_{be}}{1+\beta}$$

5. 输出电阻

由微变等效电路不难看出

$$R_o=R_c$$

阶段3　三种基本放大电路的比较

以上分别讨论了共射、共集和共基三种放大电路.现将三种接法的基本放大电路的主要特点总结如下：

(1) 共射极放大电路的电压放大倍数较大，而且输出信号电压与输入信号电压方向相反；其电流放大倍数也较大，输入、输出电阻适中.这种放大电路通常应用在对输入、输出电阻无特殊要求的情形下，作为一般低频多级放大电路的输入级、中间级或者输出级.

(2) 共集电极放大电路的电压放大倍数总是小于1，而且输出信号电压与输入信号电压方向相同.虽然共集电极放大电路不能放大电压，但其电流放大倍数较大，可以放大电流或功率；其输入电阻较大，输出电阻较小.该电路通常应用于多级放大电路中，作为高输入阻抗的输入级、低输出阻抗的输出级，或者作为实现阻抗变换的缓冲级.

(3) 共基极放大电路的电压放大倍数较大，输出信号电压与输入信号电压方向相同.它的电流放大倍数小于1，其输入电阻小，输出电阻适中.由于该电路的频率特性好，常用于宽频带放大器和高频放大器.

思考与练习

1. 射极输出器可以用作多级放大器的输入级，是因为射极输出器的____________.

2. 射极输出器可以用作多级放大器的输出级，是因为射极输出器的____________.

3. 射极输出器的主要特点是电压放大倍数小于1而接近于1，______________、______________.

4. 共集放大电路(射极输出器)的________极是输入、输出回路公共端.

5. 共集放大电路(射极输出器)是由信号从________极输出而得名.

情境小结

放大器是一种用来放大信号的装置，是电子设备中使用广泛的一类功能电路.在手机、电脑、音响器件等大部分电子器件中都有应用.本情景主要讲解了基本放大电路的功能、组成和工作原理，分析基本放大电路的工作状态，介绍晶体管放大电路的分析方法，微变等效电路的转换及主要参数的计算，介绍三种常见的基本放大电路结构和分析计算方法.

1. 放大电路的功能及组成

(1) 放大电路的基本功能

放大电路的基本功能是将微弱的电信号(电压、电流或功率)放大到所需要的数值.

(2) 放大电路的性能指标

放大电路的主要性能指标有放大倍数、输入电阻、最大不失真输出电压、非线性失真系数、通频带、最大输出功率和效率.不同放大电路对性能指标的侧重也不同.

2. 放大电路的计算方法

(1) 图解法

图解法是利用晶体管的特性曲线,用作图的方法分析,作图法一般只能大致分析放大电路参数而无法定量计算,其分析步骤如下:

1) 图解法分析静态工作情况

① 画出放大电路的直流通路;

② 利用输入特性曲线和输入回路电压方程确定 I_{BQ},U_{BEQ};

③ 利用输出特性曲线和输出回路电压方程确定 I_{CQ},U_{CEQ}.

2) 图解法分析动态工作情况

利用输入特性曲线和输入回路电压方程画出 i_B 和 u_{BE}的波形;

利用输出特性曲线和输出回路电压方程画出 i_C 和 u_{CE}的波形.

(2) 计算法

对于一般放大电路输入信号幅值不大,一般采用计算法分析放大电路及其相关的性能指标,其分析步骤如下:

1) 静态工作点的计算(I_{BQ},U_{BEQ},I_{CQ}及 U_{CEQ}的计算)

$$I_{BQ}=\frac{V_{BB}-U_{BEQ}}{R_S+R_b}$$

$$U_{CEQ}=V_{CC}-I_{R_C}R_C$$

$$U_{BE}=0.7\text{ V(硅管)}\qquad U_{BE}=0.2\text{ V(锗管)}$$

$$I_{CQ}=\bar{\beta}I_{BQ}+I_{CEO}\approx\beta I_{BQ}$$

2) 晶体管的微变等效电路

为方便晶体管通入交流信号时的分析,将晶体管进行等效得到其微变等效电路,对于小功率晶体管常采用如下的电路进行等效.

常用共射极放大电路微变等效电路见图 1.

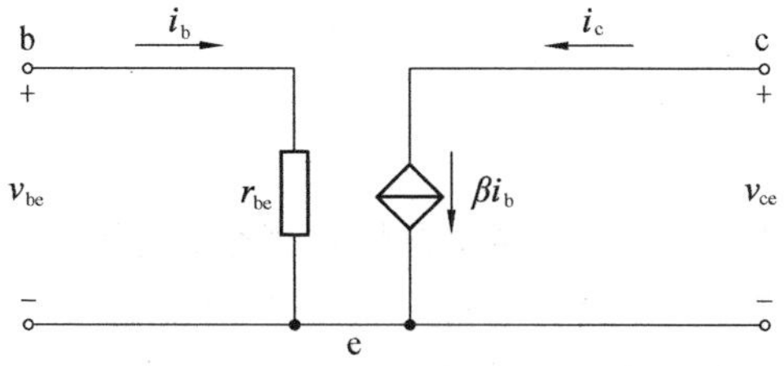

图 1 常用共射极放大电路微变等效电路

其中

$$r_{be}=r_{bb}+(1+\beta)\frac{U_T}{I_{EQ}}$$

3) 放大电路主要参数计算

① 电压放大倍数

$$\dot{A}_u=\frac{\dot{U}_O}{\dot{U}_i}=\frac{-\beta\dot{I}_bR'_L}{\dot{I}'_b(R_b+r_{be})}=\frac{-\beta R'_L}{R_b+r_{be}}$$

② 电流放大倍数

$$\dot{A}_i=\frac{\dot{I}_O}{\dot{I}_i}=\frac{-\dot{U}_O}{R_L}\cdot\frac{R_b+r_{be}}{\dot{U}_i}=-\dot{A}_u\frac{R_b+r_{be}}{R_L}$$

③ 输入电阻 R_i

$$R_i=R_b+r_{be}$$

④ 输出电阻 R_o

$$R_o=R_C$$

⑤ 最大输出电压幅值 U_{omax}

$$U_{omax}=\min\{U_{CEQ}-U_{CES},I_{CQ}R'_L\}$$

3. 三种放大电路的接法及其对比

(1) 共射极放大电路的电压放大倍数较大,而且输出信号电压与输入信号电压方向相反;其电流放大倍数也较大,输入输出电阻适中.这种放大电路通常应用在对输入输出电阻无特殊要求的情形下,作为一般低频多级放大电路的输入级、中间级或者输出级.

(2) 共集电极放大电路的电压放大倍数总是小于1的,而且输出信号电压与输入信号电压方向相同.虽然共电集极放大电路不能放大电压,但其电流放大倍数较大,可以放大电流或功率;其输入电阻较大,输出电阻较小.该电路通常应用于多级放大电路中,作为高输入阻抗的输入级,低输出阻抗的输出级,或者作为实现阻抗变换的缓冲级.

(3) 共基极放大电路的电压放大倍数较大,输出信号电压与输入信号电压方向相同.它的电流放大倍数小于1,其输入电阻小,输出电阻适中.由于该电路的频率特性好,常用于宽频带放大器和高频放大器.

学习情境10 集成运算放大器

本情境主要介绍集成电路及其特点，以及差动式运算放大器、集成运算放大器.

任务1 集成电路

任务描述：了解集成电路；
了解集成电路的特点.

任务分析：集成电路因其体积小、性能好、集成度高等特点被广泛地应用在我们的生活中，宽泛地说，目前绝大多数电子器件都用到了集成电路. 本节我们将简单介绍集成电路.

阶段1 集成电路简介

集成电路是20世纪60年代初期发展起来的一种新型电子器件. 应用半导体制造工艺把晶体管、场效应管、电阻、小容量电容等器件以及它们之间的连线都集成到一块硅晶片上然后封装在管壳里，这样做成的具有特定功能的电子电路称为集成电路. 它的特点是体积小、重量轻、性能好、功耗低、可靠性高.

集成电路按功能可分为模拟集成电路和数字集成电路两大类. 模拟集成电路可按其特点分为集成运算放大器、集成稳压电源、集成功率放大器以及一些其他种类的集成电路.

在模拟电路中发展最早、应用最广泛的是集成运算放大器，它是一种高倍数的直接耦合放大电路. 由于它最初用于数值运算，所以称为运算放大器. 如今它的应用早已不局限于运算，而是发展成为一种性能良好、应用广泛的电子器件.

随着科学技术的发展，按应用性质的不同，集成电路可分为通用型集成电路和专用型集成电路. 通用型集成电路是指那些用户众多、使用领域广泛、标准型的电路. 专用型集成电路是指为特殊用户、某种专门或特别的用途而设计制作的电路.

阶段2 集成电路中的元件

为了能够正确使用集成组件，我们要学习模拟集成电路的电路组成、工作原理、性能特点、参数等. 在学习电路之前，首先需要简单了解集成电路中的元件.

1. 晶体管

集成电路都是做在硅片上的，所以其中的晶体管都是硅管，可以做成NPN型，也可以做成PNP型.

(1) NPN 型三极管

NPN 型三极管的结构如图 10-1(a)所示. 它的制造过程:以 P 型硅片为衬底,在其上"生长"一个 N 型的"外延"层作为三极管的集电区;在 N 型外延层上用"掩膜选择扩散"技术制作一个 P 型区作为基区,然后在 P 型基区上面再选择扩散一个高浓度的 N 型区作为发射区;三个区的电极引出线都从硅片上部引出,这样就制成一个 NPN 型三极管. 各个区的尺寸大小和掺杂浓度不同,就可以得到不同参数的三极管.

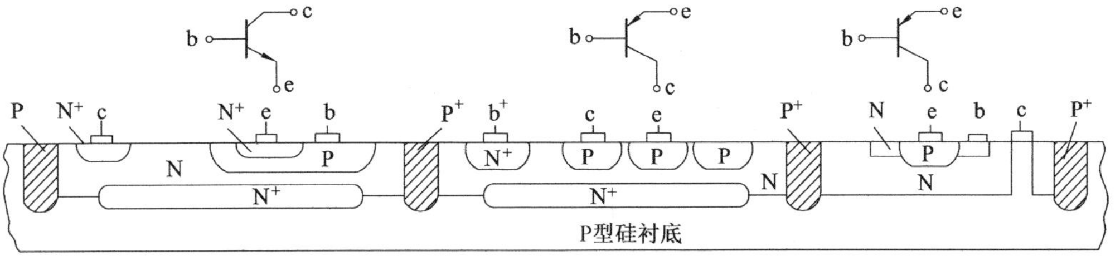

(a) NPN型三极管 (b) 横向PNP型三极管 (c) 纵向PNP型三极管

图 10-1 集成电路中三极管剖面图

(2) PNP 型三极管

集成电路中的 PNP 型三极管有两种. 一种叫作横向 PNP 型三极管,结构如图 10-1(b)所示,它以 N 型外延层作为基区,P 型的发射区和集电区则与 NPN 型管的基区同时做成,集电区包围着发射区,中间夹着 N 型基区,发射区的载流子空穴沿着平行于硅片表面的方向通过发射结注入基区,并扩散到集电区,因此称为横向管. 另一种叫作纵向 PNP 型三极管,结构如图 10-1(c)所示,它以 P 型硅片衬底作为集电区,N 型外延层作为基区,把与制造 NPN 管基区同时做成的 P 区作为发射区,这种三极管的集电极就是 P 型衬底,而出于隔离的目的,这个 P 型衬底必须接电路的最低点位,这使得纵向 PNP 型管的应用受到了很大限制.

(3) 二极管

集成电路中的二极管都是用三极管以一定方式连接而成的,较常见的是将三极管的基极与集电极相连来构成二极管,如图 10-2 所示.

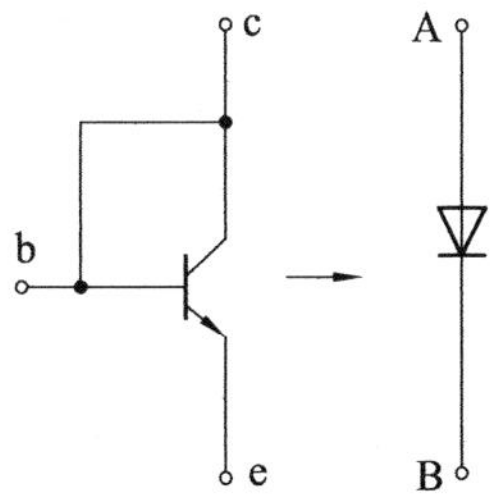

图 10-2 三极管连接成二极管

2. 电阻

集成电路中常用的电阻是扩散电阻,它是 N 型外延层上一个条状 P 型区,这个 P 型区与 NPN 型三极管的基区同时扩散而成. 电阻的阻值由该 P 型区的长度、截面积和杂质浓度决定,阻值越大的电阻,占用硅片面积也越大.

3. 电容

集成电路中的电容有两种,一种是 PN 结电容,如图 10-3(a)所示,P 型区作为电容器的一个极板,由 A 端引出,P 型区上面的 N^+ 区是电容器的另一个极板,由 B 端引出,P 区与 N^+ 区的交界处存在 PN 结电容. 另一种是介质电容,如图 10-3(b)所示,P 区为一个极板,由 A 端引出,P 区上边有一层二氧化硅作为介质,在二氧化硅表面做一层金属膜 B,作为电容器的另一个极板. 集成电路中的电容都是小容量的电容.

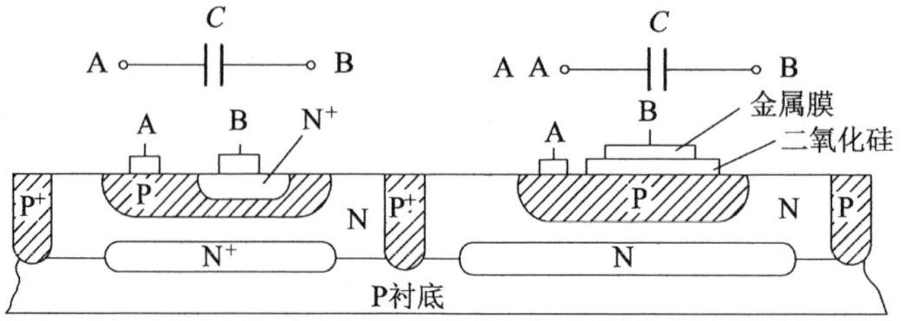

(a) PN结电容　　(b) 介质电容

图 10-3　集成电路中的电容

阶段 3　模拟集成电路的结构特点

由于制造工艺方面的原因,模拟集成电路具有下面的特点:

(1) 由于集成块中不能制作大容量的电容器,所以电路中常采用直接耦合方式.

(2) 为了克服直接耦合的温漂,采用了补偿手段,典型的补偿电路是差动放大电路.它利用两个晶体管的对称性来抑制温漂.

(3) 大量采用晶体管或场效应管构成恒流源,代替大阻值的电阻,或者用来设置静态工作点的电流.

(4) 采用复合管的接法改进单管的性能.

(5) 集成电路中元件是在同样的条件下,用标准工艺制成的,因此同类元件的相对误差小.由于它们的匹配性好,性能比较一致,因而特别适用于制作对称结构电路.

思考与练习

1. 查阅相关资料,了解除了本节中介绍的集成电路外还有哪些常用的集成电路.
2. 简单说明集成电路中的各种电子元件都是如何制成(集成)在电路中的.
3. 集成电路有什么特点?

任务 2　差动式放大电路

任务描述: 了解差动式运放电路的组成及工作原理;
了解差动式运放电路的特点.

任务分析: 集成运算放大器是一种高放大倍数的直接耦合多级放大器,直接耦合放大电路既可以放大交流信号,又可以放大直流信号和变化缓慢的信号,同时便于大规模集成.但直接耦合放大电路在实际应用中,由于温度、频率、元件参数的变化等因素的影响,当输入信号为零时,输出端的电位会产生缓慢而不规律的波动.这种输入电压为零而输出电压不为零的现象称为零点漂移.差动电路能够有效地抑制零点漂移.

阶段1 基本差动式放大电路

1. 工作原理

基本差动式放大电路(图10-4)由两个相同的共射单管放大电路组成,信号从两个管子的集电极之间输出,称为双端输出方式. 该电路中 T_1 管和 T_2 管特性完全一致,两个电路的电阻和温度特性也是完全对称的.

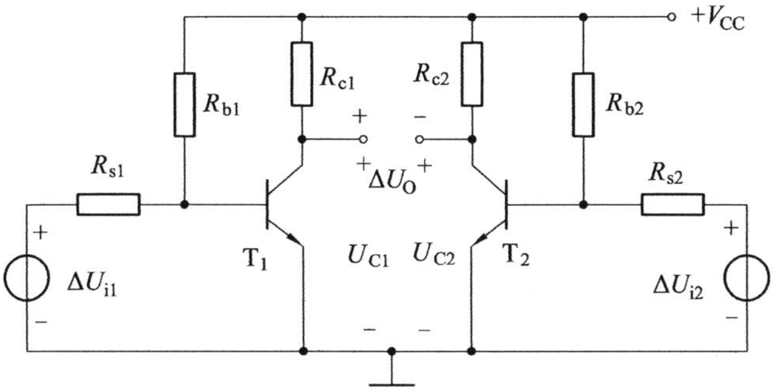

图10-4 基本差动放大电路

当输入信号 Δu_{i1} 和 Δu_{i2} 大小相等、极性相同(称为共模信号)时,由于电路参数对称,T_1 管和 T_2 管所产生的电流变化相等,即 $\Delta i_{B1}=\Delta i_{B2}$,$\Delta i_{C1}=\Delta i_{C2}$,因此集电极电位的变化也相等,即 $\Delta u_{C1}=\Delta u_{C2}$. 而输出电压是 T_1 管和 T_2 管集电极电位差,所以输出电压 $\Delta u_O=(U_{C1}-\Delta u_{C1})-(U_{C2}-\Delta u_{C2})=U_{C1}-U_{C2}$,差动放大电路对共模信号无放大作用.

要放大信号,需将输入分为大小相等、极性相反(差模信号)的信号加在电路两输入端,由于 $\Delta u_{i1}=-\Delta u_{i2}$,且电路参数对称,$T_1$ 管和 T_2 管所产生的电流变化大小相等、方向相反的,即 $\Delta i_{B1}=-\Delta i_{B2}$,$\Delta i_{C1}=-\Delta i_{C2}$,因此集电极电位的变化也是大小相等、反向相反的,即 $\Delta u_{C1}=-\Delta u_{C2}$,这样输出电压 $\Delta u_O=\Delta u_{C1}-\Delta u_{C2}=2\Delta u_{C1}$,从而实现电压放大.

2. 差模放大倍数

差动放大电路多用了一个三极管,但并没有提高电压放大倍数,只起到抑制温漂的作用.

$$A_{ud}=A_{uT_1}=A_{uT_2}$$

3. 存在问题

差动放大电路是利用电路的对称性将两管的温漂相抵消,对每个管子的温漂并没有任何的抑制作用,因此存在以下几个问题:

(1) 不易实现电路的完全对称. 要挑选特性、参数以及随温度变化规律完全一致的三极管是很困难的. 在集成运放中,集成工艺可以大大地提高对称性,但做到完全对称是很困难的.

(2) 在工程实践中,常要求输出信号一端接地,即从管子的集电极对地取出信号,这时另一个管子的补偿作用未被利用. 输出端的温漂就等于一边管子的漂移,相当于温漂没有被抑制,因此这种基本差动放大电路不能从单端输出信号.

(3) 无论单端还是双端输出,严重的温漂都会使本级静态工作点进入饱和区或者截止区,使放大电路不能正常工作.

阶段 2　差动式放大电路的四种接法

根据信号源和负载的接地情况，差动放大电路有四种接法：双端输入双端输出、双端输入单端输出、单端输入双端输出、单端输入单端输出，分别对应图 10-5 中的(a)，(b)，(c)，(d).

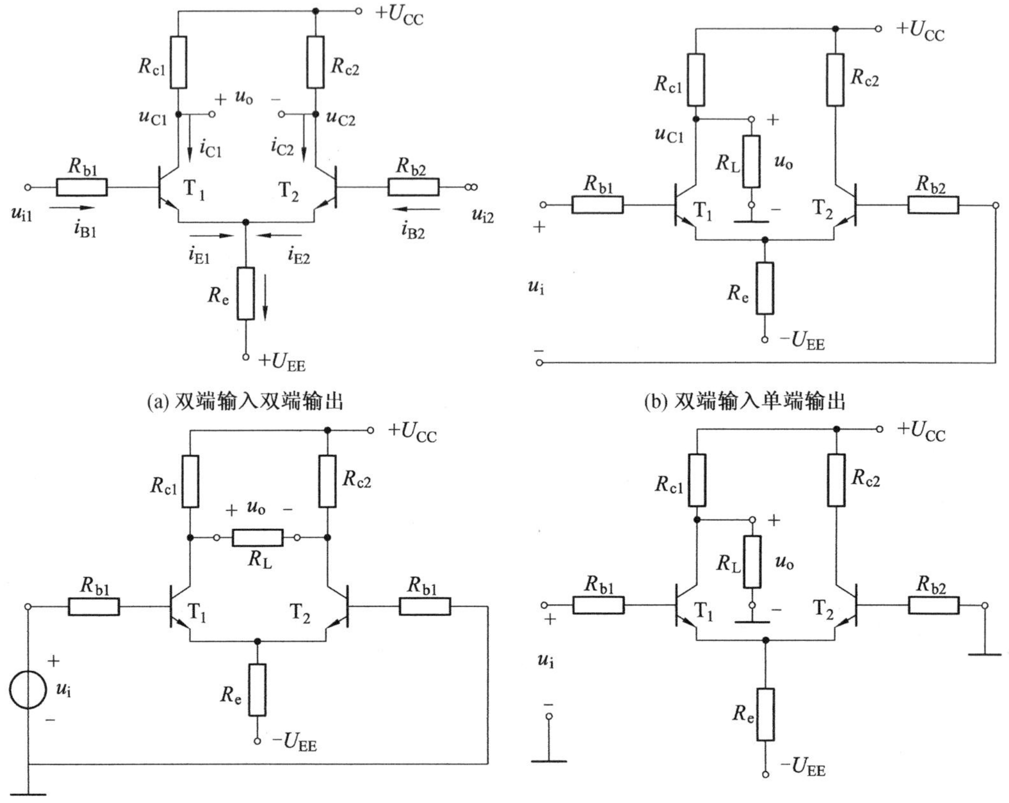

(a) 双端输入双端输出　　(b) 双端输入单端输出

(c) 单端输入双端输出　　(d) 单端输入单端输出

图 10-5　差动放大电路的四种接法

双端输入双端输出差动放大电路主要适用于输入、输出均不接地的情况，常用于多级直接耦合放大电路的输入级和中间级；双端输入单端输出差动放大电路主要适用于将双端输入转化为单端输出，常用于多级直接耦合放大电路的输入级和中间级；单端输入双端输出差动放大电路主要适用于将单端输入转换为双端输出，常用于多级直接耦合放大电路的输入级；单端输入单端输出差动放大电路主要适用于输入、输出均要求接地的情况，可使输出电压与输入电压反相或同相.

思考与练习

1. 为什么要引入差动放大电路？差动放大电路与基本放大电路相比有什么特点？

2. 什么是共模信号？什么是差模信号？差动放大电路对共模信号和差模信号如何进行放大，放大倍数如何计算？

3. 差动放大电路的四种连接方法有何区别？四种连接方法分别使用在哪些场合？

任务3 集成运算放大器

任务描述：了解集成运算放大器；
了解集成运算放大器的技术指标；
了解负反馈放大电路及负反馈的类型.

任务分析：集成电路是指把整个电路的各个元件以及相互之间的连接同时制造在一块半导体芯片上组成一个不可分割的整体。它体积更小，质量更轻，功耗更低，可靠性更高。目前的超大规模集成电路，有集成运算放大器、集成功率放大器、集成稳压电源和集成数模和模数转换器。本任务讲的是集成运算放大器。

阶段1 集成运算放大器简介

集成运算放大器是一种高放大倍数、高输入电阻、低输出电阻的直接耦合放大器，它除了具有一般集成电路的优点外，还具有成本低、用途广、互换性好等优点. 当它接上不同的反馈电路后，可实现多种功能，包括音频、交流、直流放大，微分、对数放大，加减法、积分及系数运算，低通、高通、带通、带阻滤波，正弦及多谐振荡，恒流或恒压稳定，电流与电压、频率与电压的转换、比较或跟随，理想检波、限幅、高频检出等.

集成运算放大器元件符号如图10-6所示. 所标"＋"的输入端称为同相输入端，输入信号由此端输入时，输出信号与输入信号相位相同；标"－"的输入端称为反相输入端，输入信号由此端输入时，输出信号和输入信号相位相反. 从外部来看，可认为集成运放是一个双端输入单端输出，具有高差模电压放大倍数、高输入电阻、低输出电阻、能够很好地抑制零点漂移的差动放大电路.

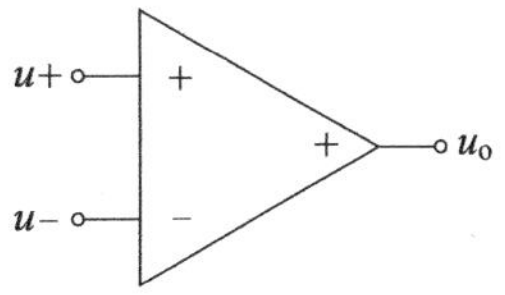

图10-6 集成运算放大器符号

集成运放的输出电压 u_o 与输入电压(同相输入端与反相输入端之间的电位差 u_p-u_n)之间的关系称为电压传输特性. 对于正负两路电源供电的集成运放，电压传输特性如图10-7所示. 从图中可以看出，集成运放可以工作在线性区，也可以工作在饱和区. 在线性区，u_o 与 u_p-u_n 是线性关系，由于集成运算放大的是差模信号，没有通过外电路引入反馈，所以称电压放大倍数为差模开环电压放大倍数，用 A_{uo} 表示，输出电压 $u_o=A_{uo}(u_p-u_n)$. 在饱和区，输出电压为正或负的饱和电压($+U_{OM}$或 U_{OM}).

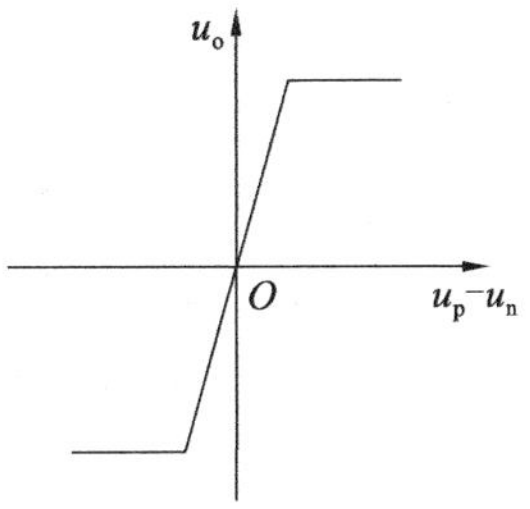

图10-7 电压传输特性

集成运算放大器的种类很多，内部电路各不相同，但总体上均由输入级、中间级、输出级和偏置电路四部分组成，如图10-8所示.

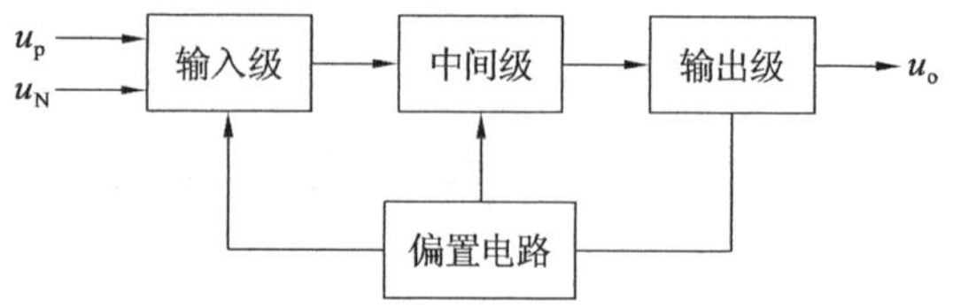

图 10-8　集成运算放大电路组成

输入级：又称为前置级，是提高运放质量的关键部分，通常由一个双端输入、单端输出的高性能差动放大电路构成，目的是提高输入阻抗，抑制共模信号．

中间级：主要用于电压放大，多采用共射极放大电路，为提高电压放大倍数，通常采用复合管作为放大管，以恒流源作为集电极负载．

输出级：输出极电路输出电阻小，即带负载能力强，非线性失真小，能输出足够大的电压和电流，多采用互补对称输出电路．

偏置电路：为上述各集成运放电路提供稳定、合适的偏置电压，确定各级的静态工作点，一般由恒流源电路构成．

阶段 2　集成运算放大器的技术指标

集成运算放大器的理想指标是增益无穷大，通频带无穷宽，同相与反相输入端之间以及两输入端与地之间的输入电阻无穷大，输出阻抗为零，输入失调电压为零，输入电流为零；仅放大差模信号，即完全抑制共模信号，在任何温度下都能正常工作．目前集成运算放大器能达到的技术参数是电压增益较高，通频带相当宽，能进行反相或同相差分放大，输入电阻很大，输出电阻很小，直流失调可设计到最小，进行温度补偿，可加深负反馈以改善高频特性，输出级可输出最大额度电流，在差分输入状态下令共模抑制比高．现在的集成运算放大器多采用中、大规模集成技术，其质量性能已接近理想．

集成运算放大器技术指标的作用有两个方面：一是用参数来评价集成运放某些特性的优劣或表达某些方面的功能；二是当应用集成运放组成各种应用电路时，使用者可根据参数正确选择及使用器件，以满足应用电路的需求，又可以充分发挥器件的性能特点．以下介绍几种主要指标的含义：

1．开环差模电压增益 A_{Od}

开环差模电压增益是指集成运放本身不引入反馈时，输出电压与输入差模电压之比．A_{Od}是决定运放运算精度的重要指标，目前高增益的集成运放的 A_{Od} 可达到 140 dB 以上．

2．输入失调电压 U_{IO}

在运放两个输入端外加一补偿电压，使运放输出电压为零，该外加补偿电压的数值即为输入失调电压．高质量产品的 U_{IO} 在 1 mV 以下．

3．输入失调电压的温漂 dU_{IO}/dT

输入失调电压的温漂是指在规定工作范围内 U_{IO} 的温度系数，是衡量电路温漂的重要指标．

4．输入偏置电压 I_{IB}

输入偏置电压是指集成运放输出电压为零时，两个输入端电流的平均值．一般集成运放为微安级别，高质量运放为纳安级别．

5．输入失调电流 I_{IO}

输入失调电流是指集成运放输出电压为零时，两个输入端的电流之差．

6. 输入失调电流的温漂 dI_{IO}/dT

输入失调电流的温漂是指在规定工作范围内 I_{IO} 的温度系数.

7. 差模输入电阻 r_{id}

差模输入电阻是指运算放大器开环时,输入电压的变化与由它引起的输入电流的变化之比,也就是从放大器两个输入端看入的动态电阻.

8. 共模抑制比 K_{CMR}

共模抑制比是运算放大器开环差模电压增益与共模电压增益之比.

9. 共模输入电压范围 $U_{IC_{max}}$

共模输入电压范围是指集成运放输入级差动放大器的共模输入电压范围.

10. 最大差模输入电压 $U_{Id_{max}}$

最大差模输入电压是指同相输入端与反相输入端之间所能承受的最大电压值.

11. 开环输出电阻 r_o

开环输出电阻是指运算放大器开环时的动态电阻.

12. 最大输出电压 U_{Omax}

最大输出电压是指在规定的电源电压和负载下,放大器所能输出的最大电压.

13. 最大输出电流 I_{Omax}

最大输出电流是指放大器在最大输出电压下所能给出的最大输出电流.

14. −3 dB 带宽 f_H 和单位增益带宽 f_C

f_H 是指开环增益 A_{Od} 下降 3 dB 时的频率. f_C 是指 A_{Od} 下降至 0 dB 时的频率.

阶段 3 反馈放大电路

1. 反馈的概念

反馈是指把输出信号的一部分或全部反引回输入端,和输入信号作比较,再用比较所得的偏差信号去控制输出.

输出信号的一部分或者全部通过一定的电路形式引回到输入端形成反馈网络,这样放大器与反馈网络就组成了一个闭环系统,通常把引入了反馈的放大电路称为闭环放大器(图 10-9),而未引入反馈的放大器称为开环放大器.

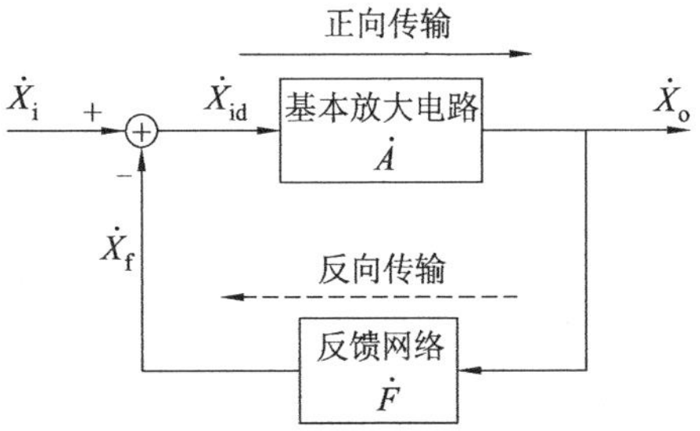

图 10-9 反馈放大器组成

2. 反馈放大器的类型及判断方法

(1) 按反馈的极性分类

按反馈的极性可将反馈电路分为正反馈和负反馈.

在正反馈中,反馈信号和输入信号在比较时相加;而在负反馈中,反馈信号和输入信号在比较时相减.正负反馈判断通常采用瞬时极性法.

瞬时极性法:先在放大器输入端设定输入信号对地的极性为"+"或"−",再按相关点的相位变化情况依次推出各点信号对地的交流瞬时极性,信号经共射极放大器传递时,凡由集电极输出的信号与原输入信号相反,瞬时极性变号;由发射极输出的信号,则与原输入信号极性相同,其瞬时极性不变号.信号经耦合电容、电阻传递时,一般只产生信号的衰减，不影响其极性. 信号经变压器传递时，同名端的极性相同. 再根据反馈到输入端的反馈信号对地的瞬时极性判断，若使原输入信号减弱是负反馈，使原输入信号增强则是正反馈.

【例 10-1】 试判断例 10-1 图所示电路的反馈类型，是正反馈还是负反馈.

解 假定两级放大电路输入端信号极性为"+"，经过集成运放后输出极性为"+"，经过电阻 R_2 反馈信号为"+"，反馈信号输入反相端，在计算输入电压时为同相端电位减反相端电位，因此输入信号减小，为负反馈.

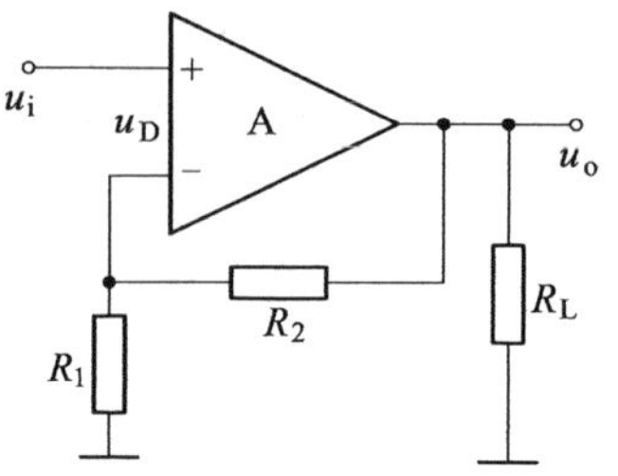

例 10-1 图 反馈放大电路

(2) 按反馈信号的交直流特性分类

按反馈信号的交直流特性可将反馈电路分为交流反馈和直流反馈.

从前面的学习可以知道，放大器电路中存在直流分量和交流分量，在直接耦合的多级放大电路中既可以放大直流信号又可以放大交流信号. 反馈信号可以是直流信号，也可以是交流信号. 若反馈信号是直流信号，则为直流反馈；若反馈信号是交流信号，则为交流反馈.

(3) 按反馈信号和输出信号的关系分类

按反馈信号和输出信号的关系，可以分为电压反馈和电流反馈两类. 在电压反馈中，反馈信号和输出电压成正比；在电流反馈中，反馈信号和输出电流成正比.

判断是电压反馈还是电流反馈时，把输出端短路，若反馈信号消失为电压反馈；否则，为电流反馈.

(4) 按反馈信号和输入信号的关系分类

按照反馈信号和输入信号的关系，可以分成串联反馈和并联反馈. 串联反馈就是在输入回路中，输入信号、反馈信号和偏差信号三者串联连接；并联反馈就是在输入回路中，输入信号、反馈信号和偏差信号三者并联连接.

判断是串联反馈还是并联反馈时，将输入端短路，如果反馈电压为零，为并联反馈；否则，为串联反馈.

思考与练习

1. 简述集成运算放大器的结构和特性，集成运算放大器相比于基本放大器的优点.
2. 集成运算放大器的性能指标有哪些？
3. 什么是反馈，放大器中常见的反馈有哪些，如何去判断反馈类型？
4. 判断习题 4 图电路中的反馈类型.

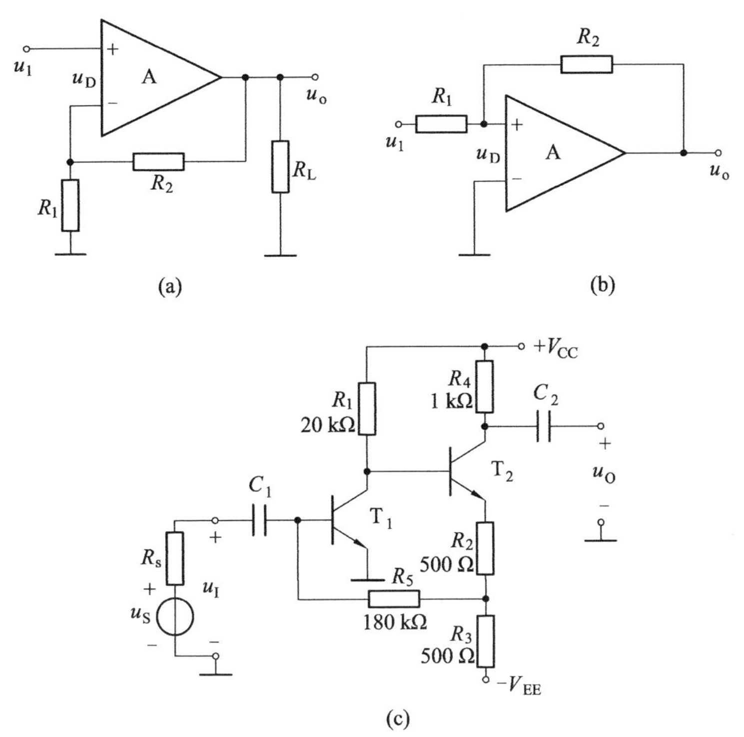

习题 4 图

情境小结

集成电路因其体积小、性能好、集成度高等特点被广泛地应用在我们的生活中，宽泛地说，目前绝大多数电子器件都用到了集成电路. 本节主要讲解了集成电路的结构特点、差动式放大电路及其四种接法、集成运算放大器及其性能指标和反馈放大电路.

1. *差动式放大电路*

(1) 基本差动式放大电路的结构和特点

基本差分式放大电路由两个相同的共射单管放大电路组成，差动放大电路对共模信号无放大作用，对差模信号有放大作用，差动放大电路可以抑制温漂.

差模放大倍数　　　　　$A_{ud}=A_{uT_1}=A_{uT_2}$

(2) 差动式放大电路四种接法对比

① 双端输入双端输出差动放大电路主要适用于输入、输出均不接地的情况，常用于多级直接耦合放大电路的输入级和中间级；

② 双端输入单端输出差动放大电路主要适用于将双端输入转化为单端输出，常用于多级直接耦合放大电路的输入级和中间级；

③ 单端输入双端输出差动放大电路主要适用于将单端输入转换为双端输出，常用于

多级直接耦合放大电路的输入级；

④ 单端输入单端输出差动放大电路主要适用于输入、输出均要求接地的情况，可使输出电压与输入电压反相或同相.

2. 集成运算放大器

(1) 集成运算放大器的组成

集成运算放大器一般都由输入级、中间级、输出级和偏置电路四部分组成.

(2) 集成运算放大器的主要技术指标

① 开环差模电压增益 A_{Od}：集成运放本身不引入反馈时输出电压与输入差模电压之比；

② 共模抑制比 K_{CMR}：运算放大器开环差模电压增益与共模电压增益之比；

③ -3 dB 带宽 f_H 和单位增益带宽 f_C：f_H 是指开环增益 A_{Od} 下降 3 dB 时的频率. f_C 是指 A_{Od} 下降至 0 dB 时的频率.

3. 反馈放大电路

(1) 反馈的分类

① 按反馈的极性，可将反馈电路分为正反馈和负反馈.

② 按反馈信号的交直流特性，可将反馈电路分为交流反馈和直流反馈.

③ 按反馈信号和输出信号的关系，可将反馈电路分为电压反馈和电流反馈.

④ 按照反馈信号和输入信号的关系，可将反馈电路分为串联反馈和并联反馈.

(2) 反馈的判断方法

① 正反馈和负反馈

瞬时极性法：先在放大器输入端设定输入信号对地的极性为“＋”或“－”，再按相关点的相位变化情况依次推出各点信号对地的交流瞬时极性，信号经共射极放大器传递时，凡由集电极输出的信号与原输入信号相反，瞬时极性变号；由发射极输出的信号，则极性相同，其瞬时极性不变号. 信号经耦合电容、电阻传递时，一般只产生信号的衰减，不影响其极性. 信号经变压器传递时，同名端的极性相同. 再根据反馈到输入端的反馈信号对地的瞬时极性判断，若使原输入信号减弱则是负反馈，使原信号增强是正反馈.

② 交流反馈和直流反馈

若反馈信号是直流信号，则为直流反馈；反馈信号是交流信号，则为交流反馈.

③ 电压反馈和电流反馈

将输出端短路，若反馈信号消失，为电压反馈；否则，为电流反馈.

④ 串联反馈和并联反馈

将输入端短路，若反馈电压为零，为并联反馈；否则，为串联反馈.

学习情境 11　直流稳压电源

在电子电路和电气设备中，通常都需要电压稳定的直流电源供电，直流电源可分为两大类：一类是化学电源，如各种各样的干电池、蓄电池、充电电池等电源；其特点是体积小、质量小、携带方便，缺点是成本高，易带来污染. 另一类是稳压电源，它是把交流电网 220 V 的电压降为所需要的数值；然后通过整流、滤波和稳压电路，得到稳定的直流电压，这是现实生活中应用比较广泛的一类.

任务 1　整流电路

任务描述： 了解整流电路的类型和结构；
了解半波整流和全波整流电路的区别和特性；
掌握半波整流和全波整流电路的工作原理.

任务分析： 直流稳压电源组成中，整流电路的作用是将交流电变换为单方向的脉动直流电，整流电路一般分为半波整流和全波整流两类. 单相半波整流电路为半波整流电路. 全波整流电路可以用 2 个二极管实现，也可以用 4 个二极管实现. 单相桥式整流电路是一种全波整流电路.

阶段 1　单相半波整流电路

单相半波整流电路如图 11-1(a)所示，变压器将原边电压 u_1 变换为所需要的电压 u_2，u_2 在流经整流二极管 D 的输出回路时选择性导通. 在 u_2 的正半周期，变压器副边电压上端为正、下端为负，二极管 D 导通，此时有电流流过负载，此电流也是流过二极管的电流，即 $i_O=i_D$，这里忽略二极管导通时二极管的压降，负载上的输出电压 $u_O=u_2$，u_O 输出波形与 u_2 相同. 在 u_2 的负半周期，变压器副边电压上端为负、下端为正，二极管 D 反向截止，负载上无电流流过，输出电压 $u_O=0$，u_2 电压全加在二极管上，其输出电压 u_O 的波形如图 11-1(b)所示.

单相半波整流电路不断重复上述过程，设 $u_2=\sqrt{2}U_2\sin\omega t$(V)，其中 U_2 为变压器副边电压的有效值，单相半波整流输出电压有：

$$\begin{cases} u_O=\sqrt{2}\sin\omega t\ \text{V} & 0\leqslant\omega t\leqslant\pi \\ u_O=0\ \text{V} & \pi\leqslant\omega t\leqslant 2\pi \end{cases}$$

从上式可知，此电路只有半个周期有波形，另外半个周期无波形，因此称为半波整流电路，取 u_O 的平均值，有

$$U_O = \frac{1}{2\pi}\int_0^{2\pi} u_O \mathrm{d}(\omega t) = \frac{1}{2\pi}\int_0^{2\pi} \sqrt{2}U_2 \sin \omega t \mathrm{d}(\omega t) = \frac{\sqrt{2}}{\pi}U_2 = 0.45U_2$$

流经二极管的电流等于负载电流：

$$I_D = I_O = \frac{U_O}{R_l} = 0.45\frac{U_2}{R_l}$$

二极管上承受的最高电压为

$$U_{RM} = \sqrt{2}U_2$$

单相半波整流电路简单，使用的元件少，不足之处在于变压器利用率和整流效率很低，输出电压脉动大，所以单相半波整流仅用在小电流且对电源要求不高的场合.

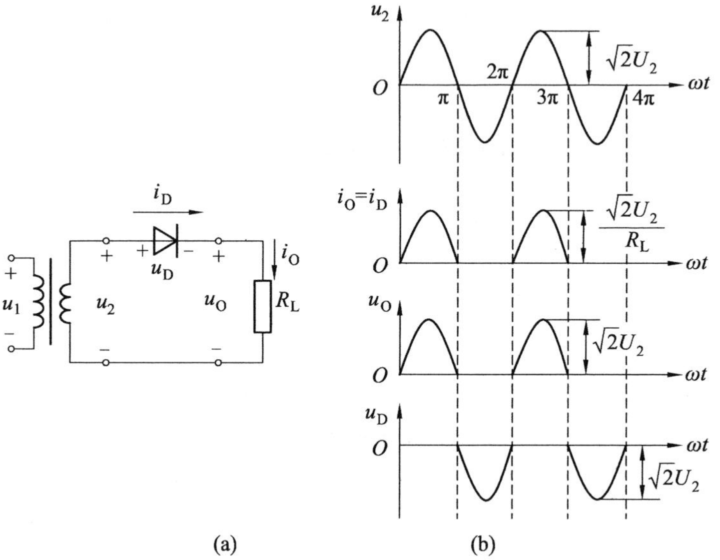

图 11-1 单相半波整流电路

阶段 2 全波整流电路

全波整流电路如图 11-2(a)所示. 变压器 Tr 的次级抽头接地，可以得到两个大小相等、相位相反的交流电压，分别加到 D_1 和 D_2 上. 在 u_2 正半周期，即当 a 端对地为正，b 端为负，D_1 导通，D_2 截止，在 R_L 上波形为半波的电压；在 u_2 负半周期，即当 a 端对地为负，b 端为正，D_1 截止，D_2 导通，在 R_L 上波形也是半波的电压. 这样，当交流电变化一个周期时，在 R_L 上产生两个半波电压脉冲，如图 11-2(b)所示，因此这种电路称为全波整流电路.

输出的电压值为

$$U_O = \frac{1}{\pi}\int_0^{\pi} u_O \mathrm{d}(\omega t) = \frac{1}{2\pi}\int_0^{2\pi} \sqrt{2}U_2 \sin \omega t \mathrm{d}(\omega t) = \frac{2\sqrt{2}}{\pi}U_2 \approx 0.9U_2$$

流过负载的电流比半波整流电路增大 1 倍，即

$$I_O = \frac{U_O}{R_l} = 0.9\frac{U_2}{R_l}$$

流过单个二极管的电流为输出电流的一半，即

$$I_D=\frac{I_O}{2}=0.45\frac{U_2}{R_l}$$

二极管承受的最大反向电压为

$$U_{RM}=\sqrt{2}U_2$$

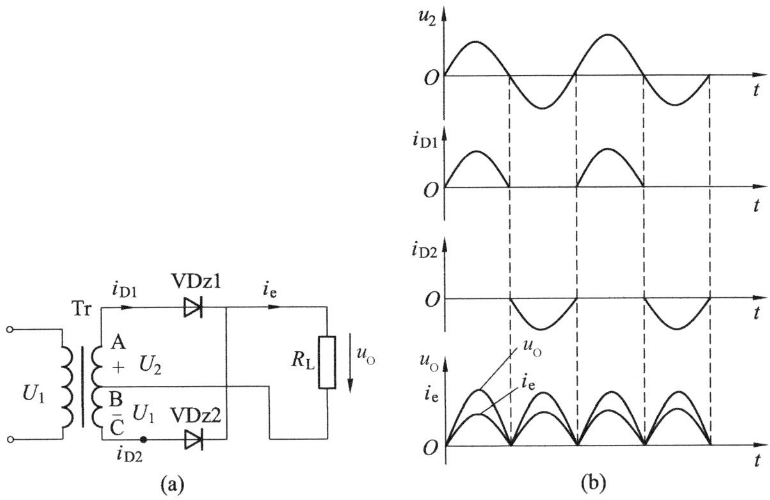

图 11-2 全波整流电路

阶段 3 单相桥式整流电路

单相桥式整流电路如图 11-3 所示，为全波整流电路的一种，应用广泛. 电路由变压器和 4 只二极管 D_1～D_4 及负载 R_L 组成. 4 只二极管接成电桥形式，故称为桥式整流电路.

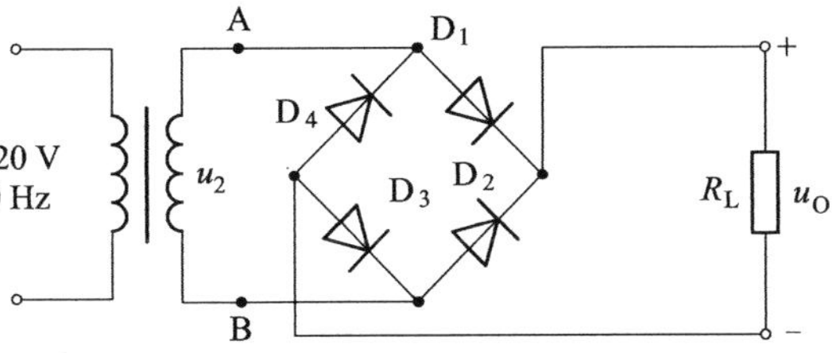

图 11-3 单相桥式整流电路

1. 工作原理

单相桥式整流电路属于全波整流电路. 在 u_2 正半周期，二极管 D_1 和 D_3 导通，D_2 和 D_4 截止，负载 R_L 上的电流是自上而下流过负载的，负载得到了与 u_2 正半周期相同的电压；在 u_2 负半周期，二极管 D_1 和 D_3 截止，D_2 和 D_4 导通，负载 R_L 上的电流仍是自上而下流过负载，负载得到了与 u_2 正半周期相同的电压，此过程反复进行. 在负载电阻上正负半周期经过合成，得到了一个同一方向的单向脉冲电压，输出波形如图 11-4 所示. 从波形上可以看出，单向桥式整流电路比单向半波整流电路输出波形增加了 1 倍.

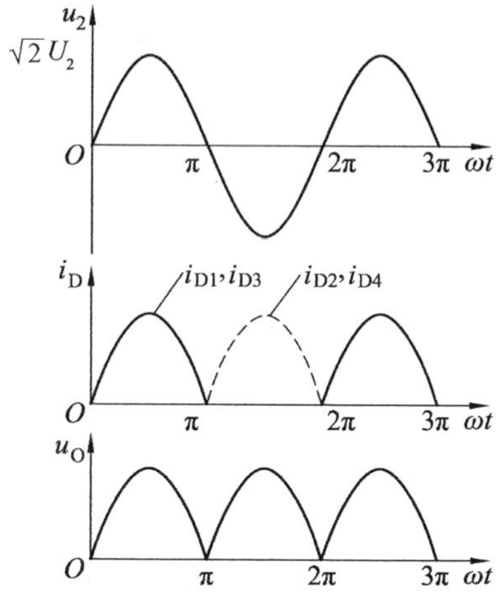

图 11-4　单相桥式整流电路输出波形图

2. 单相桥式整流电路基本参数

(1) 整流输出电压平均值

通常用它的有效值与直流电压等效

$$U_O = \frac{1}{\pi}\int_0^{\pi} u_O \mathrm{d}(\omega t) = \frac{1}{2\pi}\int_0^{2\pi} \sqrt{2}U_2 \sin \omega t \mathrm{d}(\omega t) = \frac{2\sqrt{2}}{\pi}U_2 \approx 0.9U_2$$

(2) 流过负载的平均电流

$$I_O = \frac{U_O}{R_l} = 0.9\frac{U_2}{R_L}$$

(3) 流过二极管的平均电流

$$I_D = \frac{I_O}{2} = 0.45\frac{U_2}{R_l}$$

(4) 二极管所承受的最大反向电压

$$U_{RM} = \sqrt{2}U_2$$

【例 11-1】 有一直流负载需直流电压 6 V,直流电流 0.4 A,如果采用单相桥式整流电路,试求电源变压器的二次电压,并选择合适的二极管.

解　由 $U_L = 0.9U_2$,可得变压器二次电压的有效值为

$$U_2 = \frac{U_L}{0.9} \approx 6.7 \text{ V}$$

通过二极管的平均电流

$$I_D = \frac{I_O}{2} = 0.2 \text{ A}$$

二极管承受的反向电压

$$U_{RM} = \sqrt{2}U_2 = 9.4 \text{ V}$$

根据以上参数,查询整流二极管参数手册选择合适的二极管.

思考与练习

1. 简述单相半波整流电路的工作原理，并说明其优缺点.

2. 简述单相桥式整流电路的工作过程，说明整流输出电压与输入电压的关系. 简单说明如何根据分析结果选择合适的整流二极管.

3. 整流滤波电路如习题3图，负载电阻 $R_L=100\ \Omega$，电容 $C=500\ \mu F$，变压器副边电压有效值 $U_2=10$ V，二极管为理想元件.

试求：(1) 输出电压和输出电流的平均值 U_O，I_O；

(2) 二极管承受的最高反向电压 U_{RM}.

4. 整流滤波电路如习题4图所示，二极管为理想元件，已知，负载电阻 $R_L=400\ \Omega$，负载两端直流电压 $U_2=60$ V，交流电源频率 $f=50$ Hz. 要求在下表中选出适合型号的二极管.

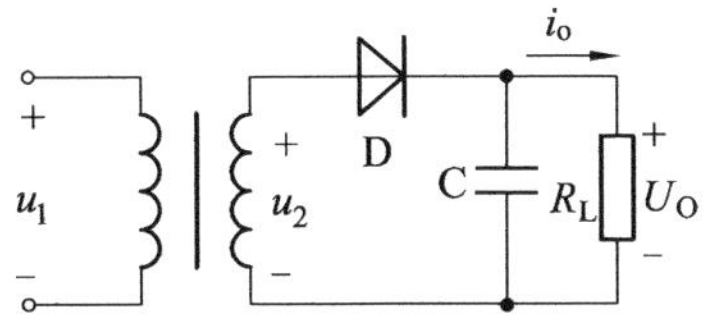

习题3图

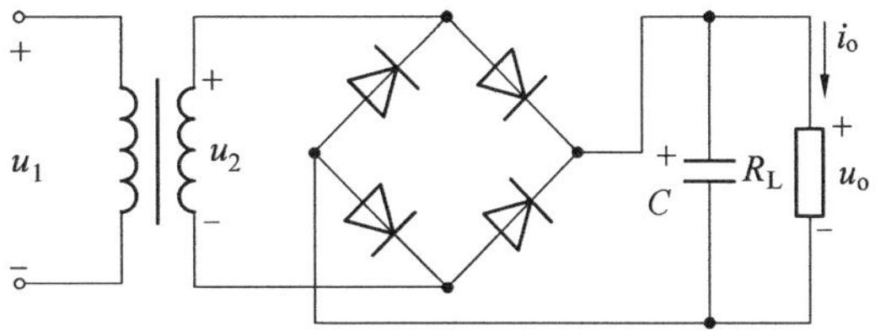

习题4图

型号	最大整流电流平均值/mA	最高反向峰值电压/V
2CP11	100	50
2CP12	100	100
2CP13	100	150

任务2 滤波电路

任务描述： 了解常用滤波电路的类型；
了解电容滤波电路的结构和特点；
了解电感滤波电路的结构和特点；
掌握电容、电感滤波电路的分析方法.

任务分析： 所有整流电路都不可避免地会引入较大的交流成分，因而不能直接作为电子设备的直流电源，为此需要将脉动的直流电中的交流部分滤除，即将脉动的直流电转化为平滑的直流电，使其输出电压接近于理想的直流电，这一过程称为滤波.

常用的滤波有电容滤波电路、电感滤波电路、复合滤波电路等，本节介绍电容滤波电路和电感滤波电路.

阶段 1　电容滤波电路

1. 电容滤波电路工作原理

电容滤波电路由电容 C 和负载 R_L 并联构成. 它利用储能元件电容两端电压不能突变的特性，滤掉整流电路输出电压中的交流成分.

以图 11-5 中单相桥式整流电路为例.

当输入电压高于电容器电压时，二极管整流电路导通，电容器迅速充电，电压很快上升到 u_2 的最大值，同时向负载 R_L 供电；当输入电压低于电容器电压时，二极管整流电路反向截止，电容器向负载 R_L 供电，其电压下降. 电容器电容量很大，且负载 R_L 的阻值也远远大于二极管的正向电阻，因此电容器两端的电压下降很缓慢.

二极管桥式整流电路输出的是直流脉动电压，故电容器的充电和放电过程周而复始，滤波电压波形如图 11-6 所示. 图中虚线部分是直流脉动电压，实线部分是滤波电路输出电压.

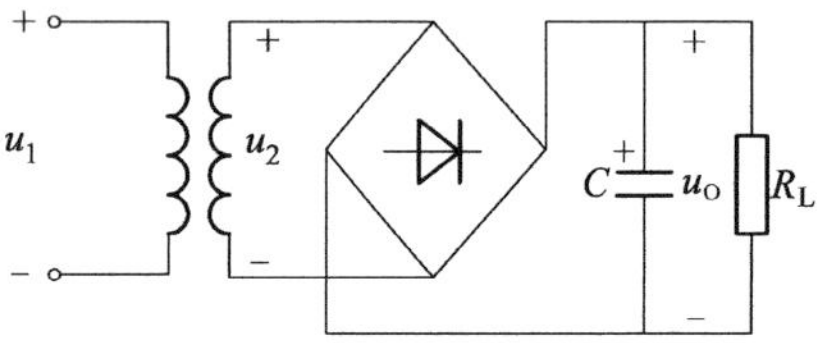

图 11-5　电容滤波电路

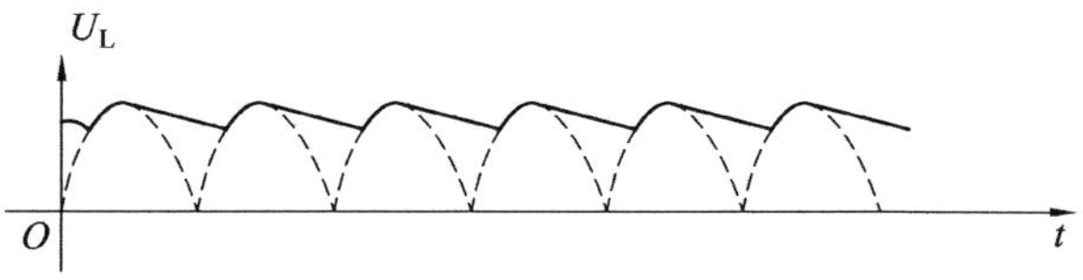

图 11-6　电容滤波电路输出波形

2. 电容滤波电路特点

电容滤波电路具有以下特点：电容器 C 或者负载 R_L 值越大，则电容器 C 放电越缓慢，输出直流电压的值越大，滤波效果越好；相反则越差.

单相桥式整流电路负载上的电压为 U_O.

有
$$U_O=1.2U_2$$

滤波电容的耐压值要大于 $1.4U_2$，电容容量 $C\geqslant(2\sim3)\dfrac{T}{R_L}$（$T$ 为脉动电压周期）.

阶段 2　电感滤波电路

电感与电容相同，也是一种储能器件，当电流增加时，电感线圈产生感应电动势，组织回路中电流变化，从而影响回路中电流变化速度和变化量，从而使回路中电流的变化曲线变得平滑. 在电感滤波电路（图 11-7）中，电感 L 越大，滤波效果越好，但电感越大，滤波电路体积也越大，成本越高，因此电感滤波电路在小型电子设备中很少使用.

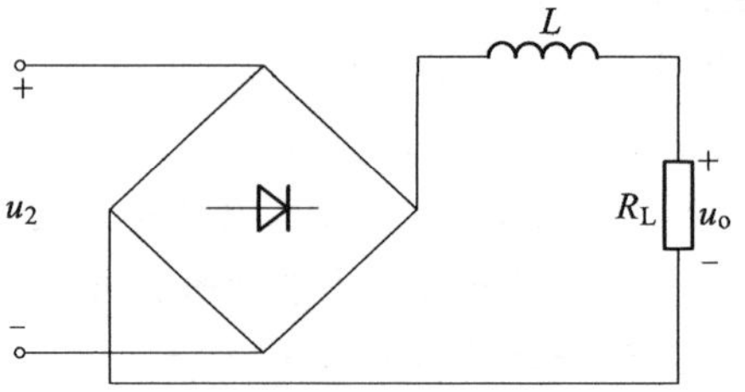

图 11-7　电感滤波电路

阶段 3　复合滤波电路

由单一滤波元件构成的滤波电路，输出电压的脉动还是比较大的.

1. L 型滤波电路

为了减小输出电压的波动，在滤波电容前串联一个电感，构成 L 型滤波电路，如图 11-8 所示. 在 L 型滤波电路中，脉动直流电压经过电感时，大部分交流分量已经滤除，再经过电容进一步滤波就可以得到更加平滑的直流电.

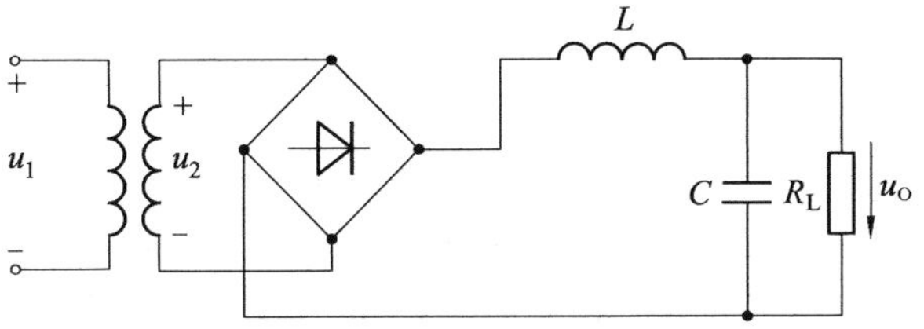

图 11-8　L 型滤波电路

L 型滤波电路带负载能力较强，在负载变化时，输出端的电压是相当稳定的.

2. Π型滤波电路

为了取得更好的滤波效果，在 L 型滤波电路中再加一只电容器，构成 LC－Π型滤波电路，如图 11-9 所示. LC－Π滤波电路滤波效果好，可以使输出直流电的波动更小，在输出负载上得到较理想的直流电压，但只适用于电流较小的场合.

在整流电流较小、电路滤波要求不高的情况下，滤波电路中用 R 代替 LC－Π型电路中的 L，构成 RC－Π型滤波电路，如图 11-10 所示. RC－Π型滤波电路成本低、体积小、滤波效果好，只适用于输出小功率的场合.

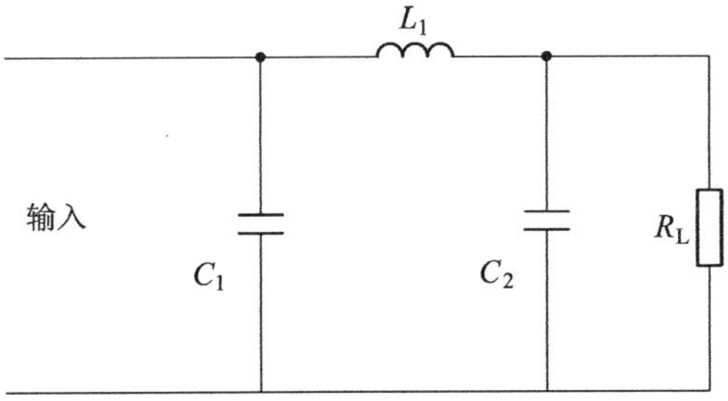

图 11-9　LC－Π型滤波电路

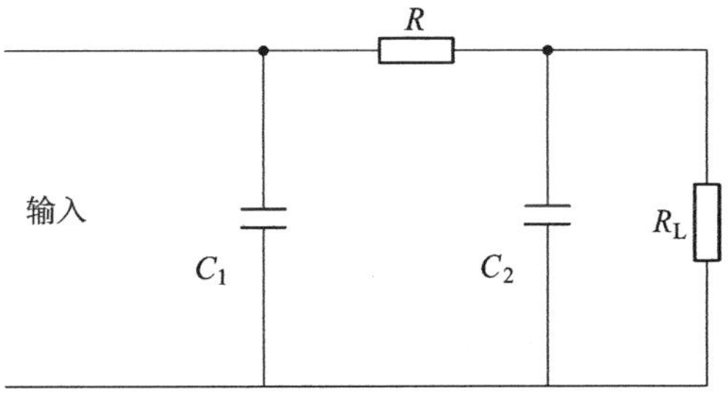

图 11-10　RC－Π型滤波电路

思考与练习

1. 简述电容滤波电路的工作原理及特点.
2. 简述电感滤波电路的工作原理及特点.
3. 复合滤波电路有哪几种，相比电容、电感滤波电路有什么优势？

任务3　稳压电路

任务描述：了解稳压电路的作用；
了解并联型晶体管稳压电路工作原理；
了解串联型晶体管稳压电路工作原理；
了解集成性稳压电路.

任务分析：通过整流滤波电路能把交流电变成比较平滑的直流电压输出，但输出的直流电压会随交流电压的波动和负载的变化而变化，这与理想的直流电源相比还有很大的差距. 稳压电路的任务是使整流之后的直流电压一直保持稳定，稳压电路有并联型和串联型两种基本形式，前者稳压调整器件与负载 R_L 并联，后者则为串联.

阶段1　并联型晶体管稳压电路

图11-11为并联型硅稳压管稳压电路，经桥式整流电容滤波电路得到直流电压作为稳压电路的输入电压 U_I，稳压管 D_Z 与负载 R_L 并联，电阻 R 为稳压管的限流电阻. 当电网电压波动或负载大小变化时，通过调节 R 上的压降来保持输出电压的基本稳定.

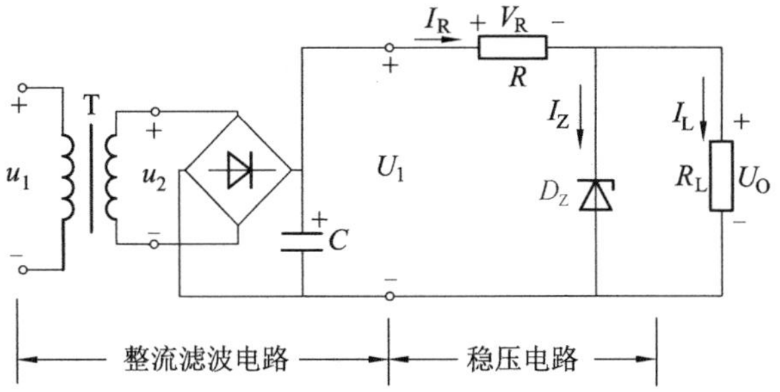

图11-11　硅稳压二极管稳压电路

1. 工作原理

由于引起电压不稳定的主要原因是交流电源电压的波动和负载电流的变化，下面分别分析这两种情况下稳压电路的稳压过程.

当负载不变、电源电压增加时，整流滤波电路的电压 U_I 随之增加，输出电压 U_O 也要增加. U_O 就是稳压管两端的电压，由稳压管的伏安特性可知，当 U_O 稍有增加时，稳压管的电流 I_Z 就会显著增加，流过电阻 R 的电流增加，因此电阻 R 上的压降 U_R 增加，以抵偿 U_I 的增加，从而使负载电压 U_O 近似保持不变.

同理，如果电源电压降低使 U_I 减小，输出电压 U_O 也降低，因此稳压管的电流 I_Z 显著减小，R 上的压降 U_R 也减小，从而使输出电压 U_O 近似保持不变. 如果电源电压保持不变，当负载电流发生变化时，稳压电路仍然能起到稳压作用. 例如，当负载电流增大时，电阻 R 上压降增大，输出电压 U_O 就会下降；只要 U_O 稍有下降，稳压管的电流 I_Z 就显著减小，电阻 R 上的压降就减小，使输出电压 U_O 近似保持不变.

当负载电流减小时，稳压过程相反.

由以上分析可知，并联型稳压电路是通过稳压管 D_Z 的电流调节作用与通过电阻 R 上的电压调节作用互相配合来实现稳压的. 值得注意的是，电阻 R 除了起电压调整作用，还起限流作用. 这是因为：如果稳压管没有经过 R 而直接接在滤波电路的输出端，不仅没有稳压作用，还可能因稳压管中流过很大的反向电流 I_Z 而烧坏稳压管，故电阻 R 称为限流电阻.

2. 并联型稳压电路特点

在输出电压不需要调节、负载电流比较小的情况下，并联型稳压电路的效果较好，所以在小型的电子电路中经常使用这种电路. 并联型稳压电路存在两个缺点：① 输出电压由稳压管的型号决定，不可随意调节；② 电网电压和负载电流的变化范围较大时，电路将不能适应.

阶段 2　串联型晶体管稳压电路

并联型稳压管电路存在带负载能力差和输出电压不能调节的缺点. 因此，在要求输出大电流、输出电压连续可调的情况下，就需要采用串联型直流稳压电路. 经典串联型稳压电路如图 11-12 所示.

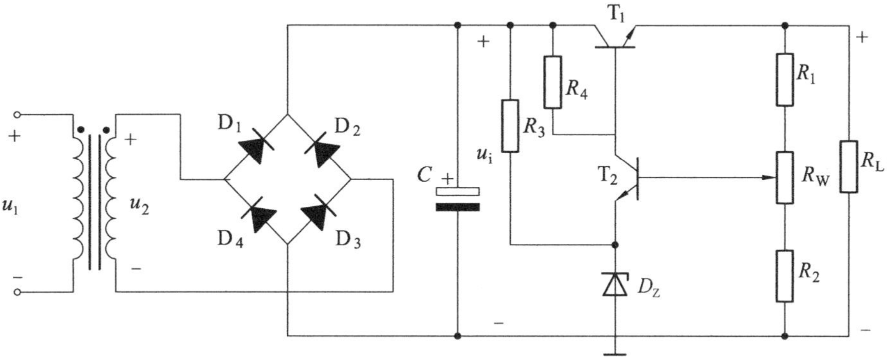

图 11-12　经典串联型稳压电路

1. 工作原理

在电路中，当电网电压升高或负载减小时，输出电压将升高，取样电路的分压点 U_{B2} 升高. 因 U_Z 不变，所以 U_{BE2} 增大，I_{C2} 随之增大，U_{C2} 降低，则调整管 U_{B1} 也降低，发射结正偏电压 U_{BE1} 下降，I_{B1} 减小，I_{C1} 随之减小，U_{CE1} 增大，使输出电压 U_O 下降，因而使输出电压保持稳定.

2. 影响串联型可调式稳压电源稳压性能的因素

影响串联型可调式稳压电源稳压性能的因素包括：取样电路；基准环节；放大环节；调整环节.

3. 提高串联型稳压电路性能的措施

(1) 提高输出电压稳定度，可用稳定辅助电源为 R_C 提供电压，从而克服输入电压波动对稳压电路的影响，提高输出电压的稳定性.

(2) 提高温度稳定性,应选用温度系数一致的差分放大管和温度系数较小的稳压管.

(3) 过电流保护措施.在串联型稳压电路中,若发生负载短路或过载,输出电流激增,调整管的功耗将大大增加.常用的两种保护电路是限流型和截止型保护电路.

阶段 3　集成稳压电路

用独立元件组成的稳压电路体积大、可靠性差,所以应用范围不是很广.集成稳压电路具有体积小、可靠性高、性能指标好、使用灵活简单、价格低廉等优点,因此,在仪器、仪表及其他各种电子设备中得到了广泛的应用.

集成稳压电路的种类很多,按结构可分为单片式和混合式;按工作原理可分为串联调整式、并联调整式和开关调整式;按输出电压的形式又可以分为固定输出式和可调输出式等.其中广泛使用的三端集成稳压器,芯片只引出三个端子,基本不需要外接元件,而且内部有限流保护、过热保护和过电压保护,使用更加安全方便.

思考与练习

1. 简述并联型硅稳压管稳压电路的工作过程及特点.
2. 简述串联型硅晶体管稳压电路的工作过程及特点.
3. 如何提高串联型稳压电路的稳压性能?

情境小结

在电子电路和电气设备中,通常都需要电压稳定的直流电源供电,除使用直流电源外,还可通过直流稳压电源将交流电转变为直流电.本情境主要讲述了通过整流、滤波和稳压得到稳定的直流电压的方法和过程.

1. 整流电路

1) 单相半波整流电路

单相半波整流电路使用一个二极管选择性导通,得到半个周期的正弦交流电.

其输出电压 U_O 和变压器副边电压 U_2 的关系

$$U_O=0.45U_2$$

流经二极管的电流等于负载电流

$$I_D=I_O=\frac{U_O}{R_I}=0.45\frac{U_2}{R_I}$$

二极管上承受的最高电压为

$$U_{RM}=\sqrt{2}U_2$$

2) 全波整流电路

全波整流电路使用两个二极管选择性导通,将正弦交流电的负半周期翻转产生两个正半周期的正弦交流电.

其输出电压 U_O 和变压器副边电压 U_2 的关系

$$U_O \approx 0.9U_2$$

流经二极管的电流等于负载电流

$$I_D = I_O = \frac{U_O}{R_I} = 0.9\frac{U_2}{R_I}$$

二极管上承受的最高电压为

$$U_{RM} = \sqrt{2}U_2$$

单相桥式整流电路是全波整流电路的一种，其使用 4 个整流二极管构成桥式整流电路，通过 4 个二极管选择性导通得到两个正半周期的正弦交流电.

2. 滤波电路

1）电容滤波电路

电容滤波电路由电容 C 和负载 R，L 并联构成. 利用储能元件电容两端电压不能突变的特性，滤掉整流电路输出电压中的交流成分.

滤波电路输出电压为 U_O 与变压器副边 U_2 的关系

$$U_O = 1.2U_2$$

选择滤波电容的耐压值要大于 $1.4U_2$，电容容量 $C \geqslant (2\sim3)\frac{T}{R_L}$（$T$ 为脉动电压周期）.

2）电感滤波电路

滤波电感与负载串联，利用储能元件电容两端电压不能突变的特性，滤掉整流电路输出电压中的交流成分. 由于其滤波效果和电感值有关，电感越大滤波效果越好，但其体积越大，通常不用于小型电子设备中.

3）复合滤波电路

常用的复合滤波电路有 L 型滤波电路、RC－Π 型滤波电路和 LC－Π 型滤波电路，其中 RC－Π 型滤波电路只适用于输出小功率的场合.

3. 稳压电路

1）并联型晶体管稳压电路

通过并联稳压管实现稳压，变化的电压由和负载串联的电阻 R 分压. 并联型晶体管稳压电路其稳压值不可调，同时其带负载能力差.

2）串联型晶体管稳压电路

稳压值可调，同时其带负载能力较强.

3）集成稳压电路

目前广泛使用三端集成稳压器，其芯片只引出三个端子，基本不需要外接元件，而且内部有限流保护、过热保护和过电压保护，使用更加安全方便.

学习情境 12 基本逻辑运算与组合逻辑电路

任务 1 逻辑代数和常用的数制

任务描述：掌握逻辑代数的基础知识；
掌握常用的数制与数码；
熟悉常用的数制与数码间的转换方法.

任务分析：在当今的信息化时代，尤其是计算机进入人们生活的各个领域以来，在信息的处理、传输、存储，多以信息的数字化形式得以实现. 本任务将主要介绍逻辑代数和常用的数制.

阶段 1 逻辑代数

数字电路中的信号是数字信号. 数字信号是离散的脉冲信号，属于双值逻辑信号. 对数字电路中的信号进行分析、运算，所使用的数学工具是逻辑代数，也称布尔代数. 布尔代数起源于 19 世纪 50 年代，是英国数学家 G. Boole 首先提出的. 1938 年，Shannon 又把它发展成适合于分析开关电路的形式，因此，布尔代数也称为开关代数. 逻辑代数是分析和设计数字电路的基础.

1. 模拟信号与数字信号

顾名思义，数字电路和数字系统是用于处理数字信号的. 那么什么是数字信号呢？自然界中的物理量可以分为两大类：模拟量和数字量. 模拟量是指在一定范围内取值连续的物理量，如温度、压力、距离和时间等；表示模拟量的电信号则为模拟信号，它在时间或数值上是连续的，如图 12-1(a)所示. 数字量是指在时间和数量上都是离散的物理量，如自动生产线上的零件记录量、台阶的阶数等；表示数字量的电信号则为数字信号，它在时间和数值上都是离散的，如图 12-1(b)所示.

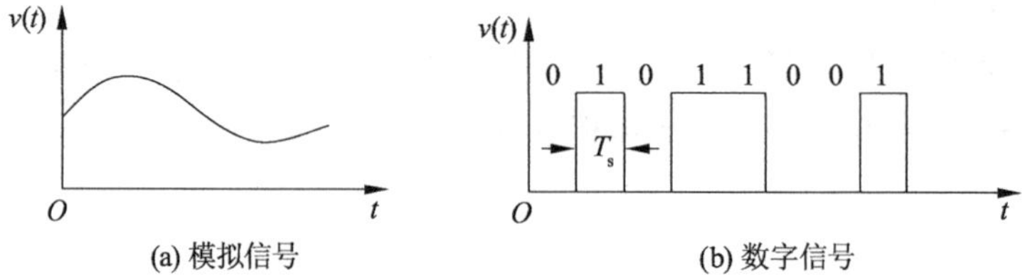

图 12-1 模拟信号与数字信号

随着计算机技术的迅猛发展，自 20 世纪 70 年代开始，数字电路的应用日益广泛，目前已经渗透到人们生活的各个方面，如数字电视、数码相机、DV、程控电话、自动洗衣机、空调等.类似图像、语音、视频、温度等模拟信号可以通过模/数(A/D)转换器转换成数字信号，然后通过数字电路进行信号处理.

与模拟电路相比，数字电路具有以下显著的优点：

(1) 数字电路的基本工作信号是用 1 和 0 表示的二进制的数字信号，反映在电路上就是高电平和低电平，运算简单.

(2) 结构简单、设计技术成熟、容易制造，便于集成及系列化生产，通用性强，价格便宜.

(3) 数字电路能对输入的数字信号进行各种算术运算和逻辑运算、逻辑判断，具有“逻辑思维”能力，故又称为数字逻辑电路.

(4) 为可编程数字系统，使用更灵活.

(5) 速度快，抗干扰性强，可靠性高.

(6) 易于存储、加密、压缩、传输和再现，便于和计算机连接.

由于数字信号不能像模拟信号那样精确地表示物理量和逼近真实世界，所以实际的电子电路系统往往是数模混合系统.

2. 模拟信号的数字表示

图 12-2 给出了模拟信号转换成数字信号的示意图，模拟信号经过采样，在时间上离散化；然后通过量化，在数值(幅度)上离散化，就转换成了数字信号.由于在数字电路中，往往以高、低电平表示 1 和 0 两个数字，所以还要将数值以二进制代码的形式表示，即编码.

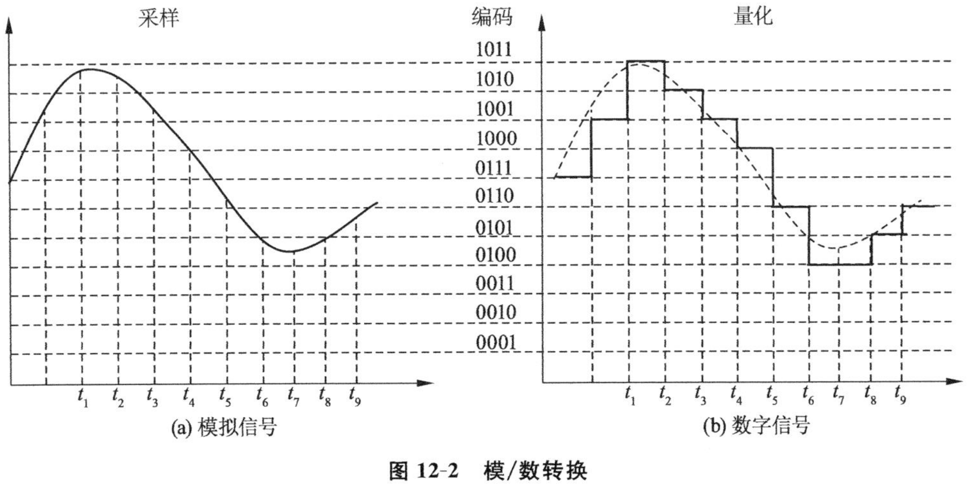

图 12-2 模/数转换

正逻辑体制：规定高电平为逻辑 1，低电平为逻辑 0.

负逻辑体制：规定低电平为逻辑 1，高电平为逻辑 0.

未加说明时，则通常为正逻辑体制.

阶段 2 数制与码制

数字电路的基本工作信号是用 1 和 0 表示的二进制代码，但日常生活中，人们习惯使用的是十进制.另外,在数字电路中,数码还可以表示不同的事物或状态,称这些数码为代码.

1. 进位计数制

进位计数制是多位数码中每一位的构成方法以及从低位到高位的进位规则.数字信号往往是以二进制数码形式给出的,常见的数制还有十进制、八进制、十六进制等.当以数码表示数值时,可以进行算术运算(加、减、乘、除).

进位计数制的普遍形式为:

$$S = \sum_{i=-n}^{p-1} c_i r^i \tag{12-1}$$

式中,S 为加权和,c_i 为第 i 位数码的系数,r^i 为第 i 位数码的权重,r 为计数的基数(进制数).

(1) 十进制(Decimal)

由 0,1,…,9 十个数码组成,进位规则是逢十进一,计数基数为 10,其按权展开式为:

$$D = \sum_{i=-n}^{p-1} c_i \times 10^i \tag{12-2}$$

例如:$542.6 = 5\times 10^2 + 4\times 10^1 + 2\times 10^0 + 6\times 10^{-1}$.

(2) 二进制(Binary)

由 0,1 两个数码组成,进位规则是逢二进一,计数基数为 2,其按权展开式为:

$$B = \sum_{i=-n}^{p-1} c_i \times 2^i \tag{12-3}$$

例如:$(101.01)_2 = 1\times 2^2 + 0\times 2^1 + 1\times 2^0 + 0\times 2^{-1} + 1\times 2^{-2}$.

(3) 八进制(Octal)

由 0,1,…,7 八个数码组成,进位规则是逢八进一,计数基数为 8,其按权展开式为:

$$O = \sum_{i=-n}^{p-1} c_i \times 8^i \tag{12-4}$$

例如:$(17.05)_8 = 1\times 8^1 + 7\times 8^0 + 0\times 8^{-1} + 5\times 8^{-2}$.

(4) 十六进制(Hexadecimal)

由 0,1,…,9,A,B,C,D,E,F 十六个数码组成,进位规则是逢十六进一,计数基数为 16,其按权展开式为:

$$H = \sum_{i=-n}^{p-1} c_i \times 16^i \tag{12-5}$$

例如:$(1B.2)_{16} = 1\times 16^1 + B\times 16^0 + 2\times 16^{-1}$.

2. 常用数制间的转换

(1) 二、八、十六进制到十进制的转换

二、八、十六进制到十进制的转换只需按权展开即可:

$$D = \sum_{i=-n}^{p-1} c_i r^i = c_{p-1} r^{p-1} + c_{p-2} r^{p-2} + \cdots + c_0 r^0 + \cdots + c_{-n} r^{-n} \tag{12-6}$$

例如:$(10011)_2 = 1\times 2^4 + 0\times 2^3 + 0\times 2^2 + 1\times 2^1 + 1\times 2^0 = 19$.

$(101.001)_2 = 1\times 2^2 + 0\times 2^1 + 1\times 2^0 + 0\times 2^{-1} + 0\times 2^{-2} + 1\times 2^{-3} = 5.125$.

$(1CE8)_{16}=1\times16^3+12\times16^2+14\times16^1+8\times16^0=7400.$

$(436.5)_8=4\times8^2+3\times8^1+6\times8^0+5\times8^{-1}=286.625.$

(2) 十进制到二、八、十六进制的转换

1) 整数部分

十进制的整数部分可表示为：

$$D=\sum_{i=0}^{p-1}c_ir^i=c_{p-1}r^{p-1}+c_{p-1}r^{p-2}+\cdots+c_0r^0 \tag{12-7}$$

以十进制数 D 除以 r：

$$D/r=\sum_{i=0}^{p-1}c_ir^i/r=c_{p-1}r^{p-2}+c_{p-2}r^{p-3}+\cdots+c_1r^0+c_0/r=Q+c_0/r$$

其商整数部分为 Q，而其余数为第 1 位系数 c_0；按照同样方法，以其商 Q 除以 r 得到第 2 位系数 c_1；如此重复进行，直至其商小于基数 r 为止，得到所转换进制的所有系数.

【例 12-1】 将$(179)_{10}$转换成二、八、十六进制，可分别按以下方式进行：

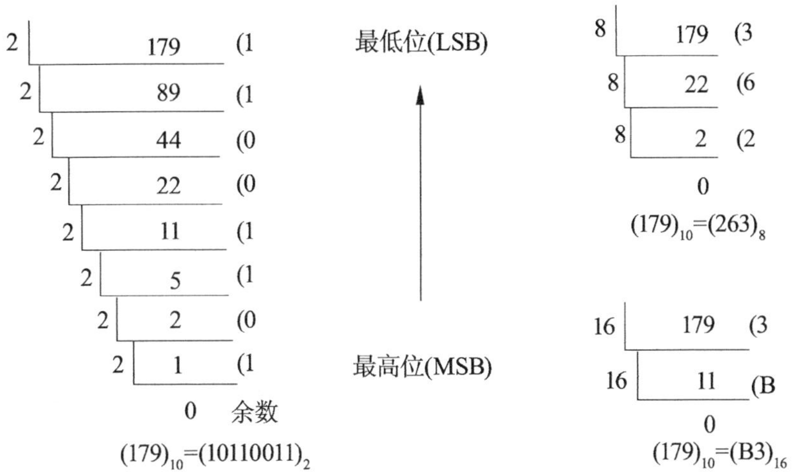

2) 小数部分

十进制的整数部分可表示为：

$$D=\sum_{i=-n}^{-1}c_ir^i=c_{-1}r^{-1}+c_{-2}r^{-2}+\cdots+c_{-n}r^{-n} \tag{12-8}$$

以十进制数 D 乘以 r：

$$D\times r=(\sum_{i=-n}^{-1}c_ir^i)\times r=c_{-1}+c_{-2}r^{-1}+\cdots+c_{-n}r^{-n+1}=c_{-1}+P$$

其整数部分为小数的第 1 位系数 c_{-1}，按照同样方法，以乘积的小数部分 P 乘以 r 得到小数的第 2 位系数 c_{-2}；如此重复进行，直至其小数部分为 0 或达到规定的转换精度为止，得到所转换进制的各位系数.

【例 12-2】 将$(0.726)_{10}$转换成二、八进制(保留 6 位有效数字)，可分别按以下方式进行：

	0.726×2	0.726×8
最高位(MSB)	1) 0.452×2	5) 0.808×8
	0) 0.904×2	6) 0.464×8
	1) 0.808×2	3) 0.712×8
	1) 0.616×2	5) 0.696×8
	1) 0.232×2	5) 0.568×8
最低位(LSB)	0) 0.464	4) 0.544
	整数	

$(0.726)_{10} \approx (0.101110)_2$　　　$(0.726)_{10} \approx (0.563554)_8$

当被转换的十进制数既有整数部分,又有小数部分时,可将整数和小数部分分别转换后合并在一起即可.

(3) 二进制到八、十六进制的转换

二进制到八、十六进制的转换只需将二进制数从小数点开始,左、右每 3 位(八进制)或 4 位(十六进制)一组,不够时补“0”,然后每一组对应转换成八进制数或十六进制数即可.

例如:$(10.1011001)_2 = (010.101\ 100\ 100)_2 = (2.544)_8$;

$(10.1011001)_2 = (0010.1011\ 0010)_2 = (2.B2)_{16}$.

(4) 八、十六进制到二进制的转换

八、十六进制到二进制的转换只需将每 1 位八、十六进制数转换成 3 位(八进制)或 4 位(十六进制)二进制数即可.

例如:$(5.67)_8 = (101.110\ 111)_2$;$(3.A5)_{16} = (11.1010\ 0101)_2$.

3. 二进制的算术运算

数字电路中 1 位二进制数码的 0 和 1 不仅可以表示数量的大小,而且可以表示两种不同的逻辑状态.我们可以用 1 和 0 分别表示一件事情的是和非、真和假、有和无、好和坏,或者表示电路的通和断、电灯的亮和暗等等.

当两个二进制数码表示两个数量大小时,它们之间可以进行数值运算,这种运算称为算术运算.二进制算术运算和十进制算术运算的规则基本相同,唯一的区别在于二进制数是逢二进一而不是十进制的逢十进一.

例如,两个二进制数 1001 和 0101 的算术运算有

加法运算	减法运算	乘法运算	除法运算
$\begin{array}{r} 1001 \\ +0101 \\ \hline 1110 \end{array}$	$\begin{array}{r} 1001 \\ -0101 \\ \hline 0100 \end{array}$	$\begin{array}{r} 1001 \\ \times 0101 \\ \hline 1001 \\ 0000 \\ 1001 \\ 0000 \\ \hline 0101101 \end{array}$	$\begin{array}{r} 1.11 \\ 0101 \overline{)1001} \\ 0101 \\ \hline 1000 \\ 0101 \\ \hline 0110 \\ 0101 \\ \hline 0010 \end{array}$

在数字电子计算机中，二进制的正负号也用 0 和 1 表示，以最高位作为符号位，正数为 0，负数为 1. 以下各位以 0 和 1 表示数值. 用这种方式表示的数码称为原码.

例如，$(\mathbf{0}\ 1010111)_2=(-87)_{10}$

符号位

$(\mathbf{1}\ 1010111)_2=(-87)_{10}$

符号位

为了简化运算电路，在数字电路中两数相减的运算是用它的补码相加来完成的. 二进制数的补码是这样定义的：

最高位为符号位，正数为 0，负数为 1；正数的补码和它的原码相同；负数的补码为原码的数值位逐位求反，然后在最低位上加 1.

例如，计算$(1001)_2-(0101)_2$，根据二进制减法运算规则有：

$$\begin{array}{r} 1001 \\ -0101 \\ \hline 0100 \end{array}$$

在采用补码运算时，首先求出$(1001)_2$和$(0101)_2$的补码，即正数的补码是符号位加数值位，正数的符号位为 0，数值位为正数本身；负数的符号位为 1，数值位为正数按位求反后再加 1，它们是

$$[+1001]_{不}=\mathbf{0}\ 1011$$

符号位

$$[-0101]_{不}=\mathbf{1}\ 1011$$

符号位

然后将两个补码相加并舍去进位：

$$\begin{array}{r} 01001 \\ +10101 \\ \hline 100100 \end{array}$$

这样我们就把减法运算化成加法运算.

4. 常用编码

当数码表示不同的事物或状态时，称之为编码；编制代码所遵循的规则称为码制. 常用的编码有 BCD 码、格雷码、ASCII 码等.

(1) 十进制的二进制编码(Binary Coded Decimal,BCD)

常用的 BCD 码列于表 12-1 中.

表 12-1 常用的 BCD 码

十进制数	8421 码	2421 码	余 3 码	2－5 混合码	独 1 码
0	0000	0000	0011	0100001	1000000000
1	0001	0001	0100	0100010	0100000000
2	0010	0010	0101	0100100	0010000000
3	0011	0011	0110	0101000	0001000000
4	0100	0100	0111	0110000	0000100000
5	0101	1011	1000	1000001	0000010000
6	0110	1100	1001	1000010	0000001000
7	0111	1101	1010	1000100	0000000100
8	1000	1110	1011	1001000	0000000010
9	1001	1111	1100	1010000	0000000001

8421 码和 2421 码每一位的 1 代表的十进制数称之为这一位的权,是固定不变的,称为恒权码. 例如:$(1001)_{8421BCD}=1\times8+0\times4+0\times2+1\times1=(9)_{10}$;$(1011)_{2421BCD}=1\times2+0\times4+1\times2+1\times1=(5)_{10}$.

2421 码和余 3 码的 0—9,1—8,2—7,3—6,4—5 互为反码,称为自补码. 余 3 码的数值刚好比它表示的十进制数多 3,所以称为余 3 码.

独 1 码是每个码字中的 1 的个数为 1;2－5 混合码是 2 位独 1 码和 5 位独 1 码混合编制的,它们编码的位数不是最少的,但其好处是可以进行检错. 例如,$(1011000)_{2-5混合码}$可以看出 1011000 不是 2－5 混合码的码字,$(1010000000)_{独1码}$出现了 2 个 1,所以可以发现编码中的错误.

(2) 格雷码(Gray Code)

格雷码的特点是:

① 任意两个相邻数所对应的格雷码之间只有一位不同,其余位都相同. 所以,从一个码字到另一个相邻码字的变化过程中不会产生过渡"噪声".

② 格雷码为镜像码. n 位格雷码的前、后 2^{n-1} 位码字除首位不同(前 2^{n-1} 位码字首位为 0,后 2^{n-1} 位码字首位为 1),后面各位互为镜像.

格雷码构成方法如图 12-3 所示.

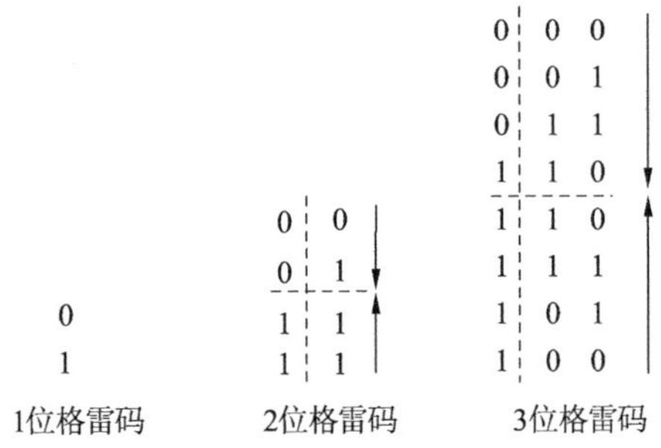

图 12-3　格雷码构成示意图

4 位格雷码列于表 12-2 中.

表 12-2　4 位格雷码

十进制数	格雷码	十进制数	格雷码
0	0000	8	1100
1	0001	9	1101
2	0011	10	1111
3	0010	11	1110
4	0110	12	1010
5	0111	13	1011
6	0101	14	1001
7	0100	15	1000

(3) 美国信息交换标准码(American Standard Code for Information Interchange, ASC II)

美国信息交换标准码是由美国国家标准化协会(ANSI)制定的一种信息编码，广泛地应用于计算机和通信领域中. ASCII 码是由 7 位二进制代码($b_7b_6b_5b_4b_3b_2b_1$)组成的，共 128 个，包括 0～9 十个数字，52 个大、小写英文字母，32 个符号代码和 34 个控制代码，其编码列于表 12-3 中，控制码的含义列于表 12-4 中.

表 12-3　美国信息交换标准码(ASC II 码)

十进制	$b_7b_6b_5b_4b_3b_2b_1$	字符	十进制	$b_7b_6b_5b_4b_3b_2b_1$	字符	十进制	$b_7b_6b_5b_4b_3b_2b_1$	字符
000	0000000	NUL	043	0101011	+	086	1010110	V
001	0000001	SOH	044	0101100	,	087	1010111	W
002	0000010	STX	045	0101101	−	088	1011000	X
003	0000011	ETX	046	0101110	.	089	1011001	Y
004	0000100	EOT	047	0101111	/	090	1011010	Z
005	0000101	ENQ	048	0110000	0	091	1011011	[

续表

十进制	$b_7b_6b_5b_4b_3b_2b_1$	字符	十进制	$b_7b_6b_5b_4b_3b_2b_1$	字符	十进制	$b_7b_6b_5b_4b_3b_2b_1$	字符
006	0000110	ACK	049	0110001	1	092	1011100	\
007	0000111	BEL	050	0110010	2	093	1011101	]
008	0001000	BS	051	0110011	3	094	1011110	^
009	0001001	HT	052	0110100	4	095	1011111	_
010	0001010	LF	053	0110101	5	096	1100000	`
011	0001011	VT	054	0110110	6	097	1100001	a
012	0001100	FF	055	0110111	7	098	1100010	b
013	0001101	CR	056	0111000	8	099	1100011	c
014	0001110	SO	057	0111001	9	100	1100100	d
015	0001111	SI	058	0111010	:	101	1100101	e
016	0010000	DLE	059	0111011	;	102	1100110	f
017	0010001	DC1	060	0111100	<	103	1100111	g
018	0010010	DC2	061	0111101	=	104	1101000	h
019	0010011	DC3	062	0111110	>	105	1101001	i
020	0010100	DC4	063	0111111	?	106	1101010	j
021	0010101	NAK	064	1000000	@	107	1101011	k
022	0010110	SYN	065	1000001	A	108	1101100	l
023	0010111	ETB	066	1000010	B	109	1101101	m
024	0011000	CAN	067	1000011	C	110	1101110	n
025	0011001	EM	068	1000100	D	111	1101111	o
026	0011010	SUB	069	1000101	E	112	1110000	p
027	0011011	ESC	070	1000110	F	113	1110001	q
028	0011100	FS	071	1000111	G	114	1110010	r
029	0011101	GS	072	1001000	H	115	1110011	s
030	0011110	RS	073	1001001	I	116	1110100	t
031	0011111	US	074	1001010	J	117	1110101	u
032	0100000	SP	075	1001011	K	118	1110110	v
033	0100001	!	076	1001100	L	119	1110111	w
034	0100010	"	077	1001101	M	120	1111000	x
035	0100011	#	078	1001110	N	121	1111001	y
036	0100100	$	079	1001111	O	122	1111010	z

续表

十进制	$b_7b_6b_5b_4b_3b_2b_1$	字符	十进制	$b_7b_6b_5b_4b_3b_2b_1$	字符	十进制	$b_7b_6b_5b_4b_3b_2b_1$	字符
037	0100101	%	080	1010000	P	123	1111011	{
038	0100110	&	081	1010001	Q	124	1111100	|
039	0100111	'	082	1010010	R	125	1111101	}
040	0101000	(	083	1010011	S	126	1111110	~
041	0101001	)	084	1010100	T	127	1111111	DEL
042	0101010	*	085	1010101	U			

表 12-4 ASC II 码控制码含义

十进制	二进制	含义		十进制	二进制	含义	
0	0000000	NUL	空字符(Null)	17	0010001	DC1	设备控制 1
1	0000001	SOH	标题开始	18	0010010	DC2	设备控制 2
2	0000010	STX	正文开始	19	0010011	DC3	设备控制 3
3	0000011	ETX	正文结束	20	0010100	DC4	设备控制 4
4	0000100	EOT	传输结束	21	0010101	NAK	拒绝接收
5	0000101	ENQ	请求	22	0010110	SYN	同步空闲
6	0000110	ACK	收到通知	23	0010111	ETB	传输块结束
7	0000111	BEL	响铃	24	0011000	CAN	取消
8	0001000	BS	退格	25	0011001	EM	介质中断
9	0001001	HT	水平制表符	26	0011010	SUB	替补
10	0001010	LF	换行键	27	0011011	ESC	溢出、扩展
11	0001011	VT	垂直制表符	28	0011100	FS	文件分隔符
12	0001100	FF	换页键	29	0011101	GS	分组符
13	0001101	CR	回车键	30	0011110	RS	记录分隔符
14	0001110	SO	不用切换	31	0011111	US	单元分隔符
15	0001111	SI	启用切换	032	0100000	SP	空格
16	0010000	DLE	数据链路转义	127	1111111	DEL	删除

思考与练习

1. 什么是数字信号？什么是模拟信号？
2. 数字信号研究的对象是什么？
3. 在数字逻辑电路中为什么采用二进制？它有哪些优点？

4. 完成下列数制间的转换.

$(1110.0111)_2=(\quad)_8=(\quad)_{16}$　　$(1001.1101)_2=(\quad)_8=(\quad)_{16}$

$(101.01)_2=(\quad)_8=(\quad)_{16}$　　$(27.53)_8=(\quad)_2$

$(632.714)_8=(\quad)_2$　　$(3D.BE)_{16}=(\quad)_2$

$(98.4C)_{16}=(\quad)_2$

5. 将下列二进制数转换为等值的八进制数与十六进制数.

(1) $(110.1001)_2$　(2) $(101100.110011)_2$

6. 将下列数值转换为等值的二进制数.

(1) $(79)_{10}$　(2) $(174.06)_{10}$　(3) $(27.35)_8$　(4) $(41.64)_8$　(5) $(B4.7E)_{16}$

(6) $(2C9.5DA)_{16}$

7. 将下列数值转换为等值的十进制数.

(1) $(10110.1011)_2$　(2) $(1001.11)_2$　(3) $(42.71)_8$　(4) $(F3.5C)_{16}$

8. 将下列十进制数转换为等值的二进制数、八进制数与十六进制数.(保留3位有效小数)

(1) $(85.314)_{10}$　(2) $(154.371)_{10}$　(3) $(243.58)_{10}$

9. 完成下列运算.

(1) 1110+1101=　　(2)1011+1010=

任务2　基本逻辑运算

任务描述:掌握基本逻辑运算的基础知识;
熟悉常用的组合逻辑运算.

任务分析:基本逻辑运算是逻辑代数运算的基础.在逻辑代数中,所有的逻辑运算均由"与运算""或运算""非运算"构成.本任务将主要介绍基本逻辑运算.

阶段1　三种基本逻辑运算

逻辑门电路是指具有多个输入端和一个输出端的开关电路.它是按照一定的规律而动作的.这些电路像门一样依一定的条件"开"或"关",所以又称"门"电路.逻辑门中逻辑的内涵是指一定的因果关系,即"条件和结果的关系".

为了简便地描述逻辑关系,通常用熟知的符号"0"和"1"来表示某一事物的对立状态,比如电位的"高"与"低"、脉冲的"有"或"无"、开关的"合"与"断"、事物的"真"与"假"等.这里0和1的概念,并不是在数学中通常表示的数量的大小,而是作为一种表示符号,故称之为逻辑"0"和逻辑"1".在逻辑电路中,假如用"1"表示高电平,用"0"表示低电平,称正逻辑.若"1"表示低电平,"0"表示高电平,则称负逻辑.本书在讨论各种逻辑关系时均采用正逻辑.

在逻辑代数中,基本逻辑运算有与运算、或运算和非运算三种.

1. 与逻辑

当决定某一事件的全部条件都具备时，该事件才会发生，这样的因果关系称为与逻辑关系，简称与逻辑，也叫逻辑乘.

如图 12-4 所示，灯亮的条件是：开关 S_1 和 S_2 都闭合. 设定逻辑变量并给状态赋值：逻辑变量 A 和 B，对应两个开关的状态，开关闭合为逻辑 1、开关断开为逻辑 0；逻辑函数 Y 对应灯的状态，灯亮为逻辑 1，灯灭为逻辑 0. 此时，可把 A，B 作为变量，Y 作为输出变量，并用表 12-5 列出输入变量 A，B 的各种取值组合和输出变量 Y 的一一对应关系. 这种用表格形式列出的逻辑关系，称作真值表.

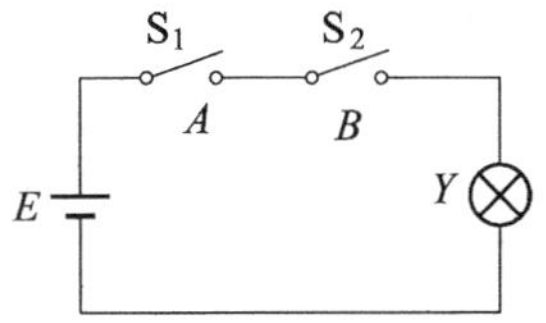

图 12-4　用串联开关表示与逻辑

表 12-5　与逻辑真值表

A	B	Y
0	0	0
0	1	0
1	0	0

Y 和 A，B 间的关系可用逻辑函数式来表示：

$$Y = A \cdot B = AB$$

式中，符号"·"表示与运算，读作"与"（或读作"逻辑乘"）；在不致引起混淆的前提下，"·"常被省略.

对于多变量的与逻辑可用下式表示：

$$Y = ABC\cdots$$

与运算规则：有 0 出 0，全 1 出 1.

实现与逻辑的电路为与门，其逻辑符号如图 12-5 所示.

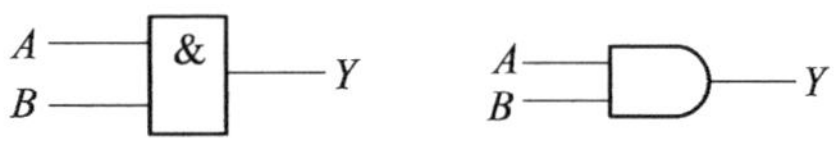

(a) 国际符号　(b) 美、日常用符号

图 12-5　与门逻辑符号

2. 或逻辑

在决定某一事件的所有条件中，只要有一个具备，该事件就会发生. 这样的因果关系称为或逻辑关系，简称或逻辑，也称逻辑加.

如图 12-6 所示，开关 S_1，S_2 并联，灯亮的条件是，只要开关 S_1，S_2 中的任何一个开关闭合或两个都闭合，灯就会亮；只有开关 S_1，S_2 均断开，灯才不亮. 如变量 A，B 和 Y 给出和与逻辑同样的赋值时，则可得表 12-6 所示的或逻辑真值表.

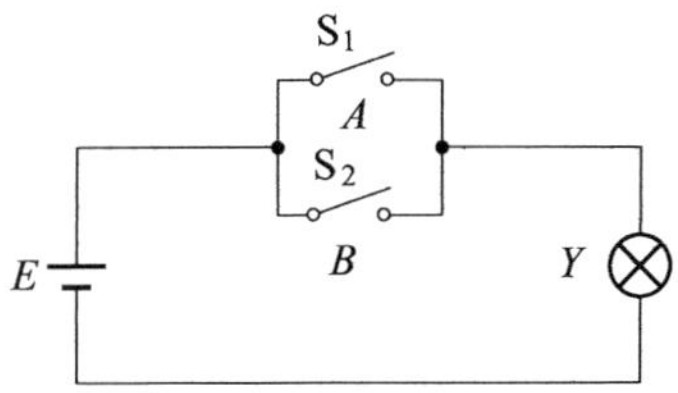

图 12-6　用并联开关表示或逻辑

表 12-6　或逻辑真值表

A	B	Y
0	0	0
0	1	1
1	0	1

或逻辑函数式为：

$$Y=A+B$$

式中，符号"+"表示或运算.

对于多变量的或逻辑可用下式表示：

$$Y=A+B+C+\cdots$$

或逻辑运算规则：有1出1，全0出0.

实现或运算的电路为或门，其逻辑符号如图12-7所示.

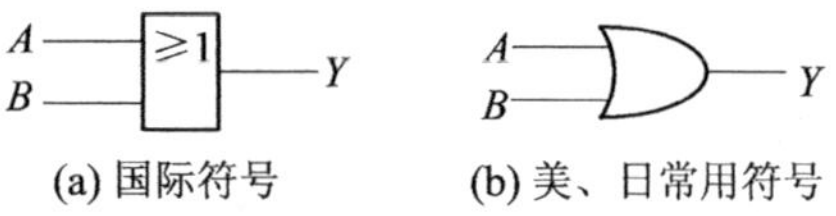

图 12-7 或门逻辑符号

3. 非逻辑

当某一条件具备了，事情就不会发生；而此条件不具备时，事情反而发生. 这种因果关系称为非逻辑关系，简称非逻辑.

如图12-8所示，开关 A 和灯并联，灯亮的条件是，开关 A 闭合时，灯不亮；开关 A 断开时，灯亮. 如变量 A，Y 的赋值：开关闭合为逻辑1，开关断开为逻辑0；灯亮为逻辑1，灯灭为逻辑0，则可得表12-7所示非逻辑真值表.

非逻辑函数式为：

$$Y=\overline{A}$$

式中"$\overline{A}$"读作"A 非".

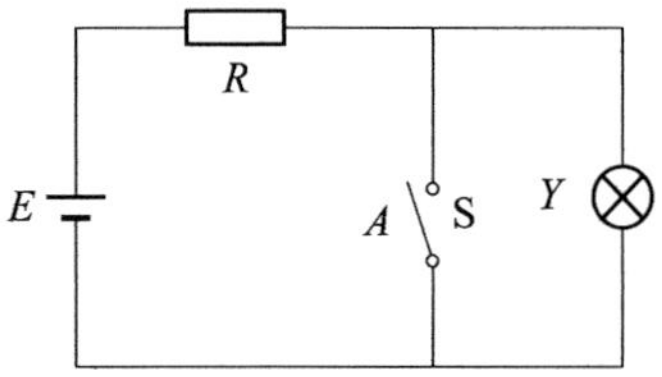

图 12-8 开关和灯并联表示非逻辑

表 12-7 非逻辑真值表

A	Y
0	1
1	0

非逻辑的运算规则：有0出1，有1出0. 实现非运算的电路为非门，其逻辑符号如图12-9所示.

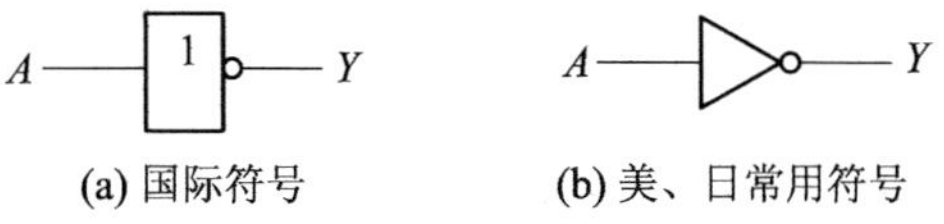

图 12-9 非门逻辑符号

阶段2 复合逻辑运算

任何复杂的逻辑运算都可以由以上三种基本逻辑运算组合而成. 常用的复合逻辑运算主要有：与非逻辑、或非逻辑、与或非逻辑、异或逻辑和同或逻辑等.

1. 与非逻辑、或非逻辑、与或非逻辑

(1) 与非逻辑

与非逻辑是由与运算和非运算组合而成的复合运算，运算顺序是先与运算后非运算. 设输入变量为 A，B，输出为 Y，则其逻辑表达式为：

$$Y=\overline{AB}$$

与非运算的真值表如表12-8所示. 由真值表可看出：输入变量 A，B 有一个为0，输出 Y 则为1；只有输入变量全部为1时，输出才为0.

实现与非运算的电路为与非门，其逻辑符号如图12-10所示.

表 12-8　与非逻辑真值表

A	B	Y
0	0	1
0	1	1
1	0	1

(a) 国际符号　(b) 美、日常用符号

图 12-10　与非门逻辑符号

(2) 或非逻辑

或非逻辑运算是或运算和非运算的复合运算，运算顺序是先或运算后非运算. 其逻辑表达式为：

$$Y=\overline{A+B}$$

或非运算的真值表如表 12-9 所示.

实现或非运算的电路为或非门，其逻辑符号如图 12-11 所示.

表 12-9　或非逻辑真值表

A	B	Y
0	0	1
0	1	0
1	0	0

(a) 国际符号　(b) 美、日常用符号

图 12-11　或非门逻辑符号

(3)与或非逻辑

与或非逻辑是由与、或、非三种基本逻辑关系按照先与后或再非的顺序复合而成. 有 4 个变量 A,B 和 C,D 输入的与或非逻辑函数式为：

$$Y=\overline{AB+CD}$$

与或非逻辑的真值表如表 12-10 所示.

表 12-10　与或非逻辑真值表

A	B	C	D	AB	CD	$AB+CD$	$Y=\overline{AB+CD}$
0	0	0	0	0	0	0	1
0	0	0	1	0	0	0	1
0	0	1	0	0	0	0	1
0	0	1	1	0	1	1	0
0	1	0	0	0	0	0	1
0	1	0	1	0	0	0	1
0	1	1	0	0	0	0	1
0	1	1	1	0	1	1	0
1	0	0	0	0	0	0	1
1	0	0	1	0	0	0	1
1	0	1	0	0	0	0	1
1	0	1	1	0	1	1	0
1	1	0	0	1	0	1	0
1	1	0	1	1	0	1	0
1	1	1	0	1	0	1	0
1	1	1	1	1	1	1	0

实现与或非逻辑运算的电路为与或非门，其逻辑符号如图 12-12 所示.

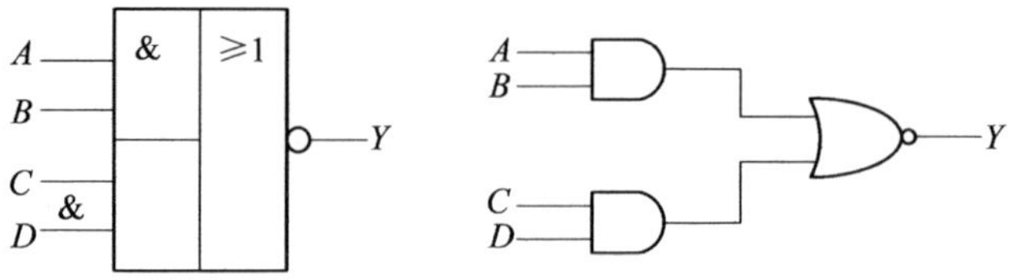

(a) 国际符号　　(b) 美、日常用符号

图 12-12　与或非门逻辑符号

2. 异或逻辑和同或逻辑

(1) 异或逻辑

异或逻辑运算是两个输入变量 A,B 各自先进行非的变换后,再与相对的原变量进行与运算,然后再进行或逻辑运算.异或逻辑的逻辑函数式为:

$$Y=A\overline{B}+\overline{A}B=A\oplus B$$

式中,符号"$\oplus$"表示异或运算,读作"异或".

异或逻辑真值表如表 12-11 所示.实现异或运算的电路为异或门,其逻辑符号如图 12-13 所示.

表 12-11　异或逻辑真值表

A	B	Y
0	0	0
0	1	1
1	0	1

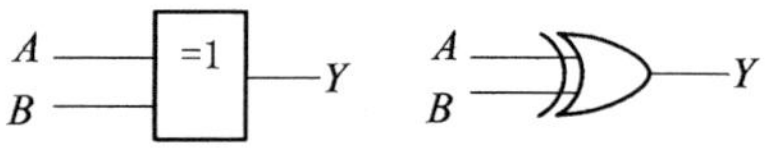

(a) 国际符号　　(b) 美、日常用符号

图 12-13　异或门逻辑符号

(2) 同或逻辑

同或逻辑运算是两个输入变量 A,B 先进行非的变换,再做与运算和原变量与运算,之后再进行或逻辑运算.同或逻辑的逻辑函数式为:

$$Y=\overline{A}\,\overline{B}+AB+A\odot B$$

同或逻辑真值表如表 12-12 所示.由异或、同或逻辑真值表可以看出,在相同的输入下,二者的值正好相反,即二者互为非逻辑关系,即

$$A\oplus B=\overline{A\odot B};A\odot B=\overline{A\oplus B}$$

因此,同或也经常称作异或非.

表 12-12　同或逻辑真值表

A	B	Y
0	0	1
0	1	0
1	0	0
1	1	1

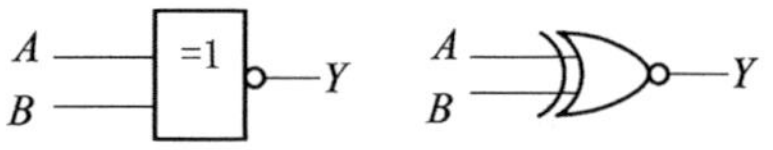

(a) 国际符号　　(b) 美、日常用符号

图 12-14　同或门逻辑符号

实现同或逻辑运算的电路为同或门,其逻辑符号如图 12-14 所示.

思考与练习

1. 什么是与逻辑、或逻辑、非逻辑？

2. 用与、或、非门逻辑符号表示与非门、或非门、与或非门、同或门、异或门的逻辑符号.

3. 用表格的形式列出各门电路的表达式、逻辑符号、真值表和逻辑功能(与或非门的真值表可以不列).

任务3 逻辑代数的基本公式与定理

任务描述：掌握逻辑代数的基本公式与定理；
熟悉逻辑代数的基本公式与定理的使用方法.

任务分析：逻辑代数的基本公式与定理是逻辑函数化简、变换常用的方法与规律.本任务将主要介绍逻辑代数的基本公式与定理.

阶段1 逻辑代数的基本公式

逻辑代数的基本公式列于表12-13中，表12-14还列出了其他一些常用公式.同或逻辑是当A,B两个变量的值相同时，输出为1；不同时，输出为0.

表12-13 逻辑代数的基本公式

序号	公式		规律
1	$A \cdot 0=0$	$A+1=1$	0—1律
2	$A \cdot 1=A$	$A+0=A$	0—1律
3	$\overline{0}=1;\overline{1}=0$	$\overline{\overline{A}}=A$	还原律
4	$A \cdot A=A$	$A+A=A$	重叠律
5	$A \cdot \overline{A}=0$	$A+\overline{A}=1$	互补律
6	$A \cdot B=B \cdot A$	$A+B=B+A$	交换律
7	$A \cdot (B \cdot C)=(A \cdot B) \cdot C$	$A+(B+C)=(A+B)+C$	结合律
8	$A \cdot (B+C)=A \cdot B+A \cdot C$	$A+(B \cdot C)=(A+B) \cdot (A+C)$	分配律
9	$\overline{A \cdot B}=\overline{A}+\overline{B}$	$\overline{A+B}=\overline{A} \cdot \overline{B}$	反演律

表 12-14 逻辑代数的常用公式

序号	公式	规律
1	$A+A\cdot B=A$	吸收律
2	$A+\overline{A}B=A+B$	吸收律
3	$AB+A\overline{B}=A$	
4	$A(A+B)=A$	
5	$AB+\overline{A}C+BC=AB+\overline{A}C$ $AB+\overline{A}C+BCD=AB+\overline{A}C$	吸收律
6	$A\,\overline{AB}=A\overline{B}$；$\overline{A}\,\overline{AB}=\overline{A}$	

阶段 2 逻辑代数的基本定理

1. 代入定理

在任何一个含有变量 A 的逻辑等式中，若以一函数式取代该等式中所有 A 的位置，该等式仍然成立.

2. 反演定理

在一个逻辑式 Y 中，若将其中所有的"+"变成"·"，"·"变成"+"，"0"变成"1"，"1"变成"0"，原变量变成反变量，反变量变成原变量，所得函数式即原函数式的反逻辑式，记作 $\overline{Y}$.

例如：$Y=A\overline{B}+(C+\overline{D})\overline{E}$，则 $\overline{Y}=\overline{A\overline{B}+(C+\overline{D})\overline{E}}=(\overline{A}+B)(\overline{C}D+E)$

3. 对偶定理

在一个逻辑式 Y 中，若将其中所有的"+"变成"·"，"·"变成"+"，"0"变成"1"，"1"变成"0"，则所得函数式即原函数式的对偶式，记作 Y'.

若两个函数式相等，那么它们的对偶式也相等，这对于记忆一些逻辑代数公式是很有帮助的.

例如：$AB+\overline{A}C+BC=AB+\overline{A}C$，则 $(A+B)(\overline{A}+C)(B+C)=(A+B)(\overline{A}+C)$.

阶段 3 逻辑函数的表示方法

输入输出变量为逻辑变量的函数称为逻辑函数. 表达式：$F=f(A,B,C,\cdots)$. 逻辑函数的表示方法主要有真值表、逻辑表达式、逻辑电路图、卡诺图和波形图等.

1. 真值表

真值表是将输入逻辑变量各种可能的取值和相应的函数值排列在一起而组成的表格.

列写方法是：

(1) 找出输入、输出变量，并用相应的字母表示；

(2) 列出所有输入变量可能的取值，计算对应的输出值，并以表格形式列写出来.

现以三人多数表决逻辑为例，说明真值表的表示方法.

设三人为 A，B，C，同意为 1，不同意为 0；表决为 Y，有 2 人或 2 人以上同意，表决通过，通过为 1，否决为 0. 因此，ABC 为输入量，Y 为输出量. 列出输入输出量之间关系的真值表如表 12-15 所示.

表 12-15 三人多数表决真值表

输入	输出
ABC	Y
000	0
001	0
010	0
011	1
100	0
101	1
110	1
111	1

2. 逻辑表达式

逻辑表达式是用各逻辑变量相互间与、或、非逻辑运算组合表示的逻辑函数.

如上述三人多数表决通过的逻辑表达式为:$Y=\overline{A}BC+A\overline{B}C+AB\overline{C}+ABC$.

书写逻辑表达式的方法:把真值表中逻辑值为 1 的所有项相加(或),每一项中,A,B,C 的关系为“与”,变量值为 1 时取原码,变量值为 0 时取反码.

3. 逻辑电路图

逻辑电路图是用规定的逻辑电路符号连接组成的电路图. 图 12-15 为三人多数表决逻辑电路图.

4. 卡诺图

卡诺图是按一定规则画出的方格图,是真值表的另一种形式,主要用于化简逻辑函数. 卡诺图的画法将在下面介绍.

5. 波形图

波形图是逻辑函数输入变量每一种可能出现的取值与对应的输出值按时间顺序依次排列的图形,也称为时序图. 图 12-16 为三人多数表决逻辑函数波形图.

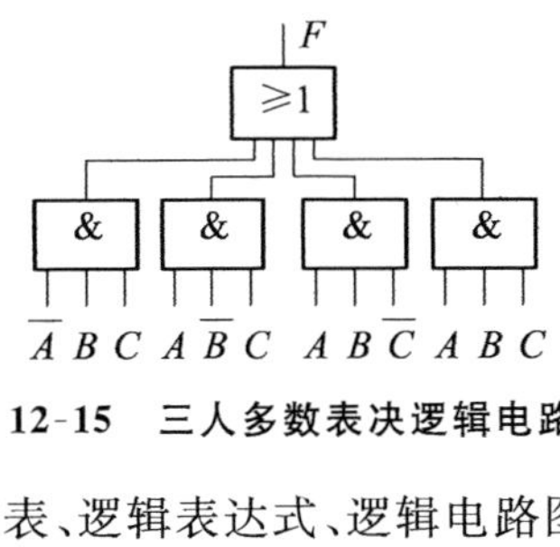

图 12-15 三人多数表决逻辑电路图

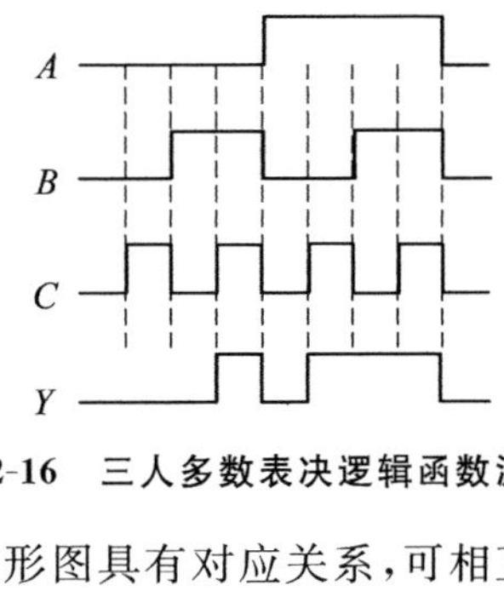

图 12-16 三人多数表决逻辑函数波形图

真值表、逻辑表达式、逻辑电路图、卡诺图和波形图具有对应关系,可相互转换. 对同一逻辑函数,真值表、卡诺图和波形图具有唯一性,而逻辑表达式和逻辑电路图可有多种不同的表达形式.

6. 各种表示方法之间的转换

(1) 一般步骤

① 列出真值表或卡诺图；

② 化简，求出最简与或表达式；

③ 根据表达式画出逻辑图；

④ 有条件的，观察波形图，验证.

(2) 由真值表求逻辑表达式

① 把真值表中逻辑函数值为 1 的变量组合挑出来；

② 若输入变量为 1，则写成原变量，若输入变量为 0，则写成反变量；

③ 把每个组合中各个变量相乘，得到一个乘积项；

④ 将各乘积项相加，就得到相应的逻辑表达式.

(3) 由逻辑表达式列出真值表

按照逻辑表达式，对逻辑变量的各种取值进行计算，求出相应的函数值；再把变量取值和函数值一一对应列成表格.

(4) 由逻辑图写逻辑表达式

由输入到输出逐级推导，按照每个门的符号写出每个门的逻辑函数，直至得到整个逻辑电路的表达式.

思考与练习

1. 写出习题 1 图的逻辑函数式，并画出其真值表、卡诺图及其对应的输出波形.

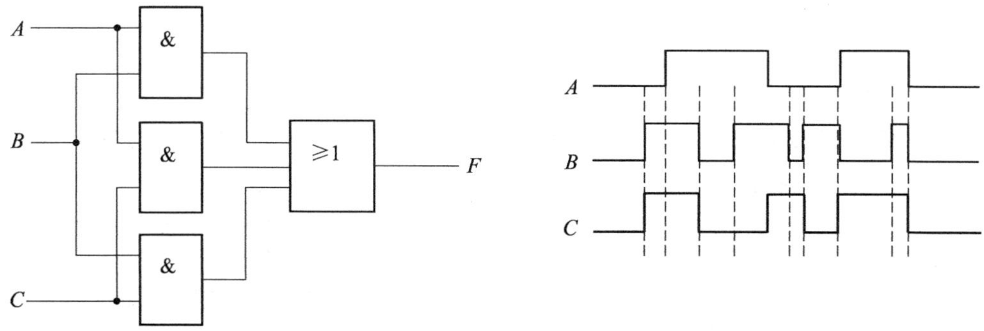

习题 1 图

任务 4　逻辑函数的化简

任务描述：熟悉逻辑函数式的常见形式，掌握逻辑函数的化简方法；能用公式法与卡诺图法化简逻辑函数.

任务分析：逻辑函数式越简单，对应的逻辑图也就越简单，实现该逻辑函数所用的电子元器件的个数也就越少，因此常需要通过化简的手段找出逻辑函数的最简形式，以便设计出最简单的逻辑电路，从而节省元器件、优化生产工艺、降低成本和提高系统可靠性. 本任务将主要介绍逻辑函数的化简方法.

化简逻辑函数常用到的方法有两种，一种叫公式化简法，用公式和定理化简；一种叫图形化简法，用卡诺图化简.

阶段 1　公式化简法

1. 逻辑函数式的常见形式

一个逻辑函数的表达式不是唯一的，可以有多种形式，并且能互相转换. 例如：

$$L = AC + \overline{A}B \qquad \text{与一或表达式}$$

$$= (A+B)(\overline{A}+C) \qquad \text{或一与表达式}$$

$$= \overline{\overline{AC} \cdot \overline{\overline{A}B}} \qquad \text{与非一与非表达式}$$

2. 逻辑函数的标准与或式和最简式

每一个乘积都具有标准形式，例如：

$Y = \overline{A}BC + A\overline{B}C + AB\overline{C} + ABC$ ——→标准与或表

$Y = BC + AC + AB$ ——→最简与或表

3. 公式化简法

公式化简法是借助任务 3 讲述的逻辑代数基本公式和定理进行化简的一种方法，一般没有普遍的规律可循，需要在多看、多练的基础上逐渐熟悉和掌握. 公式化简法主要可分为以下基本方法.

(1) 并项

利用 $F = AB + A\overline{B} = A$ 将两项并为一项，且消去一个变量 B.

【例 12-3】 化简下列逻辑函数.

① $Y_1 = \overline{A}B\overline{C} + AB + \overline{A}BC$

② $Y_2 = \overline{A}\,\overline{B}C + ABC + \overline{A}BC + A\overline{B}C$

③ $Y_3 = \overline{A}B + B\overline{C} + ABC$

解　① $Y_1 = \overline{A}B\overline{C} + AB + \overline{A}BC = (\overline{A}B\overline{C} + \overline{A}BC) + AB = \overline{A}B + AB = B$

② $Y_2 = \overline{A}\,\overline{B}C + ABC + \overline{A}BC + A\overline{B}C = (\overline{A}\,\overline{B} + AB)C + (\overline{A}B + A\overline{B})C$

$= \overline{(A \oplus B)}C + (A \oplus B)C = C$

③ $Y_3=\bar{A}B+B\bar{C}+ABC=(\bar{A}+\bar{C})B+ABC=\overline{AC}B+ABC=B$

（2）吸收

利用 $F=A+AB=A$ 消去多余的项 AB.

【例 12-4】 化简下列逻辑函数.

① $Y_1=AB+ABC+ABCD$

② $Y_2=AB+\bar{C}+\overline{\overline{AB}C}(A+\overline{\overline{CD}+B}$

解 ① $Y_1=AB+ABC+ABCD=AB(1+C+CD)=AB$

② $Y_2=AB+\bar{C}+\overline{\overline{AB}C}(A+\overline{\overline{CD}+B}=(AB+\bar{C})+(AB+\bar{C})(A+\overline{\overline{CD}+B})=AB+\bar{C}$

（3）消项

利用 $AB+\bar{A}C+BC=AB+\bar{A}C$，$AB+\bar{A}C+BCD=AB+\bar{A}C$ 消去多余项 BC 或 BCD.

【例 12-5】 化简下列逻辑函数.

① $Y_1=ABC+\overline{AB}DE+CDEF$

② $Y_2=ABC+\bar{A}\,\bar{B}C+\bar{A}BD+A\bar{B}D=CDE$

解 ① $Y_1=ABC+\overline{AB}DE+CDEF=(AB)C+(\overline{AB})DE+CDEF=ABC+\overline{AB}DE$

② $Y_2=ABC+\bar{A}\,\bar{B}C+\bar{A}BD+A\bar{B}D+CDE=(AB+\bar{A}\,\bar{B})C+(\bar{A}B+A\bar{B})D+CDE$

$=\overline{A\oplus B}C+(A\oplus B)D+CDE=\overline{A\oplus B}C+(A\oplus B)D$

（4）消元

利用 $A+\bar{A}B=A+B$ 消去多余变量 A.

【例 12-6】 化简下列逻辑函数.

① $Y_1=AB+\overline{AB}C+\overline{AB}D\bar{E}$

② $Y_2=A\bar{B}+BC+\bar{A}C$

③ $Y_3=AB+\overline{AB}C+A\bar{C}D$

解 ① $Y_1=AB+\overline{AB}C+\overline{AB}D\bar{E}=AB+\overline{AB}(C+D\bar{E})=AB+C+D\bar{E}$

② $Y_2=A\bar{B}+BC+\bar{A}C=A\bar{B}+(B+\bar{A})C=A\bar{B}+\overline{A\bar{B}}C=A\bar{B}+C$

③ $Y_3=AB+\overline{AB}C+A\bar{C}D=AB+C+A\bar{C}D=AB+C+AD$

（5）配项

利用 $A+A=A$ 或 $F=A+\bar{A}=1$ 进行配项.

【例 12-7】 化简下列逻辑函数.

① $Y_1=A\bar{B}+\bar{B}C+B\bar{C}+\bar{A}B=A\bar{B}(C+\bar{C})+\bar{B}C+(A+\bar{A})B\bar{C}+\bar{A}B$

② $Y_2=\bar{A}BC+A\bar{B}C+AB\bar{C}+ABC$

③ $Y_3=BD+\bar{A}D+A\bar{C}+\bar{C}D+B(A+\bar{D})+A\bar{B}\,\bar{C}D+\bar{A}BCE$

解 ① $Y_1=A\bar{B}+\bar{B}C+B\bar{C}+\bar{A}B=A\bar{B}(C+\bar{C})+\bar{B}C+(A+\bar{A})B\bar{C}+\bar{A}B$

$=A\bar{B}C+A\bar{B}\,\bar{C}+\bar{B}C+AB\bar{C}+\bar{A}B\bar{C}+\bar{A}B$

$=(A\bar{B}C+\bar{B}C)+(A\bar{B}\,\bar{C}+AB\bar{C})+(\bar{A}B\bar{C}+\bar{A}B)=\bar{B}C+A\bar{C}+\bar{A}B$

② $Y_2=\bar{A}BC+A\bar{B}C+AB\bar{C}+ABC$

$=(\bar{A}BC+ABC)+(A\bar{B}C+ABC)+(AB\bar{C}+ABC)=BC+AC+AB$

③ $Y=BD+\bar{A}D+A\bar{C}+\bar{C}D+B(A+\bar{D})+A\bar{B}\,\bar{C}\,D+\bar{A}BCE$

$=\overline{B\bar{D}}+\bar{A}D+A\bar{C}+\bar{C}D+AB+\overline{B\bar{D}}+A\bar{B}\,\bar{C}D+\bar{A}BCE$

$=\bar{\bar{B}}+\bar{A}D+A\bar{C}+\overline{\bar{C}D}+\overline{\overline{\bar{A}B}}+\overline{A\bar{B}\,\bar{C}D}+\overline{\overline{\bar{A}BCE}}$

$=B+\overline{\bar{A}D}+\overline{A\bar{C}}|\overline{\bar{C}D}=B+\bar{A}D+A\bar{C}$

阶段 2　卡诺图化简法

1. 最小项表达式

所有输入变量的组合称为最小项. 3 个变量有 8 个最小项，n 个逻辑变量有 2^n 个最小项.

最小项的主要特点：

(1) 每项都包括了所有输入逻辑变量；

(2) 每个逻辑变量均以原变量或反变量形式出现一次.

将最小项按序编号，并使其编号值与变量组合值对应一致，记作 mi.

由最小项组成的逻辑表达式称为最小项表达式.

最小项表达式可用后式表示：$F(A,B,C\cdots)=\sum mi$

如上述三人多数表决逻辑最小项表达式：$F(A,B,C)=\sum m(3,5,6,7)=m3+m5+m6+m7$.

如将 $F(A,B,C)=AB+A\bar{C}$ 展开为最小项表达式：

$F(A,B,C)=AB\bar{C}+ABC+A\bar{B}\,\bar{C}+AB\bar{C}=A\bar{B}\,\bar{C}+AB\bar{C}+ABC$

$=\sum m(4,6,7)=m4+m6+m7$

2. 卡诺图化简逻辑函数

(1) 卡诺图

卡诺图是根据真值表按相邻原则排列而成的方格图，是真值表的另一种形式. 把所有最小项按一定顺序排列起来，每一个小方格由一个最小项占有. 因为最小项的数目与变量数有关，设变量数为 n，则最小项的数目为 2^n. 2 个变量的情况如图 12-17(a) 所示. 图中第一行表示 $\bar{A}$，第二行表示 A；第一列表示 $\bar{B}$，第二列表示 B. 这样四个小方格就由四个最小项分别对号占有，行和列的符号相交就以最小项的与逻辑形式记入该方格中.

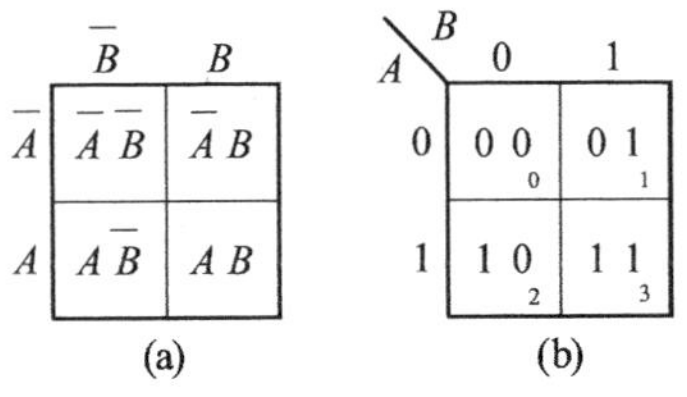

图 12-17　两变量卡诺图

有时为了更简便，用“1”表示原变量，用“0”表示反变量，这样就可以根据图 12-17(a) 改画成图 12-17(b) 的形式，四个小方格中心的数字 0,1,2,3 就代表最小项的编号.

三变量的卡诺图如图 12-18 所示，方格编号即最小项编号. 最小项的排列要求每对几何相邻方格之间仅有一个变量变化成它的反变量，或仅有一个反变量变化成它的原变量，这样的相邻又称为逻辑相邻. 逻辑相邻的小方格相比较时，仅有一个变量互为反变量，其他变量都相同. 逻辑相邻的最小项排列起来就形成循环码.

四变量的最小项图如图 12-19 所示，该图只画出了图 12-17(b) 的形式. 由图 12-17 到图 12-19 可看到，几何相邻小方格都满足逻辑相邻条件，例如图 12-19 中，不但 m_0 与

m_4，而且 m_0 与 m_1 之间，m_0 与 m_2 之间也都满足逻辑相邻关系，同一列的第一行和最后一行，同一行的第一列和最后一列之间也满足逻辑相邻，好像卡诺图首尾相连卷成了圆筒。这种由满足逻辑相邻条件的最小项小格排列的图称为卡诺图(Karnaugh Map)。

	$\bar{B}\bar{C}$	$\bar{B}C$	BC	$B\bar{C}$
$\bar{A}$	$\bar{A}\bar{B}\bar{C}$	$\bar{A}\bar{B}C$	$\bar{A}BC$	$\bar{A}B\bar{C}$
A	$A\bar{B}\bar{C}$	$A\bar{B}C$	ABC	$AB\bar{C}$

(a)

A \ BC	00	01	11	10
0	000 0	001 1	011 3	010 2
1	100 4	101 5	111 7	110 6

(b)

图 12-18 三变量卡诺图

AB \ CD	00	01	11	10
00	0000 0	0001 1	0011 3	0010 2
01	0100 4	0101 5	0111 7	0110 6
11	1100 12	1101 13	1111 15	1110 14
10	1000 8	1001 9	1011 11	1010 10

图 12-19 四变量最小项图

	$\bar{E}$				轴 E			
AB \ CD	00	01	11	10	10	11	01	00
00	0	1	3	2	18	19	17	16
01	4	5	7	6	22	23	21	20
11	12	13	15	14	30	31	29	28
10	8	9	11	10	26	27	25	24

图 12-20 五变量最小项图

掌握卡诺图的构成特点，就可以从印在表格旁边的 AB，CD 的"0""1"值直接写出最小项的文字符号内容。例如图 12-19 中，第四行第二列相交的小方格，表格第四行的"AB"标为"10"，应记为 $A\bar{B}$，第二列的"CD"标为"01"，应记为 $\bar{C}D$，所以该小格为 $A\bar{B}\,\bar{C}D$。

五变量的最小项图如图 12-20 所示。它是由四变量最小项图构成的，将左边的一个四变量卡诺图按轴翻转 180°而成。左边的一个四变量最小项图对应变量 $E=0$，轴左侧的一个对应 $E=1$。这样一来，除了几何位置相邻的小方格满足邻接条件外，以轴对称的小方格也满足邻接条件，这一点需要注意。图中最小项编号由变量高低位的顺序所对应的二进制码确定。

(2) 与项的读取和填写

1) 最小项如何填入卡诺图

既然卡诺图全部由最小项组成，任一与或逻辑式可以由若干个最小项之和来表示，那么就可以将该与或型逻辑式存在的最小项一一对应填入图中，存在的最小项填"1"，不存在的填"0"。因小格不是"1"就是"0"，所以只填"1"就可以了，"0"可以不必填。

例如，将逻辑式 $P(A,B,C)=AB\bar{C}+\bar{A}\,\bar{B}C$ 填入卡诺图。它为一个三变量的逻辑式，结果如图 12-21 所示。

AB \ C	0	1
00	0	1
01	0	0
11	1	0
10	0	0

图 12-21 三变量卡诺图

相反，也可以从卡诺图写出其带"1"的小方格所对应的逻辑式。如写出如图 12-22 卡诺图的逻辑式为

$$P=\bar{A}\,\bar{B}\,\bar{C}\,\bar{D}+\bar{A}B\bar{C}D+A\bar{B}CD+ABC\bar{D}$$

上述两个例子中带“1”的小方格都不相邻，下面讨论带“1”的小方格相邻的情况.

2）与项的读出

由图 12-23 的卡诺图写出相应的逻辑式 P. 把 m_3 和 m_7 两个小方格圈在一起，它占有两行一列，两行中互为反变量的变量可以消去，即

$$m_3+m_7=\bar{A}\,\bar{B}CD+\bar{A}BCD=\bar{A}CD(\bar{B}+B)=\bar{A}CD$$

把 m_{13} 和 m_{15} 圈在一起，它占两列一行，两列中互为反变量的变量可以消去，处于同一行中的变量不能消去. 于是有

$$m_{13}+m_{15}=AB\bar{C}D+ABCD=ABD(\bar{C}+C)=ABD$$

$$P=m_3+m_7+m_{13}+m_{15}=\bar{A}CD+ABD$$

AB \ CD	00	01	11	10
00	1	0	0	0
01	0	1	0	0
11	0	0	0	1
10	0	0	1	0

图 12-22　四变量卡诺图

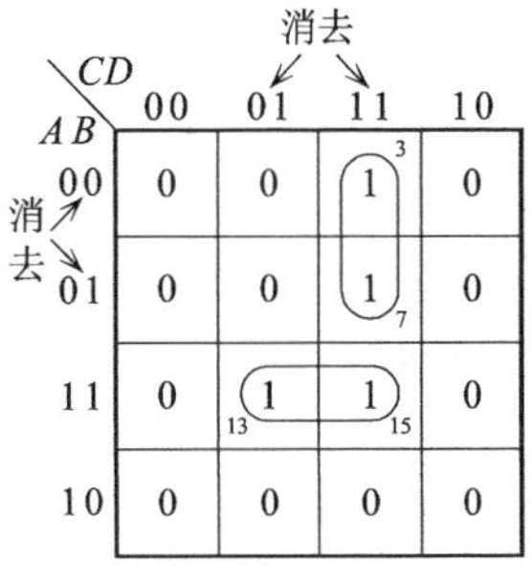

图 12-23

所以，当相邻方格占据两行或两列时，变量相同的则保留，变量之间互为反变量的则消去，即卡诺图中圈在一起的最小项外面“0”“1”标号不同者，所对应的变量应消去. 在卡诺图中如果有 $2^i(i=0,1,\cdots,n)$ 个取 1 的小方格连成一个矩形带，则这样的一个矩形带就代表一个与项. 实际上，一个与或型逻辑式的每个与项都对应于一个包含 2^i 个小格的矩形带. 不同的 i 值与最小项小格数的对应关系如下：

当 $i=0$ 时，对应一个小方格，即最小项，不能化简.

当 $i=1$ 时，一个矩形带含有两个小方格，可消去一个变量.

当 $i=2$ 时，一个矩形带含有四个小方格，可消去二个变量.

当 $i=3$ 时，一个矩形带含有八个小方格，可消去三个变量.

一般来说，一个矩形带中含有 2^i 个小方格时，可消去 i 个变量.

至此，对最小项的命名读者应可以有所体会了，在卡诺图中，一个小方格代表最小项，而它所含变量数最多. 格子多了，相应的与项虽大，但变量数目却少了.

写出图 12-24 所示卡诺图对应的逻辑式，以后图中带“0”的小格一般就不再标了，以使卡诺图显得简洁清晰.

如果将 m_0 与 m_4 圈在一起，那么 m_6 与 m_4 就无法圈在一起. 若把 m_0 与 m_8 圈在一起，那么 m_4 就可以与 m_6 圈在一起. 则有

$$m_0+m_8=\bar{A}\,\bar{B}\,\bar{C}\,\bar{D}+A\bar{B}\,\bar{C}\,\bar{D}=\bar{B}\,\bar{C}\,\bar{D}$$

$$m_4+m_6=\bar{A}B\bar{C}\bar{D}+\bar{A}BC\bar{D}=\bar{A}B\bar{D}$$

$$P=\bar{B}\,\bar{C}\,\bar{D}+\bar{A}B\bar{D}$$

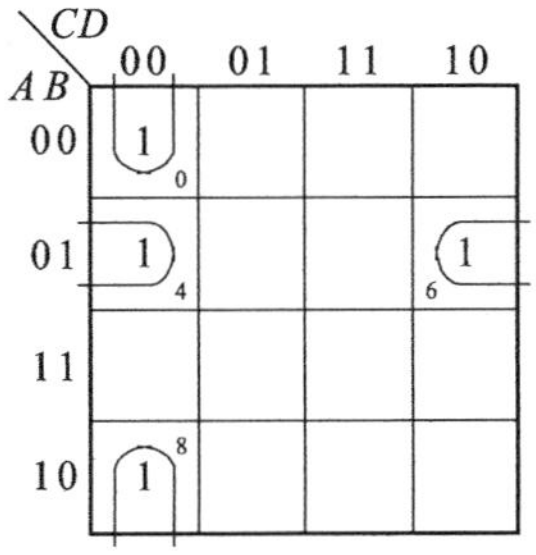

图 12-24

熟练后，应根据卡诺图直接写出结果. m_0+m_8 占一列二行，消去行上的变量 A，剩下 $\bar{B}\,\bar{C}\,\bar{D}$；$m_4+m_6$ 占一行两列，消去列上的变量 C，剩下 $\bar{A}B\bar{D}$.

【例 12-8】　写出例 12-5 图所示卡诺图对应的逻辑式.

对于例 12-8 图(a)，四个小方格占两行两列，行上和列上的变量均可消去一个，所以

$$P=B\overline{C}$$

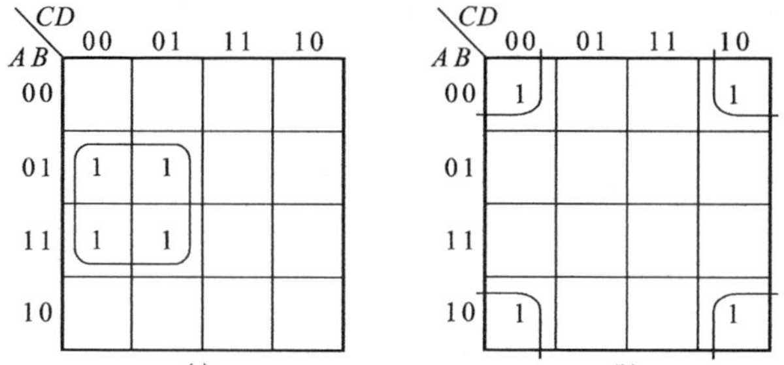
(a) (b)

例 12-8 图

对于例 12-8 图(b),四个小方格虽在四个角上,但也相邻,也占两行两列,结果为

$$P=\overline{B}\,\overline{D}$$

【例 12-9】 写出例 12-9 图所示卡诺图对应的逻辑式.

对于例 12-9 图(a),四个小方格占一列四行,行上可消去两个变量,即 AB 全部消去,列上的变量保留,结果为 $P=CD$. 对于例 12-9 图(b),八个小方格两列四行,结果为$P=D$.

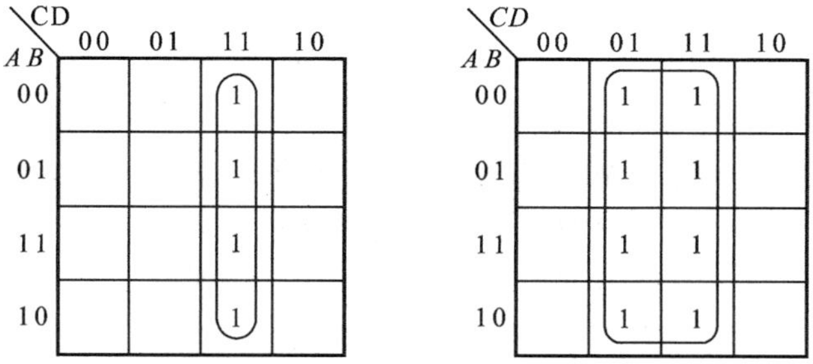
(a) (b)

例 12-9 图

3) 如何将与项填入卡诺图

将与项填入卡诺图有两种方法. 第一种方法是将与或型逻辑式化为标准型,按最小项一一填入图中. 前面已经介绍.

第二种方法是按读取与项的方法,反过来将与项填入图中. 熟练后,这种方法更方便. 例如,逻辑式 $P=\overline{A}\,\overline{B}+\overline{A}CD$ 中,与项 $\overline{A}\,\overline{B}$ 表示列上的两个变量被消去,所以它应占有卡诺图中"AB"项下标有"00"的一行所对应的四列,即一行四列,共四个小格. 与项 $\overline{A}CD$ 中,列的变量都存在,所以它应填在"CD"项右侧为"11"的一列之中. 至于填几个小格,还要看行上的变量. 行上的变量消去一个,保留下来的为 $\overline{A}$,所以应占据对应 $\overline{A}$ 两行,即第一行和第二行,所以共为两个小格,如图 12-25(a)所示.

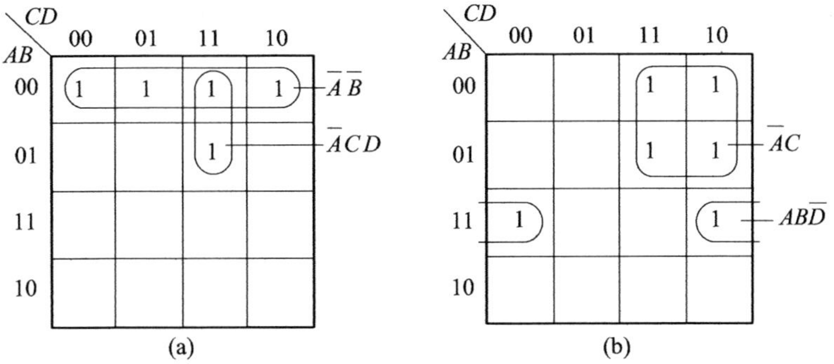

图 12-25 卡诺图

又如，将逻辑式 $P=AB\overline{D}+\overline{A}C$ 填入图中. 第一个与项 $AB\overline{D}$，应填在 AB(11)行中对应 $\overline{D}$ 的第一列和第四列，如图 12-25(b)所示. 第二个与项 $\overline{A}C$，应填入对应 $\overline{A}$ 的第一行和第二行，以及对应 C 的第三列和第四列这两行两列相交处的四个小格中.

(3) 卡诺圈合并

卡诺图的主要功能是合并相邻项. 其方法是将最小项为 1(称为“1 方格”)的相邻项圈起来，称为卡诺圈. 一个卡诺圈可以包含多个 1 方格，一个卡诺圈可以将多个 1 方格合并为一项. 因此，卡诺图可以化简逻辑函数.

(4) 卡诺图化简逻辑函数

利用卡诺圈合并，可化简逻辑函数. 步骤如下：

① 画卡诺图；

② 化简卡诺图.

化简卡诺图要遵循以下规则：卡诺圈内的 1 方格应尽可能多，卡诺圈越大，消去的乘积项数越多. 但卡诺圈内的 1 方格个数必须为 2^n 个，即 2，4，8，16 等，不能是其他数字；卡诺圈的个数应尽可能少，卡诺圈数即与或表达式中的乘积项数；每个卡诺圈中至少有一个 1 方格不属于其他卡诺圈；不能遗漏任何一个 1 方格. 若某个 1 方格不能与其他 1 方格合并，则可单独作为一个卡诺圈.

③ 根据化简后的卡诺图写出与或逻辑表达式.

合并最小项规则：在所圈的最小项中，变量取值全是 0 的，在表达式中以反变量的形式出现；变量取值全是 1 的，在表达式中以原变量的形式出现；变量取值既有 0 也有 1 的，在表达式中不出现.

所圈的 2^i 个相邻的最小项，可以消去 i 个变量取值既有 0 也有 1 的变量.

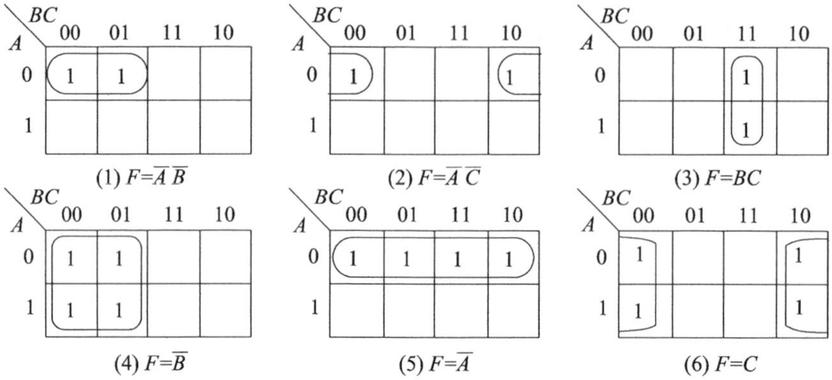

图 12-26　三变量卡诺圈合并

图 12-27 为四变量卡诺圈合并.

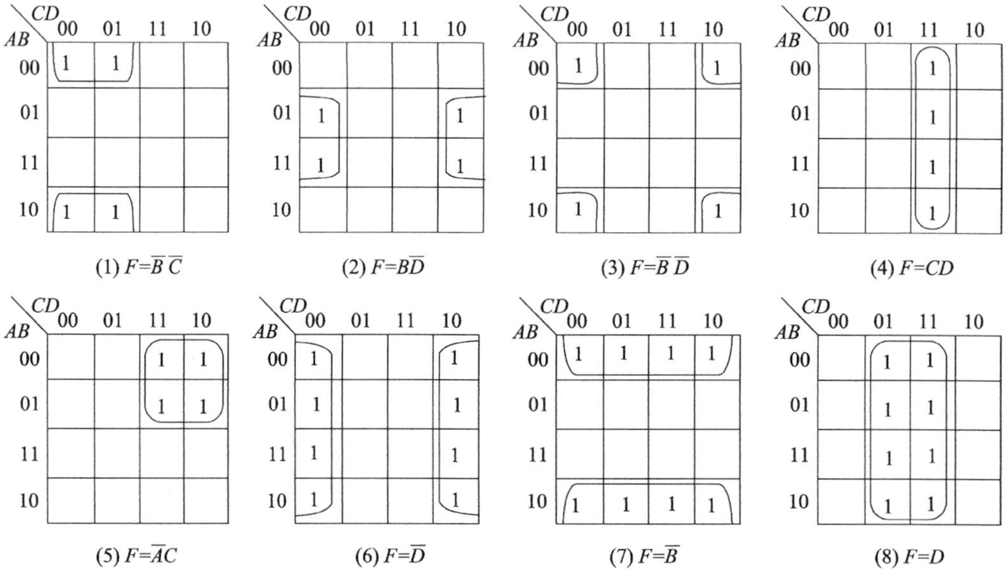

图 12-27　四变量卡诺圈合并

【例 12-10】　化简 $P=\overline{A}C+A\overline{C}\overline{D}+AC\overline{D}$.

解　(1) 作出卡诺图,见例 12-10 图.

(2) 圈出所有的矩形带,已标于图中.

(3) 选出最简与项 $\overline{A}C,A\overline{D}$.

(4) 没有未被覆盖的小格子.

于是有　　　　$P=\overline{A}C+A\overline{D}$

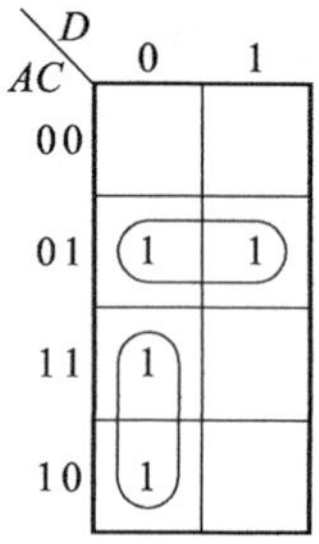

例 12-10 图

【例 12-11】　化简 $P=\overline{B}CD+B\overline{C}+\overline{A}\overline{C}D+A\overline{B}C$.

解　卡诺图如例 12-11 图所示,共有 5 个矩形带,其中有两个独立的矩形带,有一个被覆盖的矩形带,所以

$$P=B\overline{C}+\overline{A}\,\overline{B}C+A\overline{B}D$$

【例 12-12】 化简 $P=A\bar{B}+ABC+\bar{A}\bar{C}D+\bar{A}\bar{B}D$

解　卡诺图如例 12-12 图所示，共有四个矩形带，注意 $\bar{B}D$ 这一最简与项，第一行第四行也是邻接的，不要把 $\bar{B}D$ 写成 $\bar{A}\bar{B}C$. 所以

$$P=A\bar{B}+AC+\bar{B}D+\bar{A}\bar{C}D$$

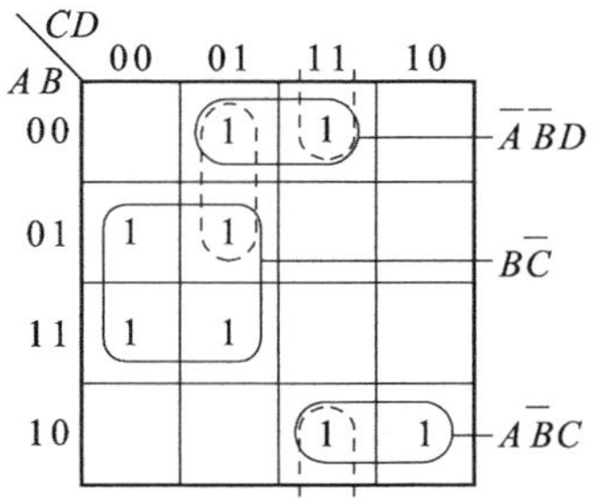

例 12-11 图

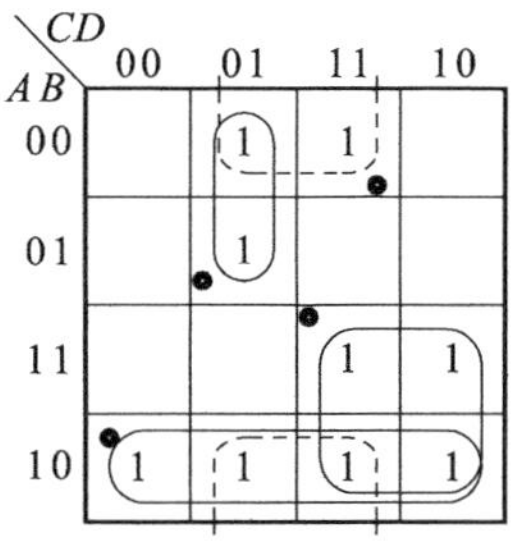

例 12-12 图

【例 12-13】 化简逻辑式

$$P=\bar{A}\bar{B}\bar{C}\bar{D}\bar{E}+\bar{A}\bar{C}\bar{E}+BCD\bar{E}+\bar{A}BDE+\bar{A}\bar{C}\bar{D}E+A\bar{B}DE+ACD+ABC\bar{D}$$

解　该逻辑式的与项分 3 种情况：含有第 5 个变量 $\bar{E}$；含有 E；既不含 E 也不含 $\bar{E}$. 对于含有 $\bar{E}$ 的与项，按填四变量卡诺图的方法，从这些含有 $\bar{E}$ 的与项中去掉 $\bar{E}$ 后，填入五变量卡诺图的左半部分对应 $\bar{E}$ 的四变量卡诺图中. 对于含有 E 的项，按同样原则填入五变量卡诺图的右半部分对应 E 的四变量卡诺图中. 此时要注意列上变量排列的左右对称关系，对于既不含 $\bar{E}$ 也不含 E 的与项，可以填入 $\bar{E}$ 四变量卡诺图中，然后中间轴翻转 180°，在 E 四变量卡诺图中对称位置也填上“1”.

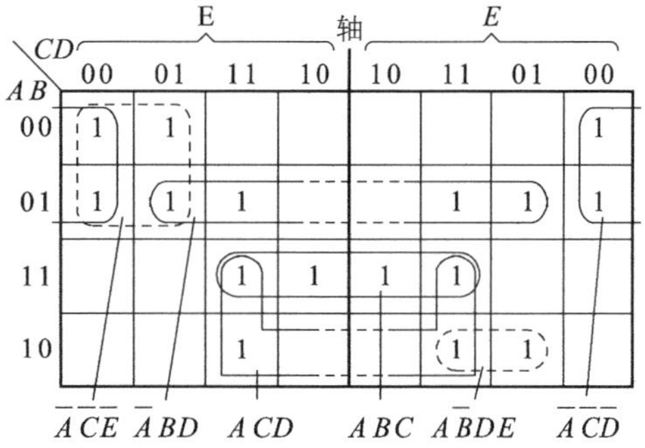

例 12-13 图

填写完毕后，圈出矩形带，除和四变量卡诺图圈法原则相同的以外，还要考虑几何位置虽不相邻，但以轴对称的相邻位置上有 1 小格的分布情况，如例 12-13 图所示.

在 $\bar{E}$ 四变量卡诺图中圈定的最简与项读出时，与项中包含 $\bar{E}$ 这一变量；在 E 四变量卡诺图中圈定的最简与项读出时，与项中要包含 E 这一变量；在两个四变量卡诺图中，以轴为对称位置圈定的最简与项读出后的与项，则不包括 E 或 $\bar{E}$.

最后化简结果为

$$P=\bar{A}\bar{C}\bar{E}+A\bar{B}DE+\bar{A}BD+|ACD+ABC+\bar{A}\bar{C}\bar{D}$$

注意:在圈“1”时,一定要按照卡诺图化简的规则,图 12-28、图 12-29、图 12-30、图 12-31 为卡诺图错误与正确圈“1”示例.

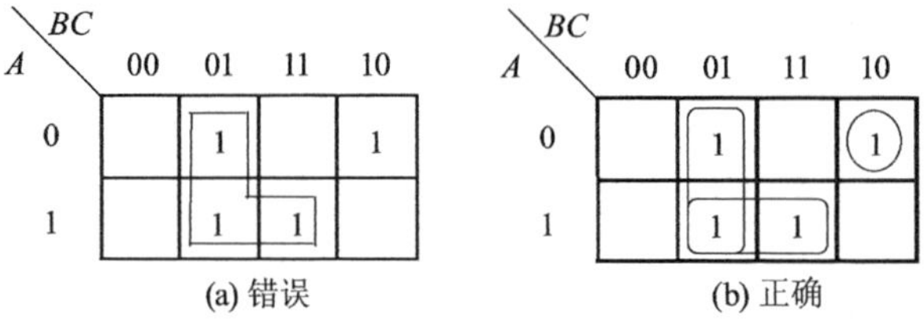

图 12-28 卡诺图错误与正确圈“1”示例

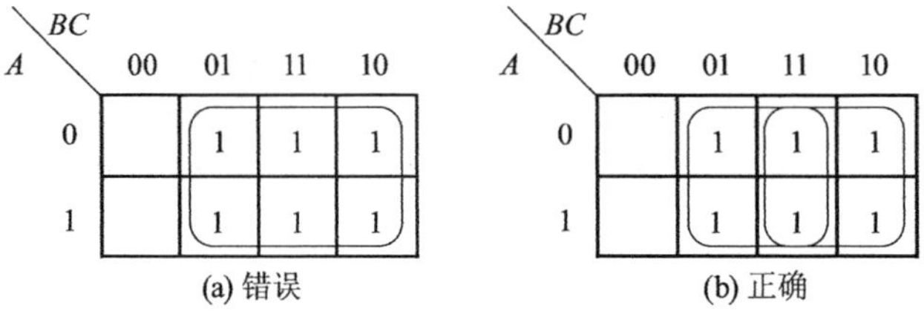

图 12-29 卡诺图错误与正确圈“1”示例

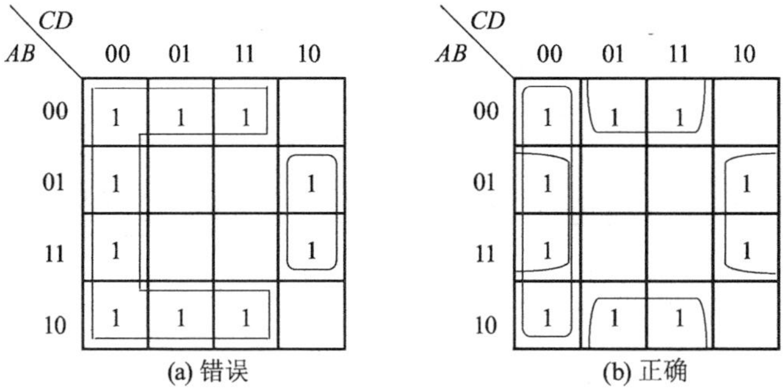

图 12-30 卡诺图错误与正确圈“1”示例

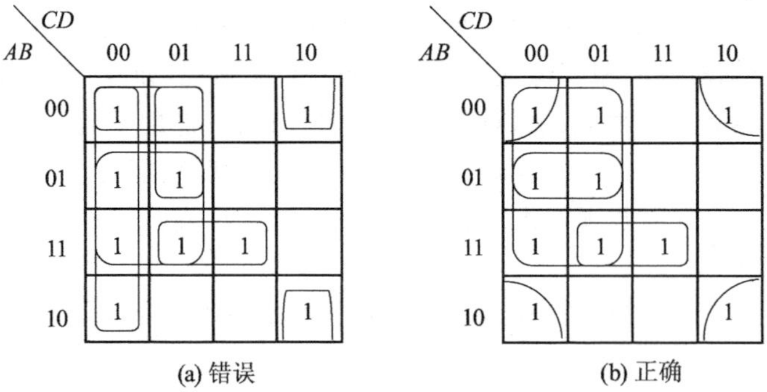

图 12-31 卡诺图错误与正确圈“1”示例

思考与练习

1. 化简下面的逻辑函数为最简与或表达式.

代数法化简：(1) $Y=(A+B+\bar{C})(A+B+C)$　　(2) $A+AB=$

(3) $A+\bar{A}B=$　　(4) $AB+A\bar{B}=$

(5) $Y=\overline{A\bar{B}CD}+A\bar{B}CD$　　(6) $Y=A\bar{B}+B+\bar{A}B$

(7) $Y=(\overline{\bar{A}B}+C)ABD+AD$

卡诺图化简：(8) $Y=\bar{A}D+\bar{A}B\bar{C}D+BCD$

(9) $Y=AD+A\bar{D}+AB+\bar{A}C+\bar{C}D+A\bar{B}EF$

(10) $Y=AD+A\bar{B}\bar{D}+\bar{A}\bar{B}\bar{C}\bar{D}+\bar{A}\bar{B}C\bar{D}$

(11) $Y(A,B)=\sum m(0,1,2)$

(12) $Y(A,B,C)=\sum m(0,1,2,3,4,6,7)$

(13) $Y(A,B,C,D)=\sum m(0,1,3,4,5,7)$

(14) $Y(A,B,C,D)=\sum m(0,2,3,5,6,7,8,10,11,14)$

(15) $Y(A,B,C,D)=\sum m(0,1,2,3,4,6,7,8,9,11,12,14)$

(16) $Y(A,B,C,D)=\sum m(2,4,5,6,8,9,10,13,14,15)$

任务 5　组合逻辑电路

任务描述： 熟悉组合逻辑电路的特点；

掌握组合逻辑的分析、设计方法与步骤.

任务分析： 组合逻辑电路是数字电路中最简单的一类逻辑电路，在实际应用时，有很多基本逻辑电路均是简单逻辑门的组合形式，例如在数字计算系统使用的编码器、译码器、数据分配器等就是较复杂的组合逻辑电路. 本任务将主要介绍组合逻辑电路的分析、设计方法与步骤.

阶段 1　组合逻辑电路的基础知识及分析方法

组合逻辑电路通常使用集成电路产品. 无论是简单还是复杂的组合门电路，它们都遵循各组合门电路的逻辑函数因果关系.

本节简要介绍组合逻辑电路的特点及其分析方法和设计程序.

1. 基本特点

组合逻辑电路的特点是，任何时刻的输出状态直接由当时的输入状态所决定. 也就是说，组合逻辑电路不具备记忆功能，输出与输入信号作用前的电路状态无关.

2. 分析方法

组合电路的分析方法可按下列步骤进行：

① 根据逻辑电路写出表达式，由输入到输出逐级推出输出表达式；

② 化简表达式；

③ 由化简后的表达式写出真值表.

如图 12-32 所示组合电路，其分析方法如下：

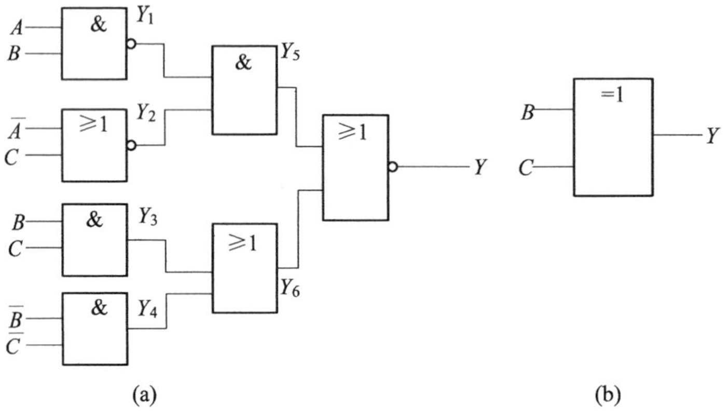

图 12-32 组合逻辑电路

(1) 逐级写出输出表达式

$Y_1=\overline{AB}$, $Y_2=\overline{\overline{A}+C}$

由 Y_1,Y_2 得 $Y_5=\overline{AB}\cdot\overline{\overline{A}+C}$,

$Y_3=BC$,$Y_4=\overline{B}\cdot\overline{C}$

由 Y_3,Y_4 得 $Y_6=BC+\overline{B}\cdot\overline{C}$,

由 Y_5,Y_6 得输出 $Y=\overline{\overline{AB}\cdot\overline{\overline{A}+C}+(BC+\overline{B}\overline{C})}$

(2) 化简

$$
\begin{aligned}
Y &=\overline{\overline{AB}\cdot\overline{\overline{A}+C}+(BC+\overline{B}\overline{C})}\\
&=(AB+\overline{A}+C)\cdot\overline{BC+\overline{B}\overline{C}})\\
&=(\overline{A}+AB+C)\cdot\overline{BC}\cdot\overline{\overline{B}\overline{C}})\\
&=(\overline{A}+AB+C)\cdot(\overline{B}+\overline{C})\cdot(B+C)\\
&=[\overline{A}(B+C)+AB+C]\cdot(\overline{B}+\overline{C})\\
&=(B+C)\cdot(\overline{B}+\overline{C})\\
&=B\oplus C
\end{aligned}
$$

(3) 逻辑功能分析

根据化简后的表达式写出真值表如表 12-16 所示. 从真值表可看出，图 12-32(a)组合逻辑电路是异或门，可用图 12-32(b)表示.

表 12-16 真值表

B	C	Y
0	0	0
0	1	1
1	0	1
1	1	0

【例 12-14】 分析例 12-14 图(a)所示逻辑图.

解 (1)首先根据给定电路写出逻辑函数式.

$$Y=\overline{A}\,\overline{B}C+\overline{A}B\overline{C}+\overline{A}BC+ABC$$

(2) 简化逻辑函数式,采用卡诺图法.作出该逻辑式的卡诺图,并圈 1,可圈出三个两格组.如例 12-14 图(b)所示,简化后的逻辑式为:

$$Y=\overline{A}B+\overline{A}C+BC$$

(3) 根据化简后的逻辑式,画出例 12-14 图(c)逻辑图.

与原电路相比较,简化后可节省一个"与门"、两个"非门",而且减少了多根引线,提高了线路的可靠性.

(4) 该电路的逻辑功能,见例 12-14 表.

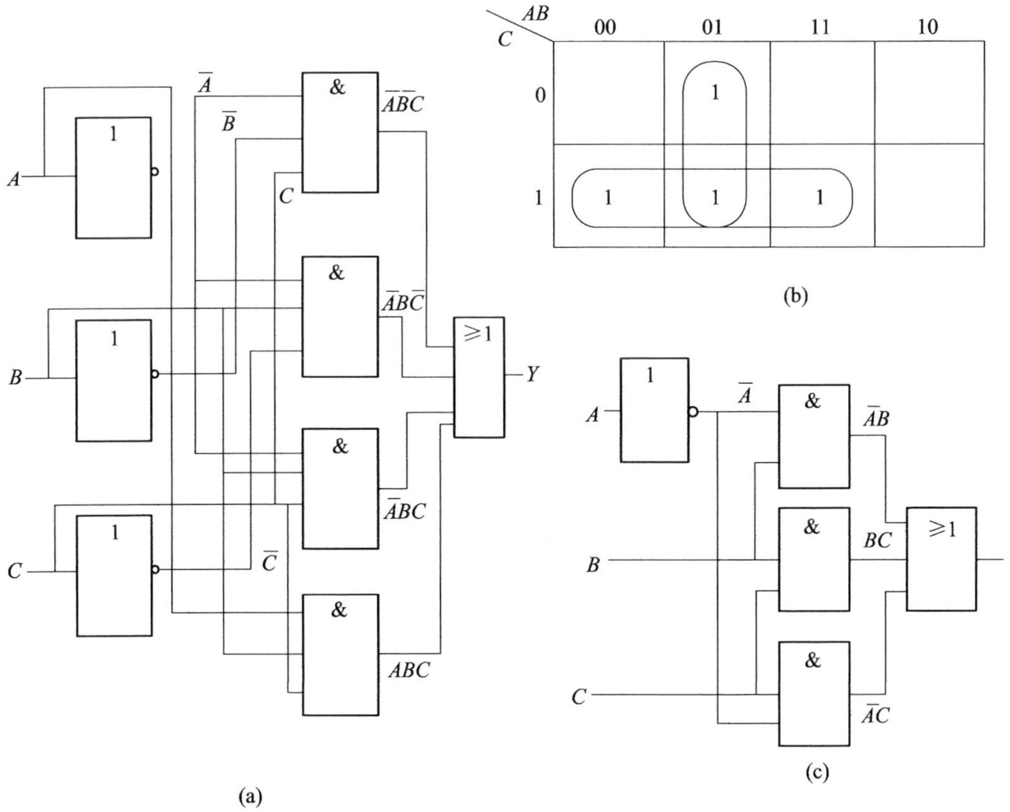

例 12-14 图 逻辑图

例 12-14 表

A	B	C	Y
0	0	0	0
0	0	1	1
0	1	0	1
0	1	1	1
1	0	0	0
1	0	1	0
1	1	0	0
1	1	1	1

阶段 2　组合逻辑电路的设计方法

组合电路的设计步骤：① 根据实际问题的逻辑关系，列出相应的真值表. ② 由真值表写出逻辑函数表达式. ③ 化简逻辑函数式. ④ 根据化简得到的最简表达式，画出逻辑电路图.

下面举例具体说明组合逻辑电路的设计思路.

【例 12-15】 举重比赛有三个裁判：一个主裁判 A，两个副裁判 B，C. 杠铃举起的裁决，由每个裁判按一下自己面前的按钮来决定. 只有两个以上裁判(其中要求必有主裁判)判明成功时，表明"成功"的灯才亮. 如何设计这个逻辑电路？

解　(1) 根据以上实际问题，设 Y 为指示灯，1 表示灯亮；0 表示不亮，A 为主裁判，B，C 为副裁判，则可列出真值表，如例 12-15 表所示.

例 12-15 表　真值表

A	B	C	Y
0	0	0	0
0	0	1	0
0	1	0	0
0	1	1	0
1	0	0	0
1	0	1	1
1	1	0	1
1	1	1	1

(2) 根据真值表写出逻辑函数式：

$$Y=A\bar{B}C+AB\bar{C}+ABC$$

(3) 化简逻辑式：可以用逻辑代数法，也可以用卡诺图法.

$$\begin{aligned}Y&=A\bar{B}C+AB\bar{C}+ABC\\&=A\bar{B}C+AB(\bar{C}+C)\\&=A(\bar{B}C+B)\\&=A(B+C)\end{aligned}$$

(4) 由简化后的逻辑表达式画出逻辑图，如例 12-15 图(a)所示.

若用电键实现上述逻辑功能，则可用例 12-15 图(b)的电路.

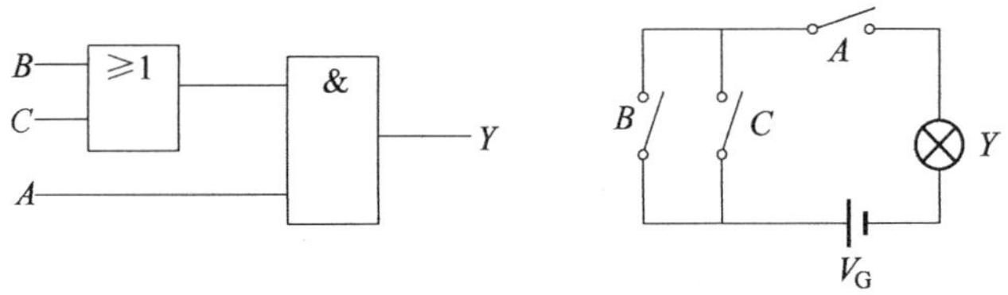

(a)　　(b)

例 12-15 图

【例 12-16】 设计一个楼梯开关的控制逻辑电路，以控制楼梯灯，使之在上楼前，用楼下开关打开电灯，上楼后，用楼上开关关灭电灯；或者在下楼前，用楼上开关打开电灯，下楼后，再用楼下的开关关灭电灯.

解　(1) 根据逻辑要求列出真值表.

设楼上开关为 A，楼下开关为 B，灯泡为 Y. 并假设 A，B 闭合时为 1，断开时为 0，灯泡 $Y=1$ 表示灯亮，$Y=0$ 表示灯灭. 根据逻辑要求列出的真值表见例 12-13 表.

例 12-16 表　真值表

A	B	Y
0	0	0
0	1	1
1	0	1
1	1	0

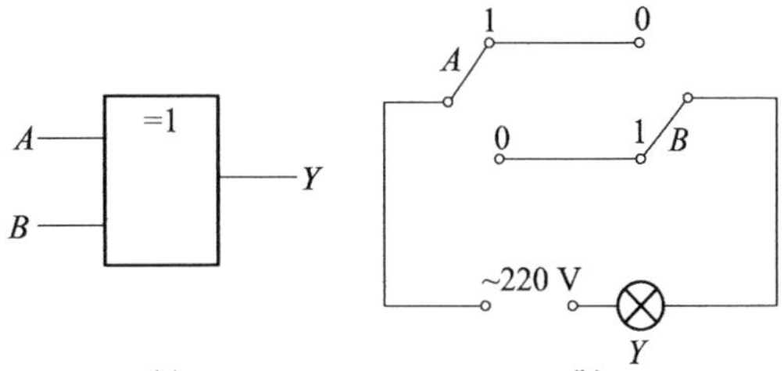

(a)　　(b)

例 12-16 图

(2) 由例 12-16 表可直接写出逻辑表达式如下：

$$Y=A\overline{B}+\overline{A}B=A\oplus B$$

(3) 化简. 此式已为最简式.

(4) 由逻辑函数表达式 Y，画出逻辑电路图，如例 12-16 图(a)所示. 在实际应用时，可用两个单刀双掷开关完成这一逻辑功能，如例 12-16 图(b)所示.

思考与练习

1. 组合逻辑电路的特点是，任何时刻的__________，直接由当时的__________所决定，也就是说，组合逻辑电路不具有__________功能.

2. 组合逻辑电路的分析方法的步骤：①__________；②__________；③__________.

3. 分析习题 3 图所示逻辑电路图.

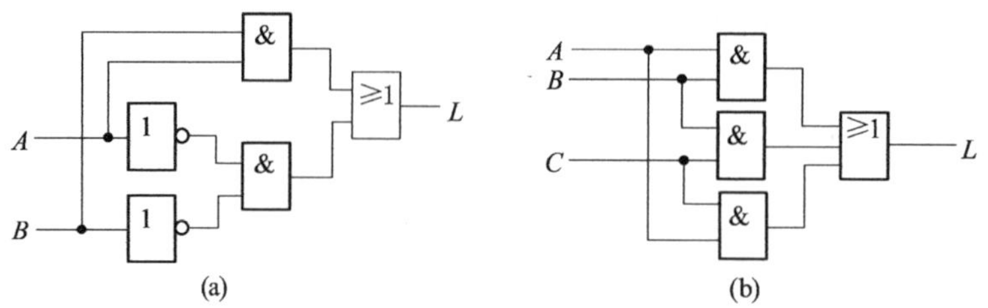

习题 3 图

4. 组合逻辑电路的设计步骤：①________________；②________________；③________________________；④____________________.

5. 某比赛有三个裁判 A,B,C. 比赛成功的裁决，由每个裁判按一下自己面前的按钮来决定. 有任两个及以上裁判判明成功时，表明“成功”的灯才亮. 设计这个逻辑电路.

6. 设计一个逻辑电路，实现习题 6 图所示的功能.

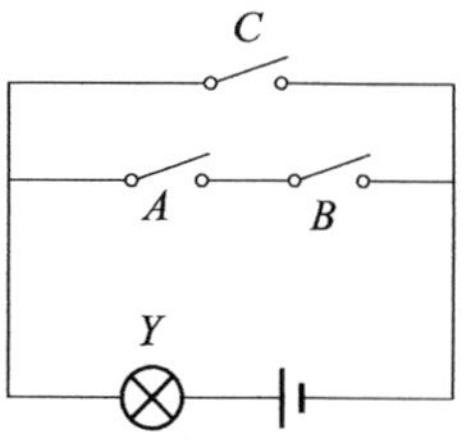

习题 6 图

任务 6　编码器、译码器、显示器

任务描述： 熟悉编码器、译码器、显示器的概念与作用；
了解不同编码器、译码器、显示器的工作原理及其区别.

任务分析： 编码器、译码器、显示器是组合逻辑电路中最常见的功能电路. 本任务将主要介绍编码器、译码器、显示器.

阶段 1　编码器

所谓编码，就是将符号或数码按规律编排，使其代表某种特定的含义. 比如电话局给每台电话机编上号码的过程就是编码. 在数字电路中，将若干个 0 和 1 按一定规律编排在一起，编成不同的代码，并对这些代码赋予特定含义，这就是某种二进制编码.

在编码过程中，要注意确定二进制代码的位数. 一位二进制数只有 0 和 1 两个状态，可表示两种特定含义；两位二进制数有 00,01,10,11 四个状态，可表示四种特定含义；三位二进制数有八个状态，可表示八种特定含义. 一般 n 位二进制数有 2^n 个状态，可表示 2^n 种特定含义.

1. 二进制编码器

用 n 位二进制代码对 2^n 个信号进行编码的电路，叫作二进制编码器.

图 12-33 是三位二进制编码器示意图. Y_0，Y_1，…，Y_7是 8 个编码对象，分别代表十进制数 0，1，…，7 八个数字. 编码的输出是三位二进制代码，用 A，B，C 表示.

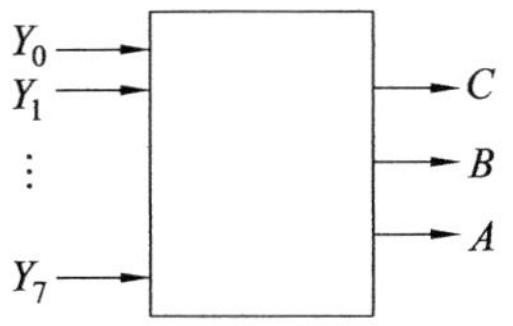

图 12-33　三位进制编码器示意图

因为在任何时刻，编码器只能对一个输入信号进行编码，即输入的 Y_0，Y_1，…，Y_7这八个变量中，要求其中任何一个为 1 时，其余 7 个均为 0，由此得出编码器的真值表，见表 12-17.

表 12-17　二进制编码器真值表

十进制数	输入变量	A	B	C
0	Y_0	0	0	0
1	Y_1	0	0	1
2	Y_2	0	1	0
3	Y_3	0	1	1
4	Y_4	1	0	0
5	Y_5	1	0	1
6	Y_6	1	1	0
7	Y_7	1	1	1

从真值表可以写出表达式：

$$A = Y_4 + Y_5 + Y_6 + Y_7$$
$$B = Y_2 + Y_3 + Y_6 + Y_7$$
$$C = Y_1 + Y_3 + Y_5 + Y_7$$

上述表达式已是最简形式，所以可直接由表达式画逻辑图. 如图 12-34 所示.

如要对 Y_2编码，则 $Y_2=1$，Y_0，Y_1，Y_3，…，Y_7为 0，A，B，C 编码输出为 010，其余类推即可. 在图 12-45 所示编码器中，Y_0的编码是隐含的，即当 $Y_1 \sim Y_7$均为 0 时，电路的输出就是 Y_0的二进制编码.

2. 二-十进制编码器

将十进制数的十个数字 0～9 编成二进制代码的电路，叫作二-十进制编码器. 要对十个信号进行编码，至少需要 4 位二进制代码，因为 $2^3<10<2^4$，所以二-十进制编码器的输出信号为 4 位，其示意图如图 12-35 所示. 因为 4 位二进制代码有 16 种取值组合，可任意选出其中十种表示 0～9 这十个数字，所以，有多种二-十进制编码，其中最常用的是 8421BCD 码.

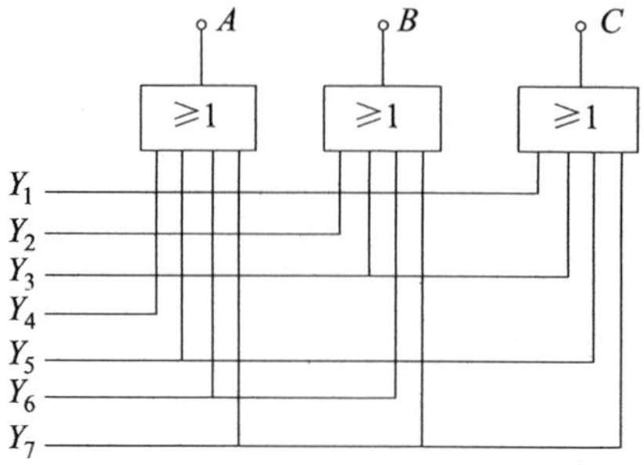

图 12-34 三位二进制编码器逻辑图

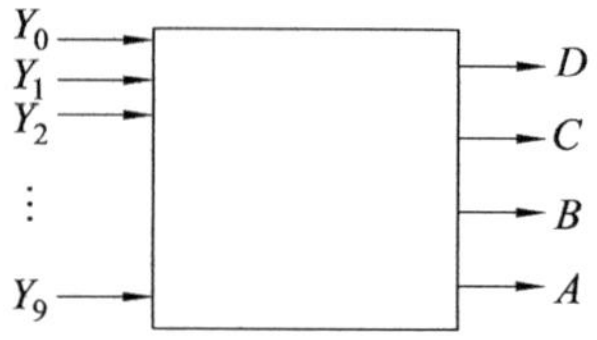

图 12-35 二—十进制编码器示意图

(1) 8421 编码器

所谓 8421 码，即二进制代码自左至右，各位的"权"分为 8，4，2，1. 每组代码加权系数之和，就是它代表的十进制数. 例如代码 0110，即 0+4+2+0=6.

表 12-18 列出了 8421BCD 码的真值表.

表 12-18 8421BCD 码真值表

十进制数	输入变量	8421 码			
		A	B	C	D
0	Y_0	0	0	0	0
1	Y_1	0	0	0	1
2	Y_2	0	0	1	0
3	Y_3	0	0	1	1
4	Y_4	0	1	0	0
5	Y_5	0	1	0	1
6	Y_6	0	1	1	0
7	Y_7	0	1	1	1
8	Y_8	1	0	0	0
9	Y_9	1	0	0	1

由真值表可直接画出逻辑图，如图 12-36 所示. 它是由与非门组成的，有 10 个输入端，用按钮控制，平时按键悬空，相当于接高电平 1. 它有 4 个输出端 A，B，C，D，输出 8421 码. 如果按下"1"键，与"1"键对应的线被接地，等于输入低电平 0，于是门 D 输出为 1，整个输出为 0001. 如果按下"7"键，则 B 门、C 门、D 门输出为 1，整个输出为 0111.

把这些电路都放在集成电路内，便得到集成化的 10 线-4 线编码器. 它的逻辑符号如图 12-37 所示，其中，左侧有 10 个输入端，带小圆圈的要用低电平；右侧有 4 个输出端，从上到下按由低到高排列，使用时可以直接选出.

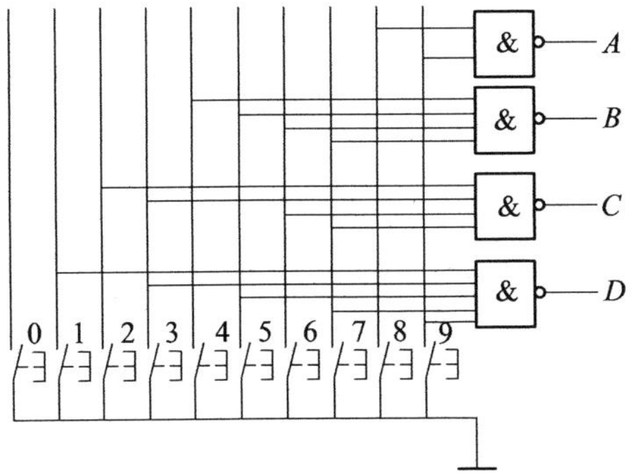

图 12-36　8421 编码器逻辑

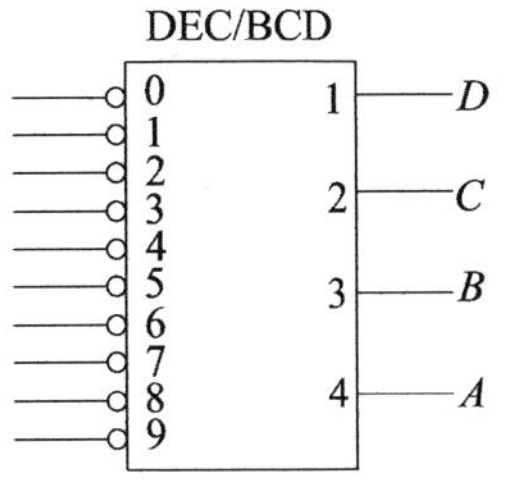

图 12-37　10 线-4 线编码器逻辑

(2) 其他二-十进制编码器

除 8421BCD 码之外，还有其他二—十进制编码器，如余 3BCD 码、2421BCD 码、余 3 循环码等，由于篇幅所限，不再一一介绍.

阶段 2　译码器

在数字系统中，为了便于读取数据，显示器件通常用人们熟悉的十进制数直观地显示计数结果. 因此，在编码器和显示器件之间还必须有一个能再把二进制代码“翻译”成对应的十进制数的电路. 这个翻译过程就是译码，能实现译码功能的逻辑电路叫作译码器. 显然，译码是编码的逆过程.

译码器可以由多种形式的电路组成. 它是一种有多个输入端和多个输出端的电路，对应输入信号的任一状态，一般仅有一个输出状态有效，而其他输出状态均无效.

1. 二进制译码器

将二进制代码的各种状态，按其原意“翻译”成对应的输出信号的电路，叫作二进制译码器.

二进制译码器的示意图，如图 12-38 所示. 其真值表见表 12-19.

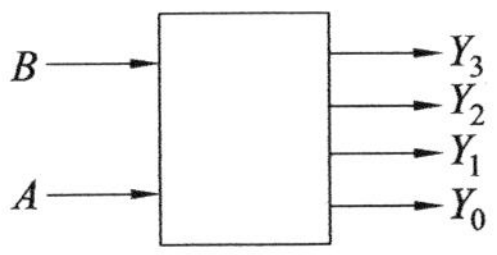

图 12-38　二进制译码器示意图

表 12-19　二位二进制译码器真值表

B	A	Y_3	Y_2	Y_1	Y_0
0	0	0	0	0	1
0	1	0	0	1	0
1	0	0	1	0	0
1	1	1	0	0	0

由真值表可写出表达式

$$Y_0=\overline{B}\,\overline{A}\quad Y_1=\overline{B}A\quad Y_2=B\overline{A}\quad Y_3=BA$$

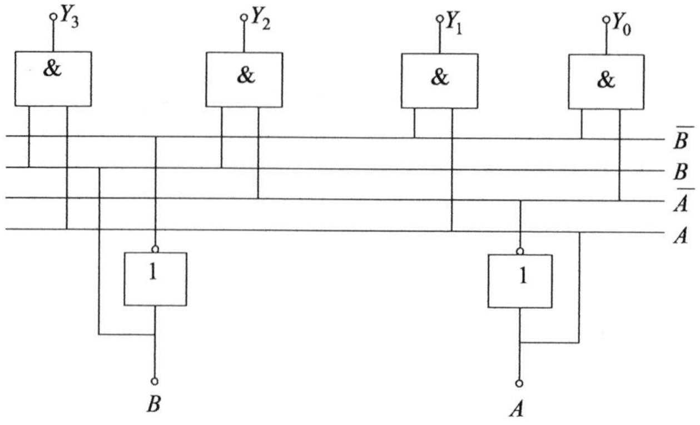

图 12-39 二位二进制译码器的逻辑电路

图 12-39 即二位二进制译码器的逻辑电路图. 图中若 BA 为 0,1 状态时，只有 Y_1 输出为“高”电平，即给出了代表十制数为 1 的数字信号，其余三个与门，均输出“低”电平. 其余依此类推(此译码器的输出为高电平有效).

可见，译码器实质上是由门电路组成的“条件开关”. 对各个门来说，当输入信号的组合满足一定条件时，门电路就开启，输出线上就有信号输出；若不满足条件，门电路就关闭，没有信号输出.

2. 二-十进制译码器

将二-十进制代码翻译成 0～9 十个十进制数信号的电路，叫作二-十进制译码器. 二-十进制译码器的示意图如图 12-40 所示.

$Y_0=\overline{\bar{D}\bar{C}\bar{B}\bar{A}}$　　$Y_1=\overline{\bar{D}\bar{C}\bar{B}A}$

$Y_2=\overline{\bar{D}\bar{C}B\bar{A}}$　　$Y_3=\overline{\bar{D}\bar{C}BA}$

$Y_4=\overline{\bar{D}C\bar{B}\bar{A}}$　　$Y_5=\overline{\bar{D}C\bar{B}A}$

$Y_6=\overline{\bar{D}CB\bar{A}}$　　$Y_7=\overline{\bar{D}CBA}$

$Y_8=\overline{D\bar{C}\bar{B}\bar{A}}$　　$Y_9=\overline{D\bar{C}\bar{B}A}$

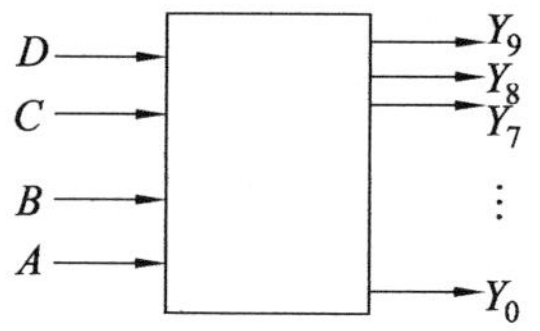

图 12-40 二-十进制

一个二-十进制编码器有 4 个输入端，10 个输出端，通常也叫作 4 线-10 线译码器. 图 12-41 为 8421BCD 码译码器逻辑图，输出为低电平有效.

由电路可以得到：

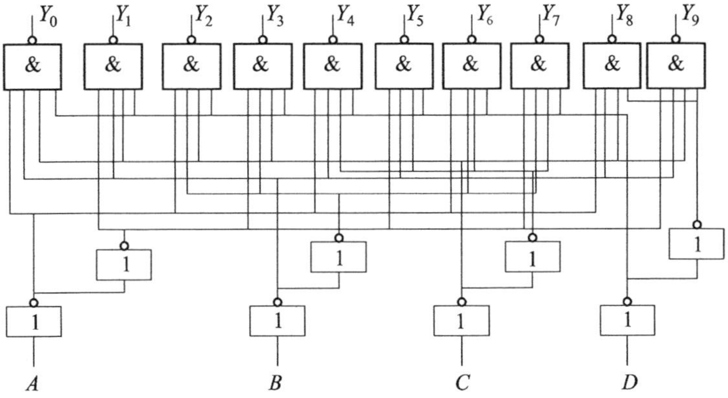

图 12-41　8421BCD 码译码器逻辑图

$Y_0 \sim Y_9$ 就是译码输出逻辑表达式. 当 $DCBA$ 分别为 0000～1001 十个 8421BCD 码时，就可以得到如表 21-20 所示的译码器真值表.

例如，$DCBA=0000$ 时，$Y_0=0$，而 $Y_1=Y_2=\cdots=Y_9=1$. 它表示 8421BCD 码 0000 译成的十进制码为 0.

由译码器输出逻辑表达式可以看出，译码器除了能把 8421BCD 码译成相应的十进制数码之外，它还能“拒绝伪码”. 所谓伪码是指 1010～1111 六个码，当输入六个码中任一个时，$Y_0 \sim Y_9$ 均为 1，即得不到译码输出. 这就是拒绝伪码.

表 12-20　8421BCD 码译码器真值表

D	C	B	A	Y_0	Y_1	Y_2	Y_3	Y_4	Y_5	Y_6	Y_7	Y_8	Y_9
0	0	0	0	0	1	1	1	1	1	1	1	1	1
0	0	0	1	1	0	1	1	1	1	1	1	1	1
0	0	1	0	1	1	0	1	1	1	1	1	1	1
0	0	1	1	1	1	1	0	1	1	1	1	1	1
0	1	0	0	1	1	1	1	0	1	1	1	1	1
0	1	0	1	1	1	1	1	1	0	1	1	1	1
0	1	1	0	1	1	1	1	1	1	0	1	1	1
0	1	1	1	1	1	1	1	1	1	1	0	1	1
1	0	0	0	1	1	1	1	1	1	1	1	0	1
1	0	0	1	1	1	1	1	1	1	1	1	1	0

国产集成 8421BCD 译码器有 T331，T1042，T4042，C301 和 CC4028，后两种输出高电平有效. 图 12-42 为 8421BCD 码译码器的逻辑符号图. 它的左侧有 4 个二进制输入端，右侧有 10 个输出端，从上到下按 0，1，…，9 排列，表示 10 个十进制数.

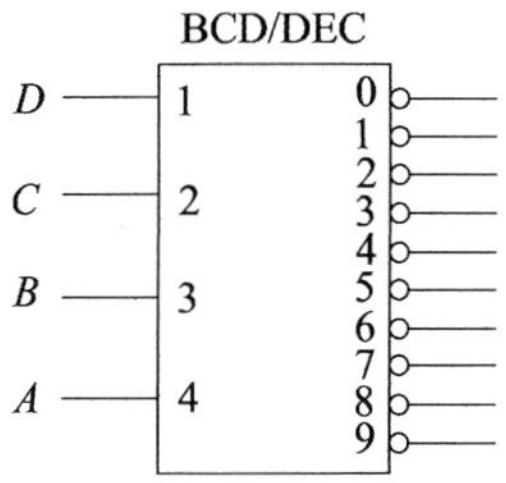

图 12-42　8421BCD 码译码器逻辑符号

输出端带小圆圈的表示低电平有效. 平时 10 个输出端都是高电平. 如输入为 1001 码，输出“9”端为低电平，其余 9 根线仍为高电平，表示“9”线被译出.

阶段 3 显示器

在数字计算系统及数字式测量仪表中，常需要把二进制或二-十进制数用人们习惯的十进制数码的字形直观地显示出来，这一工作常用显示器来完成. 数字显示器一般应和计数器、译码器、驱动器等配合使用，如图 12-43 所示.

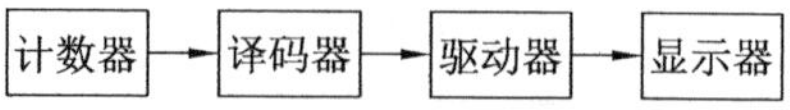

图 12-43 显示电路方框图

当前，广泛应用于袖珍电子计算器、电子钟表及数字万用电表等仪器设备上的显示器常采用分段式数码显示器. 它是由多条能各自独立发光的线段，按一定的方式组合构成的.

图 12-44(a)是七段数码显示器的排列形状. 一定的发光线段组合，便能显示相应的十进制数字，如图 12-44(b)所示. 例如，当 a,b,g,e,d 线段发光时，就能显示数字“2”.

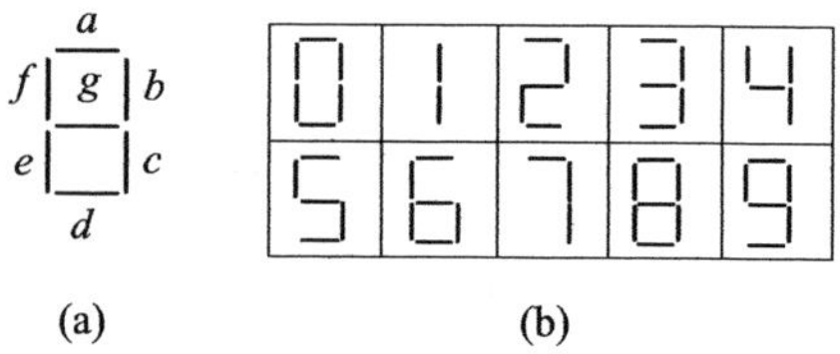

图 12-44 七段数字显示器的字形

表 12-21 列出了 $a\sim g$ 发光段的 10 种发光组合情况，它们分别显示 0～9 十个数字，表中 H 表示发光线段，L 表示不发光线段.

表 12-21 七段数码显示组合与数字对照表

数段	a	b	c	d	e	f	g
0	H	H	H	H	H	H	L
1	L	H	H	L	L	L	L
2	H	H	L	H	H	L	H
3	H	H	H	H	L	L	H
4	L	H	H	L	L	H	H
5	H	L	H	H	L	H	H
6	H	L	H	H	H	H	H
7	H	H	H	L	L	L	L
8	H	H	H	H	H	H	H
9	H	H	H	H	L	H	H

分段数码显示器有荧光数码管、半导体数码管及液晶显示器等几种，虽然它们结构各异，但译码显示的电路原理是相同的.

1. 半导体数码管

半导体数码管是将发光二极管 LED 排列成“日”字形状制成的，有共阳极型和共阴极型两种. 图 12-45 是发光二极管接法的示意图. 图 12-45(a)中，各发光二极管阳极相连，接高电平(共阳极)，$a\sim h$ 各引脚中，任一脚为低电平时，该发光二极管导通发光. 图 12-45(b)为各发光二极管阴极相连的共阴极型，$a\sim h$ 各引脚中，任一脚为高电平时，该发光二极管导通发光.

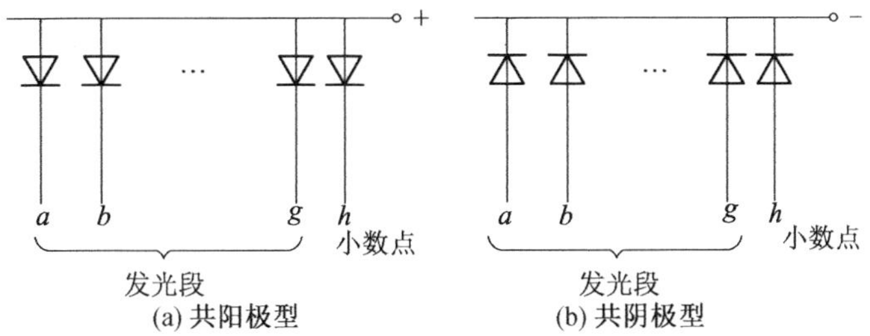

图 12-45 发光二极管的接法

常用的国产半导体数码管有共阳极型七段数码管 BS204，共阴极型七段数码管 BS205. BS204 与 BS205 数码管的外形及引脚位置排列都相同，它们的外形如图 12-46 所示，公共端引脚，共阳极型接＋5 V，共阴极型接地.

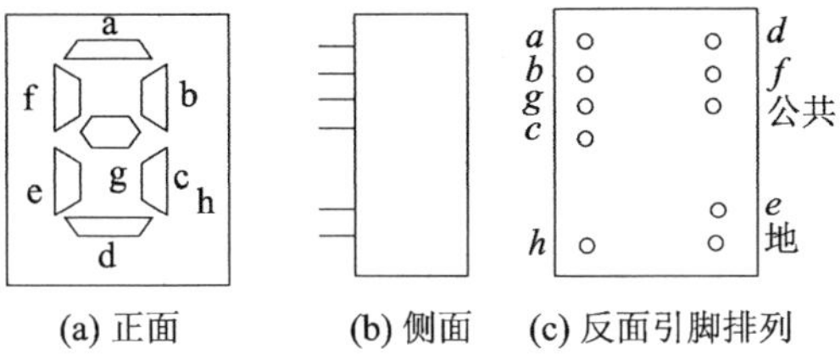

图 12-46 半导体数码管

半导体数码管有亮度高、字形清晰、各种电压低(1.5～3 V)、体积小、寿命长、响应速度极快等优点，因而在微型计算机和数字化仪表中应用十分广泛.

2. 液晶显示器

在电子手表、微型计算器等小型电子产品的数字显示部分，常采用液晶分段数码显示器. 它是利用液晶在电场作用下，光学性能发生变化的特性而制成的，如图 12-47 所示.

在涂有导电层的基片上，按分段图形灌注液晶并封装好，然后用译码器输出端与各管脚相连. 被加上控制电压的液晶段，由于光学性能的变化(它的透明度和颜色随着电场的变化而改变)而显现反差，从而显示出相应数字.

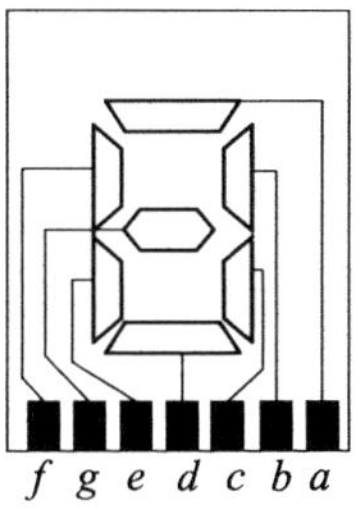

图 12-47 液晶显示器示意图

液晶显示器工艺简单、体积小、功耗极低，但显示清晰度不如半导体数码管.

3. 分段显示器的译码原理

七段数码显示器，是用 a～g 七个发光线段的组合来表示 0～9 十个十进制度数码的. 这就要求译码电路把十组 8421 二-十进制代码(DCBA)翻译成对应显示器所要求的七字段二进制代码($abcdefg$)信号，见表 12-22. 因此，这种形式的译码器常被称为“代码变换器”.

表 12-22 七段译码器输入输出关系

数字	输入				输出						
	D	C	B	A	a	b	c	d	e	f	g
0	0	0	0	0	1	1	1	1	1	1	0
1	0	0	0	1	0	1	1	0	0	0	0
2	0	0	1	0	1	1	0	1	1	0	1
3	0	0	1	1	1	1	1	1	0	0	1
4	0	1	0	0	0	1	1	0	0	1	1
5	0	1	0	1	1	0	1	1	0	1	1
6	0	1	1	0	1	0	1	1	1	1	1
7	0	1	1	1	1	1	1	0	0	0	0
8	1	0	0	0	1	1	1	1	1	1	1
9	1	0	0	1	1	1	1	1	0	1	1

分段显示译码电路，多采用集成电路，常见型号中七段的有 T337，T338 等；八段的有 5G63，C302 等. 图 12-48 是 T337 型的外引脚排列图. 表 12-23 为它的功能表. 表中×指任意电平，0 指低电平，1 指高电平，I_B 指消隐输入端，当 $I_B=0$ 时，显示器七段同时熄灭. 译码器工作时，$I_B=1$. V_{cc}通常取 5 V.

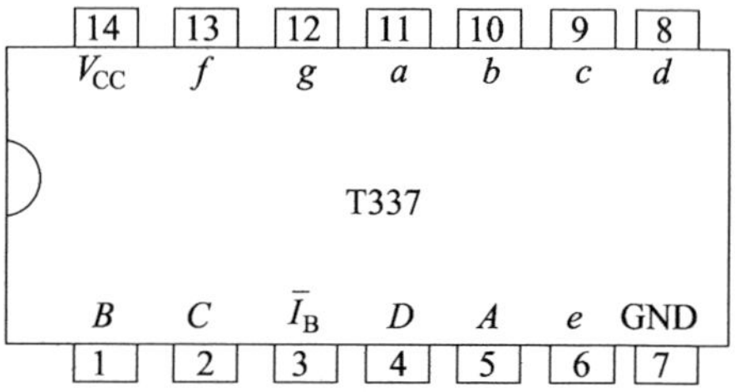

图 12-48 T337 外引脚排

表 12-23 T337 功能表

数字	输入					输出						
	D	C	B	A	I_B	a	b	c	d	e	f	g
0	0	0	0	0	1	1	1	1	1	1	1	0
1	0	0	0	1	1	0	1	1	0	0	0	0
2	0	0	1	0	1	1	1	0	1	1	0	1
3	0	0	1	1	1	1	1	1	1	0	0	1
4	0	1	0	0	1	0	1	1	0	0	1	1
5	0	1	0	1	1	1	0	1	1	0	1	1
6	0	1	1	0	1	1	0	1	1	1	1	1
7	0	1	1	1	1	1	1	1	0	0	0	0
8	1	0	0	0	1	1	1	1	1	1	1	1
9	1	0	0	1	1	1	1	1	1	0	1	1
	×	×	×	×	0	0	0	0	0	0	0	0

思考与练习

1. 用 n 位二进进制代码对____________个信号进行编码的电路，叫作二进制__________.

2. 8421 码，就是二进制代码自左至右各位的____________是__________________.

3. 将__________代码翻译成____________十进制数信号的电路，叫作二-十进制译码器，通常也叫作____________译码器.

4. 在译码器电路中，输出端带小圆圈表示_________有效.

5. 伪码是指________六个码. 当输入六个码中任一个时，$Y_0 \sim Y_9$ 均为________，即得不到译码输出. 这就是____________.

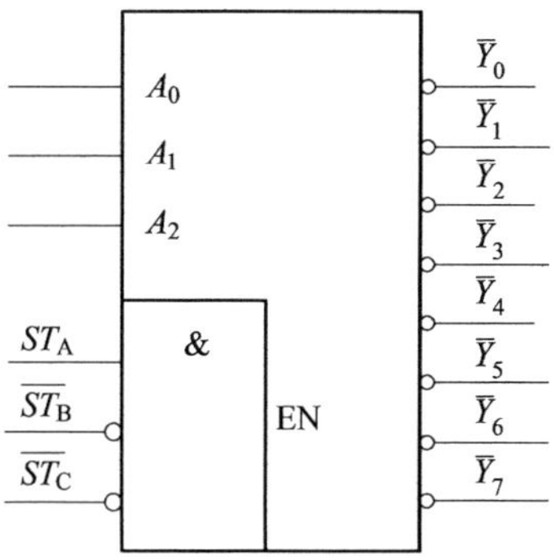

CT74LS138

习题 7 图

6. 设计一个三位二进制译码器，将 000～111 二进制码译成 $Y_0 \sim Y_7$，高电平输出有效.

7. 试用 3 线-8 线译码器 CT74LS138（习题 7 图）和与非门电路实现逻辑函数 $Y = AB + AC + BC$.

8. 试用 3 线—8 线译码器 CT74LS138 和与非门电路实现逻辑函数 $Y = AC + A\overline{B}$.

9. 参照表 12-24，列一个七段译码器输入输出关系表，输出低电平有效，用来驱动共阳极的数码管.

10. 将习题 10 图中的三个器件用导线连在一起. A, B, C, D 作为输入端不用连接，电路要正常工作，显示器是共阴极的还是共阳极的？

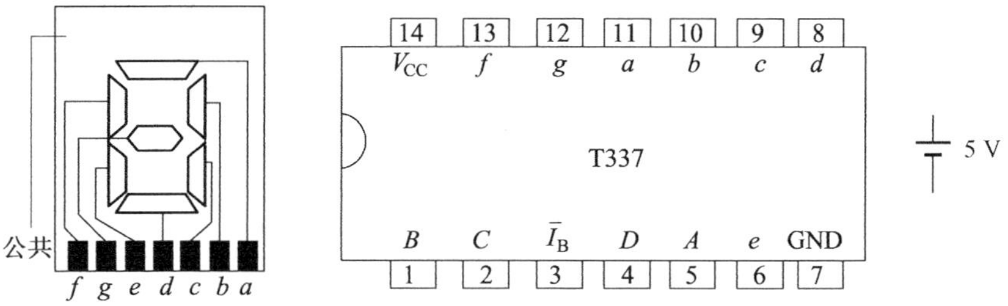

(a)　(b)　(c)

习题 10 图

11. 组合逻辑电路的特点是什么？如何分析组合电路？组合电路的设计步骤是怎样的？

12. 什么是编码？什么是编码器？

13. 译码的含义是什么？为什么说译码是编码的逆过程？译码器和编码器在电路组成上有什么不同？

14. 分析习题 14 图所示的组合逻辑电路功能.

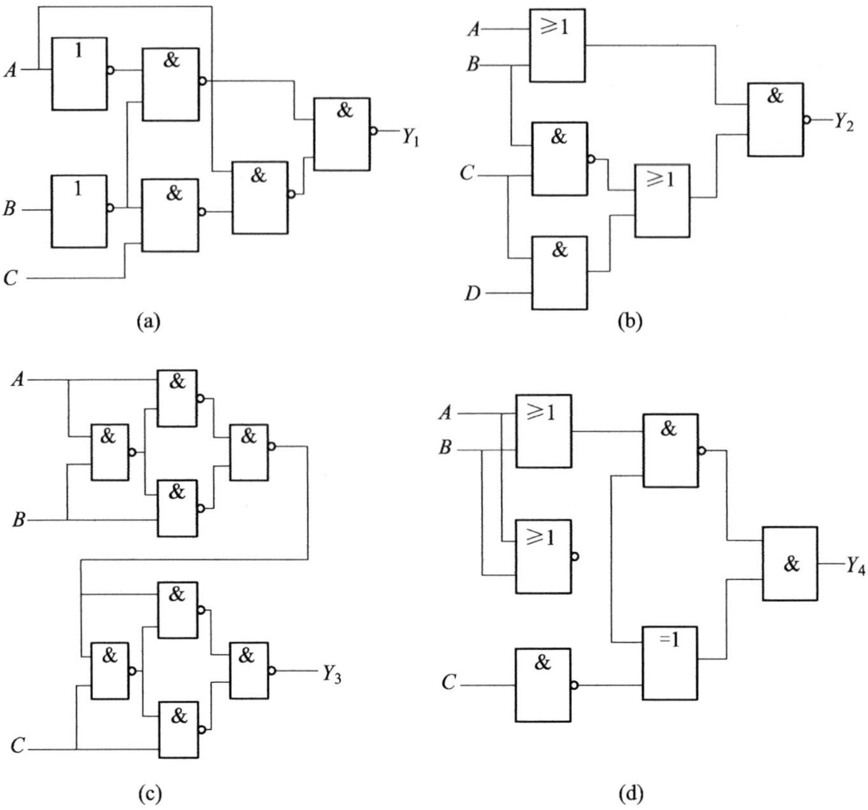

习题 14 图

15. 用与非门画出半加器的逻辑电路图.

16. 试分析习题 16 图所示 BCD 码编号器 C304 逻辑图. 写出逻辑表达式与真值表，并分析电路编码功能.

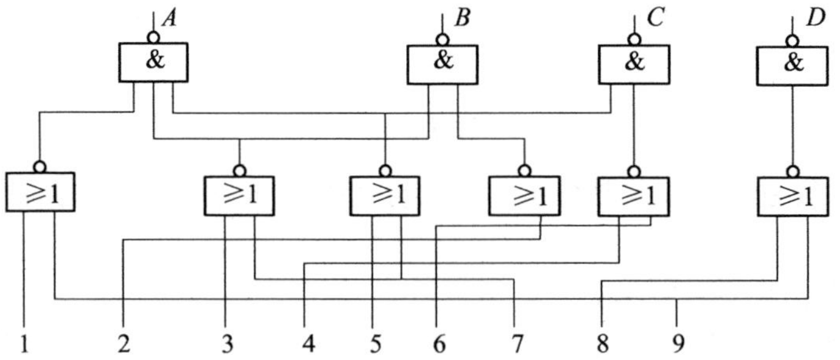

习题 16 图

17. 试写出题习 17 图所示三位二进制译码器的逻辑表达式及真值表.

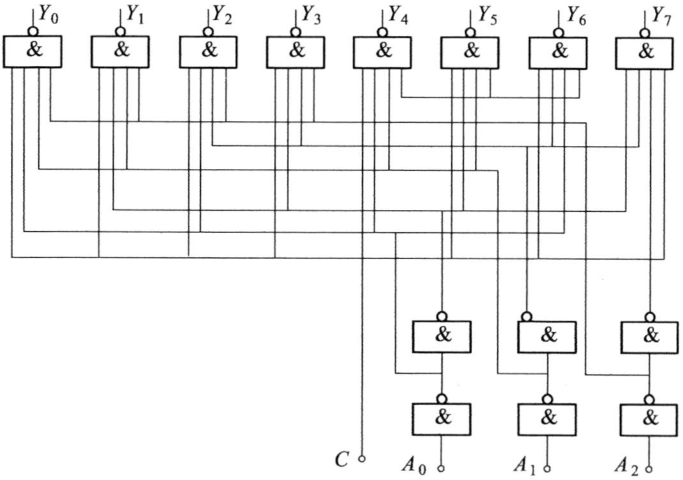

习题 17 图

情境小结

本情境介绍了数字电路的基本概念和组合逻辑电路，主要讲述了数制与码制、逻辑代数、逻辑函数的化简，简明地介绍了编码器、译码器和显示器的基本原理及其分析方法等内容.

1. 数制和码制

（1）二进制是数字电路中的基本工作信号，重点要掌握进位计数制的表示方法，以及二进制、十进制、八进制、十六进制及其相互转换.

（2）数字电路中常用数码对不同的事物或状态进行编码，常用的编码有 BCD 码、格雷码、ASCII 码等，其中 8421BCD 码和格雷码是需要重点掌握的.

2. 逻辑代数

（1）理论上与、或、非三种基本逻辑运算可以实现其他任何复杂的逻辑函数，最常见的复合逻辑包括与非、或非、与或非、异或、同或逻辑等.

（2）描述逻辑关系的方法有表达式、真值表、逻辑图、时序图、卡诺图等，需要理解和记忆.

（3）逻辑代数的基本公式和定理，是进行逻辑关系相互转换和公式化简逻辑函数的基础，需要熟记和反复练习.

（4）公式化简和卡诺图化简是逻辑函数化简的两种基本方法. 公式化简法需要熟记逻辑代数的基本公式和定理，对逻辑函数没有什么局限性，但也没有普遍的规律可循，需要通过反复练习熟练掌握. 卡诺图化简法简单、直观，有明确的规则可循，易于掌握，但当函数变量多于 5 个时，卡诺图变得相当复杂，失去了其应用价值.

3．组合逻辑电路

(1) 组合逻辑电路的特点是电路没有记忆功能.它的输出仅取决于当时的输入状态，而与电路原来状态无关.

(2) 组合逻辑电路的一般分析方法和步骤：

① 由逻辑电路图写出逻辑表达式；

② 化简表达式；

③ 列出真值表，根据真值表分析电路的逻辑功能.

(3) 组合逻辑电路的设计思路及步骤：

① 由实际问题所需完成的逻辑功能列出真值表；

② 根据真值表写出逻辑表达式；

③ 化简表达式(可用逻辑代数或卡诺图化简)，并画出简化后的表达式的逻辑图.

(4) 编码、译码和显示器的一般工作原理和三者的联系.

① 将若干个 0 和 1 按一定规律编排在一起“编成不同代码”，并且赋予代码一定含义的过程叫编码.能完成编码功能的电路叫编码器.计算系统中常用二-十进制编码器.

② 译码是编码的反过程.它将二进制代码译成给定的数字.译码器是一个多输入、多输出的逻辑电路，对应于输入信号的任一组态，一般仅有一个输出状态有效，故译码器也可看作是一个“条件开关”.应该指出，译码器输出的是信号而不是数字.

③ 显示器是译码器的终端，它将译码器输出的数字信号在数码管上直观地反映出数字(十进制数制).数字电路中常用分段式显示数码管.

学习情境 13　触发器与时序逻辑电路

任务 1　集成触发器的组成和逻辑功能

任务描述：掌握触发器的特点；
熟悉基本 RS 触发器、同步 RS 触发器、主从 RS 触发器、JK 触发器、D 触发器及 T 触发器的组成和逻辑功能；
了解触发器在电路中的实际作用.

任务分析：触发器是数字逻辑电路中的另一种基本单元电路.利用集成门电路，可以组成各种触发器.本任务将主要介绍常用的集成触发器的组成和逻辑功能.

触发器具备两种稳定状态，这两种稳定状态可以分别代表二进制数码 0 和 1.如果外加合适的触发信号，触发器的状态可以相互转换.这种电路的特点是具有记忆功能.

阶段 1　RS 触发器

1. 基本 RS 触发器

(1) 电路组成

将两个与非门的输入端、输出端交叉相连，就组成一个基本 RS 触发器，如图 13-1(a)所示.图中门 G_1 的输出端连到门 G_2 的输入端，门 G_2 的输出又反送到门 G_1 的输入端.其中 $\overline{R}$ 和 $\overline{S}$ 是两个输入端；Q 和 $\overline{Q}$ 是两个输出端，这两个输出端的状态始终是互补的，即一端为 0，则另一端必为 1.通常规定触发器 Q 端的状态为触发器状态.$Q=0$ 而 $\overline{Q}=1$ 时，称触发器处于“0”态；$Q=1$ 而 $\overline{Q}=0$ 时，称触发器处于“1”态.

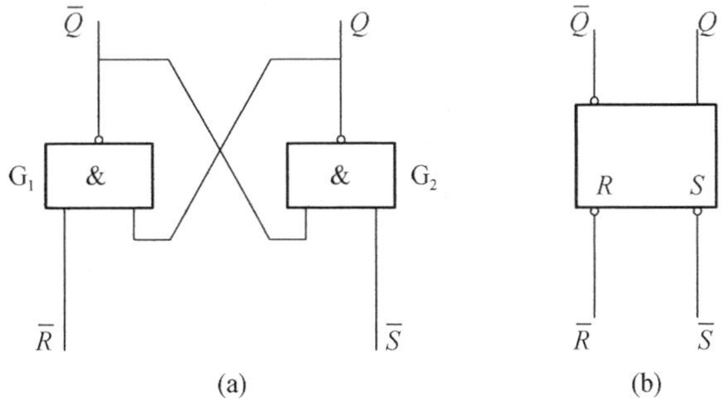

图 13-1　基本 RS 触发器

(2) 逻辑功能

1) $\bar{R}=1,\bar{S}=1$,触发器保持原来状态不变

$\bar{R}=1,\bar{S}=1$,根据与非门的逻辑关系,可知门 G_1,G_2 的输出状态由反送到它们输入端的 $Q,\bar{Q}$ 的状态决定.

设电路原来状态为 $Q=0$ 而 $\bar{Q}=1$,即触发器为"0"态.因为 G_1 的一个输入端 $Q=0$,所以根据与非门"有 0 出 1"的功能,它的输出 $\bar{Q}=1$.而门 G_2 的两个输入端 $\bar{S},\bar{Q}$ 均为 1,由与非门"全 1 出 0"的功能得知其输出 $Q=0$.触发器保持原来状态不变.若原来状态是 $Q=1$ 而 $\bar{Q}=0$,即触发器为"1"态,则可以用同样的方法分析,触发器保持"1"态不变.

可见,不论触发器原来是什么状态,基本 RS 触发器在 $\bar{R}=1,\bar{S}=1$ 时,总是保持原来状态不变.这就是触发器的记忆功能.若使输入端 $\bar{R},\bar{S}$ 悬空,则可认为加入了高电平,即 $\bar{R}=1,\bar{S}=1$.

要改变基本 RS 触发器的状态,必须输入合适的触发信号.

2) $\bar{R}=0,\bar{S}=1$,触发器为"0"态

此时,因 $\bar{R}=0$,G_1 的输出 $\bar{Q}=1$,而 G_2 的两个输入端 $\bar{S},\bar{Q}$ 全为 1,输出 $Q=0$.触发器为"0"态,并且与原来状态无关.

3) $\bar{R}=1,\bar{S}=0$,触发器为"1"态

由于 $\bar{S}=0$,G_2 的输出 $Q=1$.这时 G_1 的两个输入端 $\bar{R},Q$ 均为 1,所以 $\bar{Q}=0$.触发器为"1"态,同样与原来状态无关.

4) $\bar{R}=0,\bar{S}=0$,触发器状态不定

此时,$Q=1,\bar{Q}=1$.破坏了前述有关 Q 与 $\bar{Q}$ 互补的约定,这是不允许的.并且,当 $\bar{R},\bar{S}$ 的低电平触发信号消失后,Q 与 $\bar{Q}$ 的状态将是不确定的,这种情况应当避免.

综上分析,基本 RS 触发器的逻辑功能如表 13-1 所示.

表 13-1 RS 触发器真值表

$\bar{R}$	$\bar{S}$	Q	逻辑功能
0	1	0	置 0
1	0	1	置 1
1	1	不变	保持
0	0	不定	不允许

当 $\bar{R}$ 端加低电平触发信号时,触发器为"0"态.所以称 $\bar{R}$ 端为置 0 端,又称复位端.在 $\bar{S}$ 端加低电平触发信号,则触发器为"1"态.因此称 $\bar{S}$ 端为置 1 端,也叫置位端.触发器在外加信号的作用下,状态发生了转换,称之为翻转.外加的信号称为"触发脉冲".触发脉冲可以是高电平(正脉冲),也可以是低电平(负脉冲).文字符号 R,S 上加有非号"—"的,表示负脉冲触发,即加低电平有效;不加非号的,表示正脉冲触发,即加高电平有效.

图 13-1(b)是基本 RS 触发器的逻辑符号.输入端带有小圆圈的表示负脉冲触发(若正脉冲触发不带小圆圈),这与字母 R,S 顶上的非号意义相同.输出端无小圆圈的表示 Q 端,有小圆圈的表示 $\bar{Q}$ 端.

这种触发器电路最简单，它是构成其他性能更完善的触发器的基础，所以称为基本RS触发器.

2. 同步RS触发器

在实际数字电路中，一般包含多个触发器，常常要求各触发器在控制脉冲(时钟脉冲CP)的作用下同步翻转. 因此除R，S两个输入端外，需要增加一个控制端CP. 只有在控制端出现时钟脉冲时，触发器才动作. 至于触发器的状态，仍由R，S端信号决定. 这种触发器叫作同步RS触发器，又称时钟控制RS触发器.

(1) 电路组成

电路如图13-2(a)所示. 图中与非门G_1和G_2组成基本RS触发器，门G_3和G_4构成控制门，CP为时钟脉冲引入端. $\bar{R}_D$和$\bar{S}_D$是直接置0、置1端，它们不受时钟脉冲CP的控制，所以称为异步置0、置1端. 非号表示加低电平有效. 平时，应接高电平或悬空.

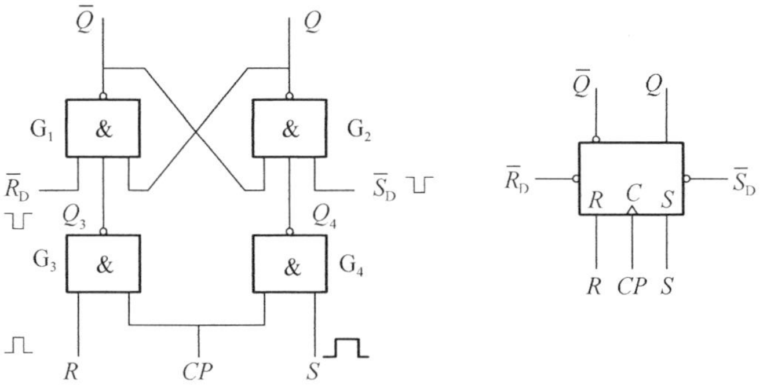

(a) 逻辑图　　(b) 逻辑符号

图13-2　同步RS触发器

(2) 工作原理

1) $CP=0$

当$CP=0$时，与非门G_3和G_4均被封锁，不论R，S端信号如何，它们的输出Q_3，Q_4均为1. 由表13-2可知，Q和$\bar{Q}$的状态不变，即触发器维持原态.

2) $CP=1$

此时，与非门G_3和G_4打开，Q_3，Q_4的状态由R，S决定，于是触发器的状态也随R，S端的触发信号不同而不同. 根据与非门和基本RS触发器的逻辑关系，可以列出同步RS触发器的输入、输出逻辑关系，即真值表，见表13-2. 表中Q_n表示时钟脉冲CP到来前的状态，即原态；Q_{n+1}表示CP脉冲到来后的状态，即现态.

表13-2　同步RS触发器真值表

R	S	Q_{n+1}	逻辑功能
0	0	Q_n	保持
0	1	1	置1
1	0	0	置0
1	1	不定	不允许

图 13-2(b)是同步 RS 触发器的逻辑符号.方框内三角尖符号,表示时钟脉冲的输入端,该处表有字母 C.图中,R,S,CP 端均无小圆圈,说明输入为高电平时有效.

【例 13-1】 设如图 13-1(a)的基本 RS 触发器的输入信号 $\overline{R}$,$\overline{S}$ 的波形如例 13-1 图所示,触发器初始状态 $Q=1$,试在 $\overline{R}$,$\overline{S}$ 波形下方,画出 Q,$\overline{Q}$ 的波形信号.

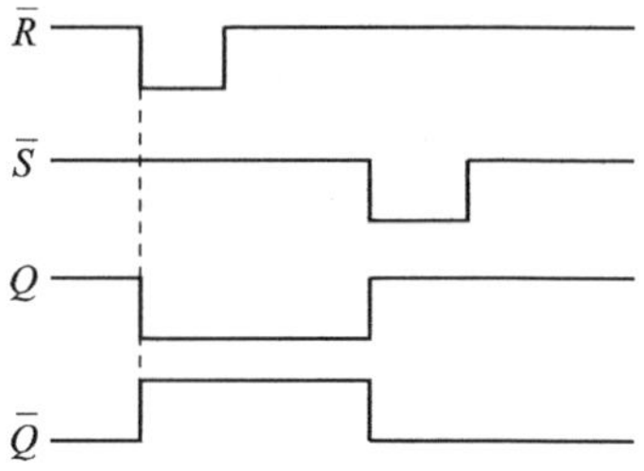

例 13-1 图

解 先画出 Q,$\overline{Q}$ 的初始状态波形:Q 为高电平,$\overline{Q}$ 为低电平.再根据基本 RS 触发器的逻辑关系(见表 13-1),就可以画出 Q,$\overline{Q}$ 的信号波形图.如例 13-1 图下方所示.

【例 13-2】 同步 RS 触发器如图 13-2(a)所示.若 S,R 及 CP 脉冲如例 13-2 图所示,试在它们的下方,画出 Q 端的信号波形.

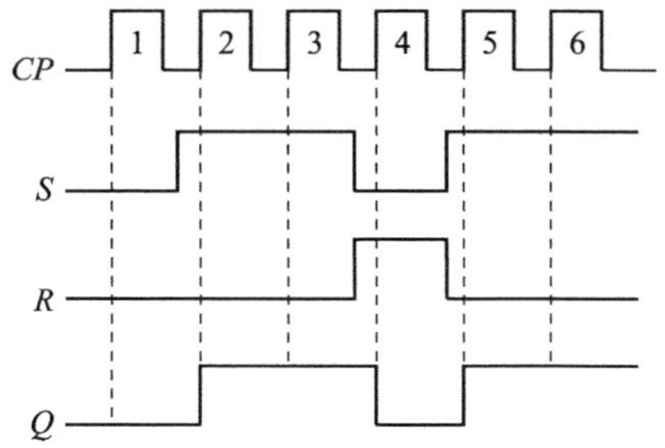

例 13-2 图

解 设触发器的初始状态 $Q=0$.当第一个 CP 脉冲到来后,因为 $S=R=0$,所以触发器保持原来状态不变,Q 仍为 0.当第二个 CP 脉冲到来时,$S=1$,$R=0$,因此触发器翻转,$Q=1$.在第三个 CP 脉冲作用期间,仍然是 $S=1$,$R=0$,触发器继续保持"1"态不变.在第四个 CP 脉冲作用期间,$S=0$,$R=1$,于是触发器翻转为"0"态.而第五、第六个脉冲作用期间,S 变为高电平 1,$R=0$,所以触发器翻转为 1 态.由此可见,Q 的状态由 CP 脉冲作用期间的 S,R 的状态决定.Q 端的信号波形如例 13-2 图下方所示.

思考与练习

1. 触发器具有________稳定的状态,其输出状态由________和触发器的________决定.

2. 基本 RS 触发器既可以用________门构成,也可以用________门构成.它们的逻辑功能________.

3. 时钟脉冲 CP 的主要作用是使触发器________状态按一定的________变化.

4. 已知基本 RS 触发器的输入端波形如习题 4 图所示,画出其输出端波形(设初始状态为 0).

5. 已知同步 RS 触发器的输入端波形如习题 5 图所示,画出其输出端波形(设初始状态为 0).

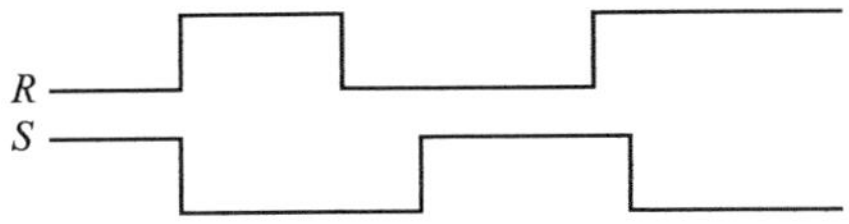

习题 4 图

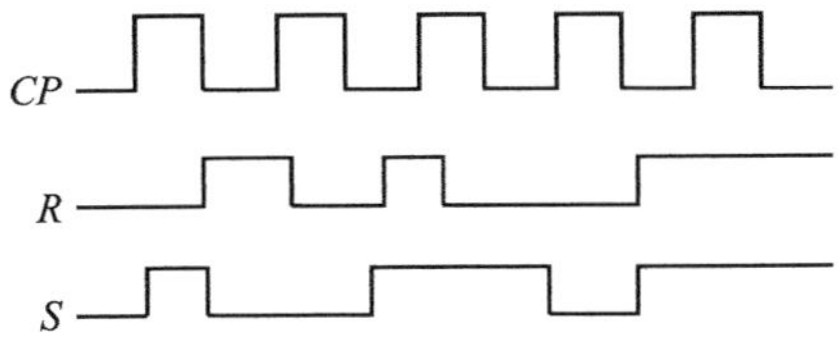

习题 5 图

阶段 2 主从 RS 触发器

1. 同步 RS 触发器的空翻现象

正常情况下，在一个 CP 脉冲的作用下，触发器的状态只能发生一次翻转. 所谓空翻现象，是指在一个 CP 脉冲作用期间，触发器的状态产生两次或多次翻转.

下面以计数型同步 RS 触发器为例，分析空翻现象.

计数型同步 RS 触发器如图 13-3 所示. 触发器的输出端 Q 和 R 端相连，另一输出端 $\overline{Q}$ 和 S 端相连，计数脉冲从 CP 端引入. 每输入一个 CP 脉冲，触发器的状态就翻转一次，达到计数的目的.

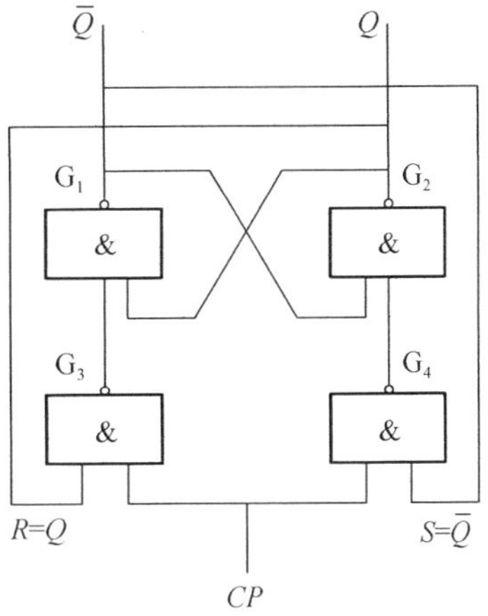

图 13-3 计数型同步 RS 触发器

设触发器初始状态为“0”态，因此 $R=Q=0$，$S=\overline{Q}=1$. 当第一个 CP 计数脉冲到来时，触发器由“0”态翻转为“1”态，即 $Q=1$. 电路完成一次计数. 同时，触发器输入状态也发生了变化，即 $R=Q=1$，$S=\overline{Q}=0$. 当第二个 CP 计数脉冲到来时，触发器又翻转为“0”态. 按此分析，可知每来一个 CP 脉冲，触发器的状态就翻转一次. 触发器翻转的次数，反映了输入计数脉冲 CP 的数目，从而达到计数目的.

这种计数器只有在 CP 脉冲很窄时，才能正常计数. 设电路原来状态为“0”态，当输入一个计数脉冲 CP 时，触发器翻转为“1”态，同时输入状态也随之改变. 如果 CP 脉冲较宽，电路状态翻转后，CP 仍为高电平 1，于是刚翻转的新状态通过输入端作用，又要使触发器的状态发生翻转，……这就是空翻现象. 它使计数器对一个计数脉冲重复甚至多次计数，从而产生错误，这是不允许的. 下面介绍能防止空翻的主从 RS 触发器.

2. 主从 RS 触发器

(1) 电路组成

电路如图 13-4 所示. 它由上下两级同步 RS 触发器加上一个反相器组成，其中 G_5～G_8 构成主触发器，G_1～G_4 构成从触发器. 主触发器的输出，是从触发器的输入. 因此，从触发器的状态由主触发器的输出状态决定，这就是“主从”的含义. 主从 RS 触发器的逻辑符号与同步 RS 触发器相同.

(2) 工作原理

1) $CP=1$ 时

主触发器工作时，它的输出 Q' 和 $\overline{Q}'$ 由 R，S 端的信号状态决定. 它们的逻辑关系见表 13-2. 由于 $\overline{CP}=0$，从触发器被封锁，不论 Q'，$\overline{Q'}$ 如何变化，它的输出 Q，$\overline{Q}$ 均保持原来状态不变.

2) CP 由 1 变为 0 后

这时,主触发器被封锁,不论 R,S 端的信号如何,其输出 Q',$\overline{Q'}$保持原来状态不变. 换言之,主触发器不再接收输入端 R,S 的信号. CP 脉冲经非门 G_9 倒相,使从触发器打开,它的状态由主触发器的输出 Q',$\overline{Q'}$决定. 于是,主触发器存放的信息就转存到了从触发器中.

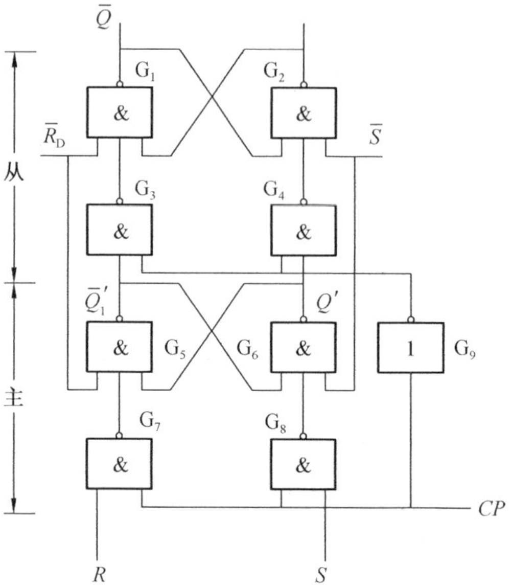

图 13-4 主从 RS 触发器电路

由以上分析可知,主从 RS 触发器的逻辑关系与同步 RS 触发器完全相同. 它的工作方式分两拍进行. 第一拍是 CP 脉冲由 0 变为 1 后,主触发器接收输入端 R,S 的信号. 但是,从触发器被封锁,整个触发器的状态保持不变. 第二拍是 CP 脉冲由 1 变为 0,即 CP 脉冲下降沿到来后,主触发器存放的信息,送入从触发器中. 于是,触发器的状态随之变化. 而这时主触发器被封锁,不接收外来的信号. 主从触发器的轮番动作,避免了空翻现象的出现.

【例 13-3】 设主从 RS 触发器的输入信号 CP,R,S 的波形如例 13-3 图所示,试画出输出端 Q 的波形图.

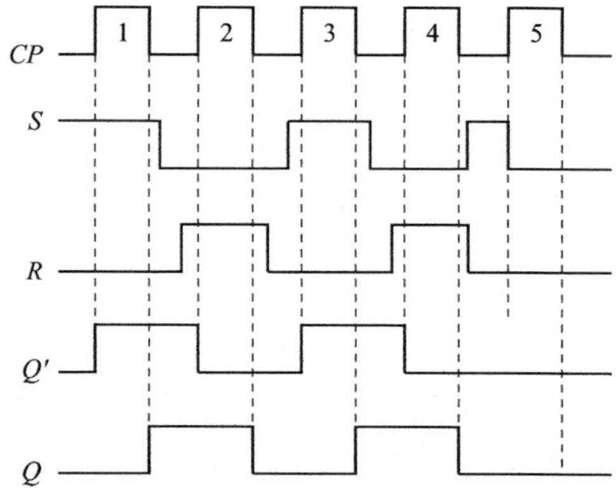

例 13-3 图

解 设触发器初始状态为 0,即 $Q=0$. 根据主从 RS 触发器的工作原理可知,$CP=1$ 期间的 R,S 端信号的状态,决定主触发器 Q',$\overline{Q'}$的状态. 只有 CP 脉冲下降沿到来后,Q'、$\overline{Q'}$的状态才转存到从触发器中. 因此,CP 的下降沿是触发器状态是否翻转的基准线.

当第一个 $CP=1$ 期间,$S=1$,$R=0$. 可知,$Q'=1$,$\overline{Q'}=0$. 当 CP 下降沿到来后,Q 由 0 变为 1.

当第二个 $CP=1$ 期间,$S=0$,$R=1$. 因此,$Q'=0$,$\overline{Q'}=1$. 于是 CP 下降沿到来后,$Q=0$.

当第三个 $CP=1$ 期间,$S=1$,$R=0$. 同上分析,仅当 CP 下降沿到来后,Q 由 0 变为 1.

当第四个 $CP=1$ 期间,$S=0$,$R=1$. 则 CP 下降沿到来后,$Q=0$.

当第五个 $CP=1$ 期间,$S=0$,$R=0$. 主触发器保持原来状态不变. 所以,CP 下降沿到来后,Q 也保持原态不变,$Q=0$. Q 的波形如例 13-3 图的下方所示.

思考与练习

1. 什么是空翻现象?
2. 主从 RS 触发器电路中,主触发器和从触发器输出状态的翻转是如何进行的?

阶段3 JK触发器

根据逻辑功能的不同,触发器可以分成 RS 触发器、JK 触发器、D 触发器和 T 触发器. 前面对 RS 触发器作了介绍,本阶段讨论 JK 触发器.

1. 电路组成和逻辑符号

JK 触发器的逻辑电路如图 13-5(a)所示. 它是在主从 RS 触发器的基础上发展而成的. 把主从 RS 触发器的输出 Q 与输入端 R 相接,而另一输出端 $\overline{Q}$ 与输入端 S 相接,并在与非门 G_7,G_8 分别增加一个输入端——K 端和 J 端. 图 13-5(b)是它的逻辑符号图.

2. 逻辑功能

(1) $J=0, K=0, Q_{n+1}=Q_n$

此时,门 G_7,G_8 均被封锁. 当 CP 脉冲到来后,触发器的状态并不翻转,即 $Q_{n+1}=Q_n$,输出保持原态不变.

(2) $J=1, K=1, Q_{n+1}=\overline{Q_n}$

这时输入均为高电平或 J,K 端都悬空,不加输入信号. 因为 $S=\overline{Q_n}$,$R=Q_n$,电路和图 13-3 所示的计数型 RS 触发器相似. 每当 CP 脉冲下降沿到来后,触发器的状态就发生翻转,$Q_{n+1}=\overline{Q_n}$. 随着 CP 脉冲不断输入,触发器的状态不断翻转,实现计数功能.

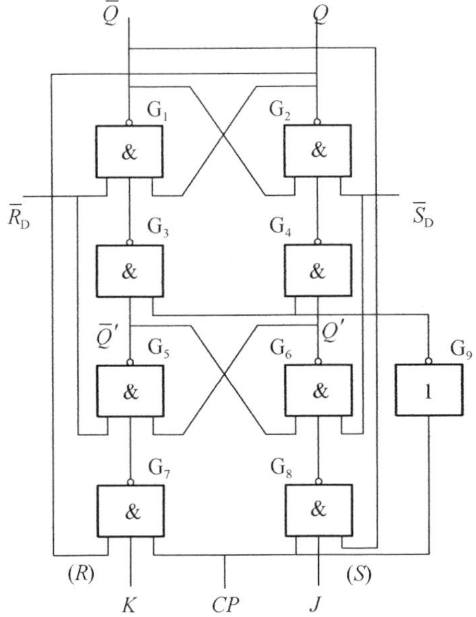

(a) 逻辑电路图

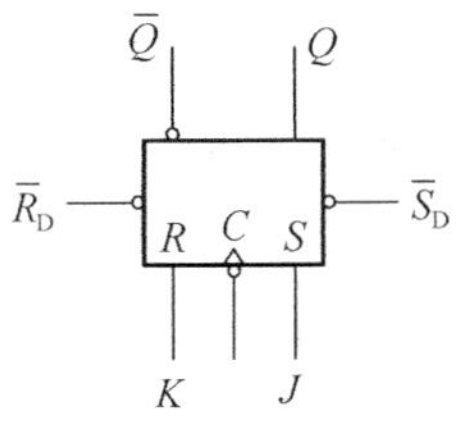

(b) 逻辑符号

图 13-5 JK 触发器

(3) $J=1, K=0, Q_{n+1}=1$

若触发器原态为 $Q_n=0, \overline{Q}_n=1$. 那么在 $CP=1$ 时,门 G_7 输入 1,G_8 输出 0. 所以主触发器为 1 态,即 $Q'_{n+1}=1, \overline{Q'_{n+1}}=0$. 当 CP 脉冲下降沿到来后,主触发器的状态就转存到从触发器中,电路状态翻转为 1 态,即 $Q_{n+1}=1$.

若触发器原态为 $Q_n=1, \overline{Q_n}=0$. 则门 G_7,G_8 的输入端都有低电平信号,它们均被封锁. 所以,CP 脉冲到来后,触发器的状态保持不变,为 1 态,即 $Q_{n+1}=1$.

综合分析,不论触发器原来状态如何,CP 脉冲到来后,触发器均置 1.

(4) $J=0, K=1, Q_{n+1}=0$

仿照上述方法,可以得知,不论触发器原来状态如何,当 CP 脉冲到来后,触发器置 0,即 $Q_{n+1}=0$. 根据以上的分析,JK 触发器的逻辑功能见表 13-3.

表 13-3 JK 触发器真值表

J	K	Q_{n+1}	逻辑功能
0	0	Q_n	保持
0	1	0	置 0
1	0	1	置 1
1	1	$\overline{Q}_n$	计数

主从 JK 触发器的性能比主从 RS 触发器更完善、更优良. 它不但消除了空翻现象,而且解决了 RS 触发器存在的状态不定的问题,所以其应用更为广泛.

【例 13-4】 设图 13-5 所示的主从 JK 触发器的初始状态为 0,试根据例 13-4 图给出的 CP, J, K 的波形,画出输出 Q 的波形.

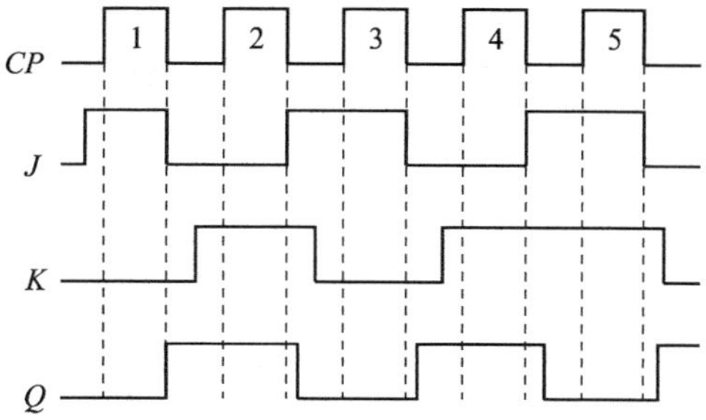

例 13-4 图

解 主从 JK 触发器的工作也是分为两步进行的. 在 $CP=1$ 期间,主触发器接收输入信号. 而当 CP 的下降沿到来后,主触发器的状态再转存到从触发器中. 可见,$CP=1$ 的 J, K 状态,决定触发器下一个状态 Q_{n+1}. 而 CP 的下降沿,是触发器状态是否翻转的基准线. 比如,第一个 $CP=1$ 时,$J=1, K=0$,因此触发器将置 1. 当这个 CP 脉冲的下降沿到来后,触发器才翻转为 $Q=1$. 依次类推,可画出输出 Q 的波形,如例 13-4 图下方所示.

除主从型 JK 触发器外,还有边沿触发型 JK 触发器. 它们电路结构不同,但逻辑功能相同. 差别在于:边沿型触发器的工作是一刻完成的,即仅在 CP 脉冲的上升沿(CP 由 0 变为 1 的一刻)或下降沿(CP 由 1 变为 0 的一刻)的作用下,输出将根据输入信号的状态作相应的变化. 而在 CP 的其他时间里,触发器保持原态不变. 这种类型的触发器抗干扰性能优良,得到广泛应用.

思考与练习

1. JK触发器在时钟脉冲的控制下，根据输入信号JK的不同情况，可以实现哪些功能？

2. 边沿JK触发器输出状态转换发生在 CP 信号的哪个时刻？

3. 已知主从JK触发器的输入波形如习题3图所示，画出其输出端波形(设初始状态为0).

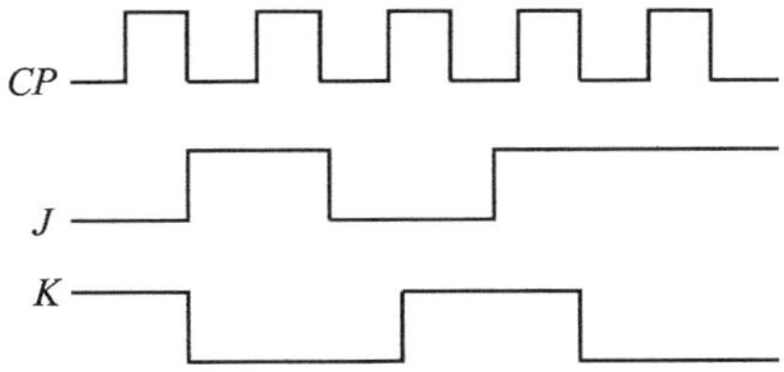

习题3图

阶段4　D触发器和T触发器

各类集成触发器中，JK触发器的逻辑功能最为齐全.在实际应用中，它不仅有很强的通用性，而且能灵活地转换成其他类型的触发器.本节将讨论JK触发器构成的D触发器和T触发器.

1. D触发器

(1) 电路组成

将JK触发器 J 端信号通过非门G接到 K 端，即使 $K=\overline{J}$.触发器的输入信号从 J 端加入，这就构成了D触发器.电路如图13-6(a)所示，图(b)是它的逻辑符号.

(2) 逻辑功能

1) $D=0$，置0

$D=0$ 时，和JK触发器 $J=0$，$K=1$ 时的情况相同.当 CP 脉冲下降沿到来后，触发器置0，即 $Q_{n+1}=0$，$\overline{Q}_{n+1}=1$.

2) $D=1$，置1

$D=1$ 时，和JK触发器 $J=1$，$K=0$ 时的情况相同.同样由JK触发器的功能可知，当 CP 脉冲下降沿到来后，触发器置1，即 $Q_{n+1}=1$，$\overline{Q}_{n+1}=0$.

综上分析，在时钟脉冲 CP 下降沿到来后，D触发器的状态与其输入端 D 的状态相同，即 $Q_{n+1}=D$.D触发器的逻辑功能如表13-4所示.

表13-4　D触发器真值表

D	Q_{n+1}	逻辑功能
0	0	置0
1	1	置1

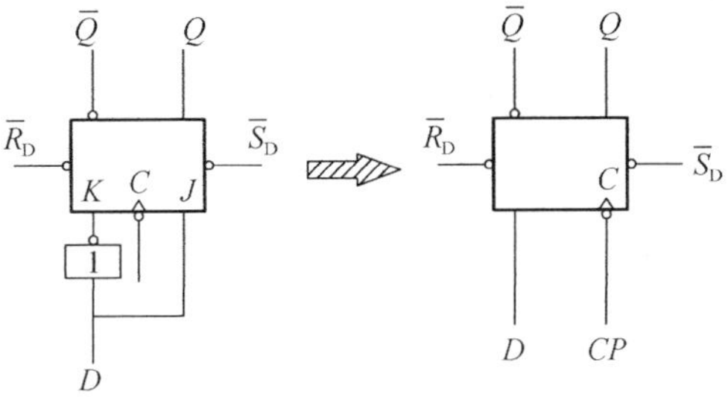

(a) 逻辑图　(b) 逻辑符号

图13-6　D触发器

还有一种维持阻塞型D触发器，它的状态翻转是发生在 CP 脉冲上升沿到来的时候，其逻辑功能与上面介绍的 D 触发器相同.

2．T 触发器

(1) 电路组成

把 JK 触发器的输入端 J，K 连接在一起，作为输入端 T，就构成了 T 触发器，电路如图 13-7(a)所示，图(b)是 T 触发器的逻辑符号.

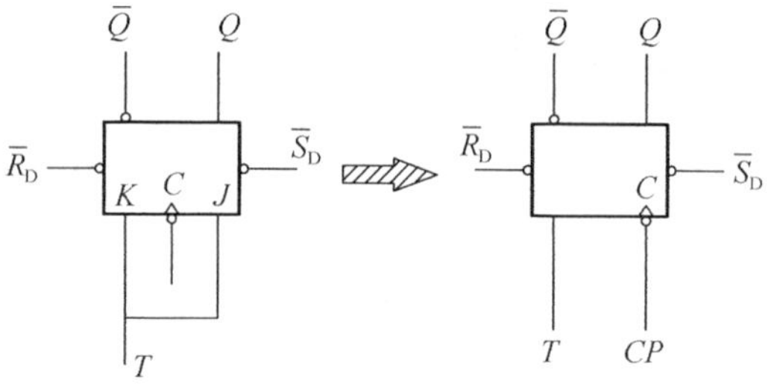

(a) 逻辑图　　(b) 逻辑符号

图 13-7　T 触发器

(2) 逻辑功能

1) $T=0$，触发器保持原态不变

$T=0$，相当于 JK 触发器 $J=0$，$K=0$. 由 JK 触发器的逻辑功能可知，当 CP 脉冲下降沿到来后，触发器保持原来状态不变：$Q_{n+1}=Q_n$.

2) $T=1$，触发器为计数状态

$T=1$ 时，相当于 JK 触发器 $J=1$，$K=1$. 根据 JK 触发器的逻辑功能可知，触发器处于计数状态. 即每输入一个 CP 脉冲，触发器的状态就翻转一次：$Q_{n+1}=\overline{Q}_n$.

根据以上分析，可列出 T 触发器的真值表，见表 13-5. T 触发器具有保持和计数两种逻辑功能，由 T 端的输入信号控制. $T=0$，不计数(保持状态)；$T=1$，开始计数. 因此，T 触发器也称为可控计数触发器.

表 13-5　T 触发器真值表

T	Q_{n+1}	逻辑功能
0	Q_n	保持
1	$\overline{Q_n}$	计数

【例 13-5】 已知负边沿型 D 触发器(负边沿触发器指只有在 CP 脉冲的下降沿到来时，其状态才根据输入信号作相应变化)CP，D 的信号波形如例 13-5 图所示，试画出输出信号 Q 的波形.

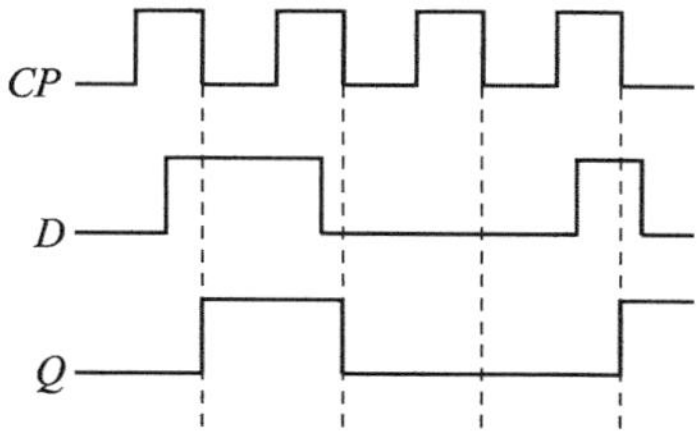

例 13-5 图

解　D 触发器的输出状态由输入端 D 的状态决定. 因为是负边沿触发器，所以要看 CP 脉冲下降沿(CP 由 1 变为 0 的一瞬间)对应的 D 的状态. 在这一时刻，若 $D=0$，则 $Q=0$；若 $D=1$，则 $Q=1$. 即以 CP 下降沿为准，对照 D 的波形，便可画出 Q 的波形. 如例 13-5 图所示(设初始状态 $Q=0$).

【例 13-6】 负边沿型 T 触发器输入端 CP，T 的信号波形如例 13-6 图所示. 试画出输出端 Q 的信号波形.

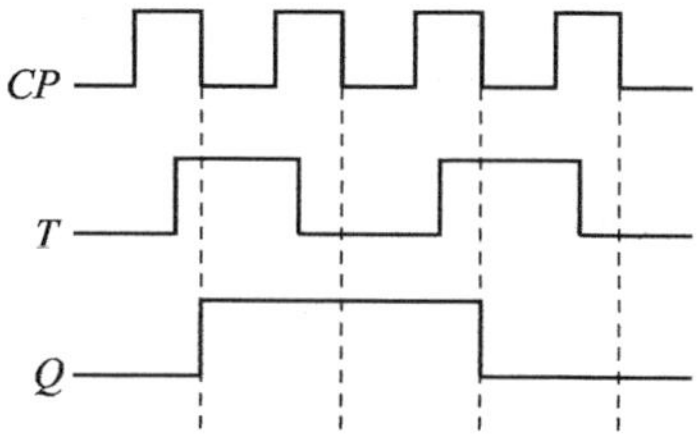

例 13-6 图

解　与上例相似，以 CP 脉冲下降沿为准，对照 T 的状态. $T=1$，触发器的状态翻转；$T=0$，触发器保持原态不变. 由此可画出 Q 的波形图，如例 13-6 图的下方所示(设初始状态 $Q=0$).

思考与练习

1. D 触发器和 T 触发器分别是如何在 JK 触发器基础上转换过来的?

2. 已知 D 触发器的输入端波形如习题 2 图所示,画出其输出端波形(设初始状态分别为 1 或 0 时).

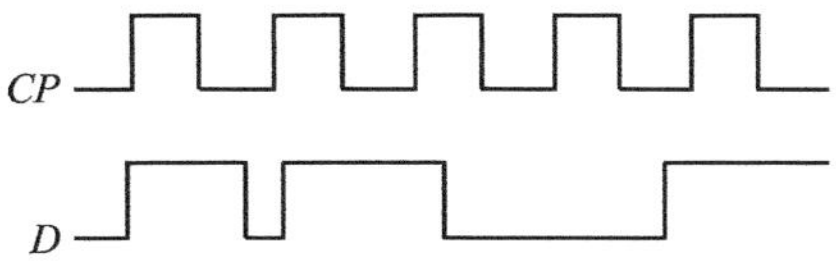

习题 2 图

任务 2 时序逻辑电路

任务描述: 掌握时序逻辑电路的组成与特点;
熟悉常用寄存器、计数器的组成和工作原理;了解时序逻辑电路在实际中有哪些其他作用.

任务分析: 按照逻辑功能和电路组成的不同,数字电路可以分成组合逻辑电路和时序逻辑电路两大类.本任务将主要介绍时序逻辑电路的特点、寄存器和计数器这两种典型的时序逻辑电路和时序逻辑电路的应用.

阶段 1 时序逻辑电路

时序逻辑电路简称为时序电路,它由组合逻辑电路和触发器两部分组成,如图 13-8 所示.

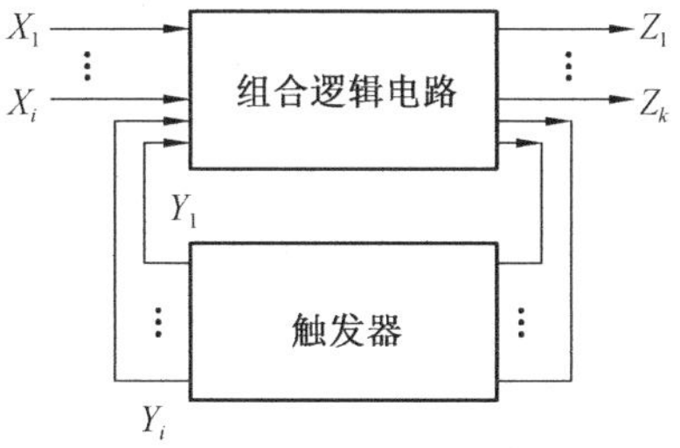

图 13-8 时序逻辑电路框

时序逻辑电路的特点:电路任意时刻的输出状态不仅与同一时刻的输入信号有关,而且与电路原有状态有关.可见,前章讨论的触发器就是一种功能最简单的时序逻辑电路.

时序逻辑电路按状态转换情况分为同步时序电路和异步时序电路两大类.同步时序电路是指电路中所有触发器都受到同一时钟脉冲的控制,它们的状态改变都在同一时刻发生,而异步时序电路不用统一的时钟脉冲,各触发器的状态改变不在同一时刻发生.

阶段 2 寄存器

寄存器是一种重要的数字逻辑部件,常用于接收、暂存、传递数码和指令等信息.一个触发器有两种稳定状态,可以存放一位二进制数码.存放 n 位二进制数码需要 n 个触发器.为了使寄存器能按照指令接收、存放、传送数码,有时还需要配备一些起控制作用的门电路.

1. 数码寄存器

数码寄存器是简单的存储器，只具有接收、暂存数码和清除原有数码的功能. 图 13-9 所示的是用 D 触发器组成的四位数码寄存器. 四个触发器的时钟脉冲输入端连接在一起，作为接收数码的控制端. $D_0 \sim D_3$ 为寄存器的数码输入端，$Q_0 \sim Q_3$ 是数据输出端. 各触发器的复位端(直接置 0 端)连接在一起作为寄存器的总清零端$\overline{CR}$，低电平有效.

寄存器工作过程如下：

寄存数码前，寄存器应清零：令$\overline{CR}=0$，寄存器清除原有数码，$Q_0 \sim Q_3$ 均为 0 态.

寄存数码时，应使$\overline{CR}=1$. 若存入的数码是 1010，则寄存器的输入 $D_3D_2D_1D_0$ 为 1010. D 触发器的逻辑功能是 $Q_{n+1}=D$. 因而，当接收指令脉冲 CP 的上升沿一到，寄存器的状态 $Q_3Q_2Q_1Q_0$ 就变为 1010. 只要使$\overline{CR}=1$，$CP=0$，寄存器就处在保持状态. 这样，就完成了接收并暂存数码的功能.

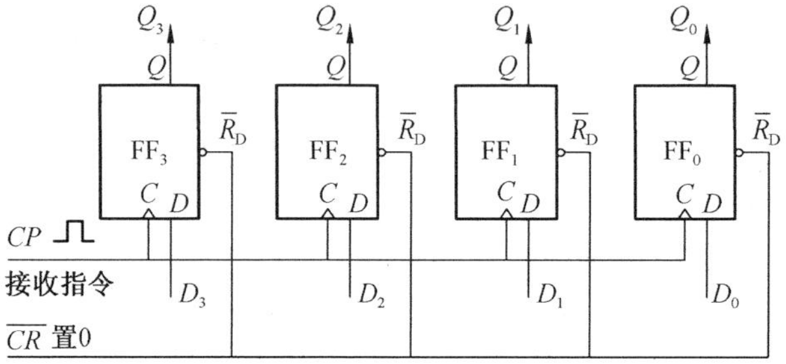

图 13-9　四位数码

不难看出，这种寄存器在接收数码时，各位数码是同时输入的；将来输出数码，也是同时输出的. 因此，这种寄存器被称为并行输入、并行输出数码寄存器.

2. 移位寄存器

移位寄存器是在数码寄存器的基础上发展而成的，它除了有存放数码的功能外，还具有数码移位的功能. 移位寄存器分为单向移位寄存器和双向移位寄存器两大类.

(1) 单向移位寄存器

1) 右移寄存器

图 13-10 是用 D 触发器组成的四位右移寄存器. 其中 FF_3 是最高位触发器，FF_0 是最低位触发器，从左到右依次排列. 每个高位触发器的输出端 Q 与低一位触发器的输入端 D 相接. 整个电路只有最高位触发器 FF_3 的输入端 D 接收输入的数码.

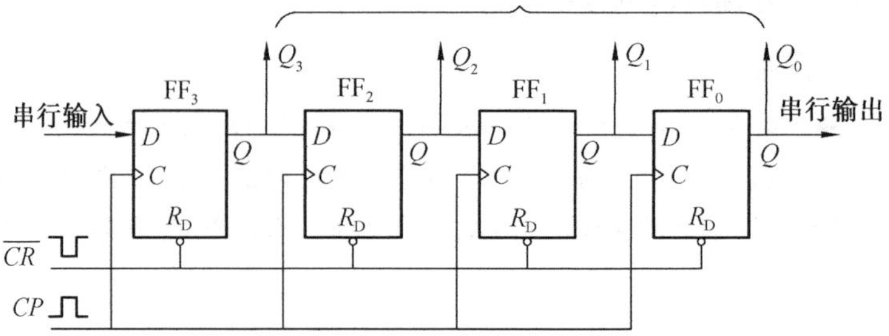

图 13-10　四位右移寄存器工作

接收数码前，寄存器应清零. 令$\overline{CR}=0$，则各位触发器均为 0 态. 接收数码时，应使$\overline{CR}=1$.

根据 D 触发器的逻辑功能和电路的结构可知，当 CP 脉冲(即移位脉冲)的上升沿到来后，输入的数码就移入到触发器 FF_3 中. 同时其余各个触发器的状态，也移入到低一位触发器中，最低位触发器的状态则从串行输出端移出寄存器. 这种数据逐位输入、逐位输出的方式，称为串行输入、串行输出方式.

假设要存入的数据 $D_3D_2D_1D_0=1101$. 根据数码右移的特点，首先应输入最低位 D_0，然后由低位到高位依次输入.

当输入为最低位 $D_0=1$ 时：在第一个 CP 脉冲上升沿到来后，D_0 移入 FF_3，$Q_3=1$，而其他三个触发器保持 0 态不变. 寄存器的状态为 $Q_3Q_2Q_1Q_0=1000$；

当输入为数码 $D_1=0$ 时：当第二个 CP 脉冲上升沿到来后，D_1 移到 FF_3 中，而 $Q_3=1$ 则移到 FF_2 中，此时 $Q_2=1$，Q_1 和 Q_0 仍为 0 态. 寄存器的状态变为 $Q_3Q_2Q_1Q_0=0100$；

当输入为数码 $D_2=1$ 时：当第三个 CP 脉冲上升沿到来后，D_2 移入 FF_3，$Q_3=0$ 移到 FF_2 中，$Q_2=1$ 移入 FF_1，而 FF_0 仍为 0 态. 寄存器状态为 $Q_3Q_2Q_1Q_0=1010$；

当输入为数码 $D_3=1$ 时：和上述情况相同，第四个 CP 脉冲上升沿到来后，D_3 移入 FF_3 中，其余各位触发器依次右移，寄存器状态为 $Q_3Q_2Q_1Q_0=1101$.

综上分析，经过四个移位脉冲 CP 的作用后，四位数码 $D_3D_2D_1D_0=1101$ 就全部移入到寄存器中. 表 13-6 是移位脉冲 CP 作用下的四位右移寄存器的状态.

表 13-6 四位右移寄存器状态表

CP 脉冲	输入	输出			
		Q_3	Q_2	Q_1	Q_0
0	0	0	0	0	0
1	1	1	0	0	0
2	0	0	1	0	0
3	1	1	0	1	0
4	1	1	1	0	1

从四个触发器的输出端 $Q_3\sim Q_0$ 可以同时输出四位数码，即并行输出. 又可以从最低位 FF_0 的输出端输出，只需要连续送入四个 CP 脉冲，存放的四位数码将从低位到高位，依次从串行输出端 Q_0 处输出，这就是串行输出方式. 可见，右移寄存器具有串行输入、并行输出的功能. 图 13-11 是它的工作波形图.

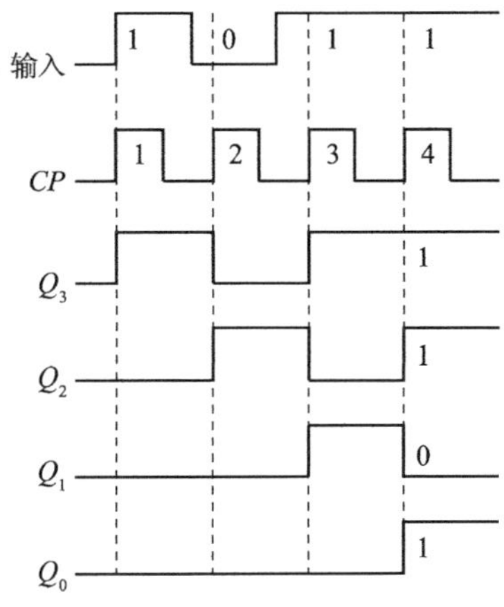

图 13-11 四位右移寄存器工作波形

2) 左移寄存器

电路组成如图 13-12 所示. 它也是由四个 D 触发器构成的，电路结构与右移寄存器相似，不同的是串接的顺序变为由低位到高位. 寄存的数码从低位的 D 端输入，再从最高位的输出端 Q_3 串行输出.

可见，其工作原理与右移寄存器相同，只是在左移寄存器中，数码移动的顺序是由低位指向高位的. 因此，数码输入的顺序应该先送入高位数码，然后依次输入低位数码.

寄存器工作前，也应先清零，使$\overline{CR}=0$；工作时，再令$\overline{CR}=1$. 若要存入的四位数码 $D_3D_2D_1D_0=1101$，则输入的顺序为 D_3, D_2, D_1, D_0. 当第一个 CP 脉冲到来后，$Q_3Q_2Q_1Q_0=0001$；当第二个 CP 脉冲到来后，$Q_3Q_2Q_1Q_0=0011$；当第三个 CP 脉冲到来后，$Q_3Q_2Q_1Q_0=0110$；第四个 CP 脉冲作用后，$Q_3Q_2Q_1Q_0=1101$. 可见，也是经过四个移位脉冲 CP 的作用，数据 1101 从高位到底位，逐次移入寄存器中.

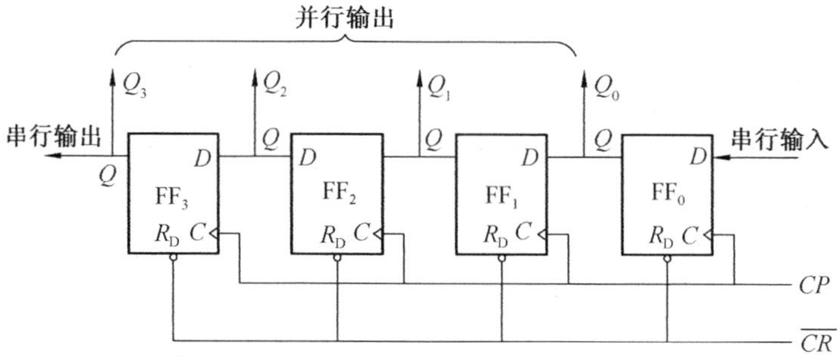

图 13-12 四位左移寄存器

(2) 双向移位寄存器

在数字电路中，常需要寄存器按不同的控制信号，能够向右或者向左移位，具有既能右移又能左移两种工作方式的寄存器，称为双向移位寄存器.

集成四位双向移位寄存器 CT74LS194 的外引线排列如图 13-13 所示. 图中 M_1, M_0 为工作方式控制端，它们的不同取值决定寄存器的不同功能：保持、右移、左移及并行输入.

表 13-7 是它的逻辑功能表. $\overline{CR}$是清零端，$\overline{CR}=0$ 时，各输出端均为 0. 表中"×"号表示可取任意值，或 0 或 1. 寄存器工作时，$\overline{CR}$为高电平 1. 寄存器工作方式由 M_1, M_0 的状态决定：$M_1M_0=00$ 时，寄存器中存入的数据保持不变；$M_1M_0=01$ 时，寄存器为右移工作方式，D_{SR}为右移串行输入端；$M_1M_0=10$ 时，寄存器为左移工作方式，D_{SL}为左移串行输入端；$M_1M_0=11$ 时，寄存器为并行输入方式，即在 CP 脉冲的作用下，将输入到 $D_0 \sim D_3$ 端的数据同时存入寄存器中. $Q_0 \sim Q_3$ 是寄存器的输出端.

表 13-7 CT74LS194 四位双向移位寄存器

$\overline{CR}$	M_1	M_2	功能
0	×	×	清零
1	0	0	保持
1	0	1	右移
1	1	0	左移
1	1	1	并行输入

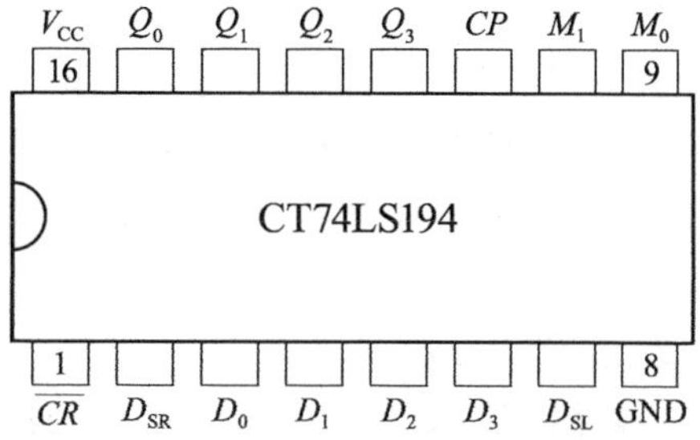

图 13-13 外引线排列图

思考与练习

1. 时序逻辑电路的特点是什么？典型的时序逻辑电路有哪几种？
2. 寄存器的主要功能是什么？
3. 寄存器的输入方式有几种？从寄存器中取出数码的方式又有几种？

阶段 3 二进制计数器

统计输入脉冲个数的功能称为计数，能实现计数操作的电路称为计数器.

计数器在数字电路中有广泛的应用，它除了用于计数器外，还可用于分频、定时、测量等电路.

计数器种类很多. 按计数的进制不同，可分为二进制计数器、十进制计数器以及 N 进制计数器. 二进制计数器是各种计数器的基础.

1. 异步二进制计数器

(1)电路组成

如图 13-14 所示，它由三个 JK 触发器组成，低位的输出端 Q 接到高一位的控制端 C 处，只有最低位 FF_0 的控制端 C 接收计数脉冲 CP. 每个触发器的 J，K 端悬空，相当于 $J=K=1$，处于计数状态. 当各个触发器的控制端 C 接收到由 1 变为 0 的负跳变信号时，触发器的状态就翻转.

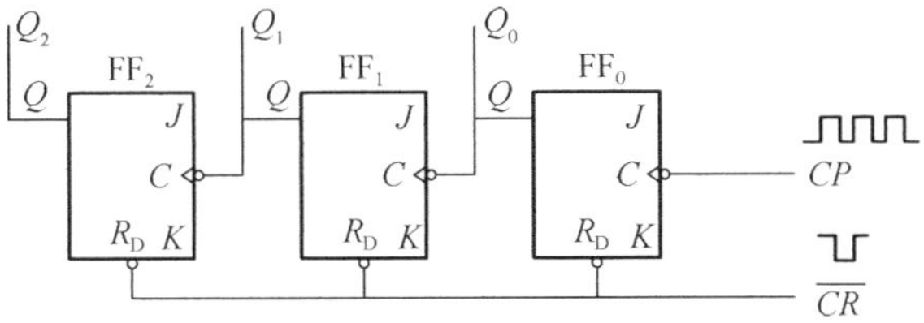

图 13-14 三位异步二进制加法计数器

(2) 工作原理

计数器工作前应先清零. 使 $\overline{CR}=0$，则 $Q_2Q_1Q_0=000$.

当第一个 CP 脉冲的下降沿到来时，FF_0 翻转，Q_0 由 0 变为 1. 而 Q_0 的正跳变信号对触发器 FF_1 不起作用，FF_1 保持原态不变，FF_2 也保持原态不变. 计数器的状态为 001.

当第二个 CP 脉冲的下降沿来时，FF_0 又要翻转，即 Q_0 由 1 变为 0. 这时，Q_0 是负跳变信号，作用到 FF_1 的 C 端，使 FF_1 状态翻转，Q_1 由 0 变为 1. Q_1 的正跳变信号送到 FF_2 的 C 端，FF_2 仍保持原态不变. 计数器的状态为 010.

按此规律，随计数脉冲 CP 的不断输入，各触发器的状态如表 13- 8 所示：每输入一个 CP 脉冲，Q_0 的状态就改变一次；而 Q_2，Q_1 的状态仅在低一位的输出状态由 1 变为 0 时才发生翻转. 当第七个 CP 脉冲输入后，计数器的状态为 111，再输入一个 CP 脉冲，计数器的状态又恢复为 000.

表 13-8 三位二进制异步加法计数器状态表

输入 CP 脉冲	计数器状态		
序号	Q_2	Q_1	$Q0$
0	0	0	0
1	0	0	1
2	0	1	0
3	0	1	1
4	1	0	0
5	1	0	1
6	1	1	0
7	1	1	1
8	0	0	0

从表 13-8 中可看出，计数器是递增计数的. 而且，从计数脉冲的输入到完成计数器状态的转换，各触发器的状态是由低位到高位逐次翻转的，而不是随计数脉冲 CP 的输入，各触发器的状态同时翻转，所以称为异步加法（递增）计数器. 图 13-15 是它的工作波形图.

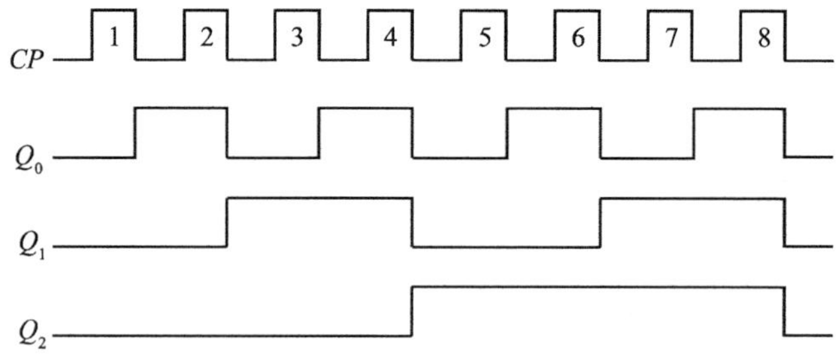

图 13-15 三位异步二进制加法计数器工作波形图

2. 异步二进制减法计数器

图 13-16 所示的是三位异步二进制减法计数器. 电路与异步加法计数器相似，但连接方式是把低位的 $\bar{Q}$ 与高一位的 C 端相连. 因此，当低位触发器的状态 Q 由 0 变为 1，而 $\bar{Q}$ 由 1 变为 0 时，即为负跳变脉冲. 那么高一位触发器的 C 端接收到这个负跳变脉冲，它的状态就会翻转. 而低位触发器的状态由 1 变为 0 时，高一位触发器的 C 端接收到这个负跳变脉冲，它的状态就会翻转. 而低位触发器的状态由 1 变为 0 时，高一位触发器将收到正跳变信号，其状态保持不变. 照此分析，可以列出三位异步二进制减法计数器的状态表，见表 13-9. 当第八个 CP 脉冲到来后，计数器又恢复为 000. 从表中可以看出，此电路是递减计数的，而且各触发器的状态翻转也不是同时进行的，是异步的，因此，称为异步二进制减法计数器.

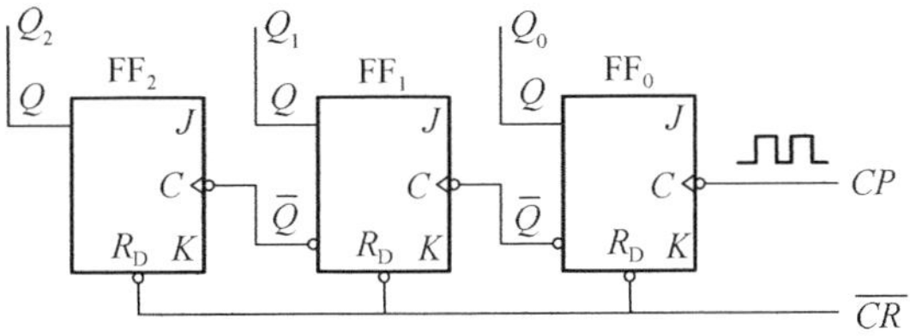

图 13-16 三位异步二进制减法计数器

异步计数器的电路简单，由于各触发器状态的改变是逐步进行的，所以计数速度慢.

表 13-9 三位二进制异步减法计数器状态表

输入 CP 脉冲	计数器状态		
序号	Q_2	Q_1	$Q0$
0	0	0	0
1	1	1	1
2	1	1	0
3	1	0	1
4	1	0	0
5	0	1	1
6	0	1	0
7	0	0	1
8	0	0	0

3. 二进制同步计算器

为了提高计数速度，应将计数脉冲送到每个触发器的时钟脉冲输入端 C 处，使各个触发器的状态变化与计数脉冲同步，用这种方式组成的计数器称为同步计数器.

先分析一下，在计数脉冲输入时，同步计数器中每个触发器翻转的条件.

每输入一个计数脉冲，最低位触发器的状态总要改变一次，而其他位触发器是否翻转，将取决于比它低的各个触发器的状态. 比如在加法计数器中，第三位触发器 FF_2 是否翻转，由 FF_1，FF_0 的状态是否都为 1 态来决定. 若 FF_1，FF_0 均为 1 态，则翻转，否则保持原态不变. 综上，我们可以得到由 JK 触发器构成的三位同步加法计数器的每个触发器的输入端 J、K 的逻辑关系，如表 13-10 所示.

表 13-10 三位同步二进制加法计数器 JK 端逻辑关系

触发器序号	翻转条件	JK 端逻辑关系
FF_0	来一个脉冲翻转一次	$J_0=K_0=1$
FF_1	$Q_0=1$	$J_1=K_1=Q_0$
FF_2	$Q_0=Q_1=1$	$J_2=K_2=Q_1Q_2$

根据表 13-10，可以画出三位同步二进制加法计数器的电路原理图，如图 13-17 所示.

计数过程如下：

计数前先清零，使计数器初始状态为 000.

当第一个计数脉冲 CP 到来前，FF_0的状态由 0 变为 1. 而由于 CP 到来前，Q_0，Q_1 均为 0，所以 CP 到来后，FF_1，FF_2保持 0 态不变. 计数器的状态为 001，即 $J_1=K_1=Q_0=1$，$J_2=K_2=Q_1Q_2=0$.

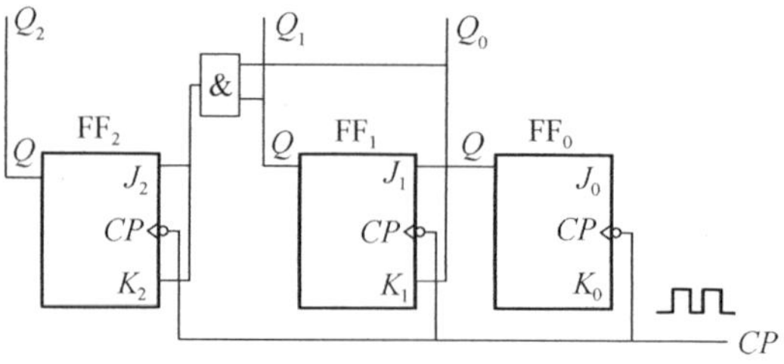

图 13-17　三位同步二进制加法计数器

当第二个计数脉冲 CP 到来后，FF_0由 1 变为 0，FF_1的状态也翻转，由 0 变为 1，而 FF_2仍保持 0 态不变. 此时计数器状态为 010，而且 $J_1=K_1=Q_0=0$，$J_2=K_2=Q_1Q_0=0$.

当第三个计数脉冲 CP 到来后，只有 FF_0的状态由 0 变为 1，而 FF_1，FF_2都保持原态不变. 计数状态为 011. 同时，$J_1=K_1=Q_0=1$，$J_2=K_2=Q_1Q_2=1$.

于是，当第四个计数脉冲 CP 到来后，三个触发器均翻转，计数状态为 100.

对以下过程的分析，可以按照上述分析方法完成. 在第七个 CP 脉冲到来后，计数器状态变为 111，再送入一个 CP 脉冲，计数器恢复为 000.

从以上的分析可以看出，同步计数器各个触发器的状态转换，与输入的计数脉冲 CP 同步，具有计数速度快的特点. 如果把图 13-17 中接 Q_0，Q_1 的线改接到 $\overline{Q}_0$，$\overline{Q}_1$ 上，则可以构成三位同步二进制减法计数器.

4. 集成二进制计数器简介

集成二进制计数器品种多、功能全、使用方便，广泛用于数字电路中. 以下简单介绍两种常用的集成二进制计数器.

(1) 四位异步二进制计数器 CT74LS293

图 13-18 是四位异步二进制计数器 CT74LS293 外引线排列图. 其中 $Q_0 \sim Q_3$ 为输出端，R_{OA}，R_{OB} 为复位端，NC 表示空脚. 表 13-11 是它的外引线功能表.

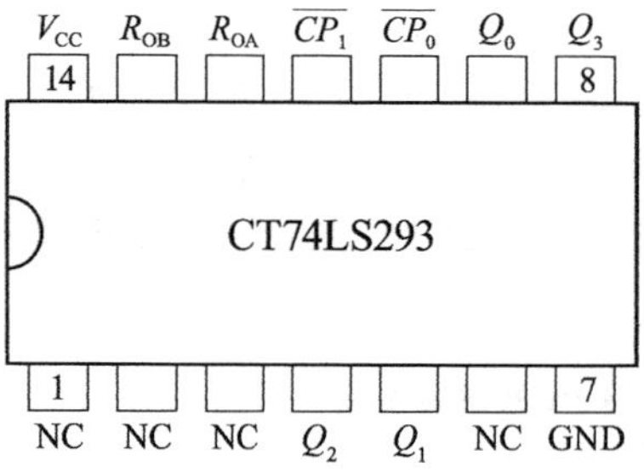

图 13-18　CT74LS293 外引线排列

表 13-11　CT74LS293 功能表

输入			输出			
R_{OA}	R_{OB}	$\overline{CP}$	Q_3	Q_2	Q_1	Q_0
1	1	×	0	0	0	
0	×	↓	加法计数器			
×	0	↓	加法计数器			

简要说明如下：

① 当 $R_{OA}=R_{OB}=1$ 时，不论$\overline{CP}_0$，$\overline{CP}_1$ 为何种状态，计数器清零，$Q_3Q_2Q_1Q_0=0000$.

②当 $R_{OA}=0$ 或 $R_{OB}=0$ 时，电路在$\overline{CP}_0$，$\overline{CP}_1$ 脉冲的下降沿作用下，进行计数操作：若将$\overline{CP}_1$ 与 Q_0 相连，计数脉冲从$\overline{CP}_0$ 输入，数据从 $Q_3Q_2Q_1Q_0$ 端输出，电路为四位异步二进制计数器；若计数脉冲从$\overline{CP}_1$ 输入，数据从 $Q_3Q_2Q_1$ 端输出，电路为三位异步二进制加法计数器.

表 13-11 中“×”表示取值任意——0 或 1，“↓”表示高电平跳到低电平——从脉冲的下降沿触发(若为“↑”，表示脉冲的上升沿——正跳变触发).

(2) 四位同步二进制可逆计数器 CT74LS193

CT74LS193 是四位同步二进制可逆计数器，具有预置数码、加减可逆的同步计数功能，应用十分方便.

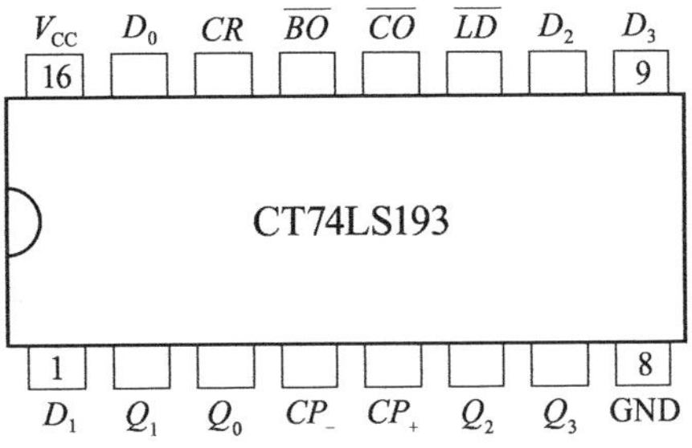

图 13-19　CT74LS193 外引线排列

图 13-19 是它的外引线排列图. $Q_0 \sim Q_3$ 是数码输出端，$D_0 \sim D_3$ 为并行数据输出端(D_0 表示最低位，D_3 为最高位). $\overline{BO}$是借位输出端(减法计数下溢时，该端输出低电平脉冲)，$\overline{CO}$是进位输出端(加法计数上溢时，该端输出低电平脉冲). CP_+ 是加法计数时计数脉冲的输入端，CP_- 为减法计数时计数脉冲的输入端. CR 为置 0 端，高电平有效. $\overline{LD}$为置数控制端，低电平有效. 表 13-12 是它的功能表，简要说明如下：

① $CR=1$ 时，不论 CP_+，CP_- 以及 $D_0 \sim D_3$ 为何种状态，计数器清零，$Q_3Q_2Q_1Q_0=0000$.

② $CR=0$ 时，计数器的工作状态由$\overline{LD}$，CP_+，CP_- 决定.

① $\overline{LD}=0$ 时，不论 CP_+，CP_- 的状态如何，计数器作置数操作，输出端 $Q_0 \sim Q_3$ 的状态与数据输入端的状态相同，达到预置数码的目的.

② 当$\overline{LD}=1$ 时，若计数脉冲从 CP_+ 输入，计数器进行加法计数；若计数脉冲从 CP_- 输入，计数器进行减法计数. 可见，它具有加减可逆计数功能. 无论以哪种方式计数，都是同步进行的.

表 13-12　CT74LS193 的功能表

输入								输出			
CR	$\overline{LD}$	CP_+	CP_-	D_0	D_1	D_2	D_3	Q_0	Q_1	Q_2	Q_3
1	×	×	×	×	×	×	×	0	0	0	0
0	0	×	×	d_0	d_1	d_2	d_3	d_0	d_1	d_2	d_3
0	1	↑	1	×	×	×	×	加法计数			
0	1	1	↑	×	×	×	×	减法计数			

思考与练习

1. 试设计用 JK 触发器构成的三位同步二进制减法计数器，并分析其工作过程.
2. 画出一个用 D 触发器组成的三位同步二进制加法计数器电路.

阶段 4　十进制计数器

二进制计数器结构简单、运算方便. 但是，人们对二进制数总不如对十进制数那么熟悉，因此，在有些场合，应用十进制计数器显得比较方便.

1. 二-十进制编码

用二进制数码表示十进制数的方法，称为二-十进制编码，即 BCD 码. 十进制数有 0，1，2，…，9 共十个数码. 由于三位二进制数只有八个状态，而四位二进制数有十六个状态，因此表示一位十进制数，至少要用四位二进制数.

一个四位二进制数有十六个状态，而表示一位十进制数只需要十个状态，要去掉六个状态. 去掉的哪六个状态可有不同的安排，如表 13-13 所示的编码方式中去掉的是 1010 到 1111 六个状态. 这种二-十进制编码方式称为 8421BCD 码. 这里所指的 8，4，2，1 是指这种编码各位的"权". 也就是说，对 8421BCD 码来说，最高位的权是十进制数 8，第三位的权是十进制数 4，第二位的权是十进制数 2，最低位的权是十进制数 1. 例如表 13-13 中，二进制数码 1001，就表示十进制数 $1\times8+0\times4+0\times2+1\times1=(9)_{10}$. 除 8421BCD 码外，二-十进制的编码方式还有其他类型，例如 5421BCD 码等.

表 13-13　8421BCD 码

CP 脉冲序号	二进进制数码				对应的十进制数
	Q_3	Q_2	Q_1	Q_0	
0	0	0	0	0	0
1	0	0	0	1	1
2	0	0	1	0	2
3	0	0	1	1	3
4	0	1	0	0	4
5	0	1	0	1	5
6	0	1	1	0	6
7	0	1	1	1	7
8	1	0	0	0	8
9	1	0	0	1	9
10	1	0	1	0	不用
11	1	0	1	1	
12	1	1	0	0	
13	1	1	0	1	
14	1	1	1	0	
15	1	1	1	1	
16	0	0	0	0	0

2. 异步十进制加法计数器

(1) 电路组成

电路组成如图 13-20 所示. 它由四个负边沿触发的 JK 触发器组成，其中 FF_3 的输入端 *J* 的信号，是 Q_1，Q_2 的逻辑与，FF_3 的输出信号 $\overline{Q}$ 反馈到 FF_1 的 *J* 端.

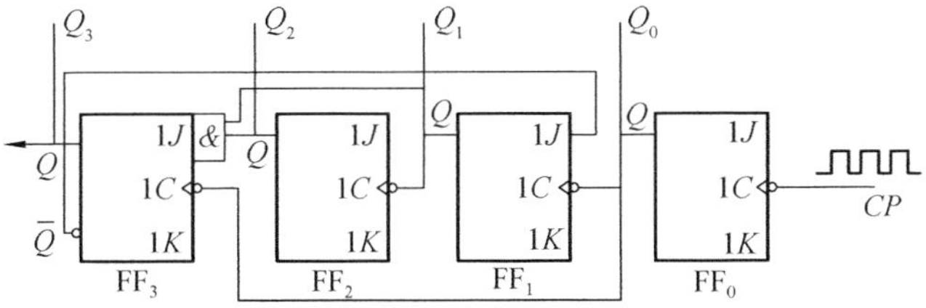

图 13-20 异步十进制加法计数器

(2) 工作原理

计数前，电路应先清零，使 $Q_3=Q_2=Q_1=Q_0=0$. 此时 $\overline{Q}_3=1$，FF_1 的输入端 $J=\overline{Q}_3=1$，可见触发器 FF_0，FF_1，FF_2 均处于计数状态. 把图 13-20 和前节图 13-14 比较，不难看出异步十进制加法计数器 $FF_0 \sim FF_2$ 间的电路结构，和三位异步二进制加法计数器相似.

异步十进制计数器从 0000 起到 0111 为止，工作过程与前述的三位异步二进制加法计数器完全相同. 而当计数器的状态 $Q_3Q_2Q_1Q_0=0111$ 时，因 Q_1，Q_2 为 1，FF_3 的 J 端信号 $Q_2Q_1=1$，FF_3 为计数状态. 第八个 CP 脉冲到来后，$FF_0 \sim FF_2$ 的状态先后由 1 变为 0. 同时，Q_0 端的负跳变信号加到 FF_3 的触发端，使 Q_3 由 0 变为 1，计数器的状态为 1000. 当第九个 CP 脉冲到来后，FF_0 翻转为 1 态，其余各位触发器保持原态不变，计数的状态为 1001. 此时，FF_1 的输入端 $J=\overline{Q}_3=0$，FF_1 被封锁，它将保持 0 态不变；而 FF_3 的输入端 $J=Q_2Q_1=0$，FF_3 将在 CP 脉冲的作用下，翻转为 0 态. 由此可见，第十个 CP 脉冲到来后，FF_0 的状态由 1 变为 0，它输出的负跳变脉冲使 FF_3 由 1 变为 0，而 FF_1 因 $J=0$ 而保持 0 态不变，FF_2 亦保持 0 态. 此时，计数器的状态恢复为 0000，跳过了 1010～1111 这六个状态. 同时，Q_3 由 1 变为 0，即向高一位输出一个负跳变进位脉冲，从而完成了一位十进制计数的全过程.

3. 集成十进制计数器简介

中规模集成十进制计数器种类繁多，限于篇幅，仅举两例. 从实际应用出发，主要介绍它们的外引线排列、引出端的作用以及计数功能.

(1) 可预置数码的十进制计数器 CT74LS160

CT74LS160 外引线排列图，如图 13-21 所示. 电路具有清零、预置数码、十进制计数以及保持原态四种逻辑功能. 预置数码和计数时，在 CP 脉冲的上升沿(↑)作用下有效. 表 13－14 列出了 CT74LS160 的主要功能.

表 13-14 CT74LS160 的功能表

输入									输出			
$\overline{CR}$	$\overline{LD}$	CT_P	CT_T	CP	D_0	D_1	D_2	D_3	Q_0	Q_1	Q_2	Q_3
0	×	×	×	×	×	×	×	×	0	0	0	0
1	0	×	×	↑	d_0	d_1	d_2	d_3	d_0	d_1	d_2	d_3
1	1	1	1	↑	×	×	×	×	加法计数			
1	1	0	×	×	×	×	×	×	保持			
1	1	×	0	×	×	×	×	×	保持			

简要说明如下：

① 当$\overline{CR}=0$时，计数器清零，$Q_3Q_2Q_1Q_0=0000$.

② 当$\overline{CR}=1$而$\overline{LD}=0$时，计数器进行预置数码的操作. 数据输入端$D_0\sim D_3$的数据$d_0\sim d_3$，在CP脉冲上升沿作用下，并行存入计数器中，达到预置数码的目的.

③ 当$\overline{CR}=\overline{LD}=1$而$CT_P=CT_T=1$时，计数器执行加法计数操作. 计数满十，从$CO$端送出正跳变(↑)进位脉冲.

④ 当$\overline{CR}=\overline{LD}=1$而$CT_P$或$CT_T$有一个是低电平0时，不论其余各端的状态如何，计数器均保持原来状态不变.

(2) 可预置数码的二-五-十进制计数器 CT74LS196

图 13-22 是 CT74LS196 的外引线排列图. 它具有预置数码和进行二进制、五进制、十进制计数的功能. 表 13-15 列出了它的功能.

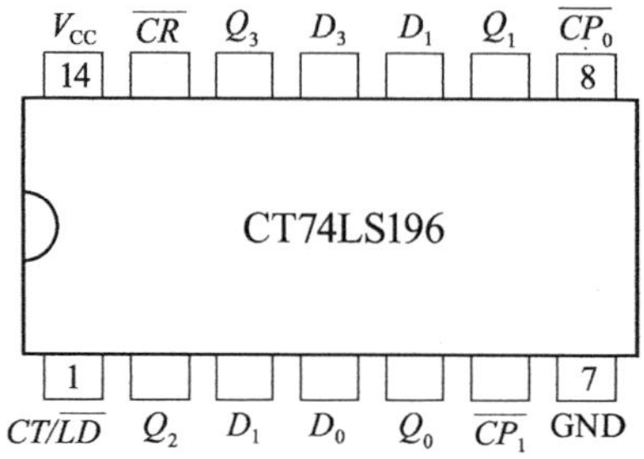

图 13-21 CT74LS160 外引线排列图

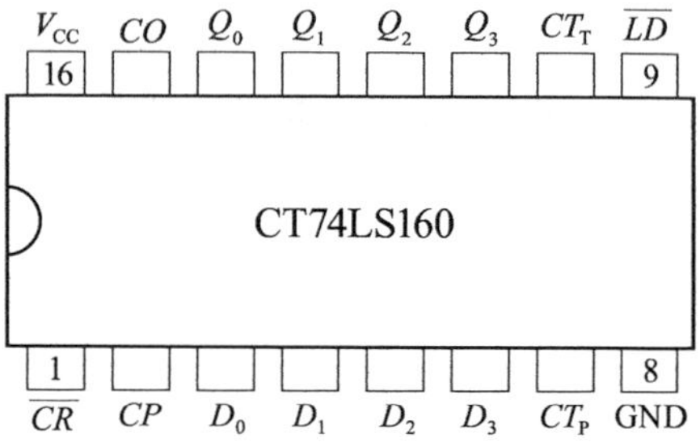

图 13-22 CT74LS196 外引线排列图

简要说明如下：

① $\overline{CR}=0$时计数器置零，即$Q_3Q_2Q_1Q_0=0000$.

② $CT/\overline{LD}$是计数、置数控制端. 当此端为低电平0时，进行预置数码操作，并且与$\overline{CP_0}$，$\overline{CP_1}$端信号状态无关(表中$\overline{CP}$代表$\overline{CP_0}$，$\overline{CP_1}$).

③ $CT/\overline{LD}$端加高电平1时，当作用在$\overline{CP_0}$，$\overline{CP_1}$端的触发脉冲下降沿(↓)到来后，进行以下计数操作：

A. 十进制计数. 将$\overline{CP_1}$与Q_0相连，计数脉冲从$\overline{CP_0}$输入，其真值表如表 13-16 所示.

B. 二、五进制数. $\overline{CP_0}$输入，Q_0输出，是一位二进制计数器；$\overline{CP_1}$输入，$Q_1\sim Q_3$输出，为五进制计数器.(五进制计数的真值表可参阅表 13-17 双五进制真值表中，CP序号由0～5，$Q_3Q_2Q_1$的状态变化)

C. 双五进制计数器. 将$\overline{CP_0}$与Q_3相接，计数脉冲从$\overline{CP_1}$端输入，其真值表如表 13-17 所示. 其中Q_0为最高位，依次为$Q_3Q_2Q_1$. 双五进制计数器也是十进制计数器的一种，只是编码方式不同. 与 8421BCD 码相比，它仅仅是最高位的权不相同. 在这里最高位$Q_0=1$时，代表十进制数码 5. 双五进制计数也称为 5421 十进制编码.

表 13-15 CT74LS160 的功能表

输入							输出			
$\overline{CR}$	$CT/\overline{LD}$	$\overline{CP}$	D_0	D_1	D_2	D_3	Q_0	Q_1	Q_2	Q_3

续表

输入							输出			
0	×	×	×	×	×	×	0	0	0	0
1	0	×	d_0	d_1	d_2	d_3	d_0	d_1	d_2	d_3
1	1	↓	×	×	×	×	加法计数			

目前，中规模计数器不仅有二进制、十进制、二-五-十进制，还有其他各种进制. 使用时，应查阅有关器件手册，搞清楚外引线排列、各引出端功能及其功能表，达到正确使用的目的.

表 13-16　十进制真值表

CP 序号	Q_3	Q_2	Q_1	Q_0
0	0	0	0	0
1	0	0	0	1
2	0	0	1	0
3	0	0	1	1
4	0	1	0	0
5	0	1	0	1
6	0	1	1	0
7	0	1	1	1
8	1	0	0	0
9	1	0	0	1
10	0	0	0	0

表 13-17　双五进制真值表

CP 序号	Q_0	Q_3	Q_2	Q_1
0	0	0	0	0
1	0	0	0	1
2	0	0	1	0
3	0	0	1	1
4	0	1	0	0
5	1	0	0	0
6	1	0	0	1
7	1	0	1	0
8	1	0	1	1
9	1	1	0	0
10	0	0	0	0

阶段 5　时序逻辑电路的应用

时序逻辑电路在自动控制、自动检测、计时电路等各个方面，都有广泛的应用. 以下仅作简单的介绍.

1. 环形脉冲分配器

电路由一片 CT74LS194 集成双向移位寄存器构成，如图 13-23(a)所示. 寄存器的输出端 Q_3 与右移输入端 D_{SR} 相连，$D_{SR}=Q_3$；输入端 $D_0=1$，$D_1\sim D_3$ 接地，即 0 态. 电路在 CP 脉冲的连续作用下，输出端 $Q_0\sim Q_3$ 将轮流出现高电平 1. 所以，称之为环形脉冲分配器.

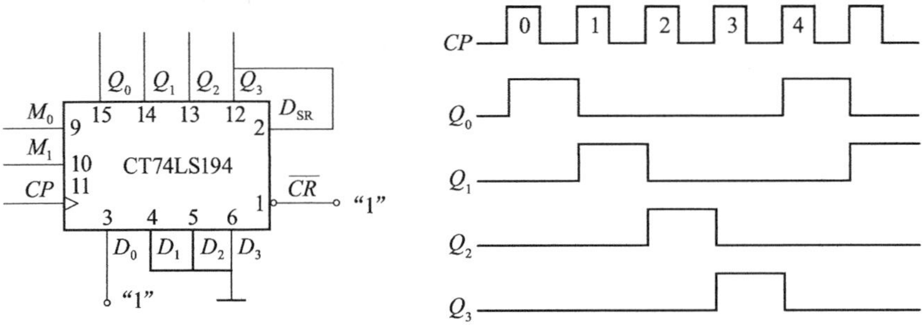

(a) 电路图　　(b) 工作波形图

图 13-23　环形脉冲分配器

电路工作原理如下：令$\overline{CR}=1$. 工作前，首先使 $M_0M_1=11$，电路处于并行输入工作方式. 当 CP 脉冲上升沿到来后，输入端 $D_0 \sim D_3$ 的信号状态被移入寄存器中，即 $Q_0Q_1Q_2Q_3=1000$. 进入工作时，$M_0M_1=10$，电路处于右移工作状态. 根据 CT74LS194 的右移功能可知，每输入一个 CP 脉冲，Q_0 的状态就右移一位，而其他各输出端的状态也依次右移. 因为 $D_{SR}=Q_3$，所以 Q_3 的状态同时移入 Q_0. 从以上分析可以看出，Q_0 的高电平 1 态将随 CP 脉冲的不断输入，在 $Q_0 \sim Q_3$ 之间依次轮流出现. 图 13-23(b)是它的工作波形图，表 13-18 给出了环形脉冲分配器在 CP 脉冲作用下的工作状态.

综上分析，在 CP 脉冲的连续作用下，$Q_0 \sim Q_3$ 按一定的时间节拍，顺序输出高电平 1. 若用 $Q_0 \sim Q_3$ 去控制四组彩灯，则各组彩灯将按预定程序定时闪烁发光，给节日之夜增添喜庆欢乐的气氛.

表 13-18　环形脉冲分配器状态表

CP 序号	M_0	M_1	$D_{SR}(Q_3)$	Q_0	Q_1	Q_2	Q_3
0	1	1	0	1	0	0	0
1	1	0	0	0	1	0	0
2	1	0	0	0	0	1	0
3	1	0	1	0	0	0	1
4	1	0	0	1	0	0	0

2. 频率计

频率计原理方框图如图 13-24 所示. 将待测频率的脉冲和取样脉冲，一起送入与门中，在取样脉冲为高电平 1 的 $t_1 \sim t_2$ 期间，与门开启，待测脉冲通过与门进入计数器计数. 计数器计数的结果，就是在 $t_1 \sim t_2$ 期间待测脉冲的个数 N. 由此可得待测脉冲频率 f 为

$$f=\frac{N}{t_2-t_1}$$

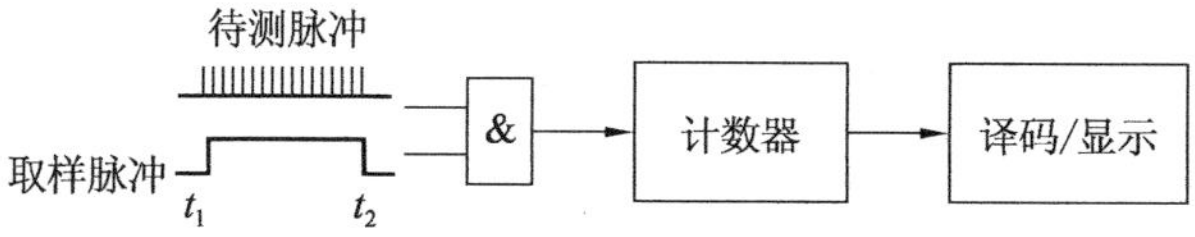

图 13-24　频率计框

取样脉冲产生电路如图 13-25 所示. 石英晶体振荡器产生频率精确的正弦波信号，经过脉冲成形电路，加工成方波信号. 如图中所设频率为 1 kHz，通过三级十进制计数器的逐级分频，得到频率为 1 Hz、周期为 1 s、脉冲宽度为 0.5 s 的方波. 然后，把这个方波信号送入计数型 JK 触发器的 CP 端，于是 Q 端输出的是经过二分频，脉宽变为 1 s 的取样脉冲.

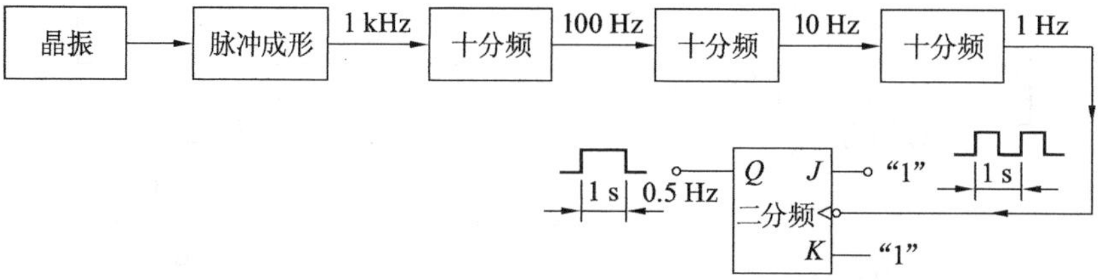

图 13-25　取样脉冲产生电路

图 13-26 是频率计测频部分的示意图. 与门输出的信号，是取样脉宽 $t_1 \sim t_2$ 期间的待测脉冲波. 经过计数器计数后，送入译码显示电路显示. 于是，我们就可以直接读出被测信号的频率.

3. 数字钟

图 13-27 是数字钟原理方框图，它可显示秒、分、时. 工作原理如下：

石英晶体振荡器产生频率精确的正弦信号，它经过脉冲整形、分频，最后获得频率为 1 Hz 的脉冲信号，被送到"秒"显示器(相当于秒针)中. 秒显示器是一个六十进制的加法计数器加上译码显示电路，它可以六十进制计数，并且显示 0～59 六十个数码. 当显示数码 59 后，再送入一个脉冲信号，"秒针"复位(即置 0)，同时向"分针"送入一个进位脉冲. "分针"电路的工作过程与"秒针"相似，其计数满 60 就自动复位到零，并向"时针"电路送入一个进位脉冲"时针"电路是十二进制计数器加上译码显示器，当它计数到 12 时，就自动复位为零.

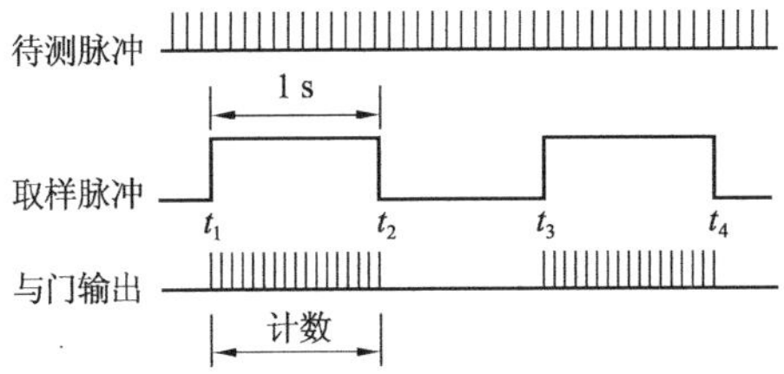

图 13-26　测频原理图

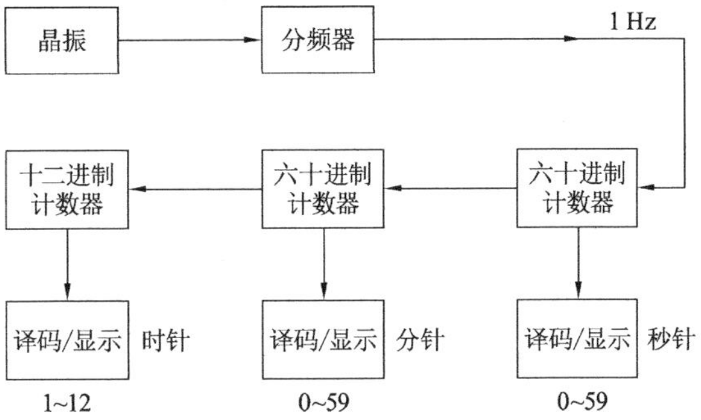

图 13-27　数字钟原理图

情境小结

本情境介绍了触发器和时序逻辑电路，主要讲述了触发器的电路结构、各类触发器的功能，介绍常用的基本时序电路——寄存器和计数器，最后简明介绍了数字电路系统中常需要用到的脉冲波.

1. 触发器

(1) 了解触发器电路结构

按触发器的结构形式的不同，可以分为基本 RS 触发器(不受时钟脉冲 CP 的控制)和时钟控制触发器(受时钟脉冲 CP 的控制). 时钟控制触发器又可分为同步 RS 触发器、主从触发器以及边沿触发器. 其中基本 RS 触发器是组成各类触发器的基础，主从触发器是本情境讨论的重点，因此应该熟练掌握.

(2) 掌握 RS 触发器、JK 触发器、D 触发器、T 触发器的真值表并熟悉它们的功能

实际使用触发器时，应注意它们的电路特点和触发方式的不同.

主从触发器要求在时钟脉冲 CP 作用期间，输入状态应保持不变. 因此，它比较合适窄脉冲触发的应用场合.

边沿触发器采用的是脉冲边沿触发方式. 它只根据触发脉冲边沿到来一瞬间的输入状态，来决定触发器的输出状态. 因此，这类触发器比主从触发器的抗干扰能力强. 但应注意它们的触发边沿的性质，从电路符号上可以看出，是 CP 的上升沿触发，还是 CP 的下降沿触发.

2. 时序逻辑电路

(1) 理解时序逻辑电路的特点

① 时序逻辑电路的输出状态不仅与当时的输入状态有关，而且与电路原来的状态有关.

② 从电路结构上来看，时序逻辑电路一定包含触发器. 它通常由具有控制作用的逻辑门电路和具有记忆功能的触发器两部分组合而成.

(2) 掌握寄存器的逻辑功能

寄存器具有接收、寄存和输出数码的功能，是计算机电路的重要部件. 本情境介绍了两类寄存器：数码寄存器和移位寄存器. 数码寄存器采用并行输入、并行输出的方式，接收、寄存和输出数码，但没有移位的逻辑功能. 移位寄存器不仅具有数码寄存器存储信息的功能，而且具有数码移位的逻辑功能(左移、右移及双向移位).

(3) 掌握计数器的计数功能

即对输入的时钟脉冲进行计数的功能. 计数器可分为二进制和非二进制、异步和同步、加法计数和减法计数等类别. 二进制计数器是构成各种计数器的基础，必须重点掌握. 十进制计数器应用广泛，着重掌握 8421BCD 码的表示方法及根据 BCD 码组成的电路原理.

实验篇

实验1 电位的测量和电路故障处理

一、实验目的

1. 加深对电位概念的理解.
2. 学习简单电路故障的处理方法.
3. 学习电路的连接方法.

二、实验电路与测量原理

1. 电路接线的基本原则

正确接线的基本原则是“先串后并，先分后合，先主后辅”.

2. 电位

电路中某点的电位是该点对参考点的电压. 参考点的选择是任意的. 对不同的参考点，同一点的电位不同，但任意两点间的电压与参考点的选择无关. 在直流电路中，直流电压表负极接于参考点，电压表正偏时，被测点的电位为正，反之为负.

3. 电路故障检查

检查电路故障可首先采用断电检查法，然后采用动态逐级跟踪检查法.

三、实验步骤

1. 按图1-1或图1-2接线. 先断电初步检查电路，然后通电，用万用表的电压挡确定电路的故障点. 断开电源，用万用表的电阻挡复查故障点，排除教师人为设置的电路故障.

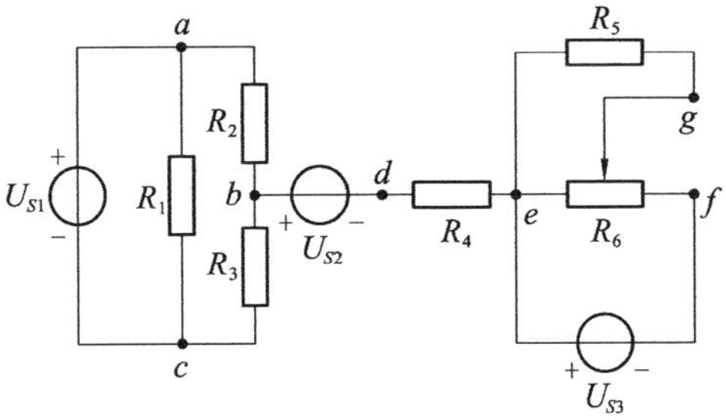

图1-1 电路故障检查参考电路

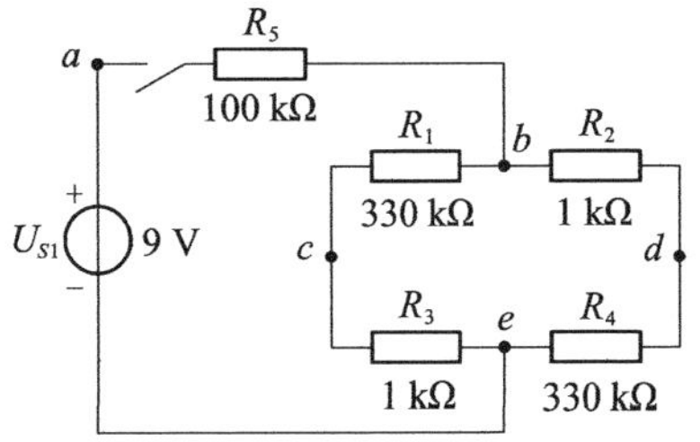

图1-2 电路故障检查参考电路

2. 按图1-1接线. 分别以 c 点和 e 点作为参考点，用磁电系电压表和数字电压表测量各点的点位置. 测量数据记入表1-1中.

表 1-1 电位测量表

内容		V_a/V	V_b/V	V_c/V	V_d/V	V_e/V	V_f/V	V_g/V	测量仪表
$V_c=0$	计算值								
	测量值 1								
	测量值 2								
$V_e=0$	计算值								
	测量值 1								
	测量值 2								

四、实验总结

1. 根据测量数据，说明某点电位高低与参考点选择有关，两点间电压大小与参考点选择无关.

2. 比较磁电系电压表与数字电压表所测量的结果，分析仪表内阻对测量结果的影响.

3. 说明实验过程中产生的故障现象及检查、排除线路故障的方法.

实验 2　基尔霍夫定律和叠加定理的验证

一、实验目的

1. 掌握电路中电压、电流及电位的测量方法.
2. 理解电位与电压的异同.
3. 通过实验加深对基尔霍夫电压、电流定律及叠加定理的理解.
4. 进一步熟悉稳压电源和万用表的使用.

二、实验电路与测量原理

1. 电流的测量

实验电路如图 2-1 所示，$R_1=510\ \Omega$，$R_2=1\ \text{k}\Omega$，$R_3=510\ \Omega$，$R_4=510\ \Omega$，$R_5=330\ \Omega$，图中标注了各支路电流的参考方向. 每条支路都有一个断开的位置，测量该支路电流时，把万用表转换开关扭到直流电流挡，并选择合适的量程，用万用表的两个表笔分别与断开的两个接头相接，电流表串联在被测电路中，电流从正表笔流入，负表笔流出. 按参考方向串接表笔，若表针正偏，读数为正；若表针反偏，则应调换两个表笔使表针正偏，此时电流值为负.

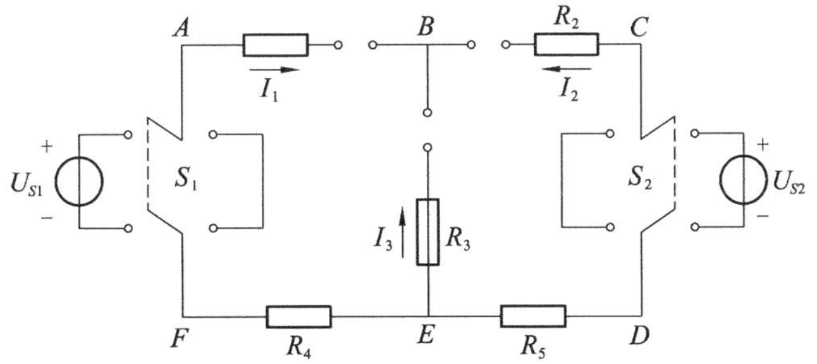

图 2-1　基尔霍夫定律和叠加定理实验图

2. 电位与电压的测量

电位是电路中某一点到参考点的电压，是相对的；电压是某两点的电位差，是绝对的. 电位的测量需要选定一个零电位参考点，选择不同的参考点，同一点的电位值不同. 电位有正有负，测量时用万用表负表笔接参考点，用正表笔接被测点，若指针正偏，该点电位为正；若指针反偏，调换两个表笔测量，该点电位为负，记录时应带符号.

电压参考方向如图 2-2 所示，测量时按参考方向连接，指针正偏，电压为正；若指针反偏，调换万用表表笔再进行测量，与参考方向相反的电压应以负值记录.

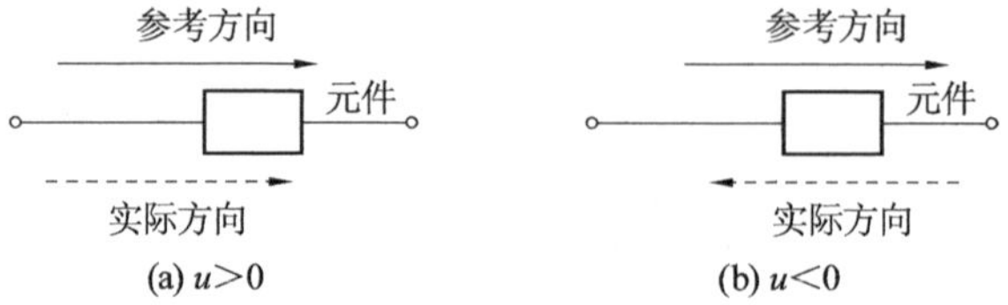

图 2-2 电压参考方向与实际方向

三、实验步骤

1. 将两路稳压电源调至 $U_{S1}=12$ V,$U_{S2}=6$ V,按图 2-2 接线.

2. 以 A 点为电位参考点,用万用表直流电压挡测量 V_B,V_C,V_D,V_E,V_F值,将数据记入表 2-1 中(注意正、负).再以 E 点为电位参考点,分别测量 V_A,V_B,V_C,V_D,V_E,V_F值,将数据记入表 2-1 中.

表 2-1 电位测量数据

参考点	电位测量值/V						由电位计算的电压值/V						$\sum U$
	V_A	V_B	V_C	V_D	V_E	V_F	U_{AB}	U_{BC}	U_{CD}	U_{DE}	U_{EF}	U_{FA}	
A													
E													

3. U_{S1},U_{S2}同时作用(将开关 S_1投向 U_{S1}侧,开关 S_2投向 U_{S2}侧),用万用表直流电流挡分别测量三条支路的三个电流,并将 I_1,I_2,I_3值记入表 2-2 中.用万用表直流电压挡分别测量表 2-2 中各电压值,并记录在表 2-2 中.

表 2-2 电流、电压测量数据

U_{S1},U_{S2}同时作用		U_{S1}单独作用		U_{S2}单独作用		叠加结果	
U_{AB}		U'_{AB}		U''_{AB}		$U'_{AB}+U''_{AB}$	
U_{DE}		U'_{DE}		U''_{DE}		$U'_{DE}+U''_{DE}$	
U_{AD}		U'_{AD}		U''_{AD}		$U'_{AD}+U''_{AD}$	
I_1		I'_1		I''_1		$I'_1+I''_1$	
I_2		I'_2		I''_2		$I'_2+I''_2$	
I_3		I'_3		I''_3		$I'_3+I''_3$	
$\sum I$		$\sum I'$		$\sum I''$			

4. U_{S1}单独作用(将开关 S_1投向 U_{S1}侧,开关 S_2投向短路侧),重复实验步骤 3 的测量并将数据记入表 2-2 中.

5. U_{S2}单独作用(将开关 S_1投向短路侧,开关 S_2投向 U_{S2}侧),重复实验步骤 3 的测量并将数据记入表 2-2 中.

四、实验总结

1. 填写测量数据，并根据测量结果分析误差原因.
2. 总结电位相对性和电压绝对性的原理.
3. 按实验电路参数，计算出各点电位、电压及电流值，并与实验结果比较.
4. 根据测量数据，分析电阻上的功率是否符合叠加定理？
5. 实验中，当电源 U_{S1}，U_{S2} 单独作用时，可否将不起作用的电压源短接？

实验 3 三相异步电动机的点动控制和单向旋转控制

一、实验目的

1. 掌握三相异步电动机的点动控制和单向旋转控制的特点及接线；
2. 通过控制电路的安装学习，熟悉接线方法和接线步骤.

二、预习要求

1. 复习交流接触器及按钮的结构、工作原理及接线；
2. 熟悉三相异步电动机的点动控制和单向旋转控制的工作原理.

三、实验电路与测量原理

点动控制和单向旋转控制的电路分别如图 3-1、图 3-2 所示.

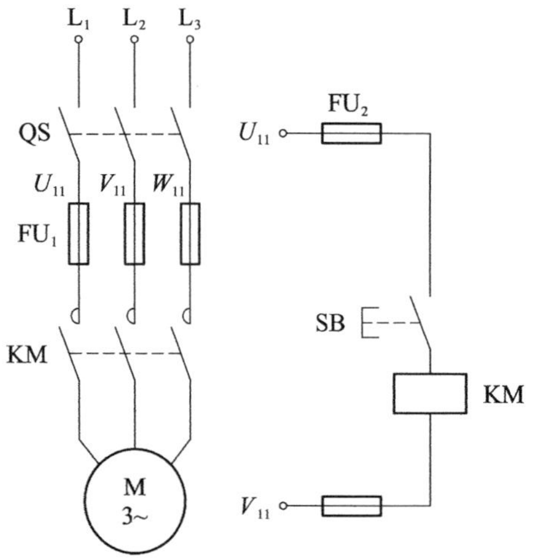

图 3-1 点动控制电路图

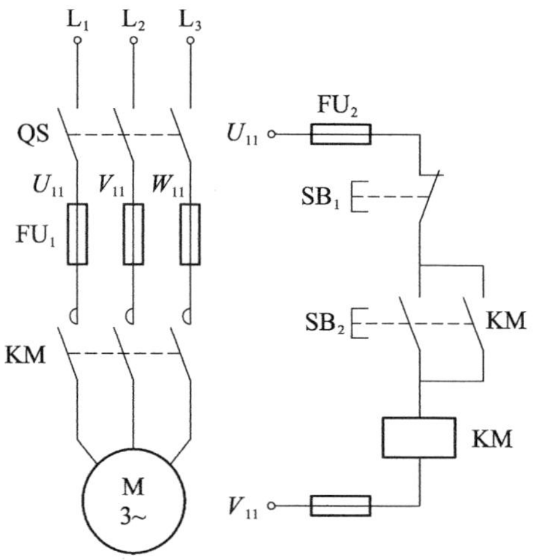

图 3-2 单向旋转控制电路

四、实验内容

1. 根据实验电路选择器件，并检查各电器是否符合本训练要求.

2. 根据电路要求选择需要的连接导线，在接线板上安装如图 3-1 所示除电动机外的控制电路. 电动机、按钮及电源要经过接线端子进行接线.

3. 检查所连接电路的正确性与合理性，并接受指导教师的检查. 要求在指导教师检查指导后再进行通电实验.

4. 在不接入电动机的情况下，通电运行并检查电路正常情况与工作状态.

5. 接入电动机,观察电器的动作情况,体会点动作情况.

6. 切断电源,在原电路基础上,按照图 3-2 接线.

7. 接通电源,体会自锁控制情况.

五、实验报告要求

1. 比较点动控制与单向旋转控制在电路结构上的主要区别.

2. 总结电路接线、检查、故障排除步骤,写出本次试验的收获和体会.

六、实验习题

1. 分析图 3-2 所示电路动作过程,并说明自锁作用.

2. 图 3-2 所示电路接好后,接通电源,尚未启动任何器件,电动机就开始旋转,分析此时控制电路的何处出现了故障.

实验 4 三相异步电动机的正反转控制

一、实验目的

1. 掌握用交流接触器控制的正反转控制电路的工作原理及接线方法；
2. 熟悉联动按钮的使用和正确接线方法；
3. 培养对控制电路的故障排除能力.

二、预习要求

1. 熟悉交流接触器、按钮，以及热继电器的结构、工作原理及接线；
2. 复习正反转控制电路的工作原理及接线.

三、实验电路与测量原理

三相异步电动机的正反转控制电路如图 4-1 所示.

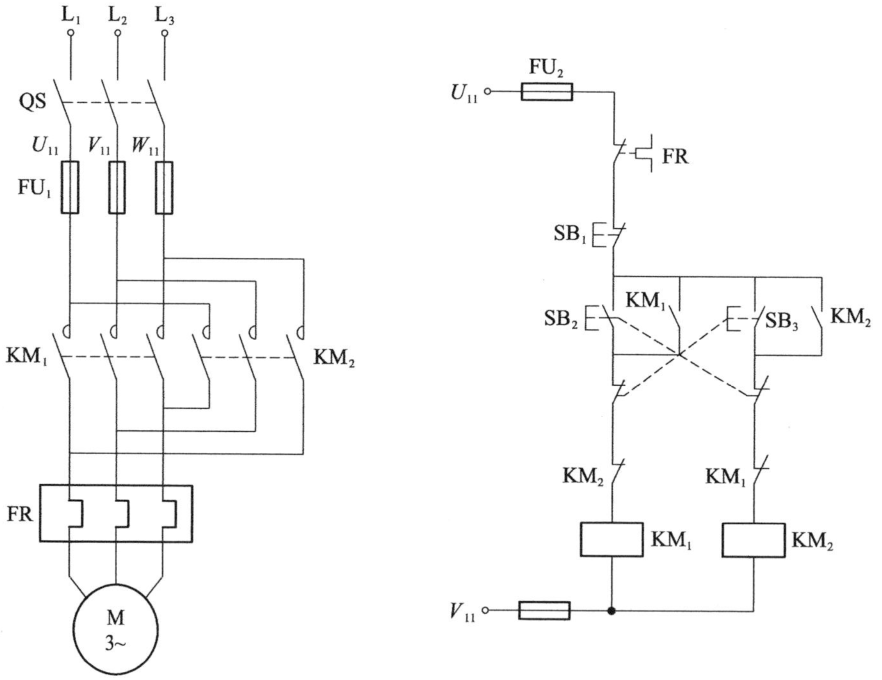

图 4-1 三相异步电动机正反转控制电路图

四、实验内容

1. 根据实验电路选择器件,并检查各电器是否符合本次实验要求.

2. 根据电路要求选择需要的连接导线,在接线板上安装如图4-1所示除电动机外的控制电路.电动机、按钮及电源要经过接线端子进行接线.

3. 检查所连接电路的正确性与合理性,并接受指导教师的检查.要求在指导教师检查指导后再进行通电实验.

4. 在不接入电动机的情况下,通电运行并检查电路正常情况与工作状态.

5. 接入电动机,观察电器的动作情况.

6. 切除电源,人为设置故障,观察故障现象,分析原因并排除故障(分组交叉进行).

五、实验报告要求

1.分析三相异步电动机正反转控制电路的动作过程.

2.分析实验过程中出现的故障现象的原因.

六、实验习题

1.自锁触点和联锁触点的功能有何不同?

2.分析三相异步电动机的正反转控制电路的短路保护、欠压保护和过载保护原理.

实验 5　半导体二极管、三极管检测

一、实验目的

1. 会用万用表判别二极管的极性和三极管的管脚；
2. 会用万用表判别二极管和三极管质量的好坏.

二、预习要求

1. 复习二极管的单向导电性知识和三极管的结构特点；
2. 了解用万用表判别二极管极性和三极管质量好坏的方法.

三、实验电路与测量原理

1. 二极管测量原理

二极管内部是一个 PN 结，外加正向电压，二极管导通，呈低电阻状态；外加反向电压，二极管截止，呈高电阻状态. 因此，可用万用表的电阻挡判别二极管的极性及其质量的好坏. 用万用表分别测量二极管的正、反向电阻，测得的电阻值相差越大，说明单相导电性越好. 电阻小时，黑表笔接的是二极管阳极，红表笔接的是二极管的阴极.

用万用表测量时一般使用电阻挡($R\times100\ \Omega$ 或 $R\times1\ \text{k}\Omega$ 挡)，以免损坏管子.

若测量二极管的正、反向电阻均为无穷大，表明其内部开路；若测量二极管的正、反向电阻均为零，表明其内部短路；若测量二极管的正、反向电阻相差不多，表明其性能变差.

2. 三极管测量原理

基极判别：三极管内部有两个 PN 结，即集电结和发射结，可看成背靠背连接. 如图 5-1 所示为 NPN 型三极管. 测试时，先假设三个电极中的一个为基极，万用表的黑表笔与基极相接，红表笔与其他任一极相接，则在正、反两次测量时总是一次阻值大、一次阻值小；若万用表的两个表笔接的是发射极和集电极，则在正、反两次测量时阻值都很大. 调换表笔到符合上述测量结果时，可判断出基极.

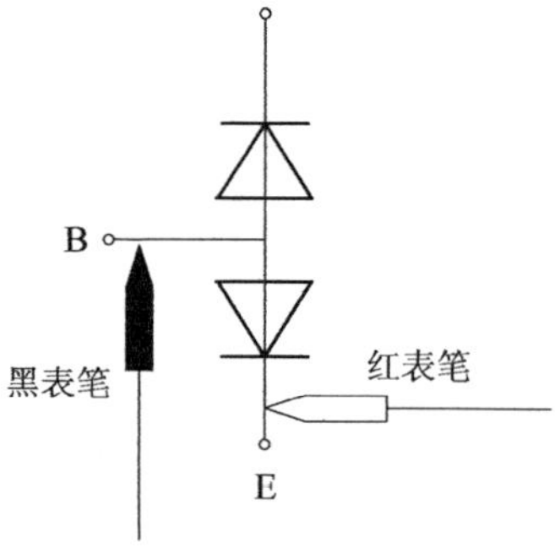

图 5-1　万用表判别三极管管脚和管型

管型判别：用万用表的黑表笔接基极时，用红表笔分别接另外两极. 若两次测得的阻值都很大，为 PNP 型三极管；若两次测得的阻值都很小，为 NPN 型三极管.

集电极和发射极判别：假设另两个电极中的一个为集电极，如图 5-2(a)所示电路，基极与集电极之间接上 100 kΩ 电阻时(可用手短接基极和集电极),用黑、红表笔测集电极与发射极间电阻,记下数值;将假设的集电极和发射极互换,按图 5-2(b)接线,用黑、红表笔再测集电极与发射极间电阻,记下数值;两次结果比较,数值小的一次,黑表笔接的是集电极,由此可以判别出集电极和发射极. 如管型是 PNP 型,用红表笔与假设的集电极相接,数值小的一次,红表笔接的是集电极.

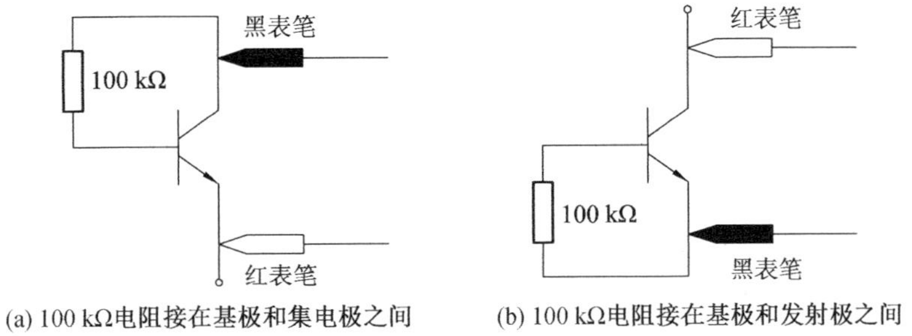

图 5-2 万用表判别三极管集电极和发射极

穿透电流及电流放大系数的测量:穿透电流的大小是衡量三极管质量的一个重要指标,越小越好. 测试时,用万用表电阻挡测量集电极与发射极间电阻,此时基极开路,通常小功率三极管测得的集电极与发射极间电阻应在几十千欧以上,如果阻值太小,表示穿透电流很大. 测试电流放大系数时,将万用表调至 h_{FE} 挡,把三极管插入对应的电极插孔,即可读出 β 值.

四、实验内容

1. 取几种不同型号的二极管,用万用表电阻挡($R\times100\ \Omega$ 或 $R\times1\ \text{k}\Omega$ 挡)测试二极管的正、反向电阻,判别极性,并将测得结果记入自己设计的表格中.

2. 取几种不同型号的三极管,用万用表判别管脚和管型,并画出管脚排列顺序图;估计穿透电流、电流放大系数并进行质量分析.

五、实验报告要求

1. 总结二极管和三极管的测量原理.
2. 应清楚实验测试后的二极管的极性、三极管的管脚和管型.

六、实验习题

1. 用万用表测量二极管和三极管时一般使用电阻挡 $R\times100\ \Omega$ 或 $R\times1\ \text{k}\Omega$ 挡,为什么不用 $R\times100\ \text{k}\Omega$ 和 $R\times1\ \text{k}\Omega$ 挡?
2. 能否用双手将表笔两测试端与管脚捏住进行测量?
3. 三极管断了一个重要管脚,能当二极管用吗?

实验 6　基本放大电路

一、实验目的

1. 熟悉放大电路的工作过程；
2. 掌握放大电路工作点的调整与测量方法；
3. 熟悉示波器测试交流信号波形的方法及交流毫伏表的使用方法；
4. 观察和研究静态工作点对放大电路工作的影响.

二、预习要求

1. 课前复习教材中基本共发射极放大电路和基本共集电极放大电路的有关内容，预习本实验习题，并进一步熟悉示波器的正确使用方法.

2. 根据实验电路图和实际元器件参数，估算出电路的静态工作点.

3. 根据实验习题设计实验数据表格，供实验测试时记录数据用.

三、试验电路与测量原理

实验电路如图 6-1、图 6-2 所示.

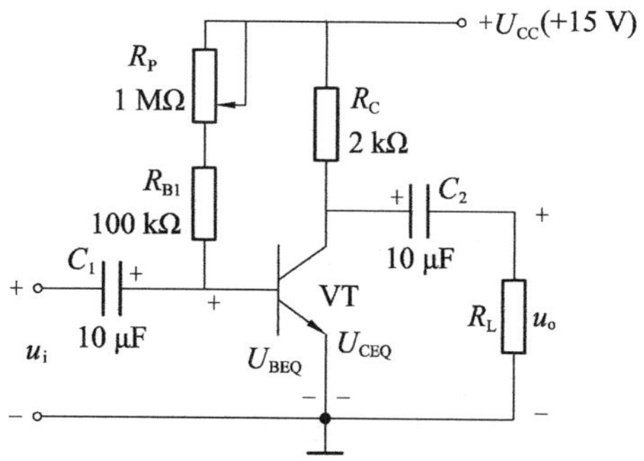

图 6-1　共发射极放大电路

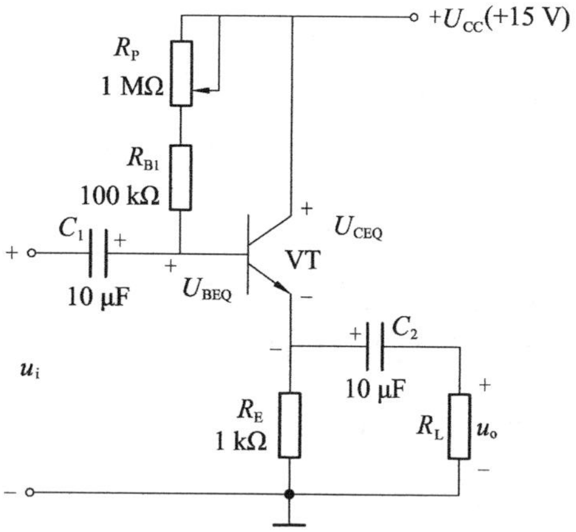

图 6-2　共集电极放大电路

1. 电路参数变化对静态工作点的影响

放大器的基本任务是不失真地放大信号，实现输入变化量对输出变化量的控制作用. 要使放大器正常工作，除了要有保证放大器正常工作的电压外，还要有合适的静态工作点.

由图 6-1 可知：

$$I_{BQ}=\frac{U_{CC}-U_{BEQ}}{R_B}$$

$$R_B=R_{B1}+R_P$$

$$I_{CQ}=\beta I_{BQ}$$

$$U_{CEQ}=U_{CC}-I_{CQ}R_C$$

由图 6-2 可知：

$$I_{BQ}=\frac{U_{CC}-U_{BEQ}}{R_B+(1+\beta)R_E}$$

$$R_B=R_{B1}+R_P$$

$$I_{EQ}=(1+\beta)I_{BQ}$$

$$U_{CEQ}=U_{CC}-I_{CE}R_E$$

对于硅管 $U_{BEQ}=0.6\sim0.7$ V，对于锗管 $U_{BEQ}=0.2\sim0.3$ V.

由以上两组公式可知，当管子确定后，改变 U_{CC}，R_B，R_C（或 R_E）中任一参数值，都会使静态工作点发生变化. 当电路参数确定后，静态工作点主要通过 R_P 调整. 工作点偏高，输出波形易产生饱和失真；工作点偏低，输出波形易产生截止失真. 当输入信号过大时，管子将工作在非线性区域，输出波形会产生双向失真.

2. 静态工作点的测量与调整

静态工作点的测量，就是测量三极管各电极对地的直流电压 V_B，V_C 和 V_E，通过计算得到静态工作点值.

静态工作点的调整，就是当测量得到的静态工作点不合适或通过示波器得出的输出波形出现饱和失真或截止失真时，调整基极偏置电阻的大小，使静态工作点处于合适的位置.

四、实验内容

1. 按图 6-1 接线，用收音机作信号源，扬声器作负载，使用示波器测量扬声器音圈接点上的输出信号，并观察输出波形与扬声器音量之间的关系.

2. 用音频信号源在电路输入端加入频率为 1 kHz 的正弦信号，示波器接在电路输出端，调整输入信号幅度，使输出端得到的波形最大而不失真. 在增大 u_i 的过程中，若输出波形出现饱和失真或截止失真，则要调整基极偏置电阻 R_P，直到 u_i 略有增加，输出波形同时出现饱和失真和截止失真，再略减小输入信号幅度，便可完成静态工作点的调整.

3. 保持静态工作点不变，撤去信号源，用万用表（直流挡）测量 V_B，V_C，V_E 的大小，将数据填入表 6-1 中，并与实验习题中计算好的结果相比较.

表 6-1　静态工作点测量数据

测量及计算数据	V_B/V	V_C/V	V_E/V	U_{BE}/V	U_{CE}	I_{CQ}/mA
共发射极电路						
共集电极电路						

4. 调节 R_P，使 $R_B=R_{B1}+R_{Pmax}=R_{Bmax}$，重复实验内容 1～3.

5. 调节 R_P，使 $R_B=R_{B1}+R_{Pmin}=R_{Bmin}$，重复实验内容 1～3.

6. 改变电源电压分别为 3 V，6 V，9 V，重复上述实验内容 1～3.

7. 用电烙铁烘烤管子，使管子温度升高，观察 I_{CQ}，U_{CEQ}的变化.

8. 电路结构与元器件数值不变，更换另一只参数有差异的管子，观察 I_{CQ}，U_{CEQ}的变化.

9. 用 8～100 Ω 电阻作负载，音频信号源作输入信号，观测 u_o随负载电阻阻值的变化情况.

10. 实验电路改为图 6-2 所示的共集电极形式，重复上述实验内容 1～8.

五、实验报告要求

1. 整理实验数据，计算出静态工作点，填入自拟的数据表格中，并与实验习题中计算的静态工作点的理论值相比较.

2. 通过实验，总结改变电路参数 R_B，U_{CC}，R_C（R_E）对工作点及输出波形的影响.

3. 根据实验中出现的现象或问题，写出分析报告.

六、实验习题

1. 按实验电路图示参数，计算出各自的静态工作点，与试验结果比较.

2. 电路中 R_B的作用是什么？当 R_P变化时，三极管的工作点将会如何变化？相应的输出波形又怎样变化？与输入信号相比，产生了怎样的失真？如何消除？R_B开路的电路输出波形有何影响？

3. 调整 R_B 时，为什么要在电位器上串联一个固定电阻？如果没有这个电阻可能产生什么问题？试用简单的计算加以说明.

4. 实验中如果出现：电源电压 $U_{CC}=12$ V，调整 R_P时 U_{CE}保持 12 V 不变或调整 R_P时 $U_{CE}=0$，$U_{RC}=12$ V 维持不变，试分别说明原因.

5. 实验中如出现下面情况：电路中各极之间电压 $U_{BE}=0.67$ V，$U_{CE}=5$ V，$U_{CC}=12$ V，$u_i=5$ mA，交流输出为零，试列举产生上述情况的可能原因，再进一步探讨如何找出真正的原因及解决办法.

6. 其他条件不变，改变电源电压（3 V，6 V，9 V，12 V）时，工作点和输出波形将会有怎样的变化？

实验 7 集成运算放大电路

一、实验目的

1. 学习集成运算放大电路的基本使用方法.
2. 掌握集成运算放大电路基本运算电路的测量方法.

二、预习要求

1. 复习集成运算放大器的工作原理,并了解集成运算放大器主要参数的意义.
2. 复习用双踪示波器测量信号电压及相位的方法.

三、实验电路与测量原理

集成运算放大器简称运放,是一种高放大倍数、直接耦合的多级直流放大器.它具有很高的开环电压增益、高输入电阻、低输出电阻,并具有较宽的通频带,因此在电子技术领域里得到广泛的应用.本实验介绍由通用型集成运放 LM741 组成的一些基本运算电路及其测量方法. LM741 的符号及管脚如图 7-1 所示,图中调零电位器接在 1,5 两端,调零电源为负电源.实验电路如图 7-2 所示.

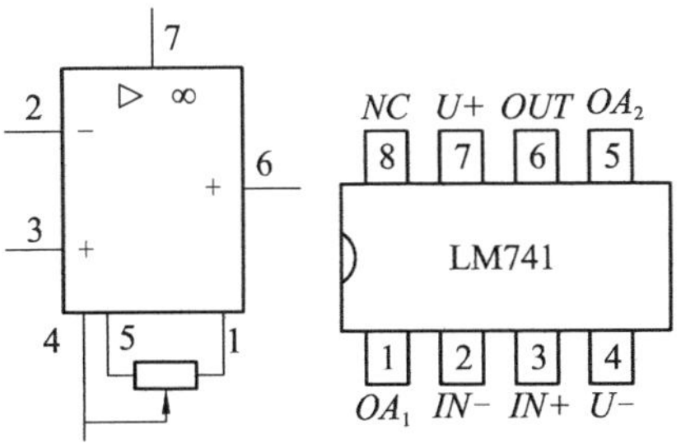

(a) 符号　(b) 管脚图

图 7-1 LM741 的符号及管脚图

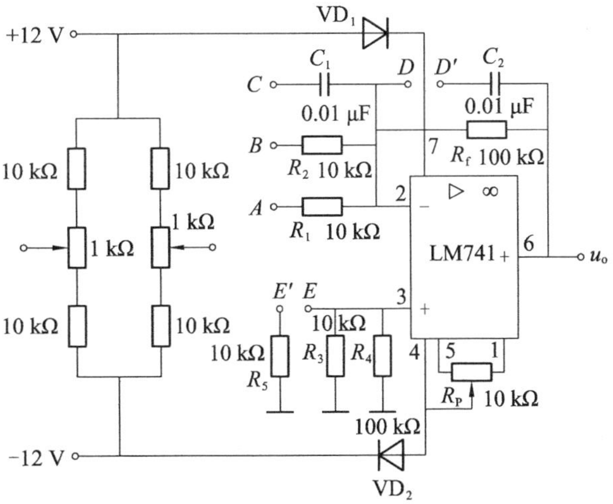

图 7-2 集成运算放大电路实验图

1. 比例放大器

只要将输入信号从 A 或 B 端输入,反馈信号由电阻 R_1 从输出端引到反相端,其余各端不变,就构成一个比例放大器,输出、输入之间的关系为 $u_o/u_i=-R_f/R_1$. 由此可以看出,输出与输入电压的比例关系仅与 R_f,R_1 有关,而与运放本身参数无关.电阻 R_3,R_4 称为平衡电阻,用以避免由于电路的不平衡而产生的误差电压.

在测量时,通常在反相输入端加上直流小信号(或正弦信号)测出输入、输出电压的大小,就可求出比例放大器的比例系数.在本次实验中,输入信号是由图 7-2 所示的电路产生的.由图可以看出,它是由电阻和电源构成的简单直流信号源,可输出两路直流小信号.当电位器的动点处于中间位置时,输出电压为零;当电位器的动点上移时,输出正电压信号,反之则输出负电压信号.因此,在实验中,还要适当调节电位器,才能得所需要的直流小信号.

2. 加法器电路

需作加法运算的两个输入信号分别从 A 和 B 端输入,反馈信号依然由反馈电阻 R_f 引入,从而构成一个加法器.根据"虚短"和"虚断"的概念,可得出:

$$u_0 = -R_f(u_1/R_1 + u_2/R_2)$$

因电路中 $R_1 = R_2 = 10\ \text{k}\Omega$,故有:

$$u_0 = -10(u_1 + u_2)$$

这实际上是一个反相比例加法器.

在此电路中,应将实验电路中的 E,E'两点短接,以保证电路中集成运放两输入端的电阻平衡,减小其输出误差.

3. 积分器电路

输入信号从电路中的 A 或 B 端输入,并将电路中的 D,D'两点短接,此时引入的电容 C_2 为反馈元件,这样就构成一个积分器.根据前述的两个重要结论,便可得到:

$$u_O = -\frac{1}{R_1 C_2}\int u_i \mathrm{d}t$$

当输入信号为一恒定不变的电压时,由上式可以得出:

$$u_O = -\frac{u_i}{R_1 C_2} t$$

上式表明,当输入信号为一恒定电压时,输出电压的绝对值将随时间 t 线性地增大.应该注意到,由于实际运放存在失调电压和电流,这个直流分量将给电容 C_2持续充电.若时间足够长,就会造成输入信号 u_i为零时输出不为零,并且有可能误差很大.为了克服这一缺点,往往在反馈电容 C_2两端并接一个阻值较大的电阻.在此电路中,没有把电阻 R_f 从电路中断开,其原因就在于此.

4. 微分器电路

输入信号 u_i从电路中的 C 端输入,并将电路中的 D,D'两点短接,这样就组成一个微分器.由于集成运放的反相端"虚地",对其取节点电流方程,即有

$$u_O = -R_f C_1 \frac{\mathrm{d}u_i}{\mathrm{d}t}$$

若有输入信号 $u_i = U_m \sin \omega t$,则 $u_O = -R_f C_1 \omega U_m \cos \omega t$.由此可以看出,输出电压的幅值将随输入信号频率的增高而增大.因此微分器电路对高频噪声特别敏感,以致输出的噪声有可能湮没没有用的信号.为了解决这个问题,往往在 R_f两端并接一个电容.在此电路中将电容 C_2接入电路,目的就是将高频噪声旁路掉.

四、实验内容

实验电路如图 7-2 所示，电路中的两只二极管 VD_1 和 VD_2 是为了避免电源的极性接错损坏器件而接入的保护二极管. 熟悉实验板后，引入±12 V 双路电源. 首先对集成运算放大电路进行调零，然后完成以下测量内容.

1. 比例运算电路测量

分别输入 0.2 V，0.4 V 直流信号，测量相应的输出电压，并将测量值与理论值填入表 7-1 中.

表 7-1 比例运算电路的测量数据

输入信号 u_i/V	输出信号 u_o/V	u_o/u_i	理论计算值(比例系数)

2. 加法运算电路的测量

输入三组直流信号(+0.2 V，−0.1 V；−0.2 V，+0.1 V；+0.2 V，−0.2 V)，分别测量出它们的输出电压，并将测量值与理论计算值填入表 7-2 中.

表 7-2 加法运算电路的测量数据

输入信号 u_i/V		输出信号 u_o/V	理论计算值 u_o/V

3. 积分运算电路的测量

(1) 输入信号为 1 kHz 的正弦信号，其 $U_{P-P}=1$ V. 用示波器观察并记录输入与输出信号的波形、相位关系及输出信号的 U_{OP-P}.

(2) 输入信号为 1 kHz 的方波信号，其 $U_{P-P}=1$ V. 用示波器观察并记录输入、输出信号的波形及输出信号的 U_{OP-P}.

4. 微分运算电路的测量

输入信号为 1 kHz 的方波信号，其 $U_{P-P}=1$ V. 用示波器观察并记录输入、输出信号的波形.

五、实验报告要求

1. 整理实验数据并记录有关波形.
2. 将理论计算值与实验测得值相比较，分析产生误差的主要原因.
3. 根据实验中出现的现象或问题，写出分析报告.

六、实验习题

1. 为何在使用运放时首先要进行调零？
2. 总结对运放进行调零的操作步骤.

实验 8　基本 RS 触发器和 D 触发器

一、实验目的

1. 熟悉并验证触发器的逻辑功能.
2. 学会测试触发器逻辑功能的方法.
3. 进一步熟悉基本 RS 触发器和 D 触发器 74LS74 的引脚功能.
4. 掌握 RS 和 D 触发器的使用方法和逻辑功能的测试方法.

二、预习要求

1. 查阅资料,掌握 JK 触发器 74LS76 的引脚功能和 D 触发器 74LS74 的引脚功能.
2. 如何用二踪示波器按时间对应关系同时显示两个信号?
3. 74 系列产品抗干扰能力很差,不用的输入控制端不可悬空,要接固定高电平. 可通过一个几千欧电阻接+5 V 电源.

三、实验内容

触发器是一个具有记忆功能的二进制信息存储器件,是构成多种时序电路的最基本逻辑单元. 触发器具有两个稳定状态,即"0"和"1",在一定的外界信号作用下,可以从一个稳定状态翻转到另一个稳定状态.

1. 基本 RS 触发器

图 8-1 为由两个与非门交叉耦合构成的基本 RS 触发器. 基本 RS 触发器具有置"0"、置"1"和"保持"三种功能. 通常称 $\overline{S}$ 为置"1"端,因为 $\overline{S}=0$ 时触发器被置"1";$\overline{R}$ 为置"0"端,因为 $\overline{R}=0$ 时触发器被置"0",当 $\overline{S}=\overline{R}=1$ 时,状态保持. 基本 RS 触发器也可用两个"或非门"组成,此时为高电平触发器.

2. D 触发器

D 触发器的状态方程为:$Q^{n+1}=D$. 其状态的更新发生在 CP 脉冲的边沿,74LS74(CC4013),74LS175(CC4042)等均为上升沿触发,故又称为上升沿触发的边沿触发器,触发器的状态只取决于时针到来前 D 端的状态. D 触发器应用很广,可用作数字信号的寄存、移位寄存、分频和波形发生器等,其逻辑符号如图 8-2 所示.

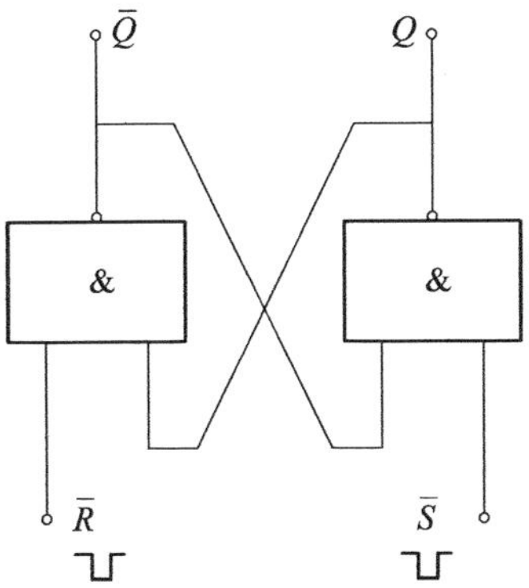

图 8-1 基本 RS 触发器

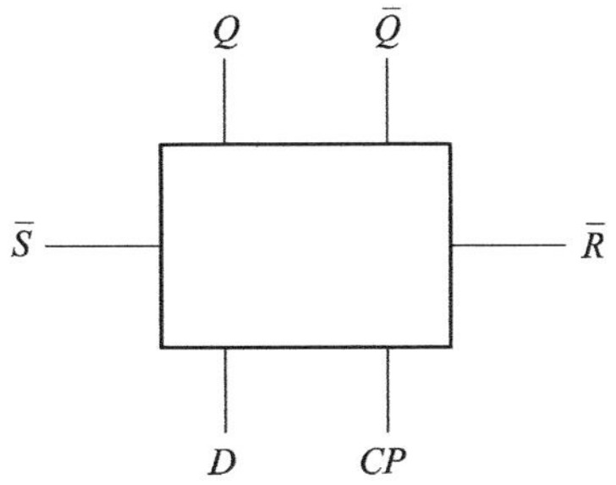

图 8-2 D 触发器逻辑符号

3. 基本 RS 触发器逻辑功能测试

按图 8-1 所示连接电路，用两个与非门组成基本 RS 触发器，输入端 $\bar{S}$ 和 $\bar{R}$ 接逻辑开关的输出插口，输出端 Q 和 $\bar{Q}$ 接逻辑电平显示输入接口，按表 8-1 的要求测试，并记录.

表 8-1 基本 RS 触发器的逻辑功能测试

序号	$\bar{R}$	$\bar{S}$	Q	$\bar{Q}$	功能	备注
1	0	0				
2	0	1				
3	1	1				
4	1	0				
5	1	1				

4. D 触发器 74LS74 逻辑功能测试

(1) $\bar{R}$，$\bar{S}$ 的复位、置位功能

在 $\bar{R}=0$，$\bar{S}=1$ 作用期间，改变 D 与 CP 的状态，观察 Q 与 $\bar{Q}$ 状态.

在 $\bar{R}=1$，$\bar{S}=0$ 作用期间，改变 D 与 CP 的状态，观察 Q 与 $\bar{Q}$ 状态.

(2) D 触发器逻辑功能测试

按表 8-2 测试并记录 D 触发器的逻辑功能（表中 CP 信号由实验箱操作板上的单次脉冲发生器 $P+$ 提供）.

表 8-2 D 触发器逻辑功能测试

序号	$\bar{R}$	$\bar{S}$	D	CP	Q^{n+1}	
					$Q^n=0$	$Q^n=1$
1	1		0	0→1		
2				1→0		
3			1	0→1		
4				1→0		

D 触发器计数功能测试：触发器的驱动方程为 $D=\overline{Q}$，$\overline{S}=\overline{R}=1$，$CP$ 端由连续脉冲(矩形波)发生器提供，可分别用低频($f=1\sim10$ Hz)和高频($f=20\sim150$ Hz)两挡进行输入，分别用实验箱上的 LED 电平显示器和二踪示波器观察工作情况，记录 CP 与 Q 的工作波形，并回答：Q 状态更新发生在 CP 的哪个边沿？Q 和 CP 信号的周期有何关系？若 $S=0$ 会怎样？

(3) 用 D 触发器构成分频器

按图 8-4 连接电路，构成二分频和四分频. 在 CP_1 端加入 1 kHz 的连续方波，并用示波器观察 CP，Q_1，Q_2 各端的波形. 再取一只 74LS74 组件，74LS74 双 D 触发器为上升沿触发器，可用作寄存器、移位寄存器、振荡器、单稳态、分频计数器等功能. 图 8-3 所示为 74LS74 引脚图，按图 8-4 电路连成八分频和十六分频器.

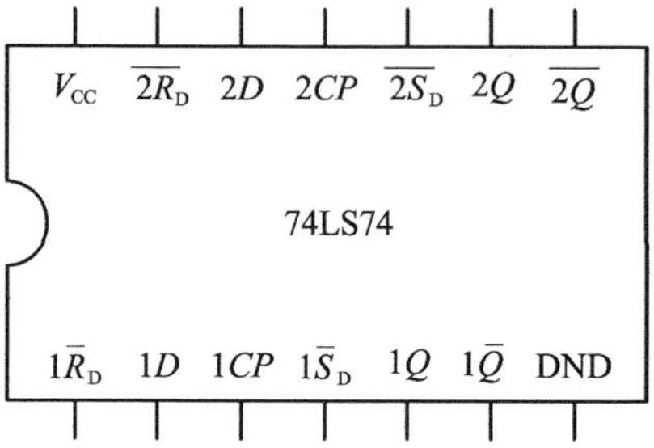

图 8-3 双 D 触发器

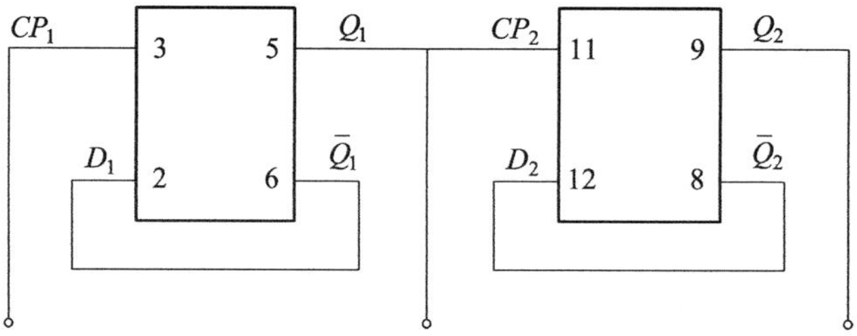

图 8-4 用 74LS74 双 D 触发器构成分频器

四、实验报告要求

1. 画出实验测试电路，整理实验测试结果，列表说明，回答所提问题，画出工作波形图.
2. 整理试验所测结果，总结 RS 触发器和 D 触发器的特点.
3. 比较各种触发器的逻辑功能及触发方式.
4. 画出分频器实验测得的波形图.

五、实验习题

1. 一个带直接置 0/1 端的 JK 触发器置为 0 或 1 有哪几种方法？
2. 一个带直接置 0/1 端的 D 触发器置为 0 或 1 有哪几种方法？
3. 在 RS 触发器中，对触发脉冲的宽度有何要求？

实验9　组合逻辑电路分析与设计

一、实验目的

1. 掌握组合逻辑电路的分析方法与测试方法；
2. 掌握组合逻辑电路的设计方法.

二、实验预习要求

1. 熟悉门电路工作原理及相应的逻辑表达式；
2. 熟悉数字集成块的引线位置及引线用途；
3. 预习组合逻辑电路的分析与设计步骤.

三、实验原理

通常逻辑电路可分为组合逻辑电路和时序逻辑电路两大类.电路在任何时刻,输出状态只决定同一时刻各输入状态的组合,而与先前的状态无关的逻辑电路称为组合逻辑电路.

1. 组合逻辑电路的分析过程

一般分为如下三步进行：

(1) 由逻辑图写出输出端的逻辑表达式；

(2) 列出真值表；

(3) 根据对真值表的分析,确定电路功能.

2. 组合逻辑电路的设计过程

组合逻辑电路一般设计的过程如图 9-1 所示.

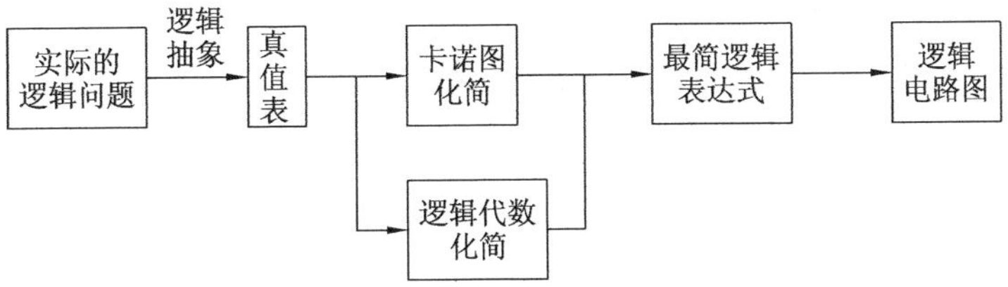

图 9-1　组合逻辑电路设计方框图

设计规程中,“最简”是指电路所用器件最少、器件的种类最少,而且器件之间的连线也最少.

四、实验内容与方法

1. 分析、测试 74LS00(CC4011)组成的半加器的逻辑功能

(1) 用 74LS00 组成半加器电路，如图 9-2 所示，写出逻辑表达式，并验证逻辑关系.

(2) 列出真值表并化简.

(3) 分析、测试用异或门 74LS86(CC4030)与 74LS00(CC4011)组成的半加器的逻辑功能，画出电路，测试结果填入自拟表格中，并验证逻辑关系.

2. 分析、测试全加器电路

用 74LS86 组成的全加器电路如图 9-3 所示，将测试结果填在真值表内，验证其逻辑关系.

全加和：$S_i=(A_i\oplus B_i)\oplus C_{i+1}$；

进位：$C_i=(A_i\oplus B_i)C_{i-1}+A_iB_i$.

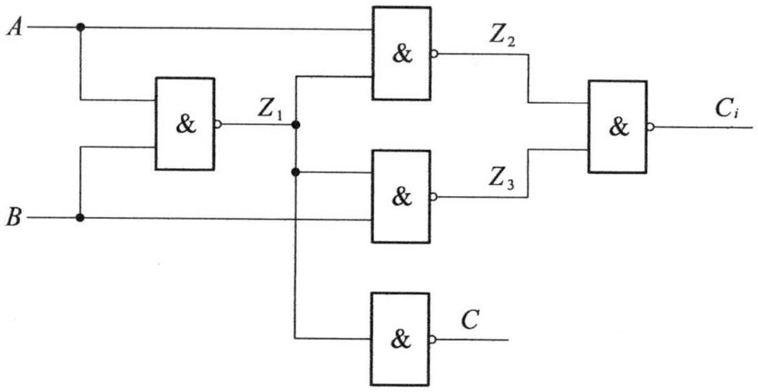

图 9-2　由与非门组成的半加器电路

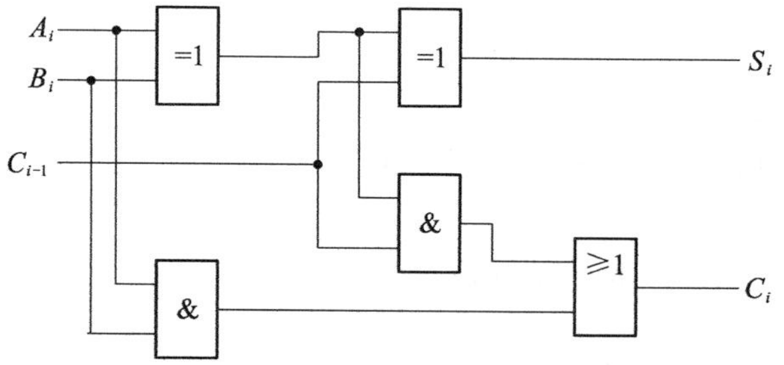

图 9-3　全加器电路图

3. 设计示例

用“与非门”设计一个表决电路. 当四个输入端中有 3 个或 4 个“1”时，输出为“1”.

步骤：

(1) 写出真值表，见表 9-1.

表 9-1 真值表

A	0	0	0	0	0	0	0	0	1	1	1	1	1	1	1	1
B	0	0	0	0	1	1	1	1	0	0	0	0	1	1	1	1
C	0	0	1	1	0	0	1	1	0	0	1	1	0	0	1	1
D	0	1	0	1	0	0	0	1	0	1	0	1	0	1	0	1
Z	0	0	0	0	0	0	0	1	0	0	0	0	0	1	1	1

(2) 用卡诺图化简,见表 9-2.

表 9-2 卡诺图

BC \ DA	00	01	11	10
00				
01				
11				
10				

(3) 写出逻辑表达式:$Z=ABC+BCD+ACD+ABD$.

(4) 用“与非门”构成的逻辑电路图,如图 9-4 所示.

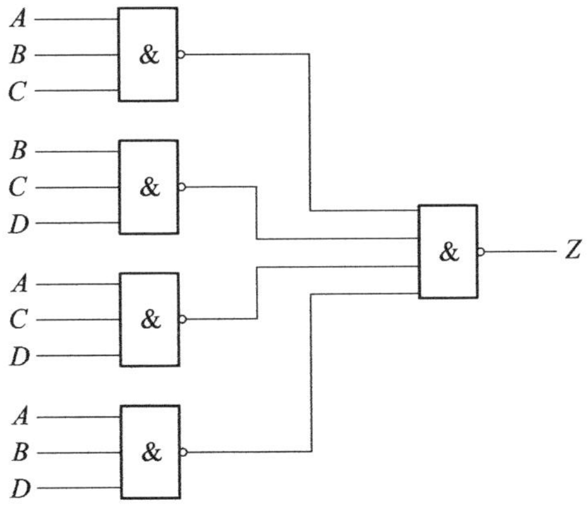

图 9-4 表决电路逻辑图

4. 自行设计

设计一个对两个两位无符号二进制数进行比较的电路,根据第一个数是否大于、等于、小于第二个数,使相应的三个输出端中的一个输出为“1”.

五、实验报告

1. 整理实验数据并填表,对实验结果进行分析.
2. 总结组合逻辑电路的分析与设计方法.

六、实验习题

设计一个四人无弃权表达电路(当多数赞成时,则提案通过).要求采用四二输入与非门实现.

实验10　译码器与数码显示器

一、实验目的

1. 测试 74138 型 3 线-8 线译码器的逻辑功能；
2. 学习使用数码显示器.

二、预习要求

1. 预习 74LS138 的译码功能表与逻辑图.
2. 学习数码显示器的电路形式与发光条件，掌握编码形式.
3. 预习 74138 集成电路的驱动能力及与数码显示器的连接形式.
4. 根据实验任务，画出所需的实验线路并记录表格.

三、实验内容

译码器是一个多输入、多输出的组合逻辑电路.它的作用是，翻译给定的代码变成相应的状态，输出通道中相应的一路有信号输出.译码器可分为通用译码器和显示译码器两大类.前者又可分为变量译码器和代码变换译码器.

1. 74LS138 型译码器

变量译码器又称二进制译码器，74LS138 译码器为 3 线-8 线译码器，采用不同的组合形式可以实现 2 线－4 线、3 线－8 线、4 线－16 线译码器. 74LS138 引脚如图 10-1 所示，其中 A_0，A_1，A_2 为地址输入端，Y_0～Y_7 为译码输出端，G_1，G_{2A}，G_{2B}为使能端.

2. 数据分配器

二进制译码器实际上也是负脉冲输出的脉冲分配器.若利用使能端中的一个输入端输入信息，器件就成为一个数据分配器(又称多路分配器)，如图 10-2 所示.

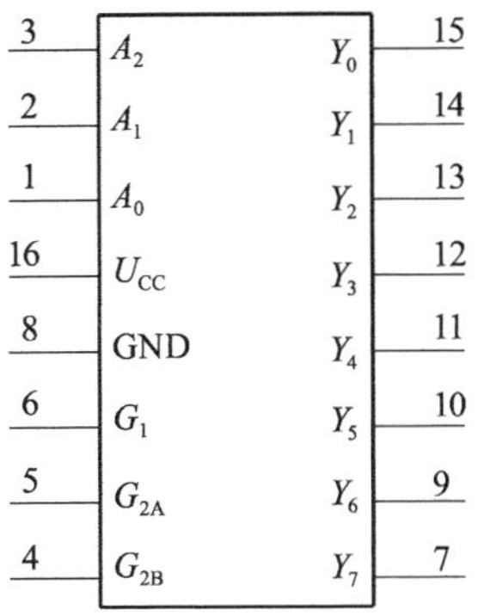

图 10-1　74LS138 引脚图

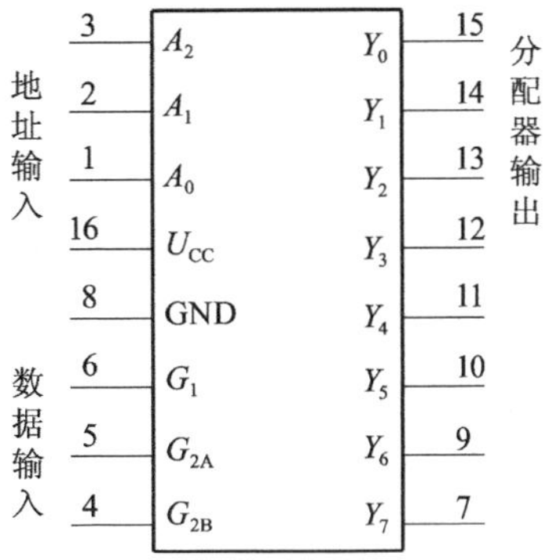

图 10-2　作数据分配器

若数据信息是时钟脉冲，则数据分配器便成为时钟脉冲分配器. 根据输入地址的不同组合译出唯一地址，故可用作地址译码器. 接成多路分配器，可将一个信号源的数据信息传输到不同的地点. 二进制译码器还能方便地实现逻辑函数，如图 10-3 所示，实现的逻辑函数是：$Z=\overline{A}\,\overline{B}\,\overline{C}+\overline{A}B\overline{C}+A\overline{B}\,\overline{C}+ABC$.

利用使能端方便地将两个 3 线-8 线译码器组合成一个 4 线-16 线译码器，如图 10-4 所示.

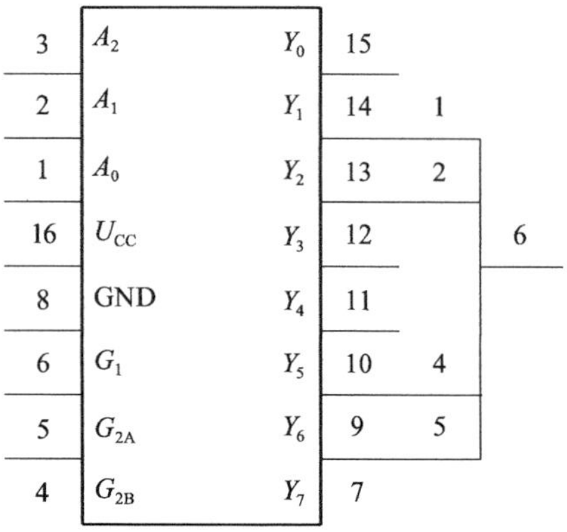

图 10-3　实现逻辑函数

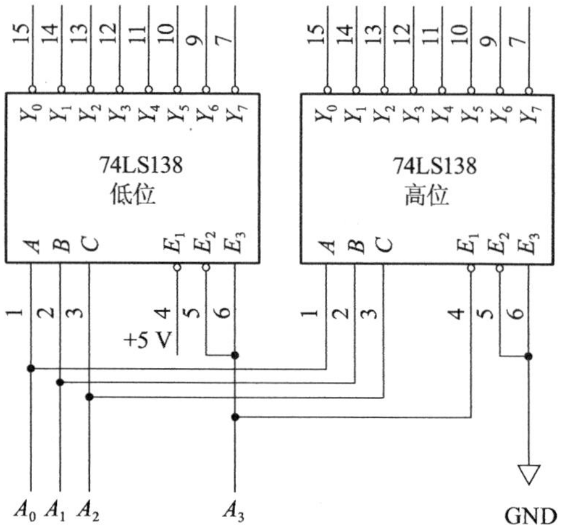

图 10-4　用两片 74LS138 组合成 4 线-16 译码器

3. 74LS138 译码器逻辑功能测试

按图 10-5 所示接线，进行逻辑功能测试，观察数码显示器的发光情况.

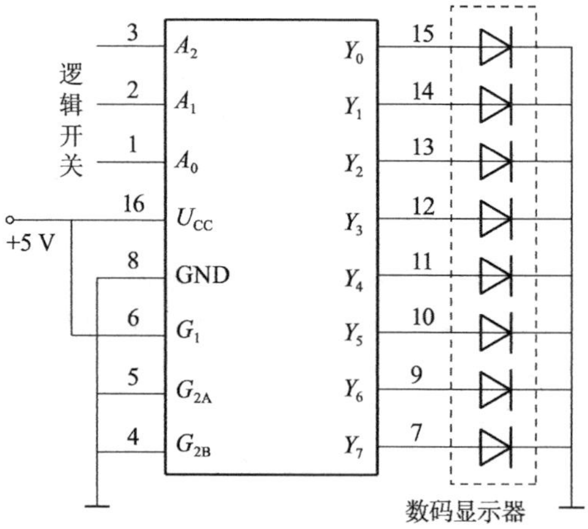

图 10-5　74LS138 逻辑功能测试电路

3. 数码显示译码器

(1) 七段发光二极管(LED)数码管

LED 数码管是目前最常用的数字显示器，图 10-6(a)、(b)为共阳极和共阴极管的等效电路，图(c)为外形及引出脚功能图.

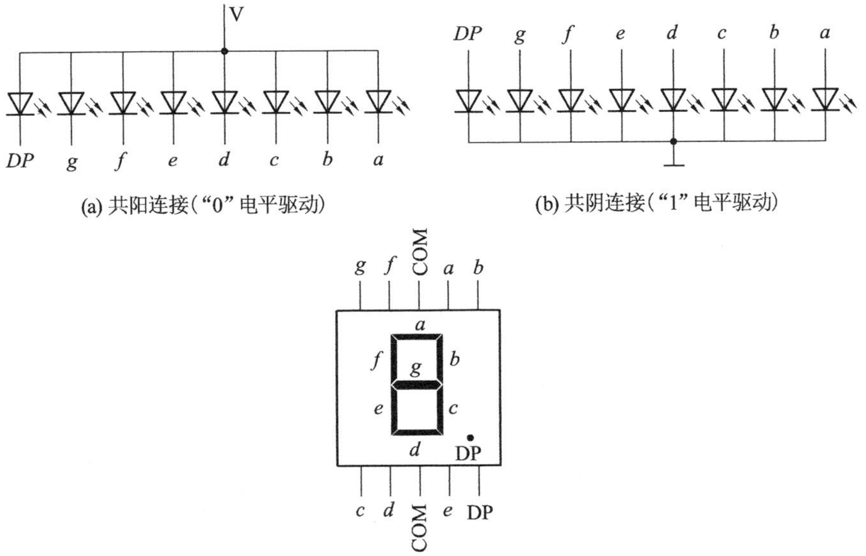

(a) 共阳连接（“0” 电平驱动） (b) 共阴连接（“1” 电平驱动）

(c) 外形及引脚图

图 10-6 LED 数码管

一个 LED 数码管可用来显示一位 0～9 十进制数和一个小数点. 小型数码管（0.5 寸和 0.36 寸）每段发光二极管的正向压降，随显示光（通常为红、绿、黄、橙色）颜色的不同略有差别，通常约为 2～2.5 V，每个发光二极管的电量电流在 5～10 mA. LED 数码管要显示所能表示的十进制数字就需要有一个专门的译码器，该译码器不但要完成译码功能，还要有相当的驱动能力.

（2）BCD 码七段译码驱动器

此类译码器型号有 74LS47（共阳极）、74LS48（共阴极）等，本实验系采用 CD4511 码锁存/七段译码/驱动器，驱动共阴极数码管. 图 10-7 为 CD4511 引脚排列图. 其中，$\overline{LT}$为测试输入端，$\overline{LT}$＝0 时，译码器输出全为“1”，$\overline{LT}$＝1 时，译码器输出显示正常；$\overline{BI}$为输出消隐控制端，$\overline{BI}$＝0 时，译码器输出全为“0”，$\overline{BI}$＝1 时，译码器输出显示正常；LE 为数据锁定控制端，LE＝1 时，译码器处于锁定（保持）状态，LE＝0 时正常译码。A，B，C，D 为 BCD 码输入端，a，b，c，d，e，f，g 为译码输出端，输出“1”有效，用来驱动共阴极 LED 数码管，如图 10-8 所示，7 段 LED 数码管的阴极是连在一起的，在应用中应接地。限流电阻要根据电源电压来选取，电源电压 5V 时可使用 300Ω 的限流电阻。此译码器还有拒绝伪码的功能，当输入码超过十进制数 9（1001 时，输出全为“0”，显示字形也自行消隐。此外，译码器还有消隐功能，当输入码超过 1001 时，输出全为“0”，数码管熄灭.

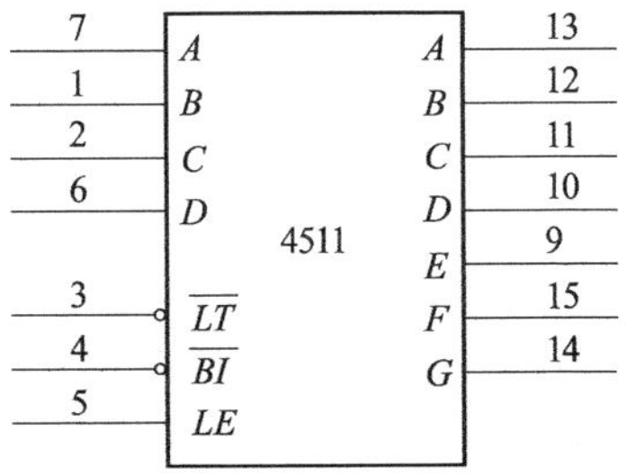

图 10-7 CD4511 引脚排列图

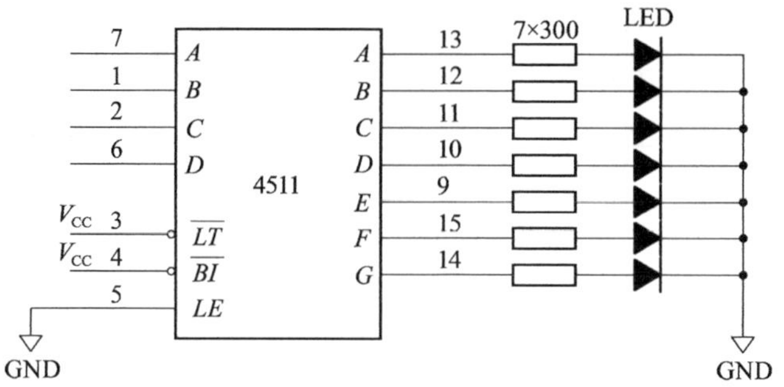

图 10-8 CD4511 驱动一位 LED 数码管

3. 数码管显示验证

如图 10-9 所示，在电路中采用 CC4511BCD 码锁存/7 段译码器/驱动器，驱动共阴极数码管. 实验时将四组拨码开关的输出分别接至四组显示译码/驱动器 CC4511BCD 的输入端 A,B,C,D，其他引脚连接如图 10-5 所示. 验证拨码盘上的四位数与 LED 数码显示器的对应显示数字是否一致，即译码显示是否正常.

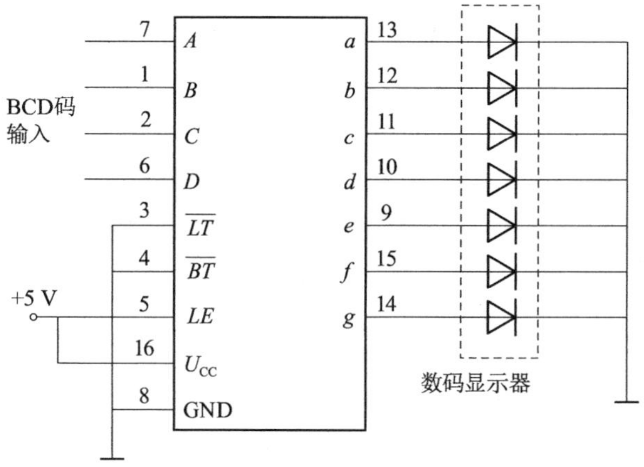

图 10-9 CC4511BCD 码锁存/7 段译码器/驱动器

4. 数据拨码开关的使用

将实验装置上的四组拨码开关的输出 A_i, B_i, C_i, D_i 分别接至 CC4511BCD 芯片的 A,B,C,D 输入端，LE 与 U_{CC} 相连，$\overline{BI}$，$\overline{LT}$ 与 GWD 共同接地，观测拨码盘上的四位数与 LED 数码管显示的对应数字是否一致，即译码显示是否正常.

5. 用 74LS138 构成时序脉冲分配器

参照图 10-2 说明时钟脉冲 CP 频率约为 10 kHz，要求分配器输出端 $\overline{Y}_0 \sim \overline{Y}_7$ 的信号与 CP 输入信号相同.

四、实验报告要求

1. 分析电路的工作原理.

2. 写出拨码盘数字与显示译码器之间的对应关系. 改变数码显示器的连接形式，对应关系会如何变化?

3. 将共阴极数码显示管改为共阳极数码显示管，重复上述实验.
4. 画出实验电路图，把观察到的波形画在坐标纸上，并进行对应的地址码.

五、实验习题

1. 共阴极数码显示管与共阳极数码显示管的显示编码有何不同?
2. 改变 CC4511BCD 的输入端 A,B,C,D 的次序会改变显示的内容吗?
3. 数码显示管的最小发光电流和最大工作电流分别是多少?

参考文献

[1] 秦曾皇. 电工学:上[M]. 7 版. 北京:高等教育出版社,2009.
[2] 秦曾皇. 电工学:下[M]. 7 版. 北京:高等教育出版社,2009.
[3] 姚年春,侯玉杰. 电路基础[M]. 北京:人民邮电出版社,2010.
[4] 邢迎春,王晓. 电工电子技术基础[M]. 4 版. 大连:大连理工大学出版社,2016.
[5] 康光华. 电子技术基础(第五版)[M]. 5 版. 北京:高等教育出版社,2008.
[6] 戴文进,徐龙权,张景明. 电机学[M]. 北京:清华大学出版社,2008.
[7] 余瀛,吴学宏,孙艳波. 电工基础[M]. 长春:东北师范大学出版社,2016.
[8] 范娟,张新建,鲁艳旻. 电子技术基础[M]. 北京:清华大学出版社,2014.
[9] 朱荣. 电工学[M]. 北京:中国人民大学出版社,2015.
[10] 李光,樊伟,佟海侠. 电工电子学[M]. 北京:清华大学出版社,2015
[11] 朱晓娟. 维修电工[M]. 北京:中国水利水电出版社,2017.
[12] 谭维瑜. 电机与电气控制[M]. 北京:机械工业出版社,2017.
[13] 胡宴如. 模拟电子技术[M]. 北京:高等教育出版社,2017.
[14] 张明莉. 数字电子技术[M]. 北京:机械工业出版社,2017.
[15] 程继航,李正魁. 电工电子技术基础 M]. 北京:机械工业出版社,2016.

ELECTRICAL ENGINEERING

电工学

作业集

主　编　吴学宏　高英侠　徐宝鸿

江苏大学出版社
JIANGSU UNIVERSITY PRESS

专业__________ 班级__________ 学号__________ 姓名__________

学习情境1 电路基本概念与基本定律(1)

一、填空题

1. 电路由__________、__________和中间环节三部分组成.

2. 如果某一元件上的电压和电流的实际方向相反,那么这一元件是__________.

3. 导体电阻的单位是__________,简称__________,用符号__________表示,而电阻率则用符号__________表示.

4. 组成电路模型的理想元件,通常有__________、__________、__________、__________和理想电流源.

5. 电感为__________元件,电容为__________元件,分别储存__________和__________.

6. 电流和电压的参考方向可任意选定,当参考方向和实际方向相同时,其值为__________,反之为__________.

7. 在电路元件上电压 U 和电流 I 的参考方向和实际方向一致的条件下,当 $P=UI$ 为正值时,该元件__________,属于__________;当 P 为负值时,该元件__________,属于__________.

8. KCL 的内容是______________________________;

KVL 的内容是______________________________.

9. 电位是一个__________,它与参考点的选择有关;而电压是一个__________,在电路中某两点之间的电压是一定的,它与参考点的选择无关.

10. 电源电动势的方向规定为在电源内部,由__________端指向__________端,即电位升高方向.

二、计算题

1. 各电路图如图1所示.

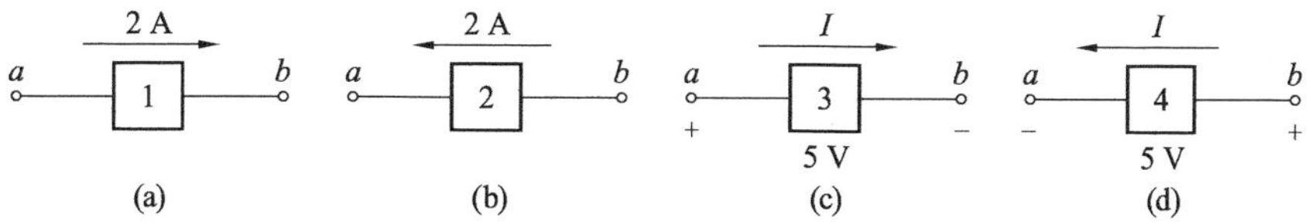

图 1

(1) 元件1消耗12 W功率,求电压 U_{ab}.

(2) 元件2消耗−12 W功率,求电压 U_{ab}.

(3) 元件3产生10 W功率,求电流 I.

(4) 元件4产生−10 W功率,求电流 I.

2. 求如图 2 所示各电路中各电源的功率，并指出是吸收功率还是发出功率.

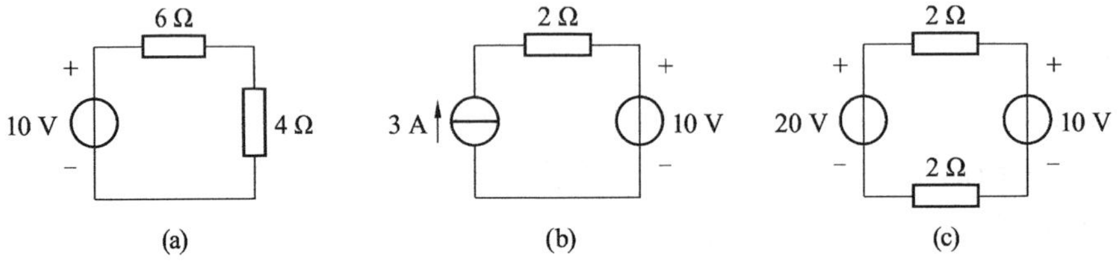

图 2

3. 两个标明 220 V，100 W 的白炽灯泡，若分别接在 250 V 和 110 V 电源上，消耗的功率各是多少(假定灯丝电阻是线性的)？

三、简答题

为什么要在电路图上规定电流的参考方向？若电流为负值，说明电流的方向与参考方向的关系.

学习情境 1 电路基本概念与基本定律(2)

一、选择题

1. 电源电动势是 2 V,内阻是 0.1 Ω,当外电路断路时,电流和端电压分别为(　　).

A. 0 A;2 V　　B. 20 A;2 V

C. 20 A;0 V　　D. 0 A;0 V

2. 关于恒压源,下列说法正确的是(　　).

A. 两端电压基本不变　　B. 电流基本不变

C. 可以短路　　D. 不可以开路

3. 电路如图 1 所示,电压 U 等于(　　).

A. 23 V　　B. 14 V　　C. 4 V　　D. −4 V

4. 电路如图 2 所示,电流 I 等于(　　)

A. 1 A　　B. 2 A　　C. 3 A　　D. 4 A

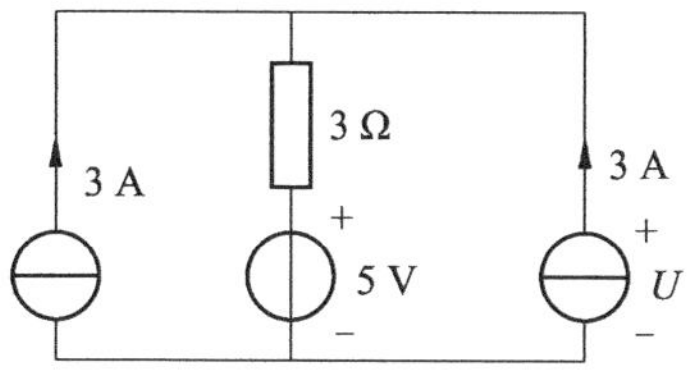

图 1

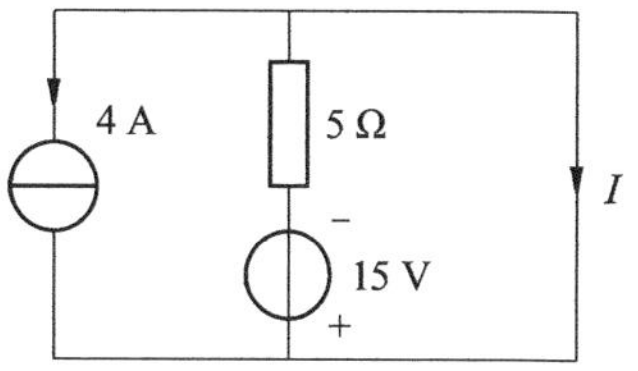

图 2

5. 电路如图 3 所示,电压 U 等于(　　).

A. 2 V　　B. −2 V　　C. 4 V　　D. −4 V

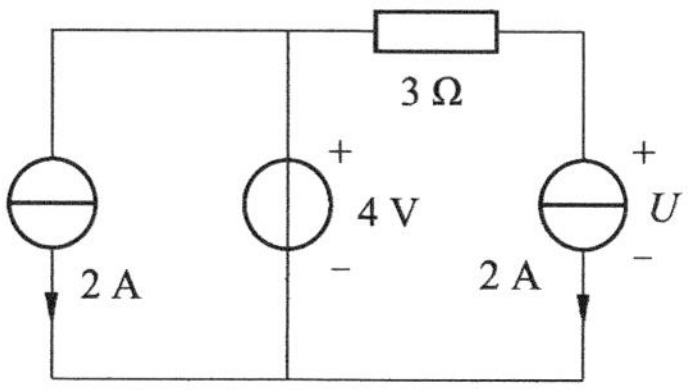

图 3

二、计算题

1. 如图 4 所示电路，计算开关 S 断开和闭合时 A 点的电位 V_A.

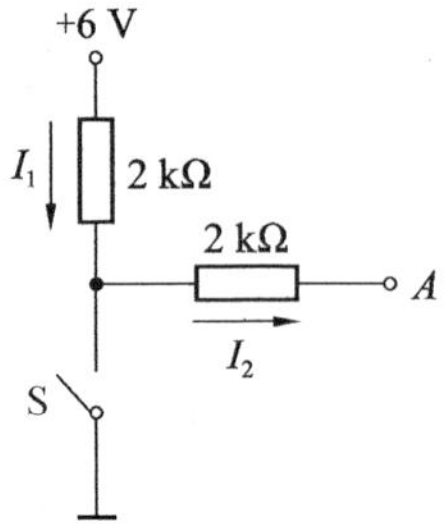

图 4

2. 如图 5 所示，已知 $R_1=R_2=R_3=2\ \Omega$，$U_1=32\ \text{V}$，$U_2=15\ \text{V}$，$I_3=6\ \text{A}$，取 d 为参考点. 求 a，b，c 各点的电位.

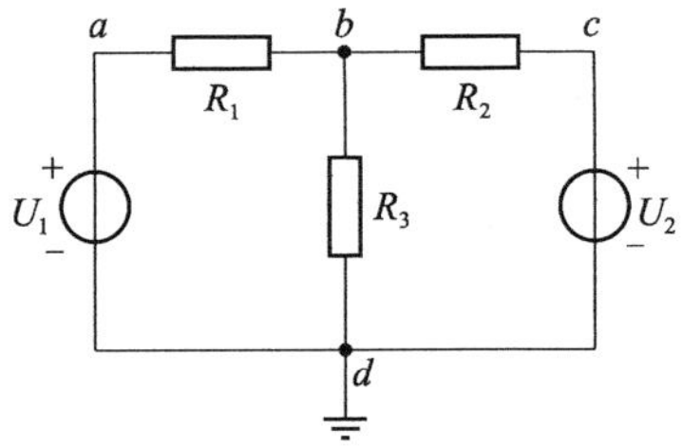

图 5

3. 如图 6 所示的电路，请列出 KCL 方程.

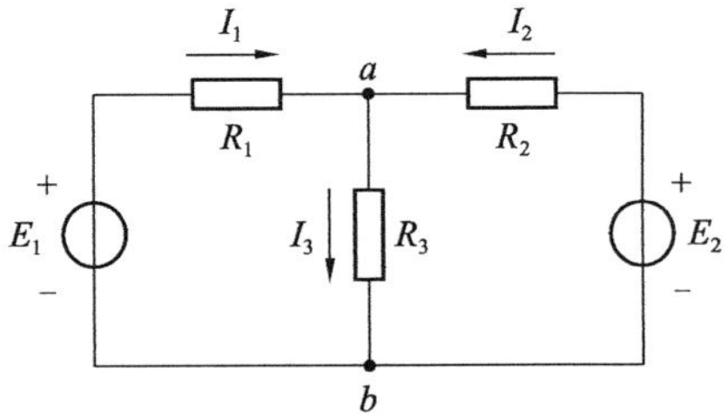

图 6

4. 如图 6 所示电路，请列出 KVL 方程.

专业__________ 班级__________ 学号__________ 姓名__________

学习情境 2 电路的分析方法(1)

一、填空题

1. 串联电路___________相等，两个电阻串联的等效电阻等于___________，电压的分配与电阻成___________.

2. 若两个电阻串联，其分压公式是 $U_1=$______________，$U_2=$______________.

3. 并联电路___________相等，等效电阻的倒数等于___________，电流的分配与电阻成___________.

4. 若两个电阻并联，其分流公式是 $I_1=$______________，$I_2=$______________.

二、计算题

1. 利用电压源与电流源等效变换法化简如图 1 所示电路.

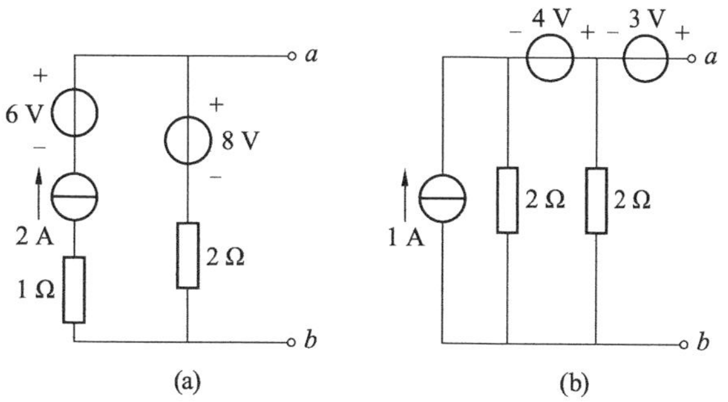

图 1

2. 如图 2 所示电路，试用电压源与电流源等效变换法求电流 I.

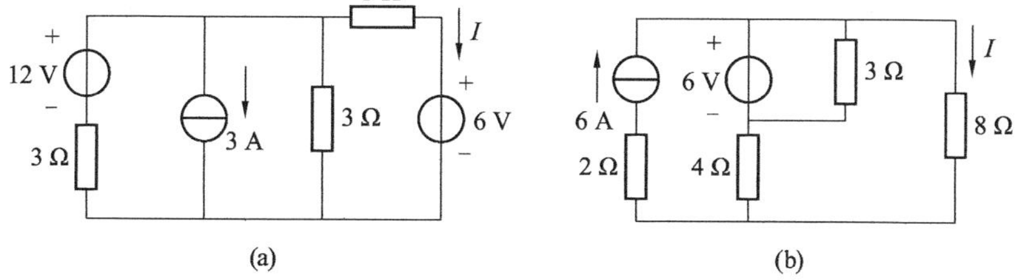

图 2

3. 如图 3 所示电路，试用支路电流法求各支路电流.

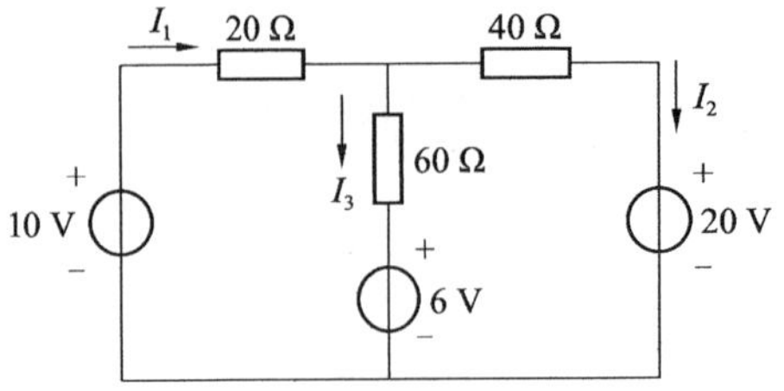

(a)

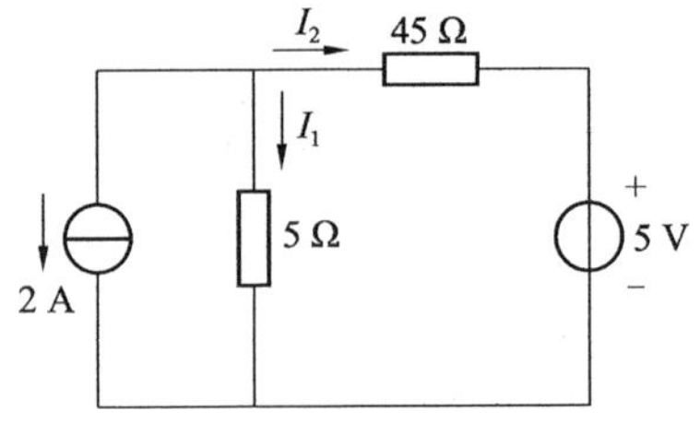

(b)

图 3

4. 电路如图 4 所示，求各支路电流 I_1，I_2 和 I_3.

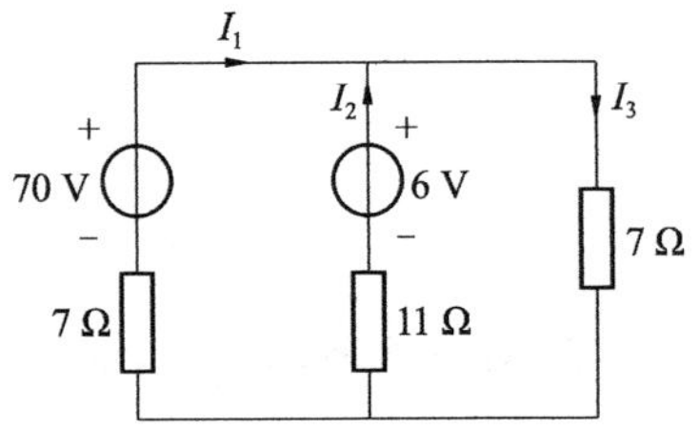

图 4

专业__________ 班级__________ 学号__________ 姓名__________

学习情境 2　电路的分析方法(2)

一、计算题

1. 如图 1 所示电路,试用叠加定理求电压 U.

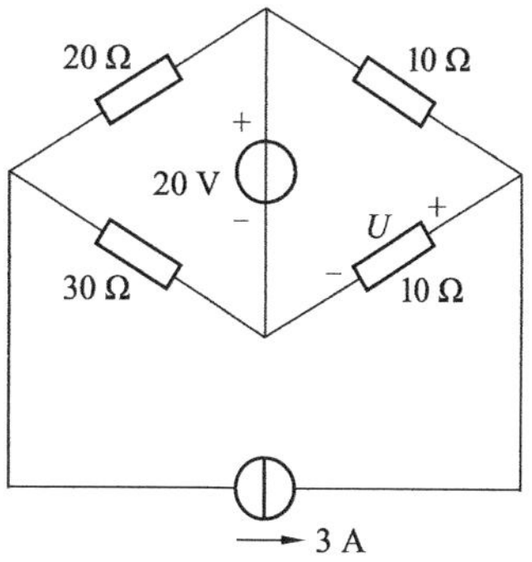

图 1

2. 利用叠加定理求如图 2 所示电路中的电流 I.

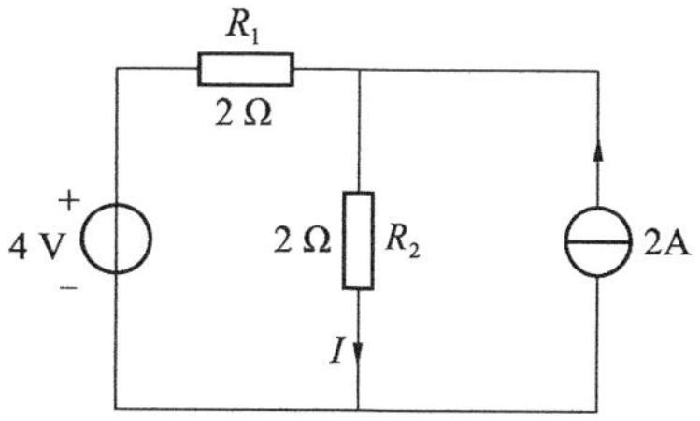

图 2

3. 利用戴维南定理求如图 3 所示电路中的电压 U.

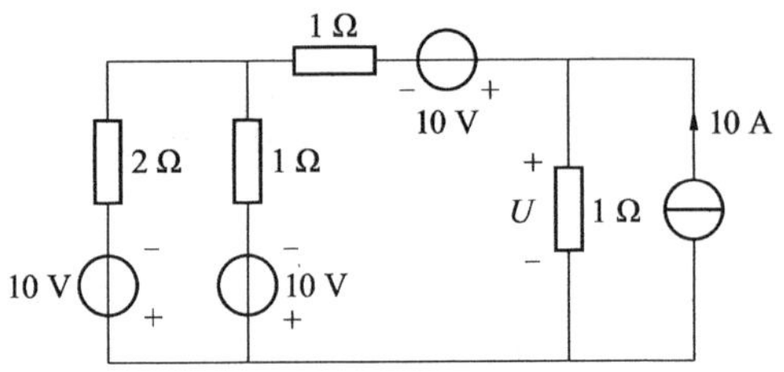

图 3

4. 将如图 4 所示各端口网络化简为最简形式.

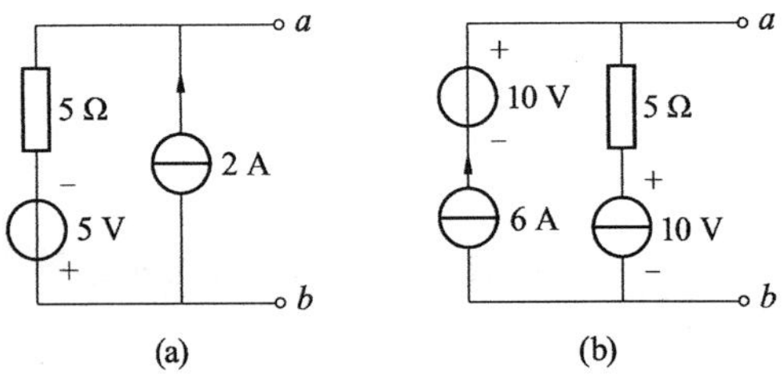

图 4

学习情境3　单相正弦电路分析(1)

一、选择题

1. 有“220 V,100 W”“220 V,25 W”白炽灯两盏,串联后接入 220 V 交流电源,其亮度情况是(　　).

A. 25 W 灯泡最亮　　B. 100 W 灯泡最亮

C. 两只灯泡一样亮　　D. 都不亮

2. 已知工频正弦电压有效值和初始值均为 380 V,则该电压的瞬时值表达式为(　　).

A. $u=537\sin(314t+45°)$ V　　B. $u=380\sin 314t$ V

C. $u=537\sin(314t+90°)$ V　　D. $u=380\sin(314t+45°)$ V

3. 一个电热器,接在 10 V 的直流电源上,产生的功率为 P. 把它改接在正弦交流电源上,使其产生的功率为 $P/2$,则正弦交流电源电压的最大值为(　　).

A. 14 V　　B. 5V　　C. 7.07 V　　D. 10 V

4. 已知 $i_1=10\sin(314t+90°)$ A,$i_2=10\sin(628t+30°)$ A,则(　　).

A. i_1 和 i_2 同相　　B. i_1 滞后 i_2 60°

C. i_1 超前 i_2 60°　　D. 相位差无法判断

5. 若 $i_1=10\sin(\omega t+30°)$ A,$i_2=20\sin(\omega t-10°)$ A,则 i_1 的相位比 i_2 超前(　　).

A. 40°　　B. −20°　　C. 20°　　D. −40°

6. 相量只能表示交流电的有效值(或最大值)和(　　).

A. 初相位　　B. 频率　　C. 相位

7. 若 $u_1=10\sin(\omega t+30°)$ V,$u_2=20\sin(\omega t-10°)$ V,则 u_1 的相位比 u_2 超前(　　).

A. 20°　　B. −20°　　C. 40°　　D. −40°

E. 不能确定

二、填空题

1. 任何一个正弦交流电都可以用____________相量和____________相量来表示.

2. 已知正弦交流电压 $u=380\sqrt{2}\sin(314t-60°)$ V,则它的有效值是__________ V,角频率是____________ rad/s.

3. 确定正弦量的三要素有____________、____________和____________.

4. 已知正弦交流电压 $u=380\sqrt{2}\sin(314t-60°)$ V,则它的频率为____________ Hz,初相角是____________.

三、计算题

1. 试求下列各正弦量的周期、频率和初相，二者的相位差如何？

(1) $3\sin 314t$； (2) $8\sin(5t+17^\circ)$.

2. 某线圈的电感量为 0.1 H，电阻可忽略不计. 接在 $u=220\sqrt{2}\sin 314t$ V 的交流电源上. 试求线圈中的电流及其无功功率；若电源频率为 100 Hz，电压有效值不变，又如何？写出电流的瞬时值表达式.

3. 正弦电压 $u=220\sin(\omega t+60^\circ)$ V，$f=50$ Hz. 分别求该电压在 $t=0.015$ s，$\omega t=0.25\pi$ 弧度与 $t=\dfrac{T}{4}$ 时的瞬时值.

学习情境3 单相正弦电路分析(2)

一、填空题

1. 纯电容交流电路中通过的电流有效值,等于加在电容器两端的__________除以它的__________.

2. 在感性负载的两端适当并联电容器可以使__________提高,电路的总__________减小.

3. 电阻元件正弦电路的复阻抗是__________;电感元件正弦电路的复阻抗是__________;电容元件正弦电路的复阻抗是__________;RLC串联电路的复阻抗是__________.

4. 电阻元件上的伏安关系瞬时值表达式为__________________,因此称其为即时元件;电感元件上伏安关系瞬时值表达式为__________________,电容元件上伏安关系瞬时值表达式为__________________,因此把它们称为动态元件.

5. 在电阻元件电路中,已知电压的初相角为40°,则电流的初相角为__________.

6. 在电感元件电路中,已知电压的初相角为40°,则电流的初相角为__________.

7. 在电容元件电路中,已知电压的初相角为40°,则电流的初相角为__________.

二、选择题

1. 纯电容正弦交流电路中,电压有效值不变,当频率增大时,电路中电流将( ).

A. 不变　B. 减小　C. 增大　D. 先增大后减小

2. 在RL串联电路中,$U_R=16$ V,$U_L=12$ V,则总电压为( ).

A. 28 V　B. 20 V　C. 2 V　D. 4 V

3. 实验室中的功率表是用来测量电路中的( ).

A. 视在功率　B. 无功功率　C. 有功功率　D. 瞬时功率

4. 电感电路正确的表达式是( ).

A. $\dot{U}=\mathrm{j}\dot{I}X_L$　B. $i_L=\dfrac{u_L}{X_L}$　C. $\dot{U}=-\mathrm{j}\dot{I}X_C$　D. 不确定

5. 若线圈电阻为60 Ω,当线圈外加200 V的正弦电压时,线圈中通过的电流为2 A,则线圈的感抗为( ).

A. 86.6 Ω　B. 70.7 Ω　C. 80 Ω　D. 60 Ω

三、计算题

1. 在纯电容电路中，已知 $C=50\ \mu F$，$f=50\ Hz$.

(1) 当 $u_C=220\sqrt{2}\sin(\omega t-20°)$ V 时，电流 i_C 是多少？

(2) 当 $\dot{I}_C=0.11\angle 60°$A 时，求 $\dot{U}_C$.

2. 在纯电感电路中，已知 $L=10$ H，$f=50$ Hz.

(1) 当 $i_L=0.22\sqrt{2}\sin(\omega t-40°)$ A 时，求电压 u_L.

(2) 当 $\dot{U}_L=127\angle 60°$ V 时，求 $\dot{I}_L$.

3. 在纯电阻电路中，已知 $R=22\ \Omega$，$f=50$ Hz.

(1) 当 $u_R=220\sqrt{2}\sin(\omega t+30°)$ V 时，求电流 i_R；

(2) 当 $\dot{I}_R=5\angle 50°$ A 时，求 $\dot{U}_R$.

专业__________ 班级__________ 学号__________ 姓名__________

学习情境3 单相正弦电路分析(3)

电路参数	电路图	基本关系	阻抗	电压与电流的关系				功率关系			
				瞬时值关系	有效值关系	相量关系	相量图关系	瞬时功率	有功功率	无功功率	视在功率
R											
L											
C											
RLC串联											

学习情境4　三相交流电路(1)

一、填空题

1. 三相交流发电机可同时产生三个有效值相等、频率相同、相位互差__________的正弦电压.

2. 对称三相正弦电压达到最大值或零值的顺序称为__________.

3. 三相电源的相序有__________和__________之分.

4. 三相电源相线与中性线之间的电压称为__________.

5. 三相电源相线与相线之间的电压称为__________.

6. 三相电源的线电压__________相应的相电压30°,且线电压等于相电压的__________倍.

二、选择题

1. 如图1所示的连接中,由N点引出的线称为(　　).

A. 中性线

B. 电压线

C. 火线

D. 三相线

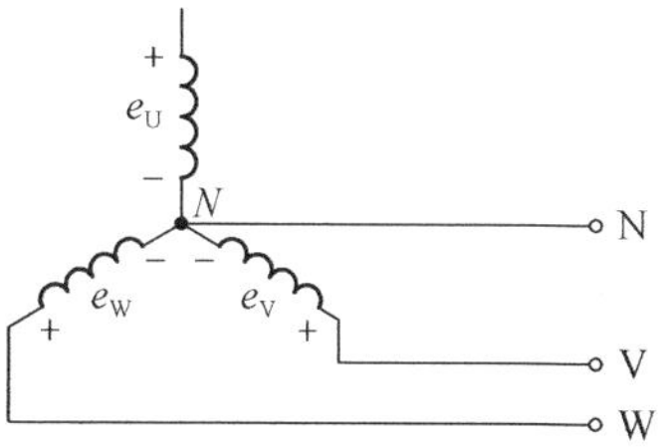

图1

2. (　　)的作用在于使星形连接的不对称负载的相电压对称.

A. 火线　　B. 中线　　C. 零线　　D. 以上都不对

3. 三相交流电源是由(　　)中的三相绕组提供的.

A. 三相交流发电机　　B. 两相交流发电机

C. 单相交流发电机　　D. 以上都不对

4. 当三相对称交流电源接成星形时,若线电压为380 V,则相电压为(　　).

A. 380/3 V　　B. $380/\sqrt{3}$ V　　C. $380/\sqrt{2}$ V　　D. 380 V

5. 星形连接三相电源对称的情况下,每个线电压都超前相应的相电压(　　).

A. 30°　　B. 60°　　C. 90°　　D. 120°

6. 三相电源只有在电路对称时才作三角形连接,此时三相的相电压之和为(　　).

A. 1　　B. 0　　C. 2　　D. 不确定

7. 已知对称三相电源的相电压$u_A=10\sin(\omega t+60^\circ)$ V,相序为A—B—C,则当电源星形连接时线电压u_{AB}为(　　).

A. $17.32\sin(\omega t+90^\circ)$ V　　B. $10\sin(\omega t+90^\circ)$ V

C. $17.32\sin(\omega t-30^\circ)$ V　　D. $17.32\sin(\omega t+150^\circ)$ V

8. 对称正序三相电压源星形连接,若相电压$u_A=100\sin(\omega t-60^\circ)$ V,则线电压

$u_{BC}=($　　$)$.

A. $100\sqrt{3}\sin(\omega t-150°)$ V　　B. $100\sqrt{3}\sin(\omega t+90°)$ V

C. $100\sin(\omega t+90°)$ V　　D. $100\sin(\omega t-150°)$ V

9. 三相四线制电源能输出(　　)种电压.

A. 1　　B. 2　　C. 3　　D. 4

10. 当三相交流发电机三个绕组接成星形时,若线电压 $u_{AB}=380\sqrt{2}\sin\omega t$ V,则相电压 $u_{B}=($　　$)$.

A. $220\sqrt{2}\sin(\omega t+90°)$ V　　B. $220\sqrt{2}\sin(\omega t-30°)$ V

C. $220\sqrt{2}\sin(\omega t-150°)$ V　　D. $220\sqrt{2}\sin(\omega t-120°)$ V

三、判断题

1. 通常三相绕组有两种连接方式:星形连接和三角形连接.　　(　　)

2. 三角形连接的电源中没有中性点.　　(　　)

四、计算题

1. 对称三相电源作星形连接,若$\dot{U}_{A}=220\angle 0°$ V,则$\dot{U}_{B}$和$\dot{U}_{AB}$是多少?

2. 已知某对称三相电源作 Y 形连接,其中 A 相的相电压为 220 V,初相为 0,写出其他两个相电压及三个线电压的相量式.

学习情境 4 三相交流电路(2)

一、填空题

1. 有中线的三相供电方式称为__________.

2. 无中线的三相供电方式称为__________.

3. 在三相四线制的照明电路中,相电压是__________V,线电压是__________V.

4. 各种照明灯具、家用电器的额定电压一般都是__________V.

5. 在三相四线制电源中,线电压等于相电压的__________倍,相位比相电压__________.

6. 三相四线制电源中,线电流大小是相电流的__________倍.

7. 三相对称负载三角形电路中,线电压大小是相电压的__________倍.

8. 三相对称负载三角形电路中,线电流大小为相电流大小的__________倍,线电流比相应的相电流__________.

9. 对称三相电路 Y 形连接,若相电压为 $u_A=220\sin(\omega t-60°)$ V,则线电压 $u_{AB}=$__________V.

二、选择题

1. 三相对称电路是指(　　).

A. 三相电源对称的电路

B. 三相负载对称的电路

C. 三相电源和三相负载均对称的电路

D. 三相电源对称和三相负载阻抗相等的电路

2. 负载星形连接时,相电流(　　)相应的线电流.

A. 大于　　B. 等于　　C. 小于　　D. 不确定

3. 三相负载对称时,中性线电流为(　　).

A. 1　　B. 0　　C. 小于 1　　D. 大于 0 小于 1

4. 负载作三角形连接时,负载的相电压就是(　　).

A. 线电压　　B. 中性电压　　C. 0　　D. 1

5. 已知三相电源线电压 $U_L=380$ V,三角形连接对称负载 $Z=(6+j8)$ Ω,则线电流 $I_L=$(　　)A.

A. $38\sqrt{3}$　　B. $22\sqrt{3}$　　C. 38　　D. 22

6. 已知三相电源线电压 $U_L=380$ V,三角形连接对称负载 $Z=(6+j8)$ Ω,则相电流 $I_L=$(　　)A.

A. 22　　B. $22\sqrt{3}$　　C. $38\sqrt{3}$　　D. 38

7. 已知三相电源线电压 $U_L=380$ V,星形连接的对称负载 $Z=(6+j8)$ Ω,则相电流

I_L=(　　)A.

A. 22　　B. $22\sqrt{3}$　　C. 38　　D. $38\sqrt{3}$

8. 已知三相电源相电压 $U_L=380$ V,星形连接的对称负载 $Z=(6+j8)$ Ω. 则线电流 I_L=(　　)A.

A. 22　　B. $22\sqrt{3}$　　C. 38　　D. $38\sqrt{3}$

9. 三相对称负载作三角形连接时,(　　).

A. $I_L=\sqrt{3}I_P, U_L=U_P$　　B. $I_L=I_P, U_L=\sqrt{3}U_P$

C. I_P 与 I_L, U_P 与 U_L 关系不定　　D. 都不正确

10. 三相对称负载作星形连接时,(　　).

A. $I_L=\sqrt{3}I_P, U_L=U_P$　　B. $I_L=I_P, U_L=\sqrt{3}U_P$

C. I_P 与 I_L, U_P 与 U_L 关系不定　　D. 都不正确

三、判断题

1. 多数三相电路的输电线路都比较长,因此其阻抗不能忽略,分析计算时不需要考虑.　(　　)

2. 对称三相电路中,由于电路的对称性,三个相电流对称,中线上的电流仍然为 0.　(　　)

3. 如果三相负载不对称,中性线没有电流通过,因此中线可以去除.　(　　)

4. 三角形连接时,相电压对称. 若一相断开,不影响其他两相工作.　(　　)

5. 三角形连接三相负载对称的情况下,线电流比相应的相电流滞后 60°.　(　　)

6. 三相四线制电路中,无中性线的情况下,一相发生故障,就要影响其他两相的正常工作.　(　　)

7. 为了保证负载的相电压对称,中性线上不准接熔断器和开关,而且中性线要具有足够的机械强度.　(　　)

8. 负载对称时,只需计算出任一相电流,其他两相电流可根据对称性直接写出.　(　　)

四、计算题

1. 三相四线制电路如图 1 所示,已知每相负载阻抗 $Z=(6+j8)$ Ω,外加线电压 $U=380$ V. 试求负载的相电压和相电流.

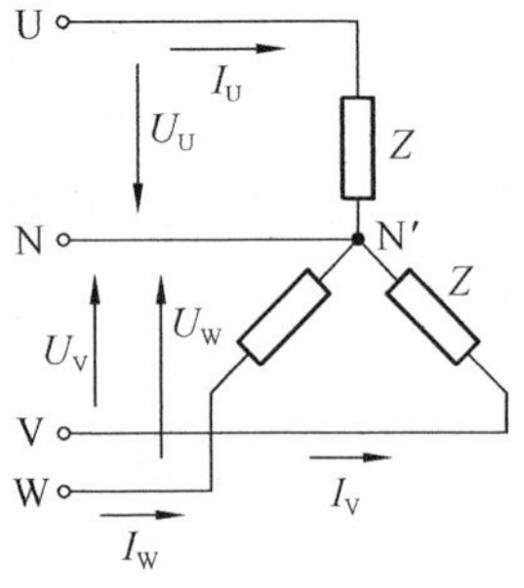

图 1

学习情境4　三相交流电路(3)

一、填空题

1. 三相电路的功率是指三相电路的__________,即为各相负载的__________.

2. 三相交流电路中,只要负载对称,无论作何连接,其有功功率均为__________.

二、选择题

1. 三相电动机等设备铭牌上标明的功率都是指三相总(　　)功率.

A. 无功　　B. 有功　　C. 视在　　D. 实际

2. 下列有关无功功率的表达正确的是(　　).

A. $Q=Q_U+Q_V+Q_W$　　B. $Q=Q_U+Q_V-Q_W$

C. $Q=Q_U-Q_V-Q_W$　　D. $Q=Q_U-Q_V+Q_W$

3. 对称三相电路的总有功功率 $P=3U_PI_P\cos\varphi$,式中 φ 角是(　　).

A. 线电压与线电流之间的相位差

B. 相电压与相电流之间的相位差

C. 线电压与相电流之间的相位差

D. 相电压与线电流之间的相位差

三、判断题

1. 三相电源发出的有功功率或三相负载消耗的有功功率等于它们各相有功功率之和.　(　　)

2. 在对称三相电路中,各相负载的功率相等.　(　　)

四、计算题

1. 某三相对称负载电路,$R=24\ \Omega$,$X_L=18\ \Omega$,接于电压为380 V的电源上.试求负载接成星形时的线电流、相电流和有功功率.

2. 三角形连接的对称三相电路中,负载每相阻抗 $Z=(6+j8)\ \Omega$,电源线电压有效值为220 V,求三相负载的有功功率.

3. 三相对称负载三角形连接，其线电流为 $I_L=5.5$ A，有功功率为 $P=7760$ W，功率因数 $\cos\varphi=0.8$，求电源的线电压 U_L、电路的无功功率 Q 和每相阻抗 Z.

4. 对称三相负载作三角形连接，每相电阻为 38 Ω，接于线电压为 380 V 的对称三相电源上，试求负载相电流 I_P、线电流 I_L 和三相有功功率 P，并绘出各电压电流的相量图.

5. 如图 1 所示的三相四线制电路，三相负载连接成星形，已知电源线电压 380 V，负载电阻 $R_a=11$ Ω，$R_b=R_c=22$ Ω. 试求负载的各相电压、相电流、线电流和三相总功率.

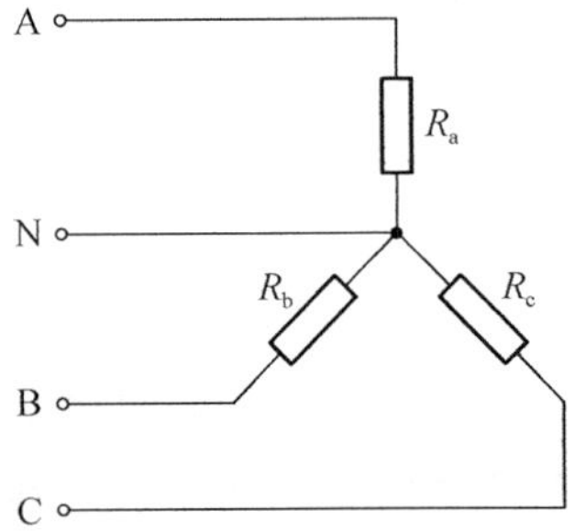

图 1

专业__________ 班级__________ 学号__________ 姓名__________

学习情境5 磁路与变压器(1)

一、填空题

1. 通电导体周围存在着__________. 在电磁铁、变压器、电机等电工设备中,为了用较小的电流产生较大的磁场,通常把线圈绕在由__________制成的铁芯上.

2. 将线圈绕制在铁芯上便组成__________,当线圈通入电流时,铁芯形成的磁路就有__________.

3. 根据线圈所接的电源,铁芯线圈分为__________铁芯线圈和__________铁芯线圈.

4. 铁磁材料是构成磁路的主要材料,常用的磁性材料有__________、__________、__________及其合金等.

5. 电磁铁是利用通电的铁芯线圈对铁磁性物质产生的__________电器设备.

6. 电磁铁一般由__________、__________和__________三个主要部分组成.

7. 电磁铁分为__________电磁铁和__________电磁铁两种.

二、选择题

1. 关于磁场和磁感线的描述,说法正确的是( ).

A. 磁感线从磁体的N极出发,终止于S极

B. 磁场的方向就是通电导体在磁场中某点受磁场作用力的方向

C. 沿磁感线方向,磁场逐渐减弱

D. 同一通电导体在磁场强的地方受的安培力可能比在磁场弱的地方受的安培力小

2. 判定通电导线或通电线圈产生磁场的方向用( ).

A. 右手定则 B. 右手螺旋法则 C. 左手定则 D. 楞次定律

3. 为减小剩磁,电磁线圈的铁芯应采用( ).

A. 硬磁性材料 B. 非磁性材料 C. 软磁性材料 D. 矩磁性材料

三、判断题

1. 磁感应线上各点的切线方向就是该点磁场的方向. ( )

2. 如果磁场内各点的磁感应强度大小相等、方向相同,则这样的磁场称为均匀磁场,它构成的磁路称为均匀磁路. ( )

3. 磁场中某处的磁感应强度的大小,不仅与产生这个磁场的电流等因素有关,而且与磁场中介质的性质有关. ( )

4. 非铁磁物质的磁导率约等于1,而铁磁物质的磁导率远小于1. ( )

5. 硅钢和坡莫合金是变压器和电机中常用的软磁铁芯材料. ( )

6. 直流电磁铁的励磁电流是恒定不变的,其大小只取决于线圈上所加直流电压和线圈电阻的大小. ( )

7. 软磁物质磁导率较高，不易于磁化，磁滞回线狭窄.　(　　)

8. 磁化是铁磁物质所特有的现象.　(　　)

9. 在磁路中，恒定磁通通过磁阻时要消耗能量.　(　　)

10. 计算机存储器的磁芯主要用矩磁物质来制作.　(　　)

11. 穿出铁芯在周围非磁性材料中的磁通就称为漏磁通.　(　　)

12. 增大铁芯材料的电阻率可以降低涡流及其损耗.　(　　)

四、简答题

1. 铁磁性物质在磁化过程中有哪些特点？

2. 什么叫电磁感应现象？什么叫感应电流？必须满足什么条件，导体中才能产生感应电流？

3. 什么是自感现象和互感现象？

4. 什么是直流电磁铁？什么是交流电磁铁？

五、计算题

1. 一交流铁芯线圈接在电压 $U=220\ \mathrm{V}$，频率 $f=50\ \mathrm{Hz}$ 的电源上，电流 $I=3\ \mathrm{A}$，消耗功率 $P=100\ \mathrm{W}$. 为了求出此时的铁损，把该线圈从交流电源上取下，改接到直流 $U'=12\ \mathrm{V}$ 的电源上，电流 $I'=10\ \mathrm{A}$. 试计算铁损和功率因数.

专业__________ 班级__________ 学号__________ 姓名__________

学习情境5　磁路与变压器(2)

一、填空题

1. 变压器由__________和绕在铁芯上的两个或多个__________组成.

2. 根据铁芯结构形式的不同,变压器分为__________和__________两种.

3. 变压器是利用电磁感应原理传输电能或信号的器件,具有__________、__________和__________隔离的作用.

4. 变压器的损耗包括__________和__________.

5. 变压器空载运行时,其__________较小,所以空载时的损耗近似等于__________.

6. 变压器铁芯导磁性能越好,其励磁电抗越__________,励磁电流越__________.

7. 变压器在电力系统中的主要作用是__________,以利于功率的传输.

8. 要消除交流电磁铁的振动,需要在铁芯端面安装一个__________.

9. 铁芯损耗是指铁芯线圈中的__________和__________的总和.

二、选择题

1. 变压器的基本工作原理是(　　).

A. 电磁感应　　B. 电流的磁效应

C. 能量平衡　　D. 电流的热效应

2. 有一空载变压器原边额定电压为380 V,并测得原绕组$R=10\ \Omega$,试问原边电流应(　　).

A. 大于38 A　　B. 等于38 A　　C. 远低于38 A　　D. 无法确定

3. 某单相变压器额定电压为380/220 V,额定频率为50 Hz.如将低压边接到380 V交流电源上,将出现(　　).

A. 主磁通增加,空载电流减小　　B. 主磁通增加,空载电流增加

C. 主磁通减小,空载电流减小　　D. 主磁通减小,空载电流增加

4. 某单相变压器额定电压为380/220 V,额定频率为50 Hz.如电源为额定电压,但频率比额定值高20%,将出现(　　).

A. 主磁通和励磁电流均增加　　B. 主磁通和励磁电流均减小

C. 主磁通增加,而励磁电流减小　　D. 主磁通减小,而励磁电流增加

5. 如将380/220 V的单相变压器原边接于380 V直流电源上,将出现(　　).

A. 原边电流为零　　B. 副边电压为220 V

C. 原边电流很大,副边电压为零　　D. 原边电流很小,副边电压为零

6. 当电源电压的有效值和电源频率不变时,变压器负载运行和空载运行时的主磁

通(　　).

A. 完全相同　　　　B. 基本不变

C. 负载运行比空载时大　　　　D. 空载运行比负载时大

7. 变压器原边加 220 V 电压,测得副边开路电压为 22 V,副边接负载 $R_2=11\ \Omega$,副边电流 I_2与原边电流 I_1 的比值为(　　).

A. 0.1　　B. 1　　C. 10　　D. 100

三、判断题

1. 理想变压器二次侧开路相当于一次侧开路.　　(　　)

2. 变压器的高压线圈匝数少而电流大,低压线圈匝数多而电流小.　　(　　)

四、计算题

1. 一理想变压器,一次、二次绕组的绕组匝数分别为 3000 匝和 200 匝,一次侧电流为 0.22 A,二次侧负载电阻为 10 Ω. 试求一次侧电压和输入电阻.

2. 单相变压器原边线圈匝数 $N_1=1000$ 匝,副边 $N_2=500$ 匝,现原边加电压 $U_1=220$ V,测得副边电流 $I_2=4$ A. 忽略变压器内阻抗及损耗.

求:(1) 原边等效阻抗 Z;(2) 负载消耗功率 P_2.

3. 已知变压器原边电压 $U_1=380$ V,若变压器效率为 80%,要求副边接上额定电压为 36 V、额定功率为 40 W 的白炽灯 100 只. 求副边电流 I_2 和原边电流 I_1.

4. 有一单相变压器，原边电压为 220 V，50 Hz，副边电压为 44 V，负载电阻为 10 Ω. 试求：(1) 变压器的变压比；(2) 原副边电流 I_1，I_2；(3) 反射到原边的阻抗.

5. 有一单相照明变压器，容量为 10 kVA，电压为 3300/220 V. 今欲在副绕组接上 60 W，220 V 的白炽灯，如果要变压器在额定情况下运行，这种白炽灯可接多少个？求原、副绕组的额定电流.

6. 如图 1 所示是一电源变压器，原绕组有 550 匝，接在 220 V 电压上. 副绕组有两个：一个电压 36 V，负载 36 W；一个电压 12 V，负载 24 W. 两个都是纯电阻负载，求原边电流 I_1 和两个副绕组的匝数.

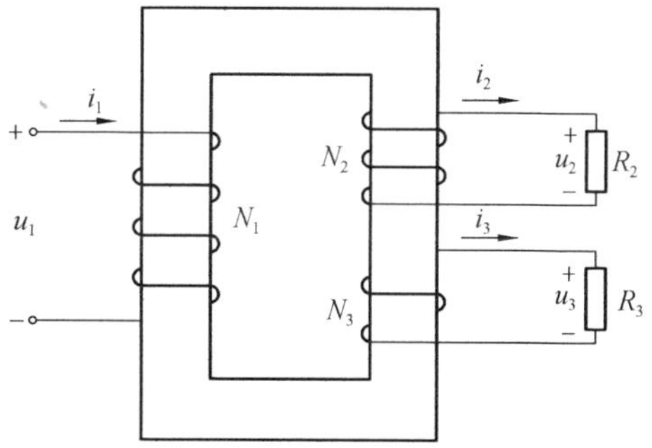

图 1

学习情境6 三相异步电动机及其控制(1)

一、填空题

1. 三相异步电动机主要由__________和__________组成.

2. 定子部分主要由__________、__________、__________三部分组成.

3. 电动机是将__________能转换为__________能的设备.

4. 三相异步电动机的转子有__________式和__________式两种形式.

5. 三相异步电动机旋转磁场的转速称为__________，它与电源频率和__________有关.

6. 三相异步电动机旋转磁场的转向是由__________决定的，运行中若旋转磁场的转向改变了，则转子的转向__________.

7. 三相异步电动机的转速取决于__________、__________和电源频率.

8. 电动机的额定转矩应__________最大转矩.

9. 三相异步电动机机械负载加重时，其定子电流将__________. 三相异步电动机负载不变而电源电压降低时，其转子转速将__________.

10. 三相异步电动机的额定功率是额定状态时电动机转子轴上输出的机械功率，额定电流是满载时定子绕组的__________电流，其转子的转速__________旋转磁场的速度.

11. 电动机铭牌上所标额定电压是指电动机绕组的__________.

12. 某三相异步电动机额定电压为380/220 V，当电源电压为220 V时，定子绕组应接成__________；当电源电压为380 V时，定子绕组应接成__________.

二、选择题

1. 三相异步电动机旋转磁场的旋转方向由三相电源的(　　)决定.

A. 相位　　B. 相序　　C. 频率　　D. 相位角

2. 当三相异步电动机的机械负载增加时，如定子端电压不变，其旋转磁场速度(　　).

A. 增加　　B. 减少　　C. 不变　　D. 先增后减

3. 某三相异步电动机的额定转速为735 r/min，相对应的转差率为(　　).

A. 0.265　　B. 0.02　　C. 0.51　　D. 0.183

4. 三相异步电动机在稳定运转情况下，电磁转矩与转差率的关系为(　　).

A. 转矩与转差率无关　　B. 转矩与转差率平方成正比

C. 转差率增大，转矩增大　　D. 转差率减小，转矩增大

5. 当三相异步电动机的机械负载增加时，如定子端电压不变，其旋转磁场速度(　　).

A. 增加　　B. 减少　　C. 不变　　D. 无法确定

6. 当三相异步电动机的机械负载增加时，如定子端电压不变，其转子的转速(　　).

A. 增加　　B. 减少　　C. 不变　　D. 无法确定

7. 当三相异步电动机的机械负载增加时，如定子端电压不变，其定子电流(　　).

A. 增加　　B. 减少　　C. 不变　　D. 无法确定

8. 当三相异步电动机的机械负载增加时，如定子端电压不变，其输入功率(　　).

A. 增加　　B. 减少　　C. 不变　　D. 无法确定

9. 三相异步电动机形成旋转磁场的条件是(　　).

A. 在三相绕组中通以任意的三相电流

B. 在三相对称绕组中通以三个相等的电流

C. 在三相对称绕组中通以三相对称的正弦交流电流

D. 在三相对称绕组中通以三相非对称的正弦交流电流

三、简答题

1. 三相异步电动机带动一定的负载运行时，若电源电压降低，此时电动机的转矩、电流及转速有无变化？如何变化？

2. 试述三相异步电动机的转动原理，并解释“异步”的含义.

四、计算题

1. 有一台三相异步电动机，定子绕组形成的旋转磁场的转速为 1500 r/min，当转差率为 0.02 时，电动机的转速为多少？

2. 有一台四极三相异步电动机，电源电压的频率为 50 Hz，满载时电动机的转差率为 0.02. 求电动机的同步转速、转子转速和转子电流频率.

3. Y225-4 型三相异步电动机的技术数据如下：380 V，50 Hz，三角形接法，定子输入功率 $P_{1N}=48.75$ kW，定子电流 $I_{1N}=84.2$ A，转差率 $s_N=0.013$，轴上输出转矩 $T_N=290.4$ N·m. 求：(1) 电动机的转速 n_2；(2) 轴上输出的机械功率 P_{2N}；(3) 功率因数 $\cos\varphi_N$；(4) 效率 η_N.

4. Y180L-4 型电动机的额定功率为 22 kW，额定转速为 1470 r/min，频率为50 Hz，最大电磁转矩为 314.6 N·m. 试求电动机的过载能力系数.

5. 四极三相异步电动机的额定功率为 30 kW，额定电压为 380 V，三角形接法，频率为 50 Hz. 在额定负载下运动时，其转差率为 0.02，效率为 90%，电流为 57.5 A. 试求：(1) 转子旋转磁场对转子的转速；(2) 额定转矩；(3) 电动机的功率因数.

学习情境6　三相异步电动机及其控制(2)

一、填空题

1. 绕线式异步电动机通过转子回路串接____________来改善启动和调速性能.

2. 笼型三相异步电动机常用的降压启动方法有：____________启动和____________启动.

3. 三相异步电动机采 Y－△降压启动时，其启动电流是三角连接全压启动电流的____________，启动转矩是三角连接全压起动时的____________.

二、选择题

1. 当电源电压恒定时，异步电动机在满载和轻载下的启动转矩是(　　).

A. 完全不同的　　B. 完全相同的

C. 基本相同的　　D. 无法比较的

2. 降低电源电压后，三相异步电动机的启动转矩将(　　).

A. 减小　　B. 不变

C. 增大　　D. 无法确定

3. 降低电源电压后，三相异步电动机的启动电流将(　　).

A. 减小　　B. 不变

C. 增大　　D. 无法确定

4. 从降低启动电流来考虑，三相异步电动机可以采用降压启动，但启动转矩将(　　)，因而只适用空载或轻载启动的场合.

A. 降低　　B. 升高

C. 不变　　D. 无法确定

5. 三相异步电动机反接制动的优点是(　　).

A. 制动平稳　　B. 能耗较小

C. 制动迅速　　D. 定位准确

三、判断题

1. 三相异步电动机的启动问题：启动转矩小，启动电流大.　(　　)

2. Y－△降压启动时电流为直接启动时的 1/3，仅适用于正常运行为三角形连接的电机.　(　　)

3. 异步电动机的调速方法有变频调速、变极调速和改变转差率调速.　(　　)

4. 绝缘等级指电机绝缘材料能够承受的极限温度等级，分为 A，E，B，F，H 五级，A 级最低(105 ℃)，H 级最高(165 ℃).　(　　)

四、简答题

1. 为什么在减压启动的各种方法中，自耦变压器减压启动性能相对较好？

2. 三相异步电动机断了一根电压线后，为什么不能启动？而在运行时断了一根线，为什么能继续转动？这两种情况对电动机有何影响？

五、计算题

1. 已知 Y180M－4 型三相异步电动机，其额定数据如下表所示.

求：(1) 额定电流 I_N；

(2) 额定转差率 s_N；

(3) 额定转矩 T_N、最大转矩 T_M、启动转矩 T_{st}.

额定功率/kW	额定电压/V	满载时			$\frac{启动电流}{额定电流}$	$\frac{启动转矩}{额定转矩}$	$\frac{最大转矩}{额定转矩}$	接法
		转速/(r/min)	效率/%	功率因数				
18.5	380	1470	91	0.86	7.0	2.0	2.2	△

2. 一台 Y132-52-4 型三相异步电动机的额定数据如下：转速 1450 r/min，功率 10 kW，电压 380 V，△接法，效率 87.5%，功率因数 0.87，$T_{st}/T_N=1.4$，$T_{max}/T_N=2.0$. 试求：(1) 接 380 V 电压直接启动时的 T_{st}；(2) 采用 Y－△降压启动时的 T'_{st}.

3. 某三相异步电动机 $T_{st}=1.4T_N$，采用 Y－△启动，问在下述情况下电动机能否起动？

(1) 负载转矩为 $0.5T_N$；(2) 负载转矩为 $0.25T_N$.

专业__________ 班级__________ 学号__________ 姓名__________

学习情境8 常用半导体器件(1)

一、填空题

1. 半导体是导电能力介于__________和__________之间的物质.

2. PN结加正向电压时__________，加反向电压时__________，这种特性称为PN结的__________特性.

3. 常温下本征半导体载流子浓度很__________，导电能力很__________.

4. 在没有电场力作用时，半导体中载流子作__________.

5. 载流子的漂移运动产生的电流称为__________.

6. 由于载流子浓度差而引起的电流流动称为__________，形成的电流叫作__________.

7. PN结交界处P区一侧__________浓度大，而N区一侧__________浓度大，产生__________.

8. PN结内电场的建立，一方面__________，另一方面__________.

9. 在PN结外加不同方向的电压，就可以破坏原来的平衡，从而呈现__________.

10. 电源V的正极接PN结N区，负极接P区，这种接法叫作PN结的__________.

二、简答题

1. 简述导体、半导体、绝缘体的定义.

2. 什么是本征半导体？什么是杂质半导体？两者有什么区别？

3. 杂质半导体有哪两种？两者有什么区别？

4. 半导体中载流子的运动形式有哪几种？分别做简单说明.

5. 简述 PN 结的形成过程，并简单作图说明.

6. 简述 PN 结的伏安特性，并画出 PN 结的伏安特性曲线.

7. 什么叫 PN 结的反向击穿？PN 结反向击穿有什么特点？

学习情境8 常用半导体器件(2)

一、填空题

1. 半导体二极管由一个__________和__________及__________封装而成.

2. 二极管按材料分,最常用的有__________和__________两种.

3. PN结按结构分类,有__________、__________和__________.

3. 二极管正向导通的最小电压称为__________电压,使二极管反向电流急剧增大所对应的电压称为__________电压.

4. 二极管最主要的特性是__________,使用时应考虑的两个主要参数是__________和__________.

5. 半导体二极管加反向偏置电压时,反向峰值电流越小,说明二极管的__________性能越好.

6. 稳压管工作在伏安特性的__________区,在该区内的反向电流有较大变化,但它两端的电压__________.

7. 理想二极管正向电阻为__________,反向电阻为__________,这两种状态相当于一个__________.

8. 当温度升高时,二极管的正向特性曲线将__________,反向特性曲线将__________.

9. PN结正向偏置时P区的电位__________N区的电位.

二、选择题

1. 二极管的导通条件是( ).

A. $U_D>0$ B. $U_D>$死区电压 C. $U_D>$击穿电压

2. 用万用表的$R\times100\ \Omega$挡和$R\times1\ k\Omega$挡分别测量一个正常二极管的正向电阻,两次测量值分别为R_1和R_2,则R_1和R_2的关系为( ).

A. $R_1>R_2$ B. $R_1=R_2$ C. $R_1<R_2$

3. 温度为20 ℃时,二极管的导通电压为0.7 V,若其他参数不变,当温度升高到40 ℃时,二极管的导通电压将( ).

A. 等于0.7 V B. 小于0.7 V C. 大于0.7 V

4. 如图1所示,二极管均为理想元件,则VD_1,VD_2,VD_3的工作状态为( ).

A. VD_1导通,VD_2和VD_3截止

B. VD_2导通,VD_1和VD_3截止

C. VD_3导通,VD_1和VD_2截止

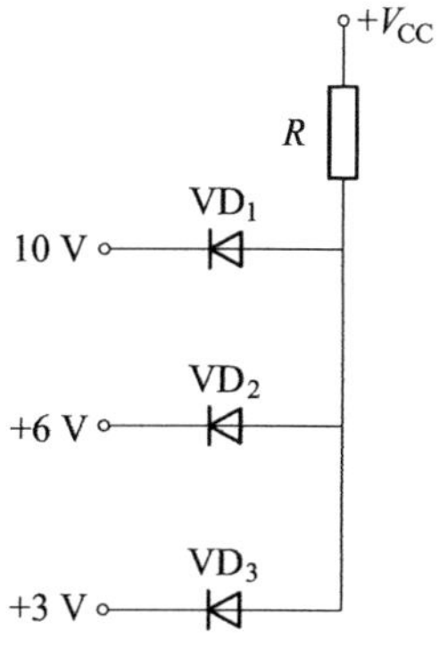

图1

5. 在如图 2 所示电路中，稳压管 VD_1 的稳定电压为 9 V，VD_2 的稳定电压为 15 V，输出电压 U_o 等于(　　).

A. 15 V　　B. 9 V　　C. 24 V

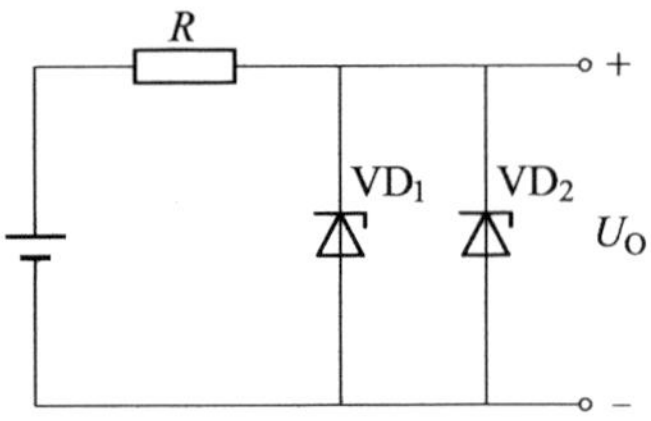

图 2

三、判断题

1. 在二极管的反向截止区，反向电流随反向电压增大而增大.　(　　)

2. 指针式万用表的红表笔(正端)接二极管的正极，黑表笔(负端)接二极管的负极，测得的是二极管的正向电阻.　(　　)

3. 如果稳压管工作电流太小，则管子可能被损坏.　(　　)

四、简答题

画出二极管的伏安特性曲线，特性曲线可以分为几部分？各部分对应什么特性？请作简要说明.

五、分析计算题

1. 判断图 3 所示电路中二极管的工作状态.

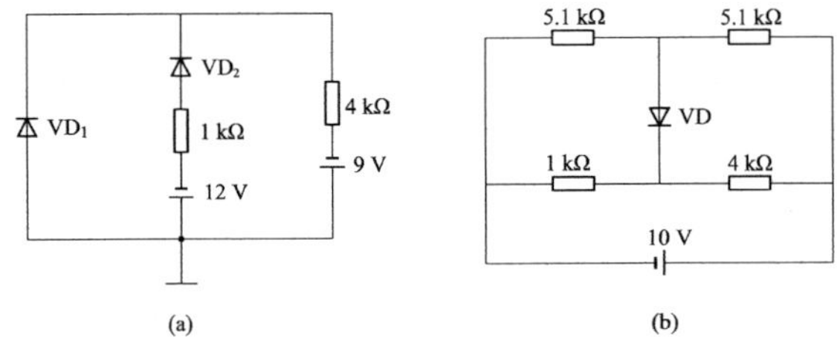

图 3

2. 如图 4 所示，设二极管导通压降为 0.7 V，判断二极管是否导通，并求输出电压 U_O.

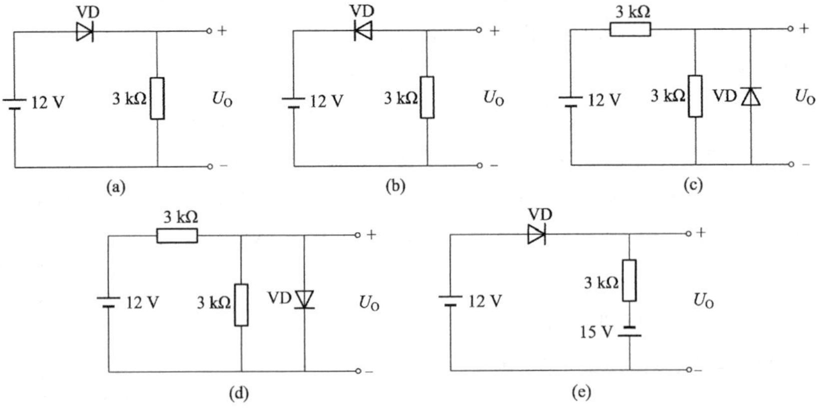

图 4

学习情境8 常用半导体器件(3)

一、填空题

1. 从结构上看,三极管可以分成__________和__________两种类型.

2. 晶体三极管工作时有__________和__________两种载流子参与导电,因此三极管又称为__________晶体管.

3. 三极管三个区分别引出三根电极,即________、________和________.

4. NPN 型三极管在基极与发射极之间加正向电压,基极与集电极之间加反向电压的接法,称为__________.

5. 晶体管的输出特性曲线分为__________、__________和__________三个区.

6. 三极管的电流放大作用是指三极管的__________电流约是__________电流的 β 倍,即利用电流,就可实现对__________电流的控制.

7. 当三极管工作在__________区时,关系式 $I_C \approx \beta I_B$ 才成立,发射极__________偏置,集电极__________偏置.

8. 当三极管工作在__________区时,$I_C \approx 0$,发射极__________偏置,集电极__________偏置.

9. 当三极管工作在__________区时,$U_{CE} \approx 0$,发射极__________偏置,集电极__________偏置.

10. β 值下降到 β_0 的 0.707 倍时的频率称为__________.

二、选择题

1. 当三极管的两个 PN 结都反偏时,三极管处于(   ).

   A. 截止状态　B. 饱和状态　C. 放大状态　D. 击穿

2. 当三极管的两个 PN 结都正偏时,三极管处于(   ).

   A. 截止状态　B. 饱和状态　C. 放大状态　D. 击穿

3. 检查放大器中晶体管在静态时是否进入截止区,最简便的方法是测量(   ).

   A. I_{BQ}　B. U_{BEQ}　C. I_{CQ}　D. U_{CEQ}

4. 处于放大状态的 NPN 型晶体管,各电极的电位关系是(   ).

   A. $V_b > V_c > V_e$　B. $V_e > V_b > V_c$

   C. $V_c > V_b > V_e$　D. $V_c > V_e > V_b$

5. 三极管共发射极输出特性常用一组曲线来表示,其中每一条曲线对应一个特定的(   ).

   A. i_c　B. u_{CE}　C. i_B　D. i_E

三、判断题

1. 晶体三极管由两个 PN 结构成,二极管包含一个 PN 结,因此可以用两个二极管

反向串接来构成三极管. ( )

2. 晶体三极管集电极和基极上的电流总能满足 $I_E=\beta I_C$ 的关系. ( )

3. 只有电路既放大电流又放大电压,才称其有放大作用. ( )

4. 电路中各电量的交流成分是交流信号源提供的. ( )

5. 放大电路必须加上合适的直流电源才能正常工作. ( )

四、简答题

1. 画出 NPN 型三极管的结构和符号.

2. 简述晶体管内载流子的运动过程.

3. 画出共射极接法晶体管的输入特性曲线,并对曲线作简要说明.

4. 画出共射极接法晶体管的输出特性曲线,说明输出特性分为哪几个区及各区的特点.

专业__________ 班级__________ 学号__________ 姓名__________

学习情境9 基本放大电路(1)

一、填空题

1. 放大电路的主要性能指标有____________、____________、最大不失真输出电压、非线性失真系数、____________、____________和效率.

2. 共射极放大电路，____________为输入、输出回路的公共端.

3. 当输入信号为零时，称放大电路的工作状态为____________，也称为直流状态.

4. 在静态的基础上，给放大电路加上交流输出信号 u_i，这时的工作状态称为____________.

5. 在放大电路中，i_B 表示基极____________；i_b 表示基极____________；I_{bm} 表示基极____________；I_B 表示基极____________.

6. 放大电路的动态分析方法有________________和________________.

7. 三极管放大电路静态分析就是要计算静态工作点，即计算____________、____________、____________三个值.

8. 为使电压放大电路中的三极管能正常工作，必须选择合适的____________.

9. 造成放大电路静态工作点不稳定的因素有很多，其中影响最大的是____________________________.

10. 共射极放大电路的输出信号 u_o 与输入信号 u_i ____________，或者说相位相差 180°.

二、计算分析题

1. 画出如图1所示共射极放大电路的直流通路.

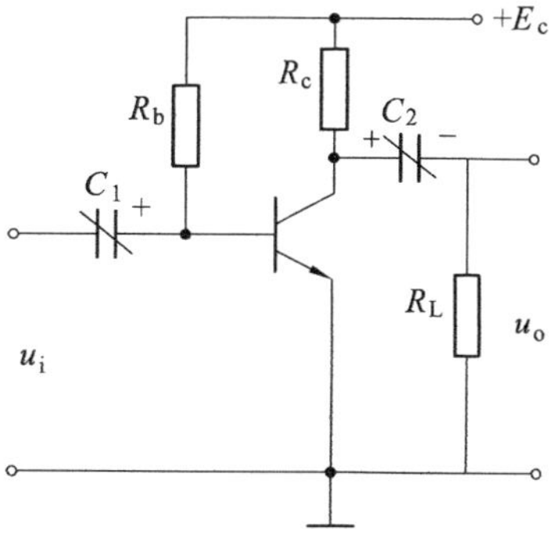

图1

2. 在共发射极基本交流放大电路中,已知 $U_{CC}=12$ V,$R_c=4$ kΩ, $R_b=300$ kΩ,晶体管的输出特性曲线如图 2 所示.(1) 作出直流负载线;(2) 求静态值.

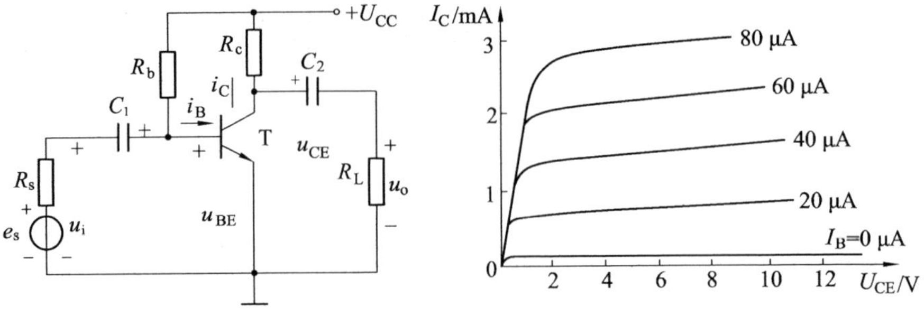

图 2

3. 在共发射极基本交流放大电路中,已知晶体管的输出特性曲线和直流负载线如图 3 所示,试确定放大电路中的 U_{CC},R_C,R_B(取 $U_{be}=0$ V).

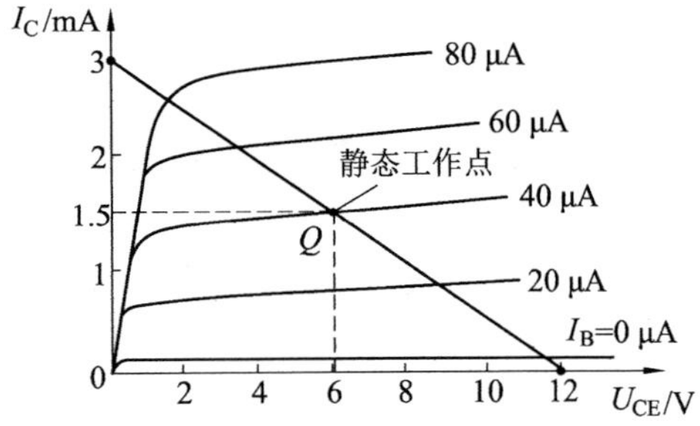

图 3

4. 已知电路如图 4 所示,$\beta=40$,$U_{CC}=10$ V,$r_{be}=1$ kΩ,$R_L=2$ kΩ,$R_{B1}=27$ kΩ,$R_{B2}=73$ kΩ,$R_E=2$ kΩ. 取 $U_{be}=0.7$ V. 试计算此放大电路的静态工作点;画出此电路的直流通路和交流通路.

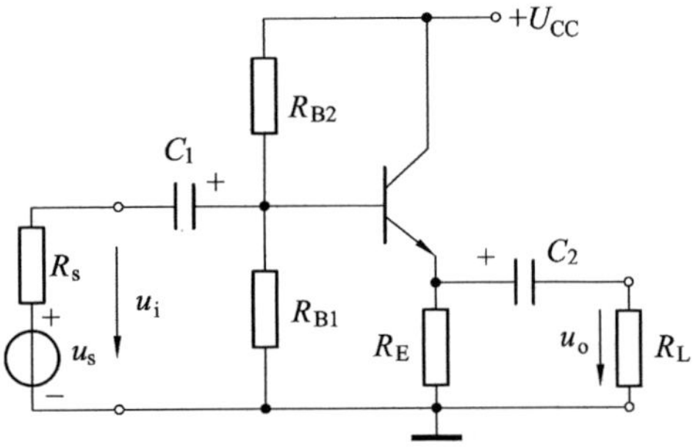

图 4

学习情境9　基本放大电路(2)

一、填空题

1. 三种基本组态的放大电路中,输入输出信号相位相反的是__________电路,输入输出信号相位相同的是__________电路.

2. 三种基本组态的放大电路中,有电压放大无电流放大的是__________电路,有电流放大无电压放大的是__________电路,既有电压放大又有电流放大的是__________电路.

3. 分压偏置的共射极放大电路的作用是__________.

4. 放大电路的主要性能指标有__________、__________、__________、__________、通频带、最大输出功率和效率.

5. 射极输出器的主要特点是电压放大倍数小于但接近于1,输入电阻__________、输出电阻__________.

6. 三极管的偏置情况为__________正向偏置,集电结__________时,三极管处于饱和状态.

7. 射极输出器可以用作多级放大器的输入级,是因为射极输出器的__________.

8. 射极输出器可以用作多级放大器的输出级,是因为射极输出器的__________.

9. 共集放大电路(射极输出器)的__________极是输入、输出回路公共端.

10. 共集放大电路(射极输出器)是因为信号从__________极输出而得名.

二、分析计算题

1. 在如图1所示电路中,已知晶体管的$\beta=80$,$r_{be}=1\ \mathrm{k\Omega}$,$u_i=20\ \mathrm{mV}$;静态时$U_{be}=0.7\ \mathrm{V}$,$U_{ce}=4\ \mathrm{V}$,$I_B=20\ \mu\mathrm{A}$.

试求:(1) 电压放大倍数;(2) 输入电阻;(3) 输出电阻.

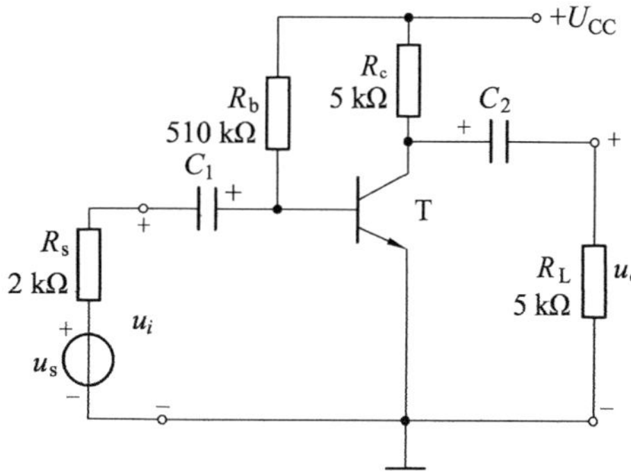

图1

2. 在如图 2 所示共发射极基本交流放大电路中，已知 $U_{CC}=12\ V$，$R_c=4\ k\Omega$，$R_L=4\ k\Omega$，$R_b=300\ k\Omega$，$r_{be}=1\ k\Omega$，$\beta=37.5$. 试求放大电路的静态值、电压放大倍数及输入电阻和输出电阻.

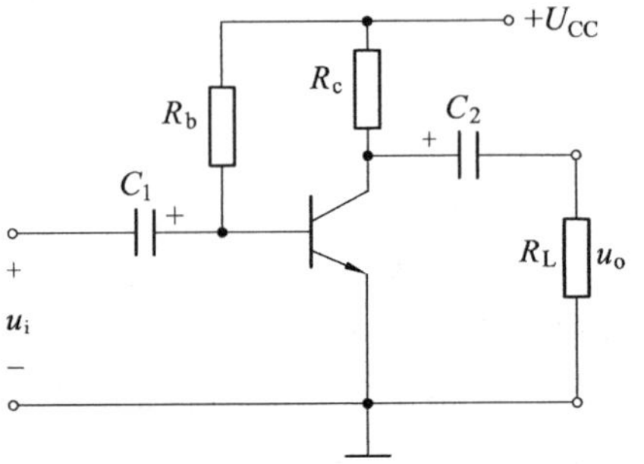

图 2

3. 电路如图 3 所示，晶体管的 $\beta=50$，$r_{be}=1\ k\Omega$，$U_{be}=0.7\ V$，$R_b=25\ k\Omega$，$R_{b_1}=5\ k\Omega$，$R_c=5\ k\Omega$，$R_e=1\ k\Omega$，$R_L=5\ k\Omega$，$U_{cc}=12\ V$.

求：(1) 电路的静态工作点；(2) 电路的电压放大倍数 A_u.

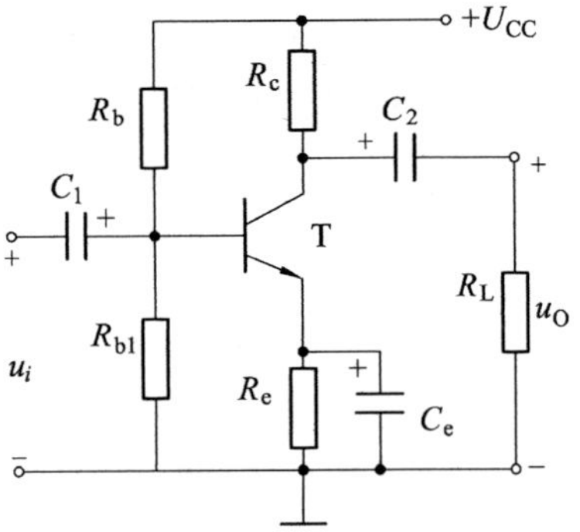

图 3

学习情境 9　基本放大电路(3)

一、分析计算题

1. 在如图 1 所示共射放大电路中，$U_{CC}=12$ V，三极管的电流放大系数 $\beta=40$，$r_{be}=1$ kΩ，$R_b=300$ kΩ，$R_c=4$ kΩ，$R_L=4$ kΩ.

试求：(1) 接入负载电阻 R_L 前、后的电压放大倍数；(2) 输入电阻 r_i 及输出电阻 r_o.

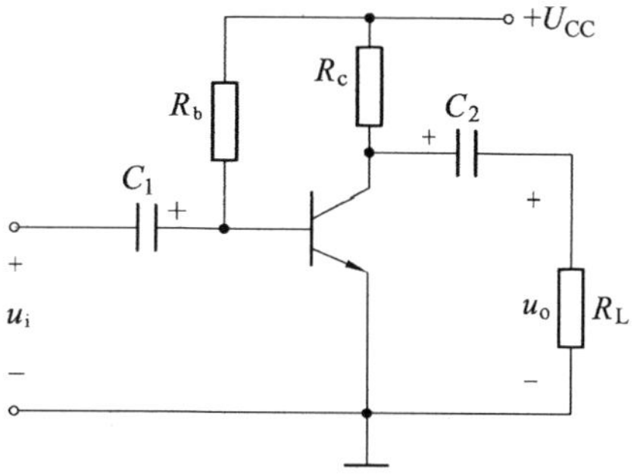

图 1

4. 在如图 2 所示共发射极基本交流放大电路中，已知 $U_{CC}=12$ V，$R_c=4$ kΩ，$R_L=4$ kΩ，$R_b=300$ kΩ，$r_{be}=1$ kΩ，$\beta=37.5$.

试求：(1) 放大电路的静态值；(2) 试求电压放大倍数 A_u.

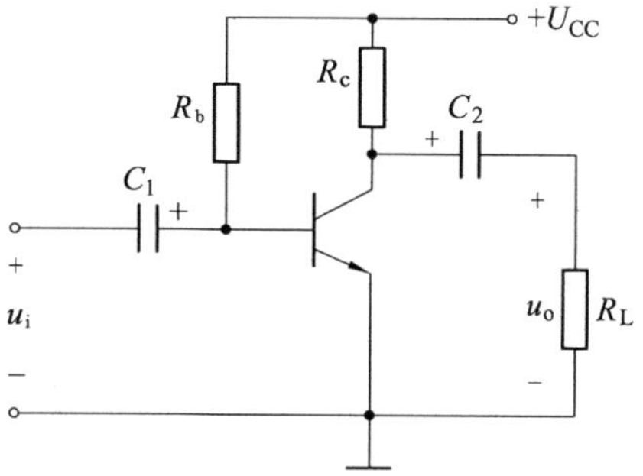

图 2

3. 已知电路如图 3 所示，$\beta=30$，$U_{CC}=10\ V$，$r_{be}=0.7\ k\Omega$，$R_L=\infty$，$R_{b1}=10\ k\Omega$，$R_{b2}=90\ k\Omega$，$R_e=300\ \Omega$，$R_c=4.7\ k\Omega$. 取 $U_{be}=0.7\ V$.

试计算此放大电路的静态工作点、电压放大倍数 A_u，并画出它的微变等效电路.

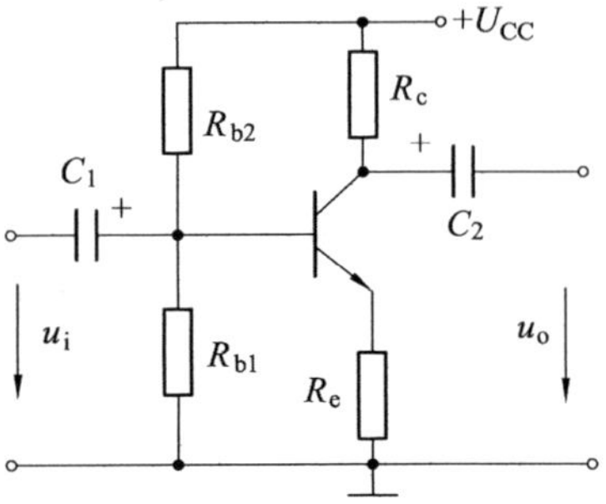

图 3

4. 电路如图 4 所示，已知 $U_{CC}=12\ V$，$R_C=3\ k\Omega$，$\beta=\bar{\beta}=100$，$r_{be}=1.6\ k\Omega$，电容 C_1，C_2 足够大.

(1) 要使静态时 $U_{CE}=6\ V$，R_B 的阻值大约是多少？

(2) 计算空载时的电压放大倍数 A_u；

(3) 画出微变等效电路.

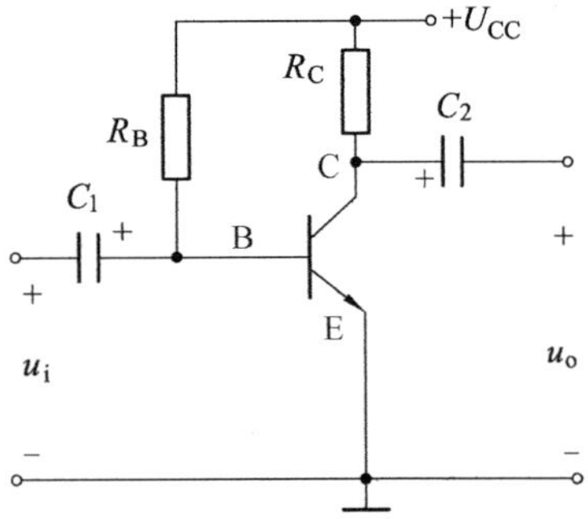

图 4

专业__________ 班级__________ 学号__________ 姓名__________

学习情境10　集成运算放大器(1)

一、填空题

1. 多级放大电路与单级放大电路相比，电压增益变__________，通频带变__________.

2. 多级放大电路常见的耦合方式有__________、__________和__________.

3. 直接耦合放大电路既能放大__________信号，又能放大__________信号，但它存在零漂的问题，常采用__________放大电路来抑制零漂.

4. 由于__________，集成电路常采用直接耦合，因此低频性能好，但存在__________.

5. 共模抑制比 K_{CMR} 是__________，因此 K_{CMR} 越大，表明电路的__________.

6. 电流源不但可以为差分放大器等放大电路__________，而且可以作为放大电路的__________来提高放大电路的电压增益，还可以将差分放大电路双端输出__________.

二、选择题

1. 用恒流源取代长尾式差分放大电路中的发射极电阻 R_e，将使电路的(　　).

A. 差模放大倍数数值增大　　B. 抑制共模信号能力增强

C. 差模输入电阻增大

2. 在差动电路中，若单端输入的差模输入电压为 20 V，则其共模输入电压为(　　).

A. 40 V　　B. 20 V　　C. 10 V　　D. 5 V

3. 关于理想运算放大器的错误叙述是(　　).

A. 输入阻抗为零，输出阻抗也为零　　B. 输入信号为零时，输出处于零电位

C. 频带宽度从零到无穷大　　D. 开环电压放大倍数无穷大

三、判断题

1. 一般情况下，差动电路的共模电压放大倍数越大越好，而差模电压放大倍数越小越好.　(　　)

2. 在输入信号作用下，偏置电路改变了各放大管的动态电流.　(　　)

3. 有源负载可以增大放大电路的输出电流.　(　　)

四、分析计算题

1. (1) 通用型集成运放一般由哪几部分电路组成？每一部分常采用哪种基本电路？对每一部分性能的要求分别是什么？

(2) 零点漂移产生的原因是什么？抑制零点漂移的方法是什么？

2. 已知一个集成运放的开环差模增益 A_{id} 为 100 dB，最大输出电压峰-峰值 $U_{opp}=\pm10$ V. 试计算差模输入电压 u_i（即 u_+-u_-）为 10 μV，0.5 mV，-200 μV 时的输出电压 u_o.

3. 如图 1 所示电路，参数理想对称，晶体管的 β 均为 50，$r_{bb'}=100$ Ω，$U_{BEQ}=0.7$ V. 试计算 R_W 滑动端在中点时，VT_1 管和 VT_2 管的发射极静态电流 I_{EQ}，以及动态参数 A_d 和 R_i.

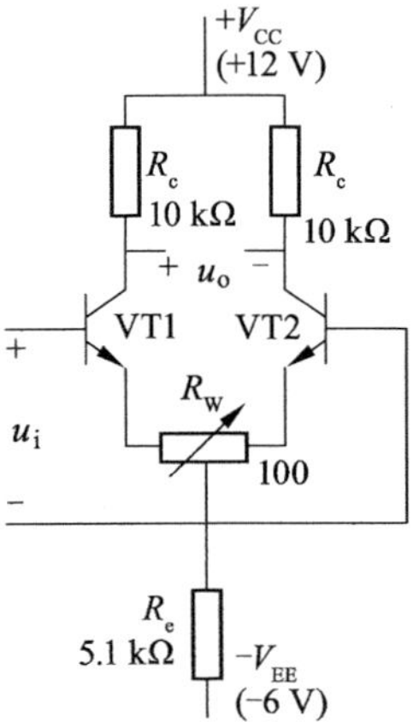

图 1

4. 电路如图 2 所示，试说明各晶体管的作用.

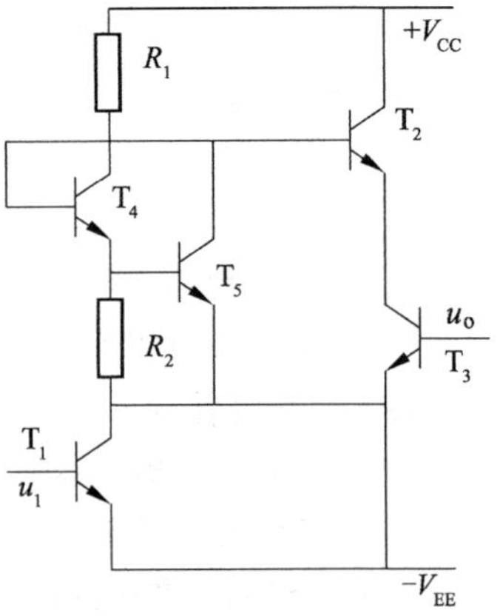

图 2

学习情境10 集成运算放大器(2)

一、选择题

1. 对于放大电路,在输入量不变的情况下,若引入反馈后( ),则说明引入的反馈是负反馈.

A. 净输入量增大　　B. 净输入量减小

C. 输入电阻增大

2. 稳定放大电路的放大倍数(增益),应引入( ).

A. 直流负反馈　　B. 交流负反馈

C. 正反馈

3. 电压负反馈可稳定输出( ),串联负反馈可使( )提高.

A. 电压　　B. 电流　　C. 输入电阻　　D. 输出电阻

4. 已知信号源内阻很高,要求充分发挥负反馈作用,合理接法是( ).

A. 并联负反馈　　B. 串联负反馈　　C. 电压负反馈　　D. 电流负反馈

5. 负反馈所能抑制的干扰和噪声是( ).

A. 输入信号所包含的干扰和噪声　　B. 反馈环内的干扰和噪声

C. 反馈环外的干扰和噪声　　D. 输出信号中的干扰和噪声

二、判断题

1. 任何实际放大电路严格说都存在某种反馈. ( )

2. 共集(或共源)放大电路由于 $A_u<1$,故没有反馈. ( )

3. 所有放大电路都必须接入反馈,否则无法正常工作. ( )

4. 若放大电路引入负反馈,则负载电阻变化时,输出电压基本不变. ( )

5. 只要在放大电路中引入反馈,就一定能使其性能得到改善. ( )

三、填空题

1. 某仪表放大电路,要求 R_i 大,输出电流稳定,应选____________反馈.

2. 某传感器产生的是电压信号(几乎不能提供电流),经放大后希望输出电压与信号成正比,放大电路应选____________反馈.

3. 要得到一个由电流控制的电流源应选____________反馈.

4. 要得到一个由电流控制的电压源应选____________反馈.

7. 稳定放大电路的放大倍数(增益),应引入____________.

8. 为了稳定放大电路的静态工作点,应引入____________.

9. 反馈放大电路的含义是____.

四、分析计算题

1. 在如图1所示各电路中,说明有无反馈,由哪些元器件组成反馈网络,是直流反馈还是交流反馈.

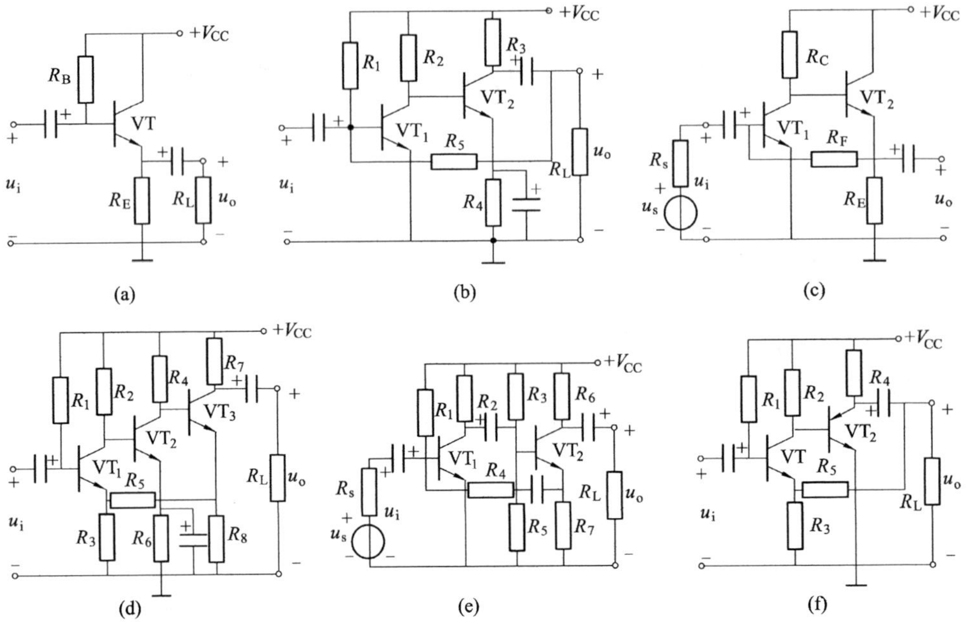

图 1

2. 如图 2 所示，它的最大跨级反馈可从晶体管的集电极或发射极引出，接到的基极或发射极，共有 4 种接法(① 和③ 、① 和④ 、② 和③ 、② 和④ 相连). 试判断这 4 种接法各为何种组态的反馈？是正反馈还是负反馈？设各电容可视为交流短路.

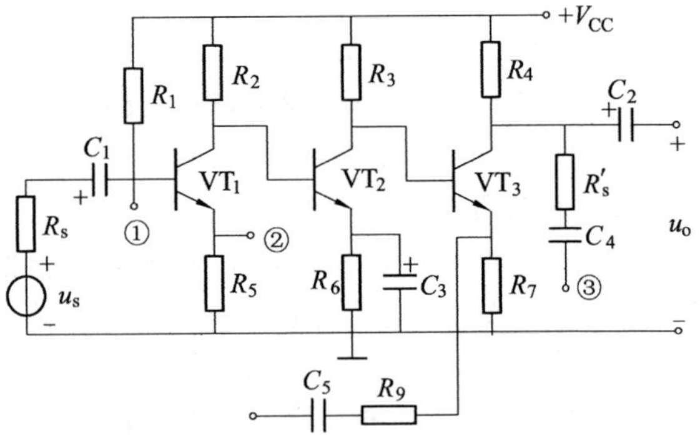

图 2

学习情境11 直流稳压电源(1)

一、选择题

1. 下列何种整流电路输出波形品质较佳.( )

A. 桥式整流 B. 全波整流 C. 半波整流 D. 三相整流

2. 下列何种整流电路之电源变压器需要中间抽头.( )

A. 全波 B. 半波 C. 桥式

二、判断题

1. 整流电路可将正弦电压变为脉动的直流电压. ( )

2. 电容滤波电路适用于小负载电流,而电感滤波电路适用于大负载电流. ( )

3. 在单相桥式整流电容滤波电路中,若有一只整流管断开,则输出的电压平均值变为原来的一半. ( )

4. 整流电路可将正弦电压变为脉动的直流电压. ( )

三、分析计算题

1. 试分析如图1所示桥式整流电路中负载电压 V_O 的波形.若二极管 D_2 断开时,V_O 的波形如何?如果 D_2 接反,结果如何?如果 D_2 被短路,结果又如何?

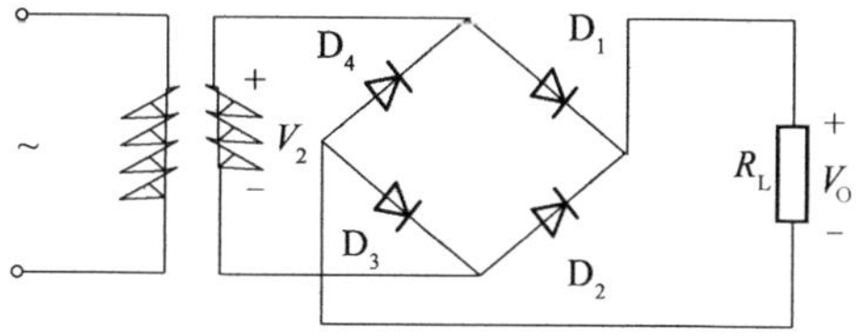

图1

2. 电路如图 2 所示，要求：

(1) 分别标出 V_{O1} 和 V_{O2} 对地的极性；

(2) V_{O1}，V_{O2} 分别是半波整流还是全波整流？

(3) 当 $V_{21}=V_{22}=20$ V 时，V_{O1} 和 V_{O2} 各为多少？

(4) 当 $V_{21}=18$ V，$V_{22}=22$ V 时，画出 V_{O1}，V_{O2} 的波形，求出 V_{O1} 和 V_{O2} 各为多少？

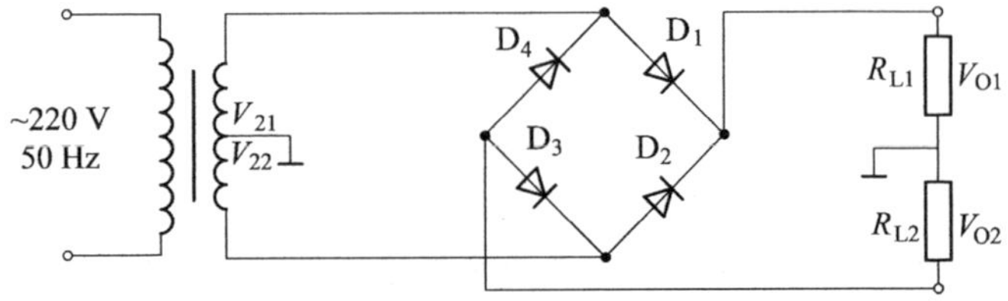

图 2

3. 简单稳压管稳压电路如图 3 所示，$U_i=16$ V，$U_Z=6$ V. 当稳压管的电流 I_Z 的变化范围为 5～40 mA 时，问 R_L 的变化范围为多大？

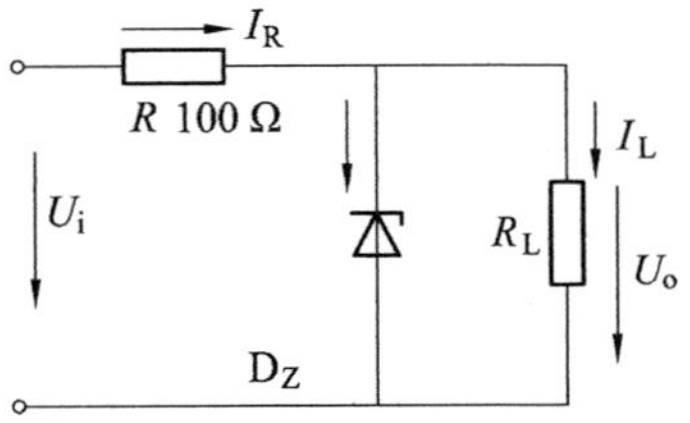

图 3

学习情境 11　直流稳压电源(2)

一、选择题

1. 在图 1 所示的桥式整流电容滤波电路中，已知变压器副边电压有效值 V_2 为 10 V，$R_L C \geqslant 3T/2$（T 为电网电压的周期）. 在正常负载情况下测得的输出直流电压 V_O 可能的数值为(　　).

A. 14 V　　B. 12 V　　C. 9 V　　D. 4.5 V

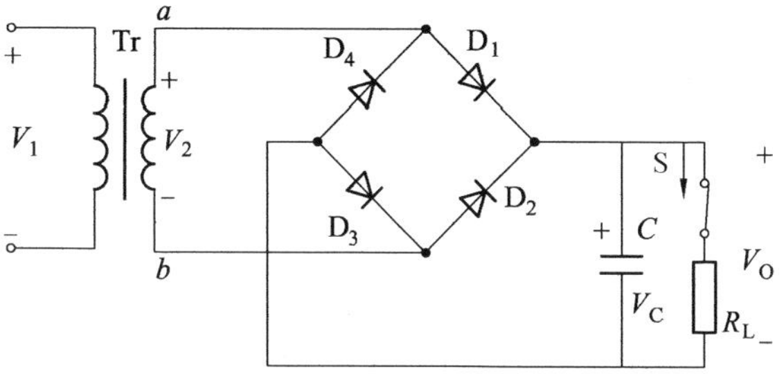

图 1

2. 若要组成输出电压可调、最大输出电流为 3 A 的直流稳压电源，则应采用(　　).

A. 电容滤波稳压管稳压电路　　B. 电感滤波稳压管稳压电路

C. 电容滤波串联型稳压电路　　C. 电感滤波串联型稳压电路

3. 串联型稳压电路中的放大环节所放大的对象是(　　).

A. 基准电压　　B. 采样电压　　C. 基准电压与采样电压之差

4. 开关型直流电源比线性直流电源效率高的原因是(　　).

A. 调整管工作在开关状态　　B. 输出端有 LC 滤波电路

C. 可以不用电源变压器

5. 在脉宽调制式串联型开关稳压电路中，为使输出电压增大，对调整管基极控制信号的要求是(　　).

A. 周期不变，占空比增大　　B. 频率增大，占空比不变

C. 在一个周期内，高电平时间不变，周期增大

二、判断题

1. 直流电源是一种能量转换电路，它将交流能量转换为直流能量.　　(　　)

2. 在变压器副边电压和负载电阻相同的情况下，桥式整流电路的输出电流是半波整流电路输出电流的 2 倍.　　(　　)

3. 若 V_2 为电源变压器副边电压的有效值，则半波整流电容滤波电路和全波整流电容滤波电路在空载时的输出电压均为$\sqrt{2}V_2$.　　(　　)

4. 当输入电压 V_i 和负载电流 I_L 变化时，稳压电路的输出电压是绝对不变的.

( )

5. 一般情况下，开关型稳压电路比线性稳压电路效率高. ( )

6. 电容滤波电路适用于小负载电流，而电感滤波电路适用于大负载电流. ( )

7. 在单相桥式整流电容滤波电路中，若有一只整流管断开，则输出电压平均值变为原来的一半. ( )

8. 对于理想的稳压电路，$\Delta V_o/\Delta V_i=0$，$R_o=0$. ( )

9. 线性直流电源中的调整管工作在放大状态，开关型直流电源中的调整管工作在开关状态. ( )

三、分析计算题

1. 电路如图 2 所示，变压器副边电压有效值 $U_{21}=50$ V，$U_{22}=20$ V. 试问：

(1) 输出电压平均值 U_{o1}(AV) 和 U_{o2}(AV) 各为多少？

(2) 各二极管承受的最大反向电压为多少？

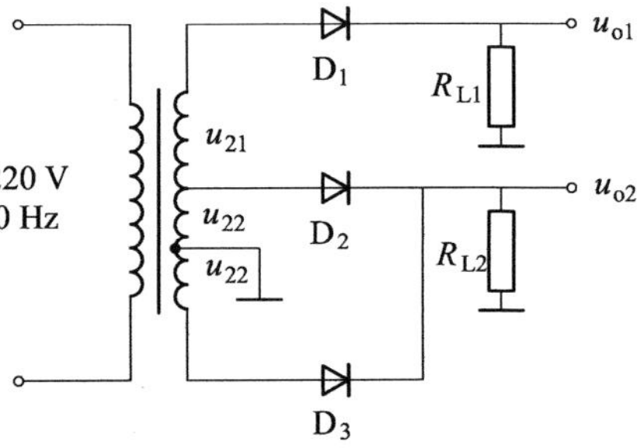

图 2

2. 桥式整流滤波电路如图 3 所示，已知 u_1 是 220 V、频率 50 Hz 的交流电源，要求输出直流电压 $V_o=30$ V，负载直流电流 $I_o=50$ mA. 试求电源变压器副边电压 u_2 的有效值 U_2，并选择整流二极管及滤波电容.

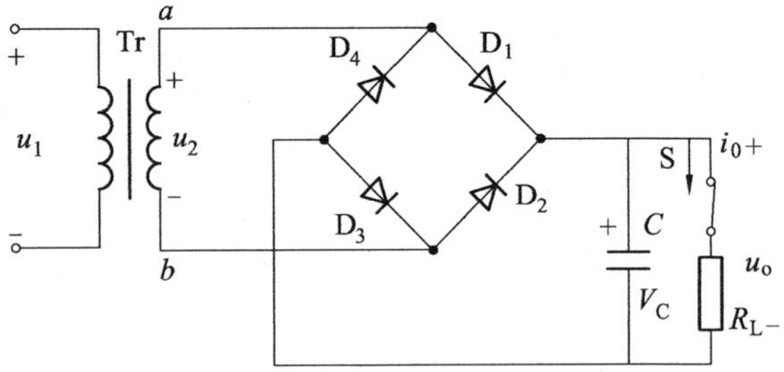

图 3

专业__________ 班级__________ 学号__________ 姓名__________

学习情境12 基本逻辑运算与组合逻辑电路(1)

一、选择题(部分为多选题)

1. 数字电路中使用的数制是(   ).

A. 十进制　B. 二进制　C. 十六进制　D. 八进制

2. 将二进制、八进制、十六进制数转换为十进制数的共同规则是(   ).

A. 除十取余　B. 乘十取整　C. 按权展开　D. 以上均可

3. 以下代码中为无权码的为(   ).

A. 8421BCD码　B. 5421BCD码　C. 余三码　D. 格雷码

4. 一位十六进制数可以用(   )位二进制数来表示.

A. 1　B. 2　C. 4　D. 16

5. 十进制数25用8421BCD码表示为(   ).

A. 10101　B. 00100101　C. 100101　D. 10101

6. 与十进制数$(53.5)_{10}$等值的数或代码为(   ).

A. $(0101\ 0011.0101)_{8421BCD}$　B. $(35.8)_{16}$

C. $(110101.1)_2$　D. $(65.4)_8$

7. 与八进制数$(47.3)_8$等值的数为(   ).

A. $(100111.011)_2$　B. $(27.6)_{16}$

C. $(27.3)_{16}$　D. $(100111.11)_2$

8. 常用的BCD码有(   ).

A. 奇偶校验码　B. 格雷码　C. 8421码　D. 余三码

9. 与模拟电路相比,数字电路主要的优点有(   ).

A. 容易设计　B. 通用性强　C. 保密性好　D. 抗干扰能力强

10. 逻辑变量的取值1和0可以表示(   ).

A. 开关的闭合、断开　B. 电位的高、低

C. 真与假　D. 电流的有、无

二、填空题

1. 数字信号的特点是在__________上和__________上都是断续变化的,其高电平和低电平常用__________和__________来表示.

2. 分析数字电路的主要工具是__________,数字电路又称作__________.

3. 在数字电路中,常用的计数制除十进制外,还有__________、__________和__________.

4. 常用的BCD码有__________、__________、__________、__________等.常用的可靠性代码有__________、__________等.

5. $(10110010.1011)_2=(\_\_\_\_\_\_\_\_\_\_\_\_)_8=(\_\_\_\_\_\_\_\_\_\_\_\_)_{16}$

6. $(35.4)_8=(\_\_\_\_\_\_\_\_\_\_\_\_)_2=(\_\_\_\_\_\_\_\_\_\_\_\_)_{10}=(\_\_\_\_\_\_\_\_\_\_\_\_)_{16}=(\_\_\_\_\_\_\_\_\_\_\_\_)_{8421BCD}$

7. $(39.75)_{10}=(\_\_\_\_\_\_\_\_\_\_\_\_)_2=(\_\_\_\_\_\_\_\_\_\_\_\_)_8=(\_\_\_\_\_\_\_\_\_\_\_\_)_{16}$

8. $(5E.C)_{16}=(\_\_\_\_\_\_\_\_\_\_\_\_)_2=(\_\_\_\_\_\_\_\_\_\_\_\_)_8=(\_\_\_\_\_\_\_\_\_\_\_\_)_{10}=(\_\_\_\_\_\_\_\_\_\_\_\_)_{8421BCD}$

9. $(0111\ 1000)_{8421BCD}=(\_\_\_\_\_\_\_\_\_\_\_\_)_2=(\_\_\_\_\_\_\_\_\_\_\_\_)_8=(\_\_\_\_\_\_\_\_\_\_\_\_)_{10}=(\_\_\_\_\_\_\_\_\_\_\_\_)_{16}$

三、数制转换题(写出详细过程)

1. 将十进制数 63.125 转换为二进制数和八进制数.

2. 将二进制数 1111100.01 转换为十六进制数和十进制数.

3. 型号为 2764 的 EPROM 地址线为 13,位线为 8,试计算它的容量.

4. 将下列十进制数分别转化为二进制数、八进制数和十六进制数.

(1) 25.82;(2) 412.15;(3) 513.46;(4) 69.136.

5. 将下列二进制数转化为十进制数、八进制数和十六进制数.
(1) 111001.101；(2) 110010.1101；(3) 1011.11011；(4) 101101.0111.

6. 将下列十六进制数分别转化为二进制数、八进制数和十进制数.
(1) 7B.21；(2) 127.1C；(3) 6A1.41；(4) 2DF3.4.

四、思考题

1. 在数字系统中为什么要采用二进制?

2. 格雷码的特点是什么? 为什么说它是可靠性代码?

学习情境 12　基本逻辑运算与组合逻辑电路(2)

一、选择题(部分为多选题)

1. 逻辑函数中的逻辑“与”和它对应的逻辑代数运算关系为(　　).
   A. 逻辑加　B. 逻辑乘　C. 逻辑非
2. 在(　　)情况下,“与非”运算的结果是逻辑 0.
   A. 全部输入是 0　B. 任一输入是 0
   C. 仅一输入是 0　D. 全部输入是 1
3. 在(　　)情况下,“或非”运算的结果是逻辑 0.
   A. 全部输入是 0　B. 全部输入是 1
   C. 任一输入为 0,其他输入为 1　D. 任一输入为 1
4. 逻辑表达式 $Y=AB$ 可以用(　　)实现.
   A. 正或门　B. 正非门　C. 正与门　D. 负或门
5. CMOS 数字集成电路与 TTL 数字集成电路相比突出的优点是(　　).
   A. 微功耗　B. 高速度　C. 高抗干扰能力　D. 电源范围宽
6. 和逻辑式$\overline{AB}$表示不同逻辑关系的逻辑式是(　　).
   A. $\overline{A}+\overline{B}$　B. $\overline{A}\cdot\overline{B}$　C. $\overline{A}\cdot B+\overline{B}$　D. $A\overline{B}+\overline{A}$
7. 以下表达式中符合逻辑运算法则的是(　　).
   A. $C\cdot C=C^2$　B. $1+1=10$　C. $0<1$　D. $A+1=1$

二、填空题

1. 由二值变量所构成的因果关系称为__________关系. 能够反映和处理__________关系的数学工具称为逻辑代数.
2. 在正逻辑的约定下,“1”表示__________电平,“0”表示__________电平.
3. 逻辑代数又称为__________代数. 最基本的逻辑关系有__________、__________和__________三种. 常用的几种导出的逻辑运算为__________、__________、__________、__________、__________.

三、简答题

1. 请列出基本逻辑关系的真值表、逻辑函数表达式、逻辑符号.

2．请列出复合逻辑关系的真值表、逻辑函数表达式、逻辑符号.

四、思考题

1．逻辑代数与普通代数有何异同？

2．为什么说逻辑等式都可以用真值表证明？

五、分析题

1．已知输入信号 A,B 的波形和输出 Y_1,Y_2,Y_3,Y_4 的波形如图 1 所示，试判断各为哪种逻辑门，并画出相应逻辑门图符号，写出相应逻辑表达式.

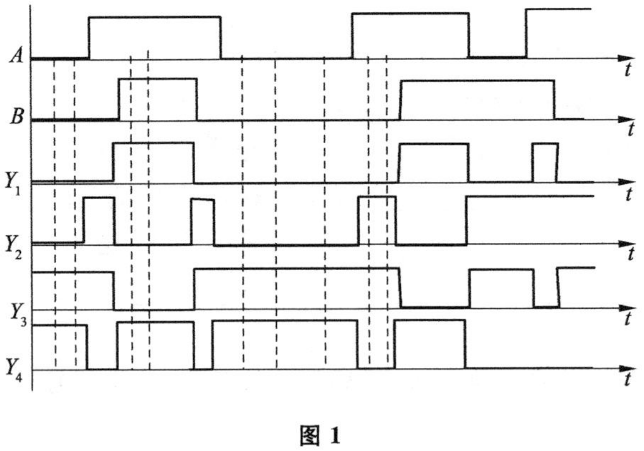

图 1

学习情境 12　基本逻辑运算与组合逻辑电路(3)

一、选择题(部分为多选题)

1. $A+BC=$(　　).

A. $A+B$　　B. $A+C$　　C. $(A+B)(A+C)$　　D. $B+C$

2. 逻辑函数的表示方法中具有唯一性的是(　　).

A. 真值表　　B. 表达式　　C. 逻辑图　　D. 卡诺图

3. 下列逻辑式中,正确的是(　　).

A. $A\odot B=\overline{A\oplus B}$　　B. $A+A=1$

C. $A\cdot A=0$　　D. $A\cdot A=1$

4. $\overline{A}+0\cdot A+1\cdot\overline{A}=$(　　).

A. 0　　B. 1　　C. A　　D. $\overline{A}$

5. $A\oplus 1=$ (　　).

A. 0　　B. 1　　C. A　　D. $\overline{A}$

二、填空题

1. 逻辑代数的三个重要规则是____________、____________、____________.

2. 逻辑函数的常用表示方法有____________、____________和____________.

三、分析题

1. 电路如图 1(a)所示,其输入变量的波形如图 1(b)所示. 试判断图中发光二极管在哪些时段会亮.

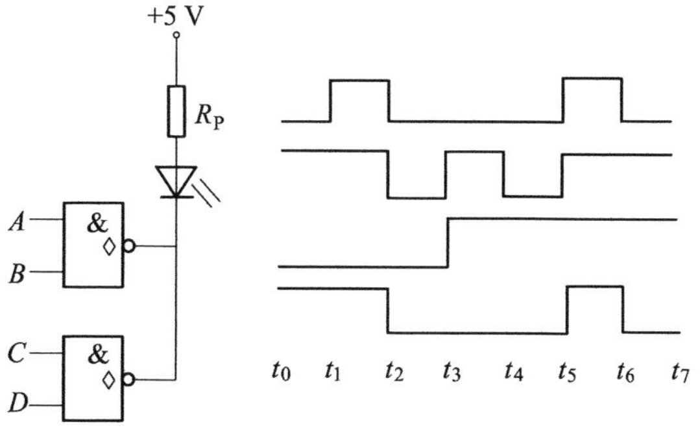

(a) 电路图　　(b) 波形图

图 1

2. 用逻辑代数的基本公式和常用公式证明下列各等式.

(1) $(A+B)(\overline{A}+C)(B+C)=(A+B)(\overline{A}+C)$;

(2) $AB+AC+BC=\overline{(A+B)(A+C)(B+C)}$.

四、思考题

1. 对偶规则有什么用处?

2. 逻辑函数的三种表示方法如何相互转换?

专业__________ 班级__________ 学号__________ 姓名__________

学习情境 12 基本逻辑运算与组合逻辑电路(4)

一、选择题(部分为多选题)

1. $A+BC=$(　　).

A. $A+B$　　B. $A+C$　　C. $(A+B)(A+C)$　　D. $B+C$

2. 标准与或式是由(　　)构成的逻辑表达式.

A. 最大项之积　B. 最小项之积　C. 最大项之和　D. 最小项之和

3. $F=A\bar{B}+BD+CDE+\bar{A}D=$(　　).

A. $A\bar{B}+D$　　B. $(A+\bar{B})D$　　C. $(A+D)(\bar{B}+D)$　　D. $(A+D)(B+\bar{D})$

4. 当逻辑函数有 n 个变量时,共有(　　)个变量取值组合.

A. n　　B. $2n$　　C. n^2　　D. 2^n

5. 逻辑函数的表示方法中具有唯一性的是(　　).

A. 真值表　B. 表达式　C. 逻辑图　D. 卡诺图

二、填空题

1. 逻辑代数中与普通代数相似的定律有____________、____________、____________. 摩根定律又称为____________.

2. 逻辑代数的三个重要规则是____________、____________、____________.

3. 逻辑函数 $F=\bar{A}+B+\bar{C}D$ 的反函数 $\bar{F}=$____________________.

4. 逻辑函数 $F=A(B+C)\cdot 1$ 的对偶函数是____________________.

5. 添加项公式 $AB+\bar{A}C+BC=AB+\bar{A}C$ 的对偶式为____________________.

6. 逻辑函数 $F=\bar{A}\bar{B}\bar{C}\bar{D}+A+B+C+D=$____________________.

7. 逻辑函数 $F=\overline{A\bar{B}+\bar{A}B+\bar{A}\bar{B}+AB}=$____________________.

8. 已知函数的对偶式为 $\overline{A\bar{B}+\bar{C}D+BC}$,则它的原函数为____________________.

三、计算题

1. 用公式法将下列逻辑函数式化简为最简与或表达式.

$Y_1=\overline{A\bar{C}B}+\overline{A\bar{C}+B}+BC$　　　　$Y_2=A\bar{B}+(\bar{A}+\bar{C})B+AC$

$Y_3=A\overline{B}+B\overline{C}+\overline{A}B+AC$

2. 将下列逻辑函数式展开成最小项表达式.

$Y_4=\overline{\overline{A}(B+\overline{C})}$

$Y_5=AB+BC+CA$

$Y_6=A(A+\overline{B})(B+\overline{C})$

3. 用代数法化简下列逻辑函数.

① $F=(A+\overline{B})C+\overline{A}B$　　② $F=A\overline{C}+\overline{A}B+BC$

③ $F=\overline{A}\,\overline{B}C+\overline{A}BC+AB\overline{C}+\overline{A}\,\overline{B}\,\overline{C}+ABC$

④ $F=A\overline{B}+B\overline{C}D+\overline{C}\,\overline{D}+AB\overline{C}+A\overline{C}D$

学习情境12 基本逻辑运算与组合逻辑电路(5)

一、选择题(部分为多选题)

1. 当逻辑函数有 n 个变量时，共有(   )个变量取值组合.

A. n　　B. $2n$　　C. n^2　　D. 2^n

2. 标准与或式是由(   )构成的逻辑表达式.

A. 最大项之积　B. 最小项之积　C. 最大项之和　D. 最小项之和

3. 最小项 $ABCD$ 的逻辑相邻项是(   ).

A. $AB\overline{C}D$　　B. $ABC\overline{D}$　　C. $A\overline{B}CD$　　D. $\overline{A}BC\overline{D}$

4. 某一逻辑函数真值确定后，下面描述该函数功能的方法中，具有唯一性的是(   ).

A. 逻辑函数的最简与或式　　B. 逻辑函数的最小项之和表达式

C. 逻辑函数的最简或与式　　D. 逻辑函数的最大项之和表达式

5. 卡诺图中的逻辑相邻或对称相邻具有__________码特征，其数值不同只是在位上差(   )位.

A. 余3码，2　　B. 8421码，3

C. 循环码，2　　D. 格雷码，1

二、填空题

1. 最简与或表达式是指在表达式中__________最少，且__________也最少.

2. 卡诺图是将代表__________的小方格按__________原则排列而构成的方块图. 卡诺图的画图规则：任意两个几何位置相邻的__________之间，只允许__________的取值不同.

3. 在化简的过程中，约束项可以根据需要看作__________或__________.

4. 指出下列各式中哪些是四变量 A,B,C,D 的最小项和最大项. 在最小项后的(   )里填 m，在最大项后的(   )里填 M，其他填×.

(1) $A+\overline{B}+\overline{D}$ ( )；　(2) $\overline{A}\,\overline{B}C\overline{D}$ ( )；　(3) ABD ( )；

(4) $AB(C+\overline{D})$ ( )；　(5) $\overline{A}+B+C+D$ ( )；　(6) $A+B+C\overline{D}$ ( ).

三、计算题

1. 用卡诺图化简下列逻辑函数.

① $F(A,B,C,D)=\sum m(3,4,5,7,9,13,14,15)$

② $F(A,B,C,D)=\sum m(1,3,5,7,9,11,13)$

③ $Y(A,B,C,D)=\sum m(0,1,2,3,4,6,7,8,9,10,11,14)$

2. 用卡诺图化简下列函数，分别写出其最简与或式.

(1) $F=\bar{B}C+\bar{B}\bar{D}+A\bar{C}D+AB\bar{C}+\bar{A}\bar{B}\bar{C}D$

(2) $F(A,B,C,D)=\sum m(1,7,9,10,11,12,13,15)$

(3) $Y_7=\bar{A}\cdot\bar{B}\cdot\bar{C}D+\bar{A}\cdot\bar{B}CD+\bar{A}\cdot\bar{B}C\bar{D}+A\bar{B}\cdot\bar{C}\cdot\bar{D}+A\bar{B}CD+A\bar{B}C\bar{D}$

(4) $Y_8(A,B,C,D)=\sum m(0,2,4,6,9,13)+\sum d(1,3,5,7,11,15)$

3. 如图 1 所示卡诺图，写出最简与或表达式.

AB \ CD	00	01	11	10
00	0	1	0	1
01	1	×	1	×
11	0	1	0	1
10	0	1	0	1

图 1

四、简答题

1. 什么是最小项？最小项具有什么性质？

2. 试述卡诺图化简逻辑函数的原则和步骤.

学习情境 12 基本逻辑运算与组合逻辑电路(6)

一、综合题

1. 写出图 1(a)所示开关电路中 F 和 A,B,C 之间逻辑关系的真值表、函数式和逻辑电路图. 若已知 A,B,C 变化波形如图 1(b)所示,画出 F_1,F_2 的波形.

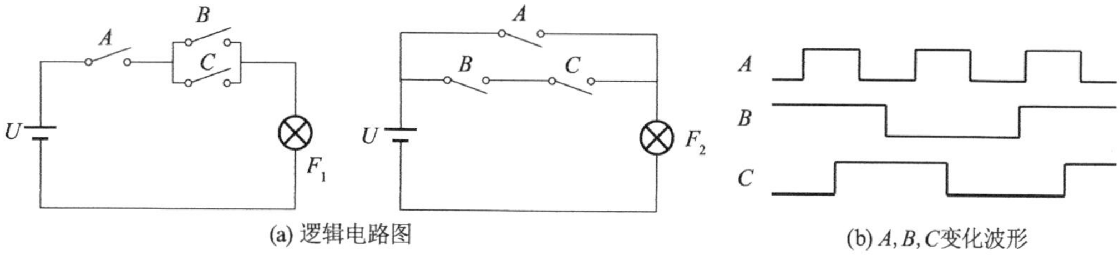

图 1

2. 组合电路如图 2 所示,分析该电路的逻辑功能.

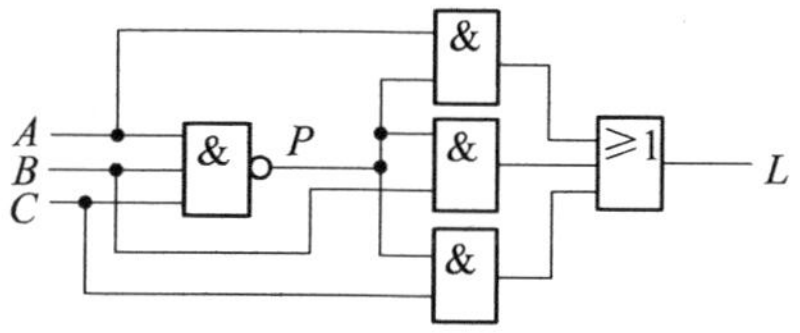

图 2

3. 试分析图 3 所示电路的逻辑功能.

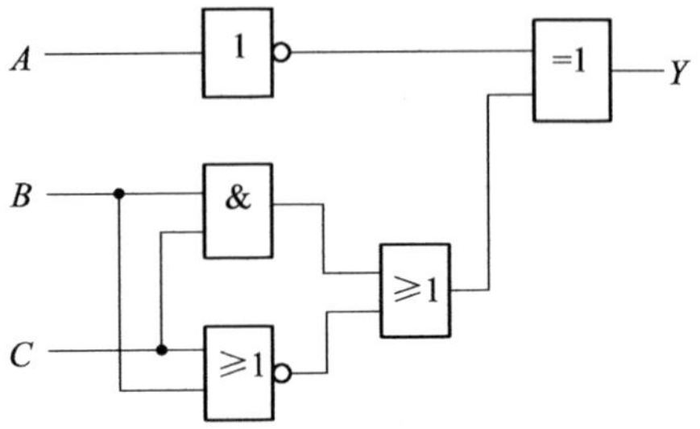

图 3

4. 试写出图 4 所示数字电路的逻辑函数表达式,并判断其功能.

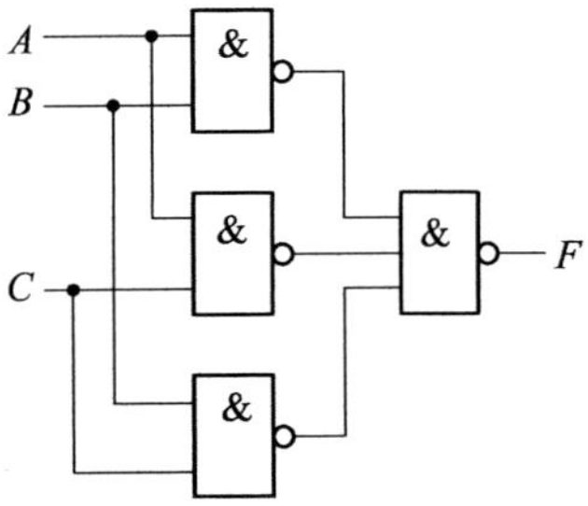

图 4

5. 请写出一个“三人表决电路”的与或逻辑表达式,A,B,C 中 A 有一票决定权.

学习情境 12 基本逻辑运算与组合逻辑电路(7)

一、选择题(部分为多选题)

1. 若在编码器中有 50 个编码对象,则要求输出的二进制代码位数为(　　)位.

A. 5　　B. 6　　C. 10　　D. 50

2. 用三线-八线译码器 74LS138 实现原码输出的 8 路数据分配器,应(　　).

A. $ST_A=1,\overline{ST_B}=D,\overline{ST_C}=0$　　B. $ST_A=1,\overline{ST_B}=D,\overline{ST_C}=D$

C. $ST_A=1,\overline{ST_B}=0,\overline{ST_C}=D$　　D. $ST_A=D,\overline{ST_B}=0,\overline{ST_C}=0$

3. 下列各型号中属于优先编译码器的是(　　).

A. 74LS85　　B. 74LS138　　C. 74LS148　　D. 74LS48

4. 八输入端的编码器按二进制数编码时,输出端的个数是(　　).

A. 2 个　　B. 3 个　　C. 4 个　　D. 8 个

5. 四输入的译码器,其输出端最多为(　　).

A. 4 个　　B. 8 个　　C. 10 个　　D. 16 个

6. 当 74LS148 的输入端$\overline{I_0}\sim\overline{I_7}$按顺序输入 11011101 时,输出$\overline{Y_2}\sim\overline{Y_0}$为(　　).

A. 101　　B. 010　　C. 001　　D. 110

7. 译码器的输入量是(　　).

A. 二进制　　B. 八进制　　C. 十进制　　D. 十六进制

8. 编码器的输出量是(　　).

A. 二进制　　B. 八进制　　C. 十进制　　D. 十六进制

二、填空题

1. 数字电路按照是否有记忆功能通常可分为两类:＿＿＿＿＿＿和＿＿＿＿＿＿.

2. 组成逻辑函数的基本单元是＿＿＿＿＿＿.

3. 组合逻辑电路是指任何时刻电路的稳定输出仅仅取决于＿＿＿＿＿＿.

4. 用文字、符号或者数码表示特定对象的过程叫作＿＿＿＿＿＿. 把代码的特定含义翻译出来的过程叫作＿＿＿＿＿＿.

5. 在几个信号同时输入时,只对优先级别最高的进行编码叫作＿＿＿＿＿＿.

6. 两个 1 位二进制数相加,叫作＿＿＿＿＿＿. 两个同位的加数和来自低位的进位三者相加,叫作＿＿＿＿＿＿.

7. 74LS147 是＿＿＿＿＿＿线－＿＿＿＿＿＿线的集成优先编码器;74LS148 芯片是＿＿＿＿＿＿线－＿＿＿＿＿＿线的集成优先编码器.

8. 74LS148 的使能端 $\overline{S}$=＿＿＿＿＿＿时允许编码;当 $\overline{S}$=＿＿＿＿＿＿时各输出端及$\overline{O_E}$,$\overline{G_S}$均封锁,编码被禁止.

9. 两片集成译码器 74LS138 芯片级联可构成一个＿＿＿＿＿＿线－＿＿＿＿＿＿

线译码器.

三、综合题

1. 分析如图 1 所示电路,写出 Z_1,Z_2 的逻辑表达式,列出真值表,说明电路的逻辑功能.

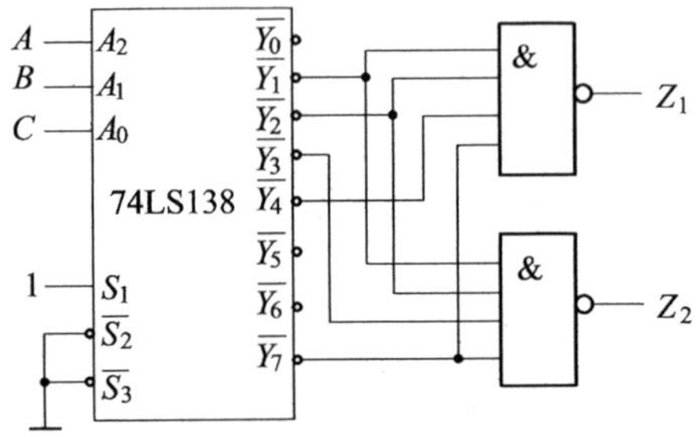

图 1

2. 试用一片二进制译码器 74LS138 辅助与非门实现该组合逻辑电路功能.

真值表

A	B	C	Z
0	0	0	1
0	0	1	0
0	1	0	0
0	1	1	1
1	0	0	0
1	0	1	0
1	1	0	1
1	1	1	1

学习情境 12 基本逻辑运算与组合逻辑电路(8)

一、选择题(部分为多选题)

1. 一个 16 选 1 的数据选择器,其地址输入(选择控制输入)端有(　　)个.

A. 1　　B. 2　　C. 4　　D. 16

2. 一个 8 选 1 的数据选择器的数据输入端有(　　)个.

A. 1　　B. 2　　C. 3　　D. 4

E. 8

3. 在下列逻辑电路中,不是组合逻辑电路的有(　　).

A. 译码器　　B. 编码器　　C. 全加器　　D. 寄存器

4. 八路数据分配器,其地址输入端有(　　)个.

A. 1　　B. 2　　C. 3　　D. 4

E. 8

5. 以下电路中,加以适当辅助门电路,(　　)适于实现单输出组合逻辑电路.

A. 二进制译码器　　B. 数据选择器

C. 数值比较器　　D. 七段显示译码器

6. 下列逻辑电路中为时序逻辑电路的是(　　).

A. 变量译码器　　B. 加法器　　C. 数码寄存器　　D. 数据选择器

7. 七段数码显示管 TS547 是(　　).

A. 共阳极 LED 管　　B. 共阴极 LED 管

C. 共阳极 LCD 管　　D. 共阴极 LCD 管

二、填空题

1. 半导体数码显示器的内部接法有两种形式:共__________接法和共__________接法.

2. 对于共阳极接法的发光二极管数码显示器,应采用__________电平驱动的七段显示译码器.

3. 比较两个多位二进制数大小是否相等的逻辑电路,称为__________.

4. 能够将__________输入数据,根据需要传送到__________输出端的任意一个输出端的电路,叫作数据分配器.

5. 在多路传输过程中,能够根据需要将__________的电路,叫作数据选择器,也称为多路选择器或多路开关.

6. LED 是指__________数码管显示器件.

三、设计题

1. 分析如图 1 所示电路:

(1) 试写出 8 选 1 数据选择器的输出函数式;

(2) 画出 A_2,A_1,A_0 从 000～111 连续变化时,Y 的波形图;

(3) 说明电路的逻辑功能.

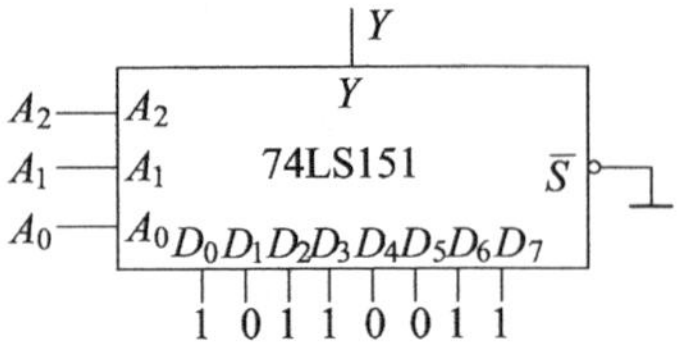

图 1

2. 用红、黄、绿三个指示灯表示三台设备的工作情况:绿灯亮表示全部正常;红灯亮表示有一台不正常;黄灯亮表示两台不正常;红、黄灯全亮表示三台都不正常. 列出控制电路真值表,要求用 74LS138 和适当的与非门实现此电路.

专业________ 班级________ 学号________ 姓名________

学习情境 13　触发器与时序逻辑电路(1)

一、选择题

1. 钟控 RS 触发器的特征方程是(　　).

A. $Q^{n+1}=\overline{R}+Q^n$　　B. $Q^{n+1}=S+Q^n$

C. $Q^{n+1}=R+SQ^n$　　D. $Q^{n+1}=S+\overline{R}Q^n$

2. 触发器由门电路构成,但它不同门电路功能,主要特点是具有(　　).

A. 翻转功能　　B. 保持功能　　C. 记忆功能　　D. 置 0 置 1 功能

二、填空题

1. 两个与非门构成的基本 RS 触发器的功能有________、________和________. 电路中不允许两个输入端同时为________,否则将出现逻辑混乱.

2. 一个基本 RS 触发器在正常工作时,它的约束条件是 $\overline{R}+\overline{S}=1$,则它不允许输入 $\overline{S}=$________且$\overline{R}=$________的信号.

3. 一个基本 RS 触发器在正常工作时,不允许输入 $R=S=1$ 的信号,因此它的约束条件是________.

4. 触发器的逻辑功能通常可用________、________、________和________等多种方法进行描述.

5. 两个与非门组成的基本 RS 触发器,正常工作时,不允许 $\overline{R}=\overline{S}=$________,其特征方程为________________,约束条件为________.

6. 钟控的 RS 触发器,在正常工作时,不允许输入端 $R=S=$________,其特征方程为________________,约束条件为________.

三、作图题

1. 画出如图 1(a)所示由与非门组成的基本 RS 触发器输出端 Q,$\overline{Q}$ 的电压波形,输入端 $\overline{S}_D$,$\overline{R}_D$ 的电压波形如图 1(b)中所示.

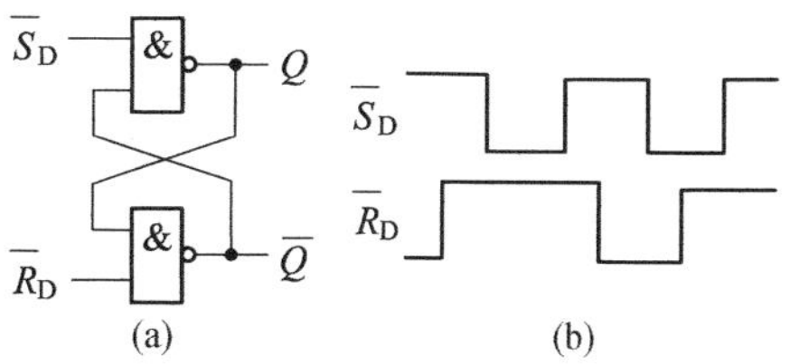

图 1

2. 画出如图 2(a)所示由或非门组成的基本 RS 触发器输出端 $Q,\bar{Q}$ 的电压波形，输入端 S_D, R_D 的电压波形如图 2(b)中所示.

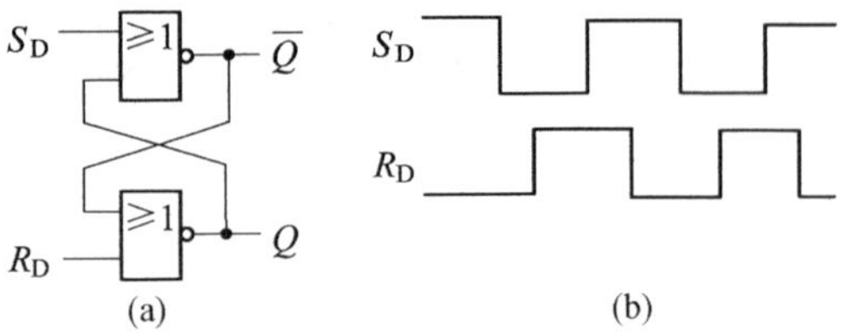

图 2

3. 电路及 CP,S,R 的波形如图 3 所示，试对应画出 Q ，$\bar{Q}$ 的波形.

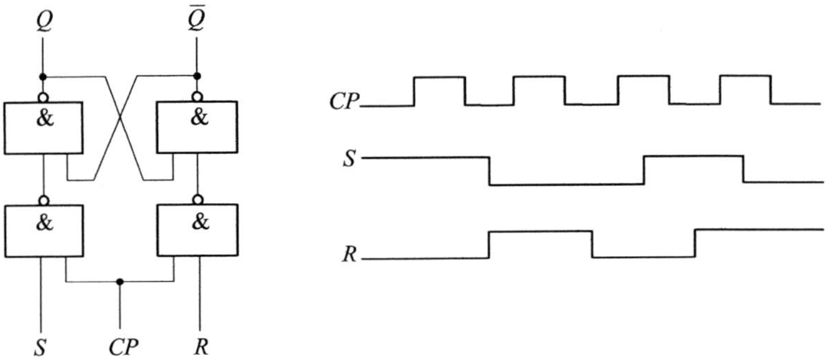

图 3

4. 在图 4 电路中，若 CP,S,R 的电压波形如图 4 所示，试画出 Q 和 $\bar{Q}$ 端与之对应的电压波形. 假定触发器的初始状态为 $Q=0$.

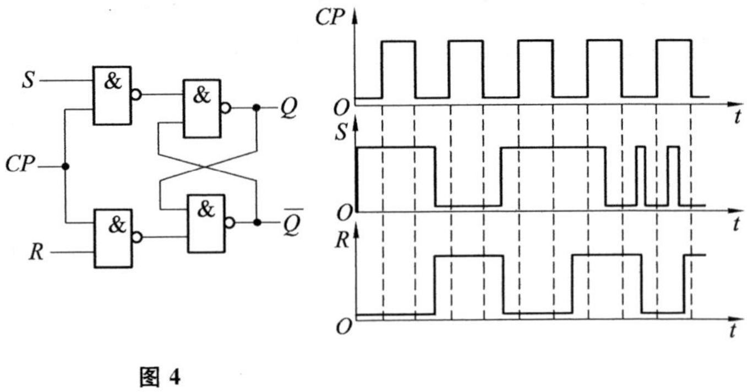

图 4

学习情境 13 触发器与时序逻辑电路(2)

一、选择题

1. 有“220 V,100 W”“220 V,25 W”白炽灯两盏,串联后接入 220 V 交流电源,其亮度情况是 1、仅具有置“0”和置“1”功能的触发器是( ).

A. 基本 RS 触发器　　B. 钟控 RS 触发器

C. D 触发器　　D. JK 触发器

2. 仅具有保持和翻转功能的触发器是( ).

A. JK 触发器　B. T 触发器　C. D 触发器　D. T′触发器

3. 触发器由门电路构成,但它与门电路功能不同,主要特点是具有( ).

A. 翻转功能　B. 保持功能　C. 记忆功能　D. 置 0 置 1 功能

4. TTL 集成触发器直接置 0 端 $\overline{R}_D$ 和直接置 1 端 $\overline{S}_D$ 在触发器正常工作时应( ).

A. $\overline{R}_D=1,\overline{S}_D=0$　　B. $\overline{R}_D=0,\overline{S}_D=1$

C. 保持高电平“1”　　D. 保持低电平“0”

5. 按触发器触发方式的不同,双稳态触发器可分为( ).

A. 高电平触发和低电平触发　　B. 上升沿触发和下降沿触发

C. 电平触发或边沿触发　　D. 输入触发或时钟触发

6. 按逻辑功能的不同,双稳态触发器可分为( ).

A. RS,JK,D,T 等　　B. 主从型和维持阻塞型

C. TTL 型和 MOS 型　　D. 上述均包括

7. 为避免“空翻”现象,应采用( )方式的触发器.

A. 主从触发　B. 边沿触发　C. 电平触发

8. 为防止“空翻”现象,应采用( )结构的触发器.

A. TTL　B. MOS　C. 主从型或维持阻塞型

二、填空题

1. 为有效地抑制“空翻”现象,人们研制出了____________触发方式的____________触发器和____________触发器.

2. JK 触发器具有____________、____________、____________和____________四种功能.欲使 JK 触发器实现 $Q^{n+1}=\overline{Q}^n$ 的功能,则输入端 J 应接____________,K 应接____________.

3. D 触发器的输入端子有____________个,具有____________和____________的功能.

4. JK 触发器的次态方程为____________;D 触发器的次态方程为____________.

5. 把 JK 触发器__________就构成了 T 触发器，T 触发器具有的逻辑功能是__________和__________.

6. 让__________触发器恒输入"1"就构成了 T′触发器，这种触发器仅具有__________功能.

三、综合题

1. 已知 TTL 主从型 JK 触发器的输入控制端 J 和 K 及 CP 脉冲波形如图 1 所示，试根据它们的波形画出相应输出端 Q 的波形.

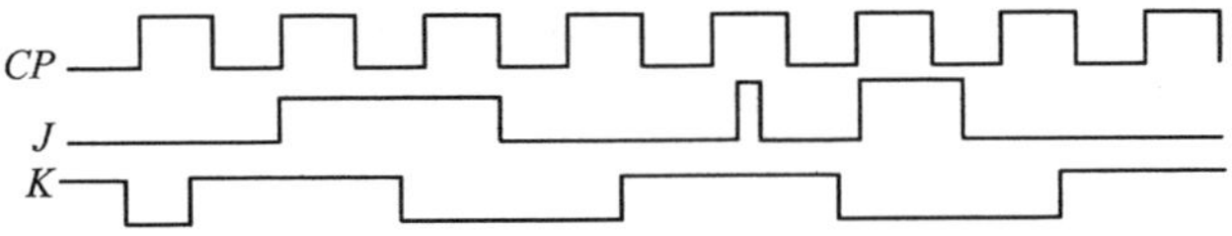

图 1

2. 写出图 2 所示各逻辑电路的次态方程.

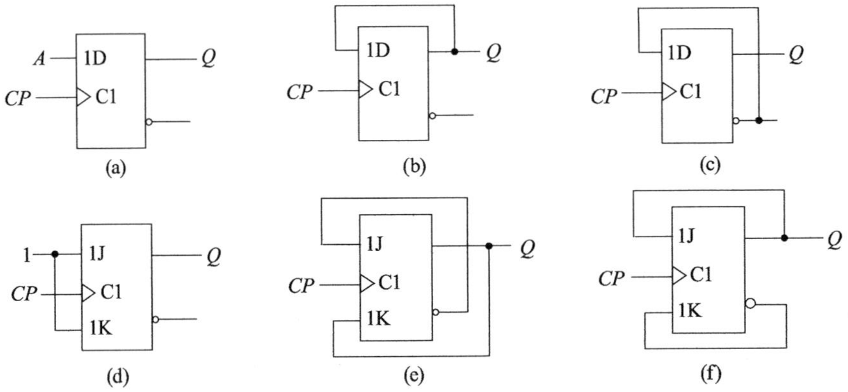

图 2

3. 已知主从结构 JK 触发器输入端 J，K 和 CP 的电压波形如图 3 所示，试画出 Q，$\overline{Q}$ 端对应的电压波形. 设触发器的初始状态为 $Q=0$.

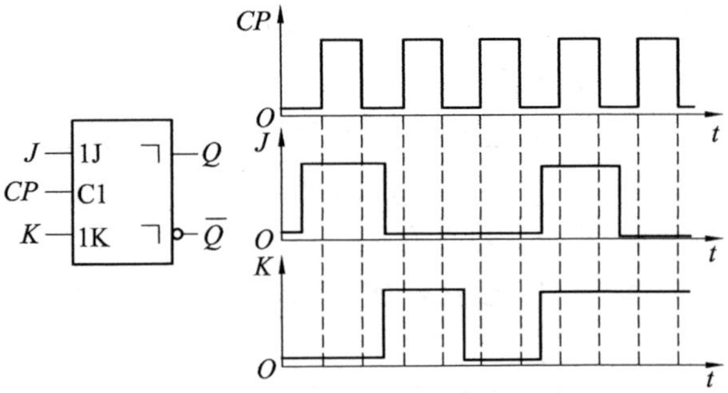

图 3

实验报告

实验科目		实验名称			
姓名		专业		班级	
实验室		指导教师		日期	

共　　　页　　　　　　　第　　　页

实验报告

实验科目		实验名称			
姓名		专业		班级	
实验室		指导教师		日期	

电工学
作业集

ELECTRICAL ENGINEERING